景观概念设计教程

邰 杰 编著

苏州大学出版社

图书在版编目(CIP)数据

景观概念设计教程/邰杰编著. —苏州:苏州大学出版社,2016.4(2021.3重印)
现代艺术设计基础教程
ISBN 978-7-5672-1691-4

Ⅰ.①景… Ⅱ.①邰… Ⅲ.①景观设计—高等学校—教材 Ⅳ.①TU986.2

中国版本图书馆CIP数据核字(2016)第058833号

景观概念设计教程
邰 杰 编著
责任编辑 方 圆

苏州大学出版社出版发行
(地址:苏州市十梓街1号 邮编:215006)
广东虎彩云印刷有限公司印装
(地址:东莞市虎门镇黄村社区厚虎路20号C幢一楼 邮编:523898)

开本 889 mm×1 194mm 1/16 印张 16.5 字数 413千
2016年4月第1版 2021年3月第2次印刷
ISBN 978-7-5672-1691-4 定价:95.00元

苏州大学版图书若有印装错误,本社负责调换
苏州大学出版社营销部 电话:0512—65225020
苏州大学出版社网址 http://www.sudapress.com

江苏省教育厅2015年中高等职业教育衔接课程体系建设课题“环境设计专业‘岗位+能力’进阶式中高职衔接课程体系研究与实践”、2015年江苏省高等教育教改研究立项课题“基于‘工作室制’的环境设计专业‘生产性’教学模式研究”的教研成果。

出版者的话

苏州大学出版社多年来致力于高校艺术类教材的出版，特别是陆续出版了20余种艺术设计类基础教材，经过多次修订重印，在市场上产生了一定的影响。

在此期间，艺术设计教学发生了很大变化，具体表现在教学理念、教学内容、教学方法等方面，因此，作为艺术设计类基础教材，也应与时俱进，符合时代要求。为此，我们重新组织编写出版这套“现代艺术设计基础规划教程”丛书。

该套新编教材的编写者大多为高校一线中青年骨干教师，既有丰富的教学经验，又具有创新意识；作品来源广泛，除了经典作品之外，大多是全国高校教师和学生的优秀作品，具有代表性和时代感；在结构和体例上更贴近教学实际。

我们希望“现代艺术设计基础规划教程”这套丛书能为高校艺术设计基础教学做出贡献。

前　言

本书以“景观概念设计”为线索，对其专业设计原理内涵、专业设计操作技法以及经典设计案例等方面进行了系统阐释，旨在强调景观概念设计思维的发散性、设计逻辑的严密性、设计表现的层次性。

“精到的理论讲解、大量的图解呈现、典型的设计案例”为本教材的编写原则和写作特点，具有较强的设计实战性教学引导，能够有效快速地将学生带入最佳的环境设计专业学习情境，以深化景观设计专业学生的创意思维拓展的教学效果与多样化的景观表达表现技法能力，加强了对专业设计实践的指导意义。

本书主要以“景观概念设计”这一阶段性设计流程为主要内容，是大专院校风景园林专业、环境设计专业、建筑设计专业等的教学用书。

在本教材的编写过程中，本着“联系设计实际、深化景观创意、注重项目实战”的原则，笔者参阅了国内外众多专家学者的有关著述，对其进行了系统的整理和归类，并从中提炼出与景观概念设计密切相关的设计理论观点，并且通过多种资料搜集渠道获取了大量的景观概念设计图例和实际景观案例资料，力图最大程度地吸收其优点，编写出既能反映景观设计学科实践性极强的特点，又便于教学使用的高质量教材。在此，谨对相关作者、设计机构与人员表示诚挚的谢意！

本书是笔者在“景观概念设计”课程教材的特色建设方面进行的探索，疏漏之处在所难免，恳请读者提出意见和建议，以便修订与完善。

最后，向苏州大学出版社的编辑老师致以最诚挚的谢意！

编著者

2016 年 3 月

目　录

引　言

戴安娜·巴尔莫里(Diana Balmori)在《景观宣言》(*A Landscape Manifesto*)的"序言"中说:"我们这个时代的景观角色必须重新定义。现在,这种需要是迫切的。本书为我们描绘了新定义中包含的两个主要新任务,以及它们是如何实现的。首先,现在的景观能够创造一种新型的宜居城市;其次,通过景观设计,能够使人类与自然界中的其他生物共存。设计一个与大自然共存的宜居城市需要确定自然界中不同生物之间的关系。在某种情况下,必须改进19世纪产业化时期遗留下来的那些有害关系;而在其他情况下,还必须彻底改变这些有害的关系。笔者选择使用'宣言'这种形式来表达这两大任务能够实现的关键性转变。读者也许会对笔者使用'宣言'这个词语感到十分惊讶。一般来说,这个词语意味着一套僵硬的规则,并且以非常洪亮的声调朗诵出来,强调你必须彻底追随它(以免误入歧途)。反过来说,这个词语同时也建议我们重新调整本职工作及生活,以更好地参与到重新永久性地创造我们的世界中来。笔者使用'宣言'这个词语,因为它向我们传递了某种迫切性,同时反映出它传递的信息是真实的。这个重新调整的方法为我们指明了一种当下生活在这个世界中的方式。"[1]

米歇尔·劳瑞(Michael Laurie)在《景观设计学概论》(*An Introduction to Landscape Architecture*)中则阐释了其对"景观设计学专业(The Profession of Landscape Architecture)"的理解:"其实很难给景观和建筑这两个词下定义,因为这两个词看上去似乎是对立的:一个是充满活力和不断变化的,另一个却是静止和固定的。专业人员常常会为此感到困惑,因为他们在社会中的职业角色一直被人误解。风景园林(Landscape Gardening)是最常用的解释,但是'场地规划'(Site Planning)、'城市设计'(Urban Design)、'环境规划'(Environmental Planning)这些名词常被添加在景观设计公司的名称里,用来展现他们更宽泛的关注范围与实践能力。……景观设计师在19世纪主要负责一些大型的重要工程;但到20世纪初陷入低迷期,转向大地产项目、花园和小规模的规划设计;然而到了20世纪30年代的经济萧条期,景观设计师再度参与到较大规模的项目中,在各种公共工程项目,尤其在美国国家公园管理局(U. S. National Parks Service)中逐渐发挥重要作用。第二次世界大战以后,景观设计师通常是作为设计团队中的一员,负责废弃土地重建,区域景观分析与规划,城市设计,住宅区、学校以及大型工厂企业的规划设计。现在,这些已成为景观设计师在公共机构和私人公司里主要从事的工作。尽管如此,景观设计师对于全面发展并维护一个充满活力、舒适宜人的环境做得似乎还是不够,因为具有景观敏感度和专业知识的专家们没有占据所有能够影响景观决策的关键位置。大部分的环境都存在规划不良、效率低下、缺乏吸引力以及管理不善等问题。究其原因,可能是景观专业的力量太小,也可能是由于对土地过度保护。除了个别情况外,很少有专业的设计者能够进入可以对项目进行评定和专业筛选的政治决策层面。由此可见,通过改变专业战略、成功展示健全的景观设计的社会效益与经济效益,也许几年后景观设计学会扮演更核心的角色。同时,景观行业(Landscape Work)不同于建筑行业,因为它们往往不能使人立竿见影地感受体会,植栽和土地使用决策或政策的效果可能在20～30年内显现不出来。例如,英格兰第一批新城镇的景观,到现在刚刚开始显现出设计师25年前所预计的效果和视觉品质;美国战时修建的房屋常常被拆毁,只留下成龄的树木被重建项目作为景观的一部分加以利用。由此可以看出,时间是景观的第四维度,奥姆斯泰德谈到这一意义深远的概念时说,设计师必须具备一种发展的眼光,那就是'在他开始设计之前,就应该意识到那将是一幅由他的后代来实现其意图的伟大画作'。"[2]

戴明(M. Elen Deming)和斯沃菲尔德(Simon Swaffield)在《景观设计学:调查·策略·设计》(*Landscape Architecture Research: Inquiry, Strategy, Design*)中提倡建立一种以研究为基础的景观学科体系,亦指出"景观设计学最初不过是一门手艺,好几个世纪之后才成为标准化的职业,并最终缓慢地进化为复杂精深的学科。景观设计这个词语就是一个抽象的知识体系,一个不断进化的学、知、行半自主系统,在系统的一致意见指导下产生、认证和消亡。经过反复的调查和研究,这些知识体系不断进行自我更新"。"值得一提的是,景观设计学科知识革新在很大程度上正是来自研究与实践的接触面。市场是驱动之一,因为设计公司会为了品牌认可度而竞争,力争成为创新方案提供者。……知识的革新可以用不同的方式、在各个层面实现。总体环境设计与具体景观设计的最大革新体现在两个相互对立却又相互补充的方面:实践创新和争议设计探索。两者都是对环境和时间需求变化的回应,最终都发现或者展示了用于诊断和解决社会问题的理论、原则和技术。……实践中应用其中一个或所有策略的关键是设计规范化的研究过程,以满足每一特定策略的质量标准。因此,对于某一特定类型场地设计构成复原能力的系列案例分析比较,要求制定适于每一个具体案例分析的系统模板,为案例的比较设计框架,同时选择记录和描述结果的方式。这些都要在设计之初完成,不能等到研究之后"[3](图0-1)。

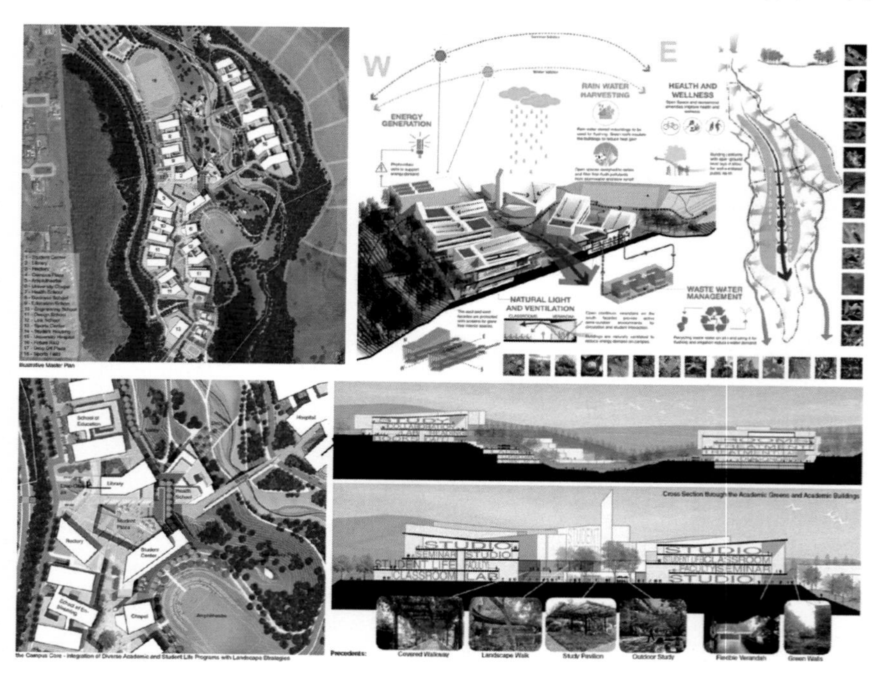

图0-1 Del Istmo大学总体规划

布莱恩·劳森（Bryan Lawson）在《设计思维——建筑设计过程解析》（*How Designers Think：The Design Process*）中以“设计师角色的变迁”为题进行了六个方面的论述。

（1）乡土设计或工匠设计。在工业化世界中，设计已演变成为一项专业化行为。现在，各式各样受过不同专业训练的设计师们从事着不同类型的设计，实际上，工业化世界的设计，是不久之前才逐步发展成为一种生活常态的。在过去的年代里，很多物品不需要任何理论背景就能够设计得非常精巧。这种方法通常是以某一工匠的名称来命名的，被称为“铁匠的设计”（Blacksmith Design）。工匠们采用边制作边设计的方法，将传统的模式一代代延续下来。

（2）设计的专业化。在乡土设计过程中，设计与建造是密不可分的。材料和技术两方面的变化实在太迅速，工匠们再如何改变也无法跟上它们的节奏。因此，今天所知道的设计，不仅是一个经过仔细认真筹划后得出的结果，更是对现实社会和文化等方面发生广泛变革的一种积极响应。专业设计师设计图纸，另一些人则进行实际建造，这在今天已成为一种稳定而熟悉的景象，以至于现在又要把这种方式称为传统式设计方法了。

（3）传统式设计方法。直到近代才确立下来的传统式设计方法，实际效果如何？它还会发生变化吗？事实上，它的确一直在不断变化着。许多迹象表明，大量的设计师正在社会上寻找一种新的、尚无法明晰的角色定位。那么，为什么会出现这种情况呢？设计与制造最初的相互分隔，使得设计师不得不远离实践、孤军奋战，并由此影响了他们关注的中心。

（4）借助绘图进行设计。设计与制作的分隔，让绘图承担了非常重要的角色，因为设计师不再像工匠那样参与实际制作，他必须借助某种媒介把他的想法传递给实际制作的人们。在早先的传统中，绘图就是传递想法的最常用的媒介。在这样的设计过程中，客户不再只是得到一个最终产品，而是先拿到一个设计方案，该方案一开始则通常是以绘图的形式出现的。这样的绘图通常被称为“设计示意图”（Presentation Drawing），与之相对的是为了以后的建造而绘制的“设计施工图”（Production Drawing）。比上述两种形式重要得多的绘图形式是“设计草图”（Design Drawing）。设计师画这样的图纸不是为了与他人交流，而是把它当作设计思考过程的一部分。由于绘图在设计过程中的中心地位，琼斯（Jones，1970 年）将这种设计称为“通过绘图进行的设计”。琼斯还讨论了这种以绘图为基础的设计方法的优缺点。与乡土设计方法相比，设计师在实际操作中可以拥有更大的自由度，无须耗费时间和金钱把最后的产品建造出来，就可以对已有的设计方案即时展开研究，并进行调整。设计师可以反复修改草图，直到解决他所能够发现的所有问题。在琼斯所说的大量的“感性过程”中，设计师可以在基本原理和创新两方面，得到比采用乡土设计方法更多的结果，并同时解决由于科技和社会不断变化所引发的问题。通过绘图进行设计的方法，鼓励设计师以一种革命性的方式去尝试、释放那些富于创造性的想法，这一方法对于乡土设计师来说几乎是无法想象的。

很显然，借助绘图进行的设计比乡土设计方法具有更多优势，但也存在一些缺陷。在某些方面，绘图模式对于表达最后的设计成果来说还是有很大局限性，特别在今天这样一个图像交流越来越占据主导地位的世界中，其局限性愈加明显。设计师能够从绘图中看到最后的产品是什么样子，但却不一定能够了解它实际是如何运作的。绘图对产品外形的表达是适当、精确而可靠的，但未必能很好地表达最终结果。因为只要新技术可行，建筑师就能够设计出一座形式上前所未有的建筑物，但从他们的绘图中，却不一定能够看出那些在建筑物投入使用多年之后将变得十分突出的社会问题。

设计本身甚至也可能会被设计绘图所误导。设计师所选择的绘图方式，往往会倾向于将设计描绘得高度系统化、条理化，但我们对最终设计结果的直接体验却与此大相径庭。

（5）科学的设计方法。随着设计的不断改革和进步，利用绘图进行设计的方法的弊病越来越明显，这在建筑领域中表现得尤其突出。假如我们还要继续保持设计与制作的相互分隔，那么很显然，在社会变革和创新速度越来越快的背景下，我们急需一种新的设计模式。科学的工作方法被证明是无法阻挡的。科学家的工作在结果和过程两方面都十分清楚明了，他们的工作是可以重复并经得起批评的。其方法的正确性是毋庸置疑的。如果设计师们能够采用这样清楚、开放和公开的方法该有多好呀！这一想法引发了很多研究者去开发类似的设计模式，但是如此一来，在当今社会中，设计师的角色又该如何定位呢？

（6）设计师未来将扮演的角色。关于设计师未来角色的讨论，不可避免地要与整个社会的发展方向联系在一起。马库斯（Markus，1972年）设想了设计师在未来社会中可能会扮演的三种角色。

第一种角色从本质上来说是比较传统的，它仍然以早期的行业协会为中心。在这样的角色当中，设计师与客户和市场仍然不直接接触，他们被动地等待客户的任务，然后进行设计，依然与制作现场保持分隔。随着科技发展和客户性质的不断变化，建筑师的传统角色开始有过时之嫌。建筑师们或者重新设法寻找自己的位置，以成为多专业综合团队中的领导者，或者退回到更早以前以美学和功能为基础概念的设计领域当中。

与上述传统角色相反，第二种角色的行为是积极探寻社会中发生的深层变化，最后通过我们所知道的某个专业方法去加以改进。这样一种改革性的方法，将会引导设计师与用户直接接触。

第三种角色，也是最中规中矩的一个角色，它位于上述两个极端角色之间，很难定义，只能用一些很含混的术语来解释。在这一角色当中，设计师们仍然是合格的专家，但是会尽量让他们的客户群能够参与设计过程当中。这种更强调公众参与的设计会使用很多相关的新技术。所有这些技术都是为了使设计师能够确定出问题的关键所在，使它们清晰明了，同时，邀请不会做设计的参与者们对设计师提供的可选择方案评头论足。承担第三种角色的设计师们，看起来似乎抛弃了"设计师占主导地位"的传统想法，但实际上他们仍然确信，自己掌握着一些非常专业的作决定的技巧。[4]

伯纳德·霍伊斯里（Bernhard Hoesli）在柯林·罗（Colin Rowe）和罗伯特·斯拉茨基（Robert Slutzky）所著的《透明性》（*Transparency*）中撰写了《作为设计手段的透明形式组织》一文且深刻指出："我的广义的透明性概念是这样的：在任意空间位置中，只要某一点能同时处在两个或更多的关系系统中，透明性就出现了。这一空间位置到底从属于哪种关系系统，暂时悬而未决，并为选择留出空间。在我看来，这一描述可以用作评价形式——组织的标准，就好像评价对称与非对称一样。……脱离了历史文脉来讨论建筑或城市脉络，打破时代和风格的限制，让它们肩并肩地接受考察，坚持认为年代相隔久远、具有不同社会形态、科技发展水平和政治条件背景的建筑作品中具有共同的品质，必将让历史学家感到迷惑、震惊和失望。但是，我们决不是为了将特定的建筑从它的历史背景和文化脉络中抽离出来；寻找透明性，只是寻找将其特征形式的一部分独立开来考察的可能性。"同时，霍伊斯里针对"形式的困境"这一议题，更加倾向于所谓的"理性派"的主张："历史上大部分建筑都表明：基本的、恒定的形式可以容纳不断变动的功能。……在建筑学领域中，有且只有形式的问题，而设计仅仅意味着形式的变化；通过扭曲等方式对形式进行编辑，通过援引类型学意义上的原型来达到目的，在此过程中，建筑功能问题自然而然就会迎刃而解。……它暗示着'形式是设计的手段'这一观念。是的，建筑学中的形式可以被理解为手段——既不是类型学上先验存在的、迫使其他要素从属于它的原型，也不是一系列前提作用之下的结果。建筑或城市文本的用途和形式，可以仅被看作同一事物两个不同的侧面。而设计的过程，则意味着必须通过谨慎而耐心的工作使二者有机地融合在一起，这一过程伴随着相互关系的调整，使彼此更趋协调，并最终可以通过对方巧妙地表达出来。”

霍伊斯里在论述“透明性——设计的手段”时亦云：“透明的形式组织应该用作设计的手段，应成为创造理性秩序的技术，如同轴线的添加和对称的重复。作为形式组织的透明性产生明晰，同时也容忍混淆和模糊。它为整体中的每一个部分分配确定的位置和独特的作用，但同时为它赋予几个不同任务，在其中的每一个任务中，人们都可以一次又一次地看到属于它的独特性，只要事先决定循着哪一条脉络进行考察。这样，透明性就同时成为强制秩序和自由选择。透明性的模糊组织，对于建立秩序特别有益，同时也在寻求摆脱控制。它出现在建筑多种多样又不可调和的情况中，这种自相矛盾的期望，却有可能在完美的设计中得到解决。作为形式组织，透明性无所不包，它能吸收矛盾，也能吸收局部特异的内容，例如局部的对称，不致对整体的连贯性与可读性造成危害。”[5]

黛比·米尔曼（Debbie Millman）在《像设计师那样思考》（*How to Think Like a Great Graphic Designer*）中与著名设计师博兰·薛（Paula Scher）则进行了如此对话：

“你在设计的时候，会不会采用某种程式？比如说如何开始一个项目，如何解决一个问题？”

“很难说我第一步会做什么，没有什么特定顺序。其实做每件事情，直观思维都会发挥很大的作用。我们很难描述事情是如何自然而然地发生的。我会把它当成是一台电脑和一台老虎机。我的脑子里储存了大量信息，同时我从看过的书籍和电影里汲取大量的养分。每一件我欣赏过的艺术品，每一段曾激励过我的谈话，每一幅我沿途所见的街头艺术，每一样我接受、拒绝、热爱和厌恶的事物，它们都存在于我大脑的一端。”

“而在大脑的另一端则储备着个人对项目的详尽理解的摘要，其中记录了A、B、C、D四种解决方案。而且，一旦拉动老虎机的把手，它们便开始转动，而你希望的则是三个骰子连成一线，点子源源流出。”[6]

格兰特·W·里德（Grant W. Reid）在《园林景观设计——从概念到形式》（*From Concept to Form in Landscape Design*）中聚焦于“超越常规：无规则的、挑战性的设计”这一特定设计形式，其基于艺术创造性的特质而认为：“通常我们希望一个好的设计方案应该具备功能性、舒适性、造价合理性及易于施工和养护等特点，并要使所有的人都喜欢。如果我们不顾这一准则而去尝试一些创造性的设计，我们就会违背上述的某些期望。设计出的景观很可能在建造时花费较高、不切合实际，难以养护甚至会冒犯一些人。那么为什么我们还要不厌其烦地来介绍它呢？因为这些不同的思想也可能是令人激动的、具挑战性的且最重要的——是创新的基础。引入一种新材料或新的建造过程在开始时可能会很昂贵，但随着不断的应用，花费会显著下降。一种不切合实际的美学论调可能会激发出一种切合实际的替代物。一处可笑的、怪诞的场所可能会在日后成为一处成功的旅游景点。当然，这样做并不能保证成功。与此相反，无规则的设计是冒险的。但在了解这种冒险性并熟练掌握那些安全设计的原则以后，你就可以准备尝试这种不凡的设计了。……著名的建筑师贝聿铭就很有效地把尖角引入他的很多作品之中。它们与正常的直角线条显著不同。同样，在这些城市广场中也有很多尖锐的边。它们的位置设计得很巧妙，从而使它们不至于给人们带来危险。……我们所说的标新立异是指那些不同寻常但没有危害的设计师，他们同样富有创造性和充满活力。他们设计的作品常常不合常规甚至打破常规，在形式、色彩、质地方面包含一些‘疯癫的’有趣成分。……在这具挑战性的设计风格中，设计师故意使景观给人带来不平静的感受，观赏者会感到平衡失调和忐忑不安。这种设计可能会挑战人们的信仰或粉碎人们的期

望。不协调景观的使用要有一定的度，在不该应用的场合应用时尤其要注意。应用这些设计更

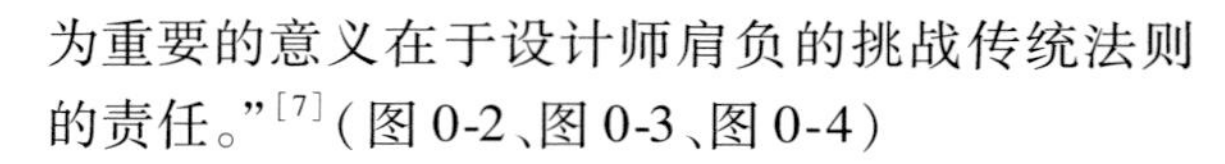
为重要的意义在于设计师肩负的挑战传统法则的责任。”[7]（图0-2、图0-3、图0-4）

图0-2　萨尔瓦多布罗湿地公园景观概念设计

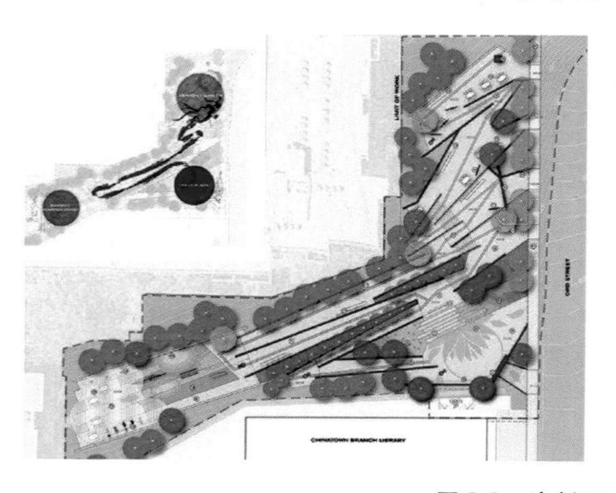

图0-3　洛杉矶中国城社区公园概念平面图

图0-4　洛杉矶中国城社区公园概念效果图

大卫·沃尔特斯（David Walters）和琳达·路易丝·布朗（Linda Luise Brown）在《设计先行——基于设计的社区规划》（*Design First-Design-based Planning for Communities*）的“城市设

计方法论”中认为：“对不同的人而言，城市设计意味着不同的东西。对建筑师来说，可能只是设计回应城市文脉的建筑。对景观建筑师来说，意味着用软硬的景观元素和材料详细设计公共空间的外观。对规划师而言，通常意味着一些关于城市美化的模糊的观念（Lang，2000）。我们更中意整体的概念……对我们来说，城市设计正像是城市公共基础设施之上的三维设计，以及它和自然环境的关系。城市设计是建筑学和城市规划的交集，它的一个主要目标就是确定建筑如何彼此联系，以创造出城市、城镇和乡村的公共领域。往好里说，城市设计是抽象‘空间’转变为人性‘场所’的动因——我们最钟爱的一个定义是：场所是‘通过赋予意义而丰富了的空间’。城市设计师的职责是剖析与综合历史，物质与历史因素有助于提供意义的层次和丰富的情感。……为了实现这些目标，我们运用了一套直截了当的技术语汇……我们说设计——不是规划——有一个特殊的原因：参加者们不允许绘制他们常规的、以箭头连接的泡泡图。相反，他们必须这样来思考：以特殊的建筑轮廓、尺度、公共空间的性格等。……室外的空间，有长长的一层皮状的街道，有方方正正的空地和广场，还有不规则的绿地如邻里公园，他们有一个共同之处：程度不一的空间围合。空间的围合是空间比例的一种作用——建筑物的高度和空间的宽度之间的关系。……有时候，基础的城市设计简单到这种地步：恰当地确定建筑物尺度，把它们放进空间之中，然后，公共空间就已经清楚地界定出来了。”[8]

思考题

1. 细读以上设计理论引文，并在大量的实际景观设计作品中寻找与之匹配的相关概念设计表达形式。

2. 通过手绘、摄影、微电影等多种记录方式，概念化地抽象提炼自己周边生活环境的景观结构与节点形态，并做成一个有主题的系列考察文本。

参考文献

[1]［美］巴尔莫里．景观宣言［M］．董瑞霞，译．北京：电子工业出版社，2013：1－2．

[2]［美］劳瑞．景观设计学概论［M］．张丹，译．天津：天津大学出版社，2012：7－9．

[3]［美］戴明，［新西兰］斯沃菲尔德．景观设计学：调查·策略·设计［M］．陈晓宇，译．北京：电子工业出版社，2013：13、235－238．

[4]［英］劳森．设计思维——建筑设计过程解析［M］．范文兵，范文莉，译．北京：知识产权出版社，2007：11－22．

[5]［美］罗，斯拉茨基．透明性［M］．金秋野，王又佳，译．北京：中国建筑工业出版社，2007：85－98．

[6]［美］米尔曼．像设计师那样思考［M］．鲍晨，译．济南：山东画报出版社，2010：38－39．

[7]［美］里德．园林景观设计——从概念到形式［M］．陈建业，赵寅，译．北京：中国建筑工业出版社，2004：134－148．

[8]［美］沃尔特斯，布朗．设计先行——基于设计的社区规划［M］．张倩，邢晓春，潘春燕，译．北京：中国建筑工业出版社，2006：79－81．

第一章

设计类型

——过程导向的景观概念设计操作策略

景观概念设计属于景观规划设计的一种战略性设计和前沿设计，启发后续景观设计阶段如何以各种方式生成新思路、新想法，探索景观未来建构方向的战略性创新项目整体框架设计。景观概念设计是一门综合传统表现和具有未来前瞻性的战略性构想新兴设计体系，它尤其强调设计逻辑、设计意向的系统性和整体性。

第一节 ⊙ 关于“景观概念设计”

“景观概念设计”（Conceptual Planning and Design for Landscape）作为近年出现在景观设计实践及理论中的一种设计形态与艺术现象，它在国内外景观设计学（风景园林学或景观建筑学）中尚未形成统一的话语体系，如在景观设计教育中没有完整的教材建设，没有专门系统地研究其对象、属性、操作策略与方法等的相关文献；在景观设计实践中，各种规划设计类型均冠以概念设计之名而非落地的、扎实的概念操作，以其名义大肆鼓吹各自类型、层次、水平不一的方案；在景观艺术理论构建中，缺失景观概念设计在景观设计总流程中的定位，如同国外一学者所言：“并非所有主题公园业的从业人员都能区分初始的概念发展阶段和方案设计，一些人则将一切都归于概念设计的保护伞之下，但这些区别也只是修辞性的。”[1] 景观概念设计在景观规划设计总流程中一方面作为一种框架下的概念性研究思想、内容与方法，开拓了景观规划设计科学性；另一方面作为跨越多类设计专业的整体策划的介入工具，它开启跨文化、跨地域、跨专业等不同领域间的跨越与融合状态，激发创造性思维以启迪景观规划设计的现代创新设计研究。因此，从创新的概念发展至成熟的方案，景观概念设计始终处于景观规划设计流程和设计方法的基础创意设计阶段，更具抽象性的景观概念设计的概念方案对后期方案整合、控制性详细规划等具有直接或间接的导向作用。景观概念设计处于理念控制性层面，能充分体现出景观设计师概念性创作能力，而且一个有创造力的景观概念设计方案应具有启发性、探索性和创新导向性。怎样把景观概念设计的创新思想带入景观方案深化设计与景观施工图设计以及艺术化的现场性景观营造之中是关键问题。

第二节 ⊙ 从“概念设计”到“景观概念设计”

在产品设计、建筑设计、城市设计、景观设计等设计领域均存在“概念设计（Conceptual Design）”这一设计阶段与设计方法论，概念设计是利用“设计概念”（Concepts of Design）并以其为主线贯穿全部设计过程的设计方法。概念的设想是创造性思维的一种体现，概念产品是一种理想化的物质形式，如在城市规划领域中所强调的“概念”即以意向生成和突破创新作为其核心取向而展现出自身的意义；“概念规划”的核心功效在于以一种开放性的理念化形态而非现实性的定格化形式启迪思路，并与传统规划所突出的实体细节确定相区分，因此，它的功效并不在于完整性地“实现”，而在于对后续的实用性设计中意念性、革新度的“启迪”。[2]柳冠中先生认为：“设计一旦被囿于一种物的设计，设计师就会被某种传统的观念所束缚。比如设计杯子，就容易让设计思维囿于大小不同、材质不同、有无装饰等杯子的传统造型样式中；但如果能从创造一种更合理的饮水方式去设计的话，那么就可能出现像易拉罐、旅行水壶、纸杯、吸管等器物了。”[3]一般而言，概念设计是由分析使用者需求到生成概念产品的一系列有序的、可组织的、有目标的设计活动，其重点在于产品在成型前的设计创意概念，致力于成为未来设计方向和艺术时尚潮流的晴雨表，体现于从概念到实际工程的全过程研究中。概念创意设计的作品必须有明确的概念主题和与之相应的创意内容，以向客户提供有多种可能的项目解决方案。概念设计是完整而全面的设计过程，常常表现为介于“粗／精、模糊／清晰、具体／抽象、虚拟／现实”之间的不断进化、相互交织的过程，旨在清晰界定设计目标，如美学与功能的目标、视觉任务的多样性与复杂性、能耗限制与建构要求等；清晰阐释设计概念，如设计创意具有创新性与唯一性、与建成环境的整合度等；清晰表达解决方案，如明晰地阐释节能与生态环保理念、成功解决关键技术问题等。

景观概念设计中的“概念”（Concepts of Landscape）亦始终与“创意”（Idea）紧密关联，景观概念设计阶段主要趋向于开放式、发散型、跳跃性的设计思维过程，它通过设计概念将设计者繁复的感性和瞬间思维上升到统一的理性思维从而完成整个设计。“景观概念（Landscape Concept）是在景观分析阶段中摸索出的机遇、约束的相关回应，它是最终景观设计形成，以及所有关键方面、细节问题和项目主题的基础”[4]，同时景观概念的目标在于提供足够的信息以清楚地描述景观项目的范围、文脉、内容和结果，并提供足够的细节如基于景观概念的最终设计方案的制作，且景观概念应满足于项目实践的一般性原理等。“景观概念”旨在强化与详述景观分析的主题，它形成了项目目标、创造以及发展理念和设计标准的基础，与利益相关者之间所有主要的冲突、妥协和协议均在此阶段得以解决。景观主题创意的确立——在其概念设计作品中所表现出来的想象力、创造力，强调景观设计创意的概念性、思想性、原创性、先锋性，提倡创意及其艺术表现力、引导设计潮流，且其设计的完整性不能缺失，设计的调查、分析等设计过程仍然非常重要，设计的调研和分析亦即其设计思维和设计逻辑应该是符合设计目标预设的成果之一，换言之，在应用景观系统研究方法和景观基础设施营造法进行创新性设计时，需要特别注意景观概念设计方案所呈现的社会文化价值和视觉美学效果——着力于概念化与系统化的思考，以及图像思考与“可视的生态”（Visual Ecology）[5]（图 1-1）。

景观概念设计强调创意之间的构造关系，倡导艺术表现和技术发展的创新性、呈现场地内蕴的独特性，秉持景观空间发展和可持续管理的原则，以建构一种基本的空间秩序与生态结构关系，具有其完整的概念逻辑体系和视觉表达方式，且概念设计可以决定项目投资的主要部分、用户要求和相应技术方案，对于项目的投资水平至关重要。艺术与科学协同作用的景观概念设计，亦可参见某规划设计咨询公司对景观概念设计师工作职责的描述，即要求设计师具有较高的设计创意能力、审美能力、动手能力和组织能力：愿意在一个现代、具有先进理念的景观设计室工作，并能够提供新鲜又激动人心的创意；具有很强的概念设计能力并有丰富的相关项目经验；主要负责概念设计，但同时要具有扩初阶段的细化设计和精度设计能力；能够运用 2D 或 3D 展示创意；具有向客户演示的经验并曾获得客户的认可；能促进客户及设计总监之间的交流，将已批准的设计方案向最终产出方向引导；领导及协调

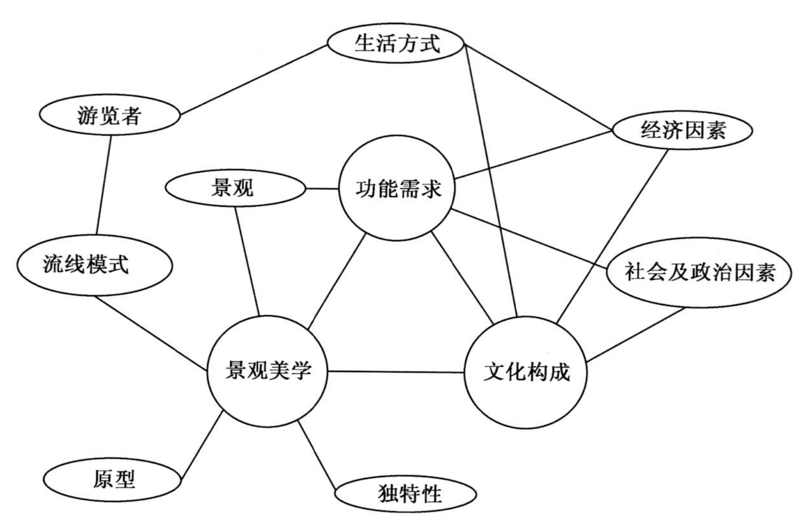

图 1-1 景观概念规划程序示意

各辅助人员（平面、CAD 和 3D 人员）在组内的工作；定期向上级汇报项目进展。[6]

第三节 景观概念设计的三大层次

创新、创意与创造驱动下的景观概念设计有三大基本特征，即创意型、研究性、定位式的总体设计，其三大规划层次与设计阶段则为概念性创意策划、概念性总体规划、概念性详细设计，因而与详细规划层面的景观艺术设计有着重大区别。同时，景观创意策划亦往往是位于最底端的主题凝炼阶段，火花四溅亦零散的诸多创作理念须借助草图绘制、意向图择取以及具体操作方案设想等辅助方式将最核心的“概念”尽可能地有机串接与可视化，继而进入第二个层次，将逐步明晰化的设计理念进行扩展性、前瞻性的项目研究与分析，如目标定位、建构思路、自然地理、空间布局、交通组织、历史文化、产业策划等多方面的框架结构详解，最后上升至把设计概念与设计本体（包括实用思想、美学设计等）、设计创意与现实可实施性、有形与无形彼此间紧密地联结起来，主要涉及其功能优异性、生态兼容性、技术使用有效性、景观形质的表现性、景观建造的成本效率、景观管理的节能性等评判因子（图 1-2、图 1-3）。

图 1-2 梯田作为景观概念设计的创意来源

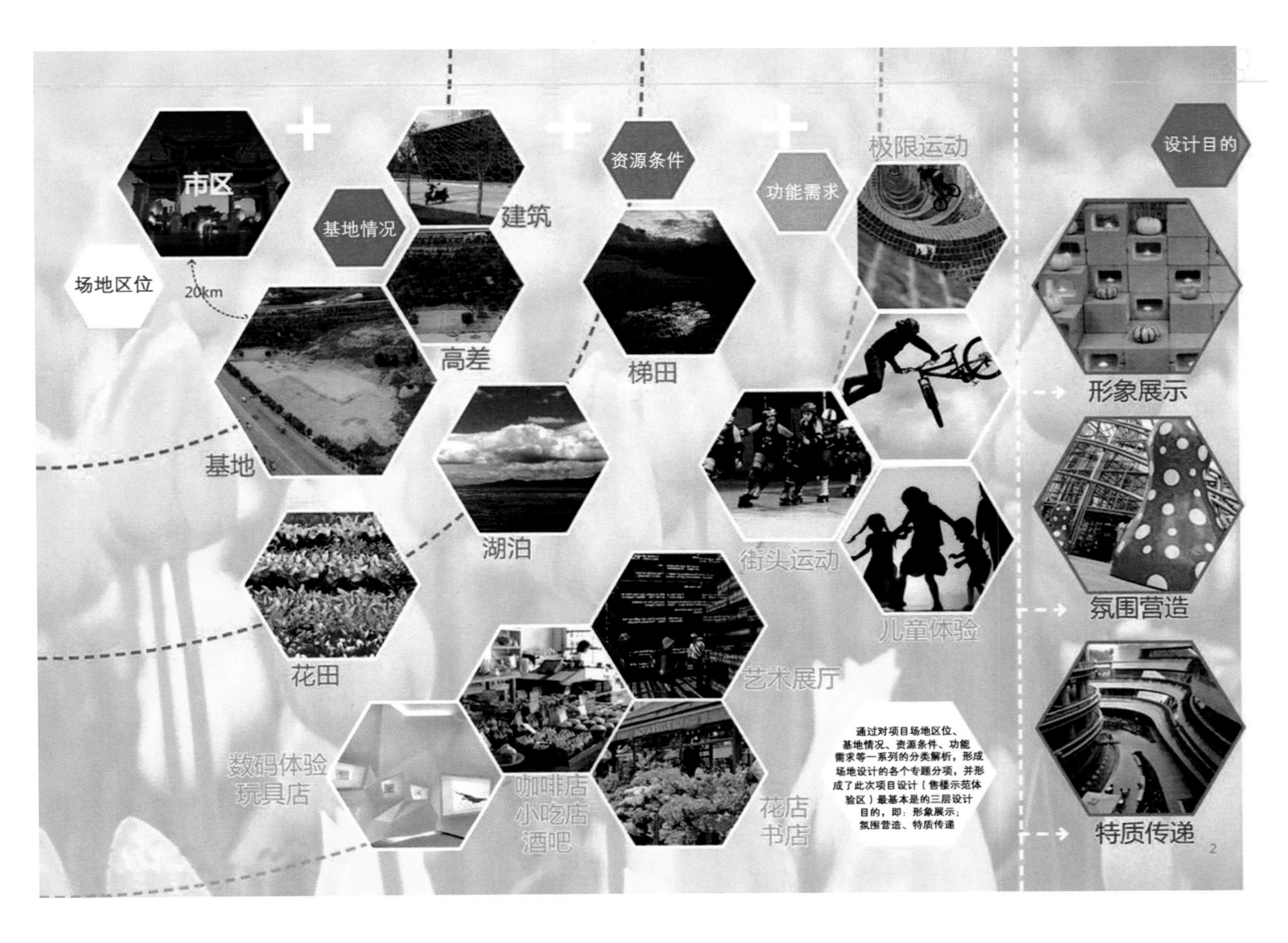
市区
基地情况
建筑
资源条件
功能需求
极限运动
设计目的
场地区位
20km
高差
梯田
形象展示
基地
湖泊
街头运动
氛围营造
儿童体验
花田
艺术展厅
数码体验
玩具店
咖啡店
小吃店
酒吧
花店
书店
特质传递
通过对项目场地区位、
基地情况、资源条件、功能
需求等一系列的分类解析，形成
场地设计的各个专题分项，并形
成了此次项目设计（售楼示范体
验区）最基本是的三层设计
目的，即：形象展示；
氛围营造、特质传递

场地功能空间的特质要求

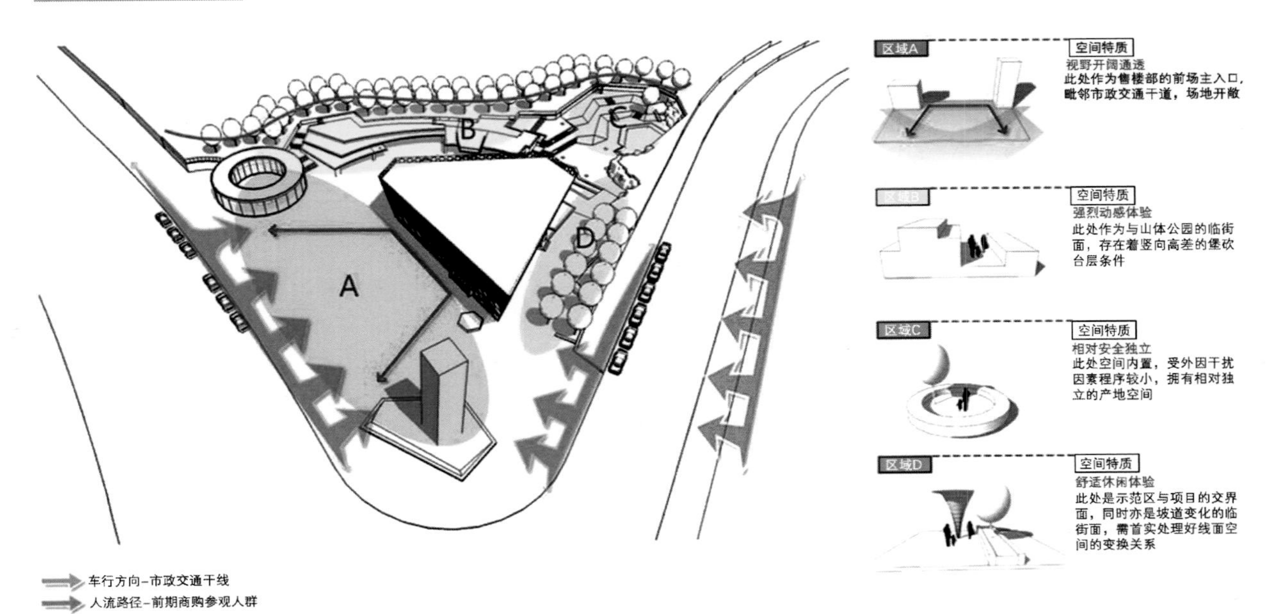
A
B
C
D
区域A
空间特质
视野开阔通透
此处作为售楼部的前场主入口，
毗邻市政交通干道，场地开敞
区域B
空间特质
强烈动感体验
此处作为与山体公园的临街
面，存在着竖向高差的堡砍
台层条件
区域C
空间特质
相对安全独立
此处空间内置，受外因干扰
因素程序较小，拥有相对独
立的产地空间
区域D
空间特质
舒适休闲体验
此处是示范区与项目的交界
面，同时亦是坡道变化的临
街面，需首实处理好线面空
间的变换关系
车行方向–市政交通干线
人流路径–前期商购参观人群
渗透视线–后期场地建设的双眺方向

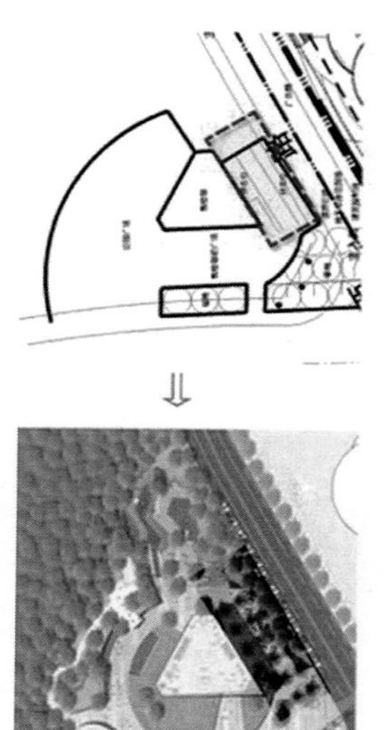

儿童活动场地

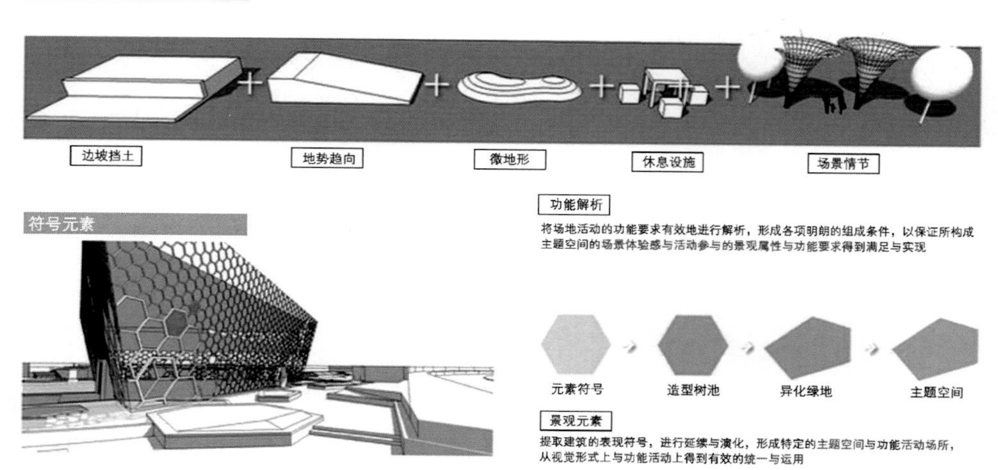

功能解析

将场地活动的功能要求有效地进行解析，形成各项明朗的组成条件，以保证所构成主题空间的场景体验感与活动参与的景观属性与功能要求得到满足与实现

景观元素

提取建筑的表现符号，进行延续与演化，形成特定的主题空间与功能活动场所，从视觉形式上与功能活动上得到有效的统一与运用

路径空间

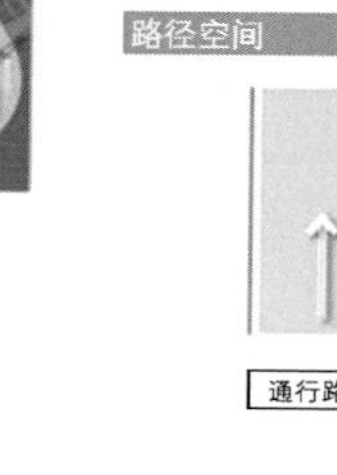

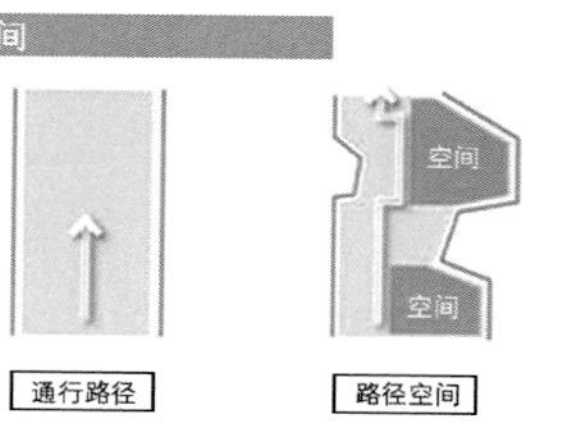

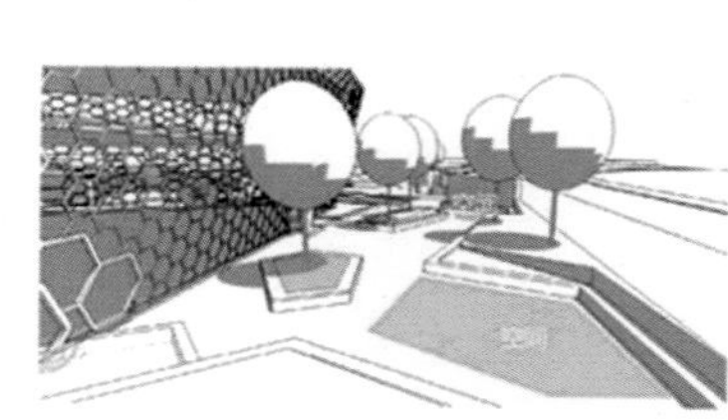

功能解析

通过对穿行路径的形式优化与有机组合，形成丰富的路径空间与各类主题活动场所

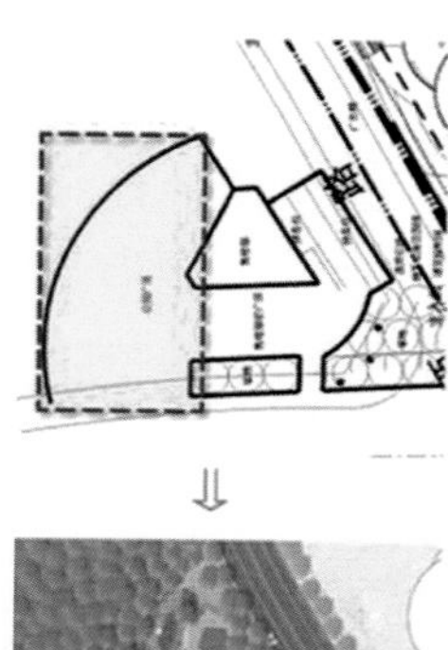

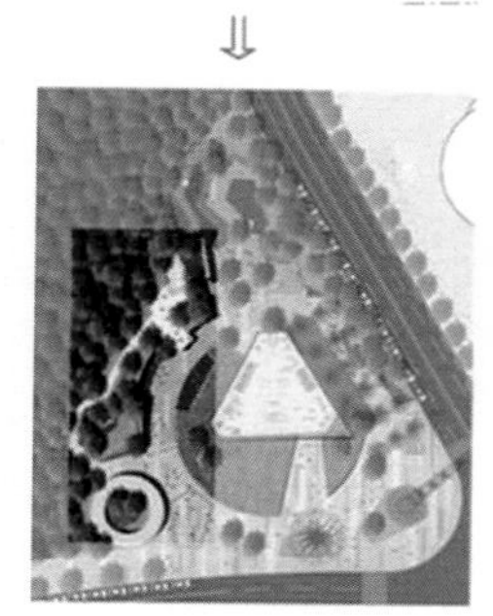

平面分析

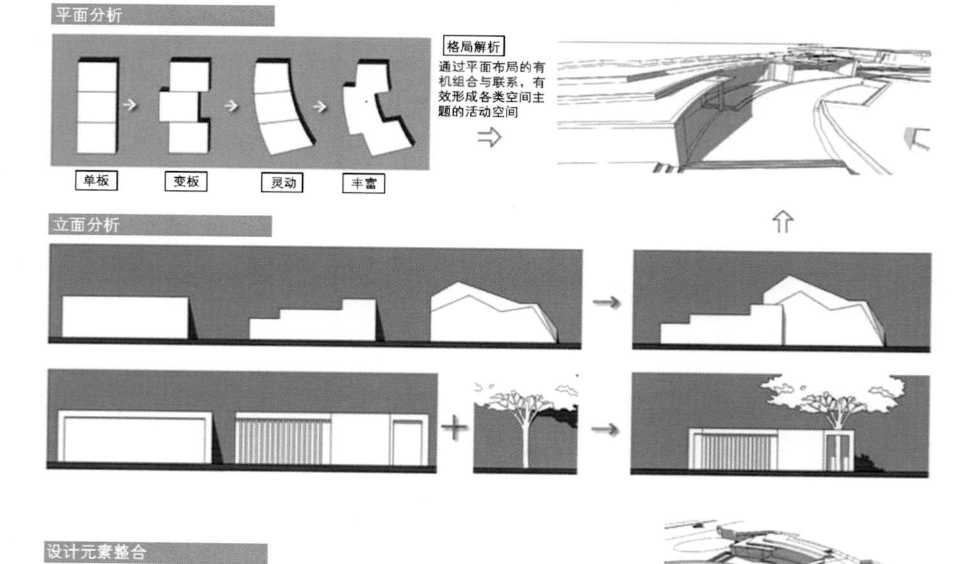

格局解析

通过平面布局的有机组合与联系，有效形成各类空间主题的活动空间

设计元素整合

山体 + 梯田 + 建筑 + 活动 + 绿化 ⇒ 功能场地

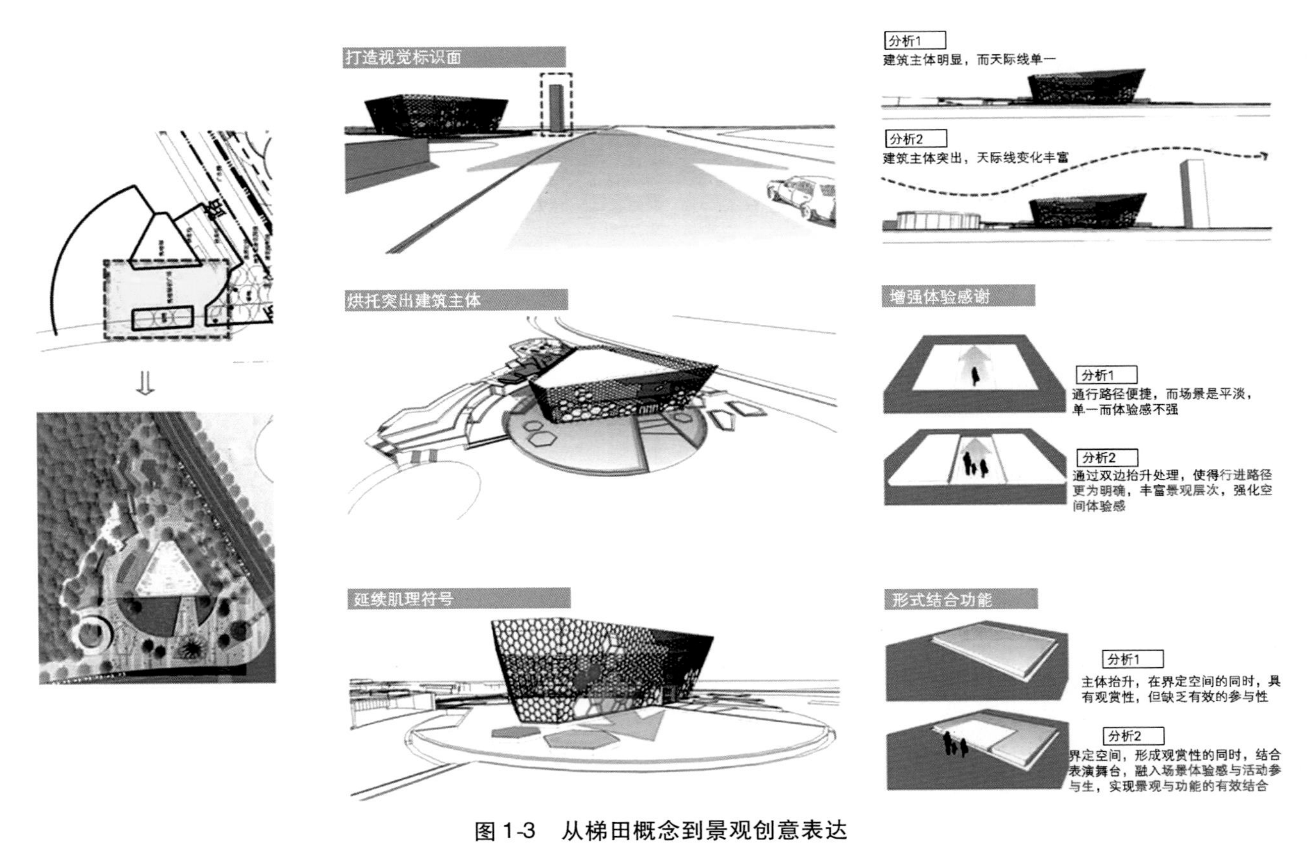

图 1-3　从梯田概念到景观创意表达

其中，概念性创意策划注重概念构想的形成和思想模型的建立，概念性总体规划聚焦于抽象化的总体空间形态组织和场地特质的结构性解析，概念性详细设计则关注具体景观元素（植物、水体、建筑、路网……）在造型、色彩、材质等方面的精细化设计。

莫森·菲兹（Mohsen Faizi）和梅迪·哈扎德（Mehdi Khakzand）在《概念在景观设计过程中的位置》（*The Position of Concept in Landscape Design Process*）一文中认为“理想化”（Idealization）在迈向一个合适的景观设计所处的位置即在于理想化不仅能促进达到理想的设计，也可以缩短整个设计过程所需的时间，“在景观设计的过程中，创意与设计思想总是会直接或间接地影响着设计师。当然，并非所有这些都适用于所有设计空间，设计师应辨析这些创意并将它们明智地应用到合适的地方。这些基本的设计可能源于曾经见过的一个美丽花园，一幅画，或是听过的一段音乐，甚至是一个人内心的梦想。景观设计的这些创意和设计要素能够从当地的地理、农业、地形、环境和人类学研究中获取相关信息，并关乎设计师对大自然、景观、美学和潜在反应之下被隐藏感觉因子的精神态度和哲学方法。设计思想的实现，即从理论到实践的转化，也有一些设计师在这一阶段曾想过放弃，因为有时这种转化可能不易达到预定的程度或需要”。[7]

第四节 ◉ 作为一种“交互设计”（Interaction Design）的景观概念设计

增强具有创新和战略意义的景观概念设计尤其强调设计逻辑、设计意向的系统性和整体性，景观概念设计往往反映在设计的过程上，是在客观素材收集的基础上，进行主观的综合及观念性的把握，之后再与客观进行互动的过程。其中，主观对于客观的认识,或主体对于客体的认识是设计构成初期的重要过程,设计通过主体与客体的互动完成。在这一过程之中,景观概念设计意图(包括设计方法、设计原则、设计策略等)应清晰呈现,设计主体可通过建立抽象模型充分地描述客体与表达特定建造场合的图景,构建理想景观空间,亦即采用景观艺术语言来表达对概念的理解,发展“一个理想的概念模型”[8]并评估其实施的可行性。而且“模型的概念化”在景观概念设计中需通过一个创造性地解决问题的行为框架来执行、传播和利用所提出的“概念”[9],如奥利维亚(Luciana Alves Oliveira)、迈尔哈多(Silvio Burrattino Melhado)在《建筑外立面一体化设计的概念模型》(*Conceptual Model for the Integrated Design of Building Facades*)[10]一文中图示的不同设计门类之间的关系(图1-4),以及采用钢框架和水泥纤维板片的立面建构(图1-5)。

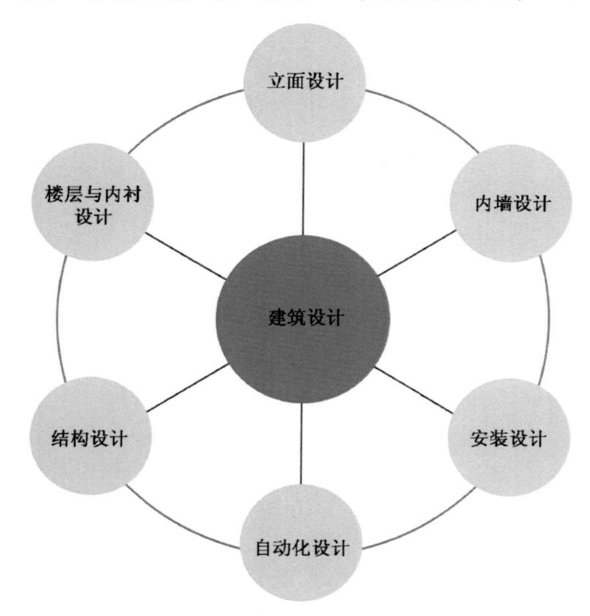

图1-4 设计学科间的关联

图1-5 立面建构(巴西圣保罗,2008)

一、“人与人”——需求调查与分析

“人与人”间的互动恰如沃特曼(Tim Waterman)和沃尔(Ed Wall)所说:“与其说文明是一种风俗,倒不如说它是一种进程。它是使得具有相似性的人类聚集到一起的推动力,人们从这个联合的群体中会不断受益。人类的定居模式——村庄、小镇和城市——都是人类社会文明的具体表现形式。把这些环境协调地结合在一起的工作就是所谓的‘城市设计’。”[11]由之,针对业主特定的需求调查和需求分析必然是景观概念设计的基础,它是一种与景观项目委托方进行交流和对其需求进行管理的技能,以开掘客户的明确及潜在的需要与欲望。换言之,必须了解和理解业主或使用者的基本情况、情感及目的,设计的过程也不仅仅是设计师借助技术和发挥想象力的过程,也是设计师与使用者不断对话沟通使用者愿望的过程,更是使用者直接或间接介入设计的过程。忽视或错误理解业主的需求将可能使景观概念设计过程的以后阶段(如景观方案深化设计、景观施工图设计等)存在本质的缺陷。关于需求分析和需求验证的具体操作方法,一般有座谈法(与业主、领域专家和相关市民的座谈)、问卷法(向业主、领域专家、行政部门、市民发出调查问卷)、观察法(分析与景观系统相关的文档、软件和硬件)、原型法(通过构造原型与用户和领域专家交流)、联合参与设计法(与用户一起设计景观系统)等,同时可以建立业主需求关联矩阵进行比对。

二、“人与物”——场地阅读与研究

通过尊重场地地方精神所需要的革新性景观概念,从城市、环境、交通、旅游、经营等多角度对景观系统和基建介入的具体规模和尺度进行勘查与评价，阅读场地现状即对场地既定挑战的回应旨在理解场地的区域特征，重新定义场地所在区域的综合功能，考虑场地的生态基础和可持续性，包括如何使其拥有不断更新的生命力、环境扰动与影响的评价研究等以及从生物多样性的视角重新评价和保护自然资源、应对风景资源保护和管理的新系统、提升地区环境价值。在景观的规划设计、管理、保护和发展方面，就文脉视角而言，景观在社会文化层面的反映是有形的，但在很大程度上也是无形的，通过景观系统和基建干预改造城市生活，必须包含对这些干预措施将对城市社会文化层面所可能造成影响的理解。如涉及北京到杭州的京杭大运河段（该段运河沟通了海河、黄河、淮河、长江和钱塘江五大水系）的"京杭大运河国家遗产与生态廊道"研究课题，基本建立了京杭大运河遗产地理信息数据库，将涵盖京杭大运河 10 个河段中的每项遗产分为"遗产名称、遗产类型、现存地址、遗产时代、目前保存状况、文物级别"等项内容进行记录，数据库中亦收录了包括闸、坝、桥、码头、渡口及各地商贸会馆、驿馆、寺庙、清真寺、陵墓、碑刻等共计 1562 项遗产。同时，社会文化现象往往需要通过创新的表达技巧来完成有效沟通，尤其是战略型、创新性的景观介入在针对无设计专业背景的普通大众之时，重点不应停留在分析评价层面，更应该强调可能的战略、创新和突破意义，并将之转化为设计方案。

场地阅读与研究就是一个描述、阐释、分析、比较、评价、论证的过程，一个设计与再设计、从经验导向系统和科学的过程，一个在技术、人文、生态、地域等方面提供富有创意的概念设计过程（图 1-6）。其基本步骤一为场地区位分析：评价场地周边的旅游现状、现有景点与建设目标、场地与城市关系、交通组织等宏观结构，发现其存在问题以及机会与限制，提出改善策略，定位总体设计架构，探索其景观规划结构设计概念的独创性和实验性，指引景观设计向可持续化方向发展。

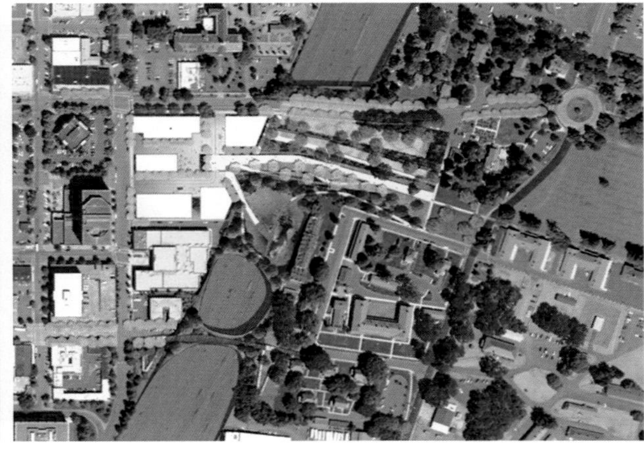

图 1-6　卫星照片作为底图的场地分析草图绘制

基本步骤二为景观场地描述：关注置身于场域中的人的视觉、听觉、触觉，采用拍照、手绘、文本记录、微电影等描述手段表达景观场地内在结构特征、敏感度以及外在的形式呈现，如文化多样性记忆、地形地貌、植被生态、水循环系统等。

基本步骤三为景观过程分析：分析自然过程（水、风等非生物过程的内在的能量"流"）、人文过程（社会、经济、人文、历史等）、生物过程（鸟、动物等生物过程的迁徙通道），以保护历史文化资源的明智利用和适应区域环境所依赖的生态系统的复杂平衡。

因而，通过建立多样表现形态的"过程分析模型"——水文分析模型、生物分析模型、社会经济分析模型等，再基于以上三个基本步骤做出理论判断，以合理地回应环境、文化、历史和其他相关问题，并确立与自然系统、物质过程和人类社会发展相关的景观资源评价标准。评价标准为：适应自然的过程、尊重自然伦理，即融入地景与都市景观、凸显敏锐的基地反应、具备高度节能环保的工艺特性、恢复或建立以生态为基础的景观系统；传承人文价值、增强可识别性，即具备可识别的地域传统景观特色，融入传统意象的创新材质，保留文化置入生活的可能、符合大众的生活空间主张(图1-7)。

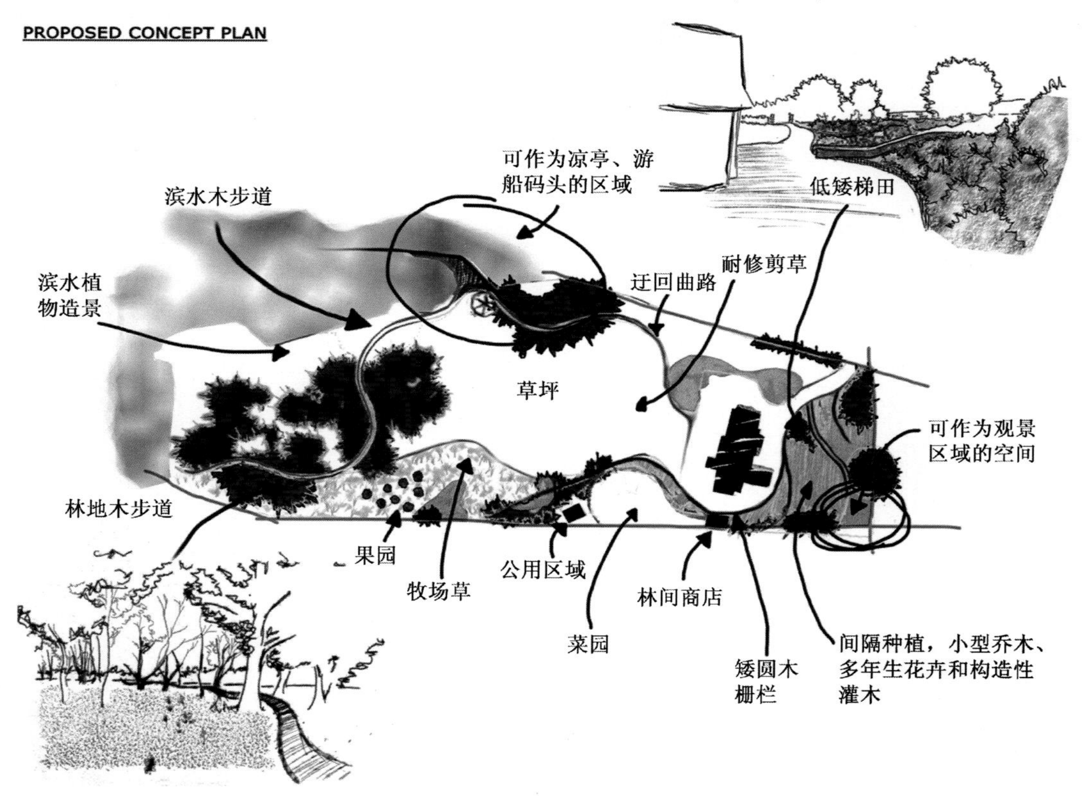

图1-7 场地解析与意向生成

三、景观概念生成的技术路线

根据景观系统的整体发展构想而生成新类型的概念设计方案，其概念选择通常经过“概念粗筛”和“概念评分”两个步骤。前者采用定性评价选择，目的在于迅速减少可选概念设计方案的数量，缩小可选择的范围，并改进概念设计方案；后者采用定量评价选择，目的在于比较各可选方案的优劣，改进概念设计方案，选择最优方案。概念选择是根据客户需求和其他标准来评价概念的过程，是在众多可选方案中，基于一定的评价方法，选择最优方案的过程(图1-8—图1-11)。

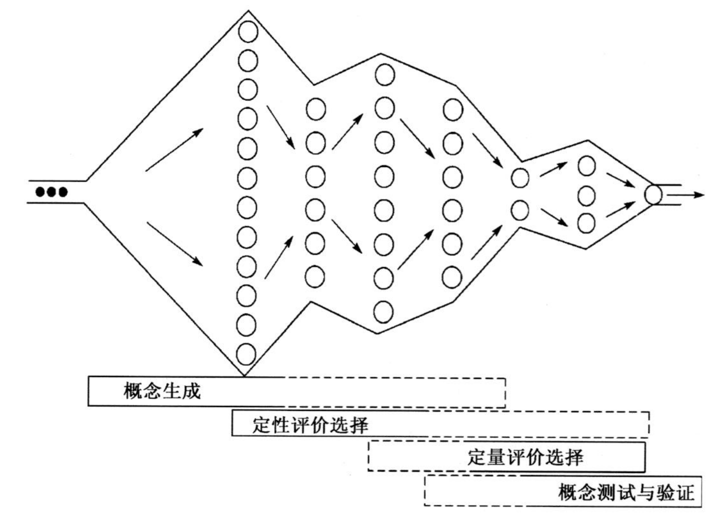

图1-8 概念生成与筛选过程

图 1-9　昆山・绿地花桥国际 G181 景观概念设计的创意元素提取方法示意

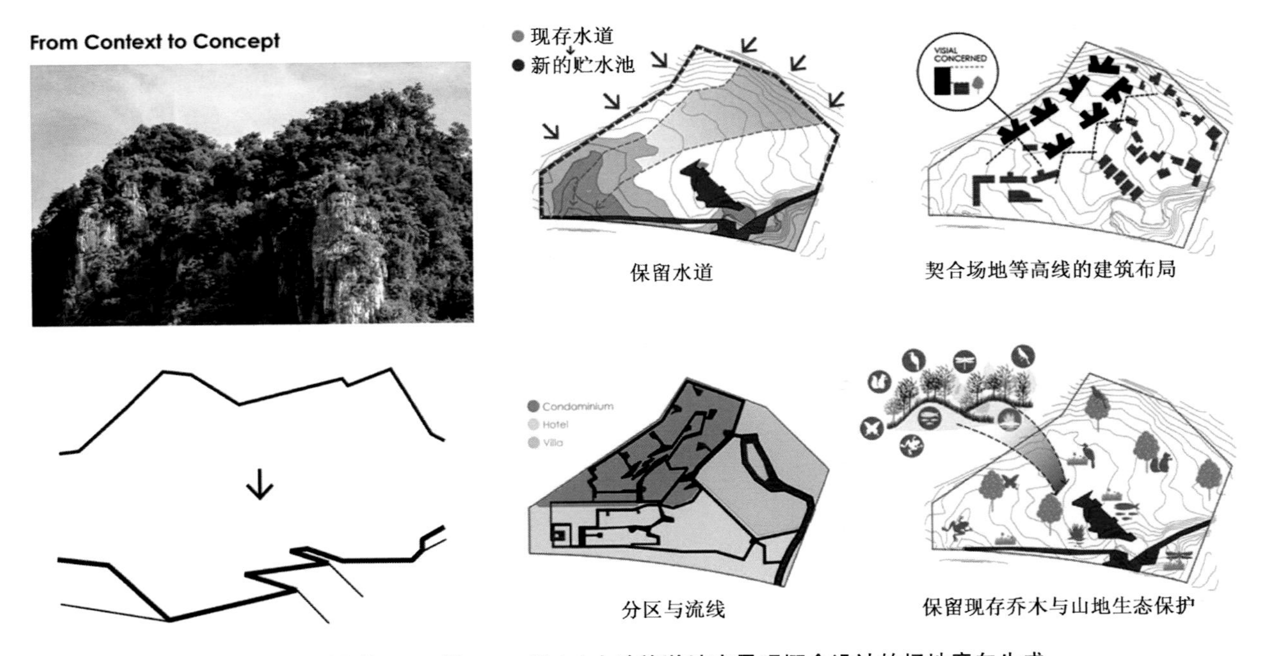

图 1-10　23 Degree Escape Hotel 山地旅游地产景观概念设计的场地意向生成

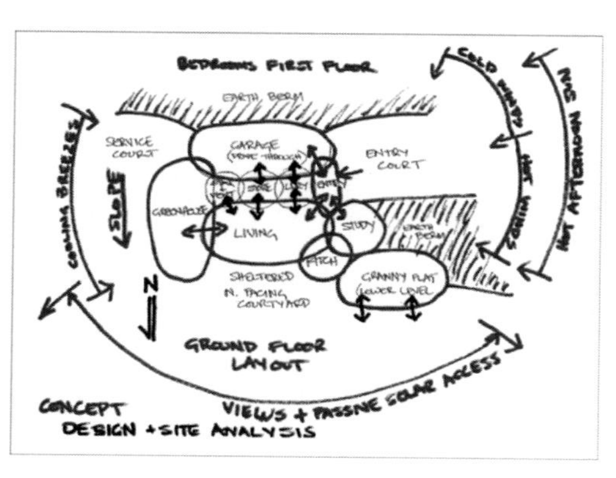

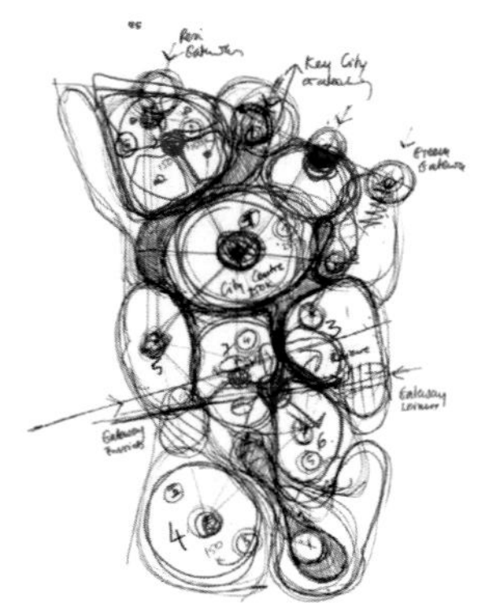

图 1-11　概念设计中的“泡泡图”与场地分析草图

四、景观概念设计的内容表达

一方面根据景观项目的实际情况，确定设计管理模式，主要工作成果体现在设计任务分解清单和设计费用预算、项目设计总体控制计划、可实施性分析与计划；另一方面从概念创意到概念设计方案的“转译”过程就是对景观项目规划范围框定、功能定位确立、设计框架构造的整体初步构想（包括空间规划构想、主要配置规划构想、动线规划构想、植栽生长构想、功能分区构想、基地发展潜能构想等），如同里德（Grant W. Reid）在《景观设计：从概念到形式》（*From Concept to Form in Landscape Design*）中所绘的相关“泡泡图”（图 1-11）。概念方案不仅要为设计师提供灵感的源泉，更应达到的是在概念层次，对未来趋势进行展望和预测的能力，清楚地预示设计概念在市场上的潜在成功可能性。

因而，景观概念设计作品的品质及表达应将重心放在设计概念创新点的阐释和景观系统科学数据的虚拟现实和可视化的研究上，概念性方案设计文件应以创意构思分析草图、场地分析草图、景观艺术风格选型示意图、原型使用案例启发、景观结构分析模型、设计构思图纸（总平面、立面、剖面、透视图、轴测图）（图 1-12）和各类视觉模拟、多媒体艺术影像（电脑动画视频、录像演示等），辅以对整体概念构思的关键设计诠释，如在“中国五·一二地震纪念景观概念设计国际竞赛设计”中获得一等奖的《抚平创伤》（*Healing the Wounds*）（图 1-13）。景观设计是用视觉来表达时间的理想媒介，在跨领域的创造性和开阔的思想引领下景观概念设计表达方式具有原创性、

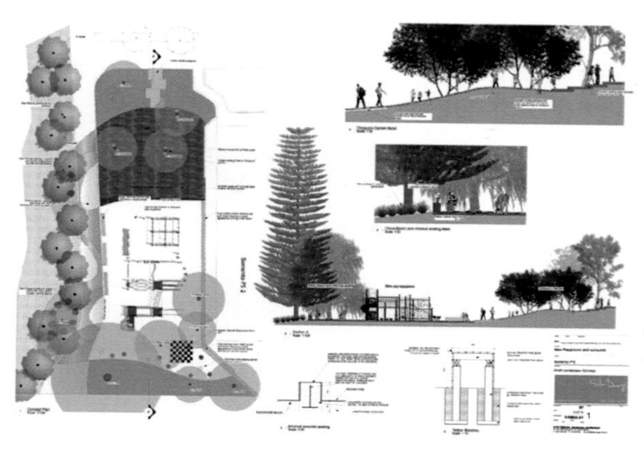

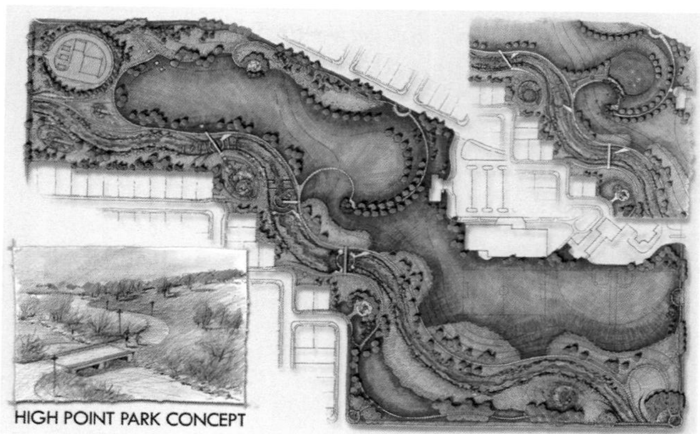

图 1-12　概念制图表达形式

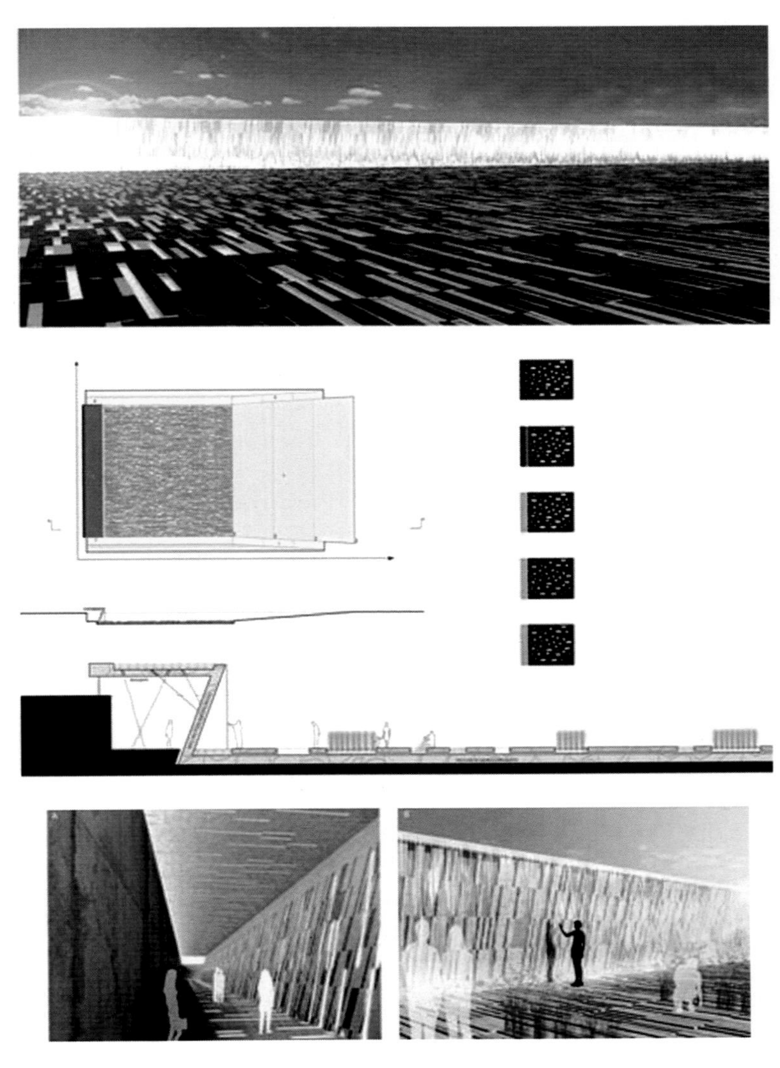

图 1-13 《抚平创伤》景观概念设计表达

多样性、灵活性，指向一种更自由的理想构图。“景观故事版的绘制”就是一种介于“景观叙事”与“叙事景观”间的设计表达，它借鉴国际上流行的一种“故事版情景预言法”的概念设计方法——将所要开发的产品置于一定的人、时、地、事和物中进行观察、预测、想象和情景分析，以故事版的平面设计形式展示给人们，产品在设计的开始便多了一份生命和灵气。

小　结 ◉

景观概念设计虽然是一个非常难以讨论的话题，本章试图将产品设计领域的相关成熟理论引入风景园林学科并做了理论化梳理，但风景园林学科必须和与之相关的各种艺术门类及科学进行深度的专业对话，方能从中汲取营养。从风景园林规划设计学科区别于其他设计学科的特殊性而言，景观概念设计必须尊重历史文脉、保护物种多样性和景观所属的生态系统，必须关注邻里形貌与机能的塑造以及自然系统与都市纹理的融合，是研究型引领与创造性思维的一种体现，是一种创意型综合设计操作策略，是一种理想化设计形式与成长型景观空间预构，它注重概念经营的设计创新和新技术、新材料的应用，突出工程与概念相结合，亦根据客户反馈而向客户提出多种可能的项目解决方案。景观规划设计、景观造价预算、景观管理规划皆源自概念阶段的成果，涵盖了所有设计方面的建议。而景观概念设计本身是否属于创新，一般而言主要取决于实现与可能性、用途与功能性、生态与可持续性、文脉与承续性、美观与艺术性、人与情感性等方面，其设计与决策过程中所涉及的各层面分析与信息必须辅以一连串的图表作为说明，在其设计复合表达之"图像"分类中包括认知性图像、概念性图像、抽象化的图像、具体化图像、象征性图像、个人思考图像、公众性交流图像等。

思考题

1. 将景观概念设计过程原理进行自我消化后，撰写一篇关于景观概念设计具体操作流程的小短文，并附大量的设计案例予以佐证。

2. 熟悉 Skechup 草图大师绘图软件，并体验该软件在景观概念设计表达中的巨大潜力。

参考文献

[1] Miodrag Mitrašinović. Total landscape, theme parks, public space [M]. Farnham: Ashgate Publishing, Ltd., 2006: 296.

[2] 陈征帆."概念规划"的理念初探[J]. 规划师, 2002(12): 94－95.

[3] 网易汽车频道. 首届越野车概念设计大赛闭幕　凸显四大焦点[EB/OL]. http://auto.163.com/04/1204/17/16PB18AV000816K3.html, 2021-5-11.

[4] Department of planning, transport and infrastructure. Landscape Guidelines Landscape Concept [EB/OL]. http://www.dpti.sa.gov.au, 2012-04-11.

[5] Thayer Jr., Robert L.. Landscape as an Ecologically Revealing Language [J]. Landscape Journal, 1998(2): 118.

[6] 上海才探人才网. 景观概念设计师/Landscape Concept Designer [EB/OL]. http://www.021so.com/vip/51651_1712703.html. 2012-4-1.

[7] Mohsen Faizi, Mehdi Khakzand. The Position of Concept in Landscape Design Process [J]. Design Principles and Practices: An International Journal, 2007(3): 27－38.

[8] Jonathan S. Price, Robert G. McLaren, David L. Rudolph. Landscape restoration after oil sands mining: conceptual design and hydrological modelling for fen reconstruction [J]. International Journal of Mining, Reclamation & Environment, 2010(2): 111.

[9] Mevlit Canagir. Proposed process-oriented systems instruction: landscape architecture design [D]. Ann Arbor: University of Michigan, 1980: 254.

[10] Luciana Alves Oliveira, Silvio Burrattino Melhado. Conceptual Model for the Integrated Design of Building Facades [J]. Architectural Engineering and Design Management, 2011(3): 190－204.

[11] 沃特曼等. 景观与城市环境设计[M]. 逢扬, 译. 大连: 大连理工大学出版社, 2011: 6.

第二章

设计原理

——景观概念设计即景观结构语言的体系建构

景观概念设计不仅强调概念上的可变性，而且更关注具有可变能力的形式可能性以及可变性的物质形态。同时，景观概念设计应该保持一种更为开放的设计策略，其结构体系方面的置换在景观艺术形式语言中的意义更关乎它们在景观语法规则中实意符号所表达更深层意义的构造方式。

第一节 ⊙ 作为符号系统的景观结构语言

语言是“一个符号系统”[1]，格雷马斯（Greimas，A. J.）指出：“语言学，作为符号学中研究最充分的一部分，被视为社会科学中科学地位最为突出的学科。符号学，正是以这种双重的身份——既作为探讨科学话语的主体，又作为探讨的对象——置身其中。”[2]爱德华·萨丕尔（Edward Sapir）在《语言论》中也认为：“语言是纯粹人为的，非本能的，凭借自觉制造出来的符号系统来传达观念、情绪和欲望的方法。”[3]语言由单词和语法构成，它是由语法规则连接起来的、用以交流思想的、复杂的符号体系，“词语在其自身并无价值；只有关系才是主要的”[4]。也就是说，语素自身并无意义，意义来自语素的结合，“语言之最重要的特点是，一个字词给出另外一个字词，这就是说，每一字词都被另外的字词所召唤，而这另外的字词自身又向继续的言说进一步开放”[5]。正如皮亚杰所指出的“语言符号的任意性”：“语言符号是约定俗成的，与它的意义不具有内在联系，因而它的意义也是不稳定的。……但不言而喻，语言的多种多样本身，正好就证明了语言符号有约定俗成的性质。不仅如此，符号永远是社会性的（在习惯上明确地或不明确地约定俗成的）；可是象征则如同在象征性游戏或在梦里一样，可以是起源于个人。”[6]语言学视角下的景观艺术就是将景观艺术与语言进行松散的类比，“在景观形式中，只要能懂得它们的语言，这些观点都能被读懂，就像文字记录的观点一样。只要这些观点有一个总体构架，就会有语法和词汇”[7]。

景观艺术作为一种语言，它是由若干文句构造的一个文本，且“景观通过象征以及‘和谐’的布局融合了世界悠久的历史以及当代元素。显而易见，景观本来就是一种语言的哲学，是哲学的一种形式”[8]。景观艺术形式语言也有自己的短句，表示起始、中断和结尾，亦由若干自己的单词组成，每个具有特定表征含义的词又被特定的景观语法规则统一到文句中。也就是说，类似语言结构的景观艺术形式拥有自己的语言符号（Sign）、语法（Grammar）和文本（Text），“符号”是景观艺术语言体系中的基本单位并依循特定景观语法规则组成一套标记和符号系统，即其语言并不是一堆杂乱的词汇和表达。而“空间的组织”就是景观艺术形式语言的语法规则，即通过运用一定的空间词汇（Spatial Vocabulary）和空间句法（Spatial Syntax）定义景观的特征："景观建筑的本质是组织和划分土地的使用功能，空间是土地细分的结果和设计的媒介。空间提供不同的使用功能和供人们享受的景观。"[9]

而在语言学语境中，句法功能是"描述句子的结构，并界定它"，景观结构语言之空间句法的抽离即寻求描绘空间上的固有的相互作用，换句话说，景观"语法"是景观"符号"之间的空间关系，这些关系是技术使用、美学传统或地区惯例的综合结果，景观符号与其所表现的意义之间的关系，是景观中某一个单独的"符号"与其他符号体系的关系，是赋予景观"符号"更深层意义的符号间的结构。[10]通过一定的组合规则、惯例或秩序的景观语法在确定该景观"符号"意义的同时，也把不同的景观"符号"组织成了一定的场所，且作为空间"精神"的承载体，"场所"就是空间创造的核心，空间又促成了在特定区域形成一定的场所精神。

第二节 ◉ 景观结构语言——景观概念设计的主要研究对象

景观概念设计关注的是用设计的方法产生的形式语言来诠释相关的景观文化创意概念，不仅强调概念上的可变性，而且更关注具有可变能力的形式可能性以及可变性的物质形态（图 2-1）。

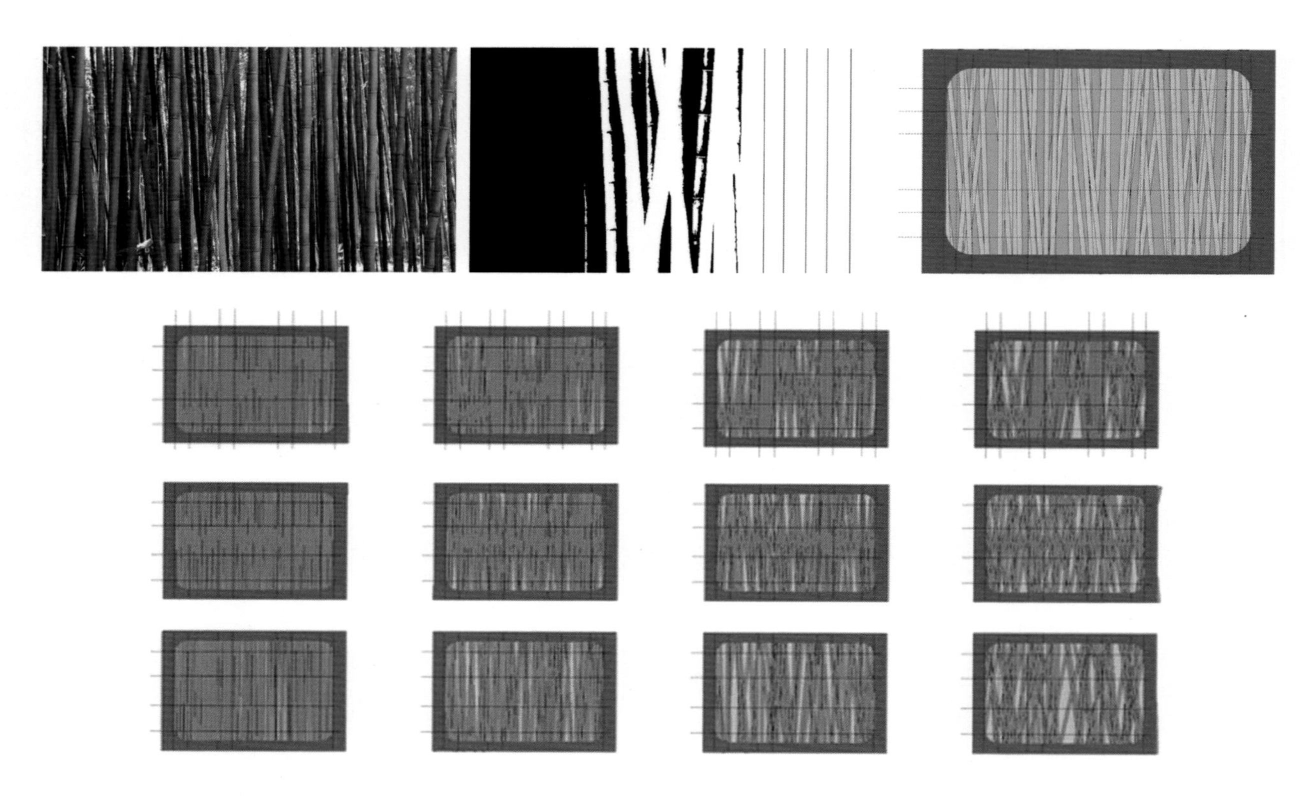

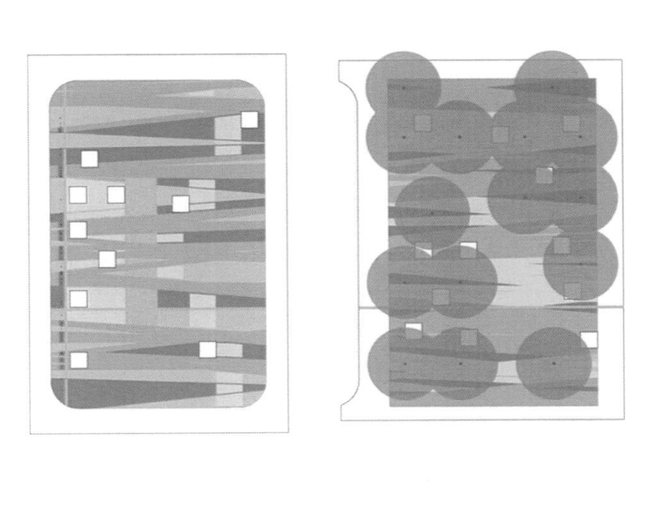

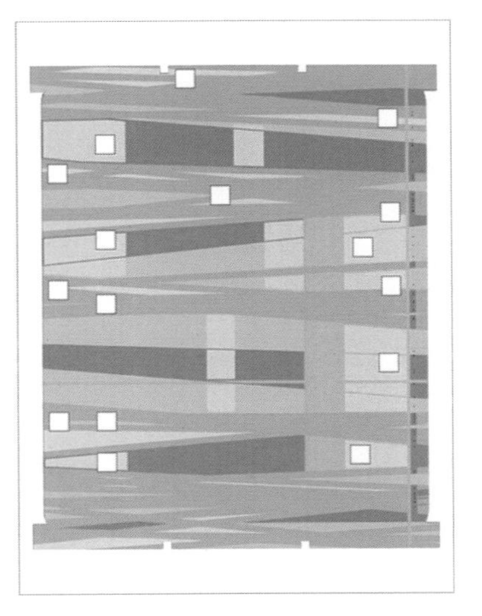

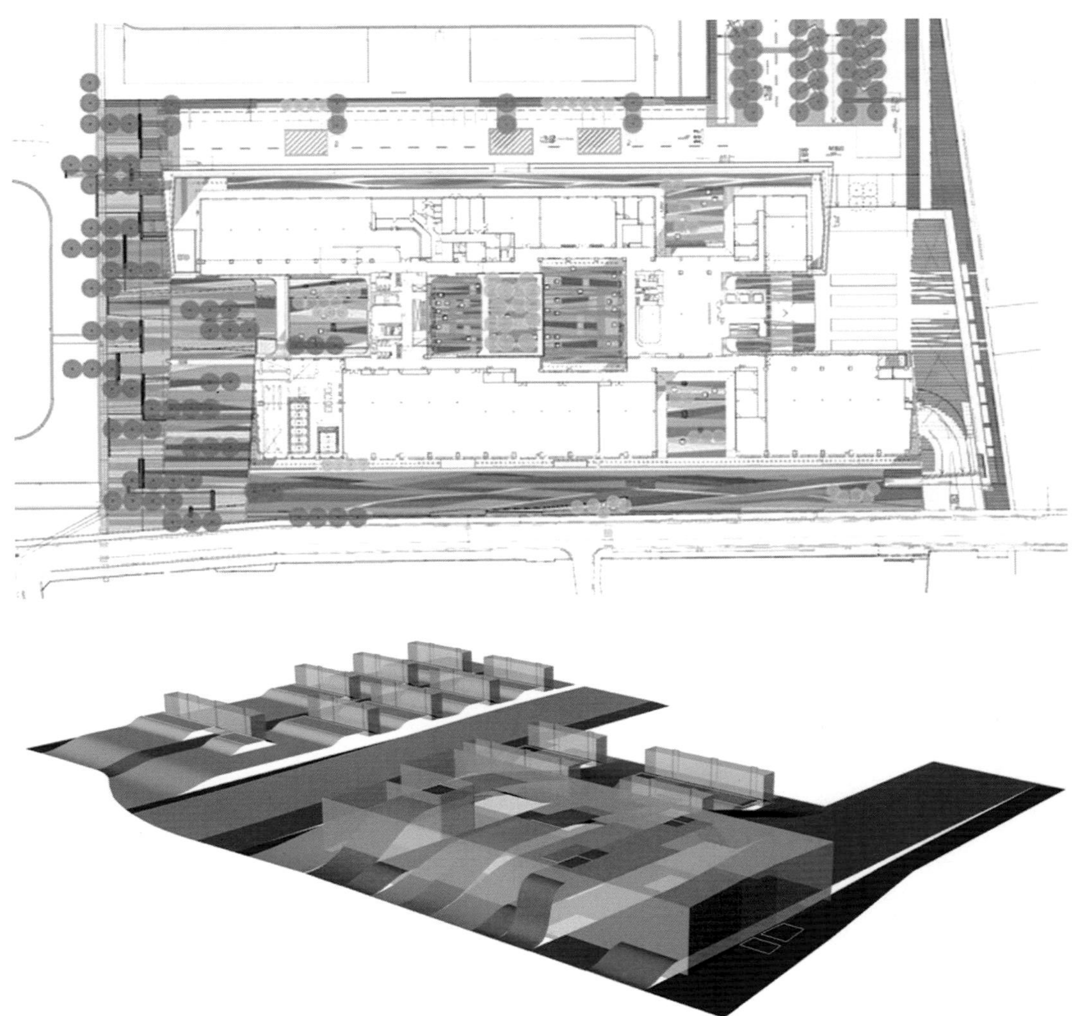

图 2-1　日本“Dai-Ichi”办公区景观概念设计系列图纸示例

然而，景观概念设计不仅仅是形式处理问题，其核心是以“非技术视野”进入研究状态，以景观结构语言的体系建构为设计线索的一种纯粹性、整体性、探索性思维，且在我们能够发展出任何有用的“如何去做”的景观概念设计模式之前，必须形成某种导向实践的关于“如何思考”的连续可变的景观结构语言体系建构。景观概念设计在历史分层的设计方法和响应环境的设计方法双重视野之下进行多样性、互成性并置的杂交设计，着重研究景观结构“变移性”的骨架组织形式（图 2-2），循序渐进地串联“场地与环境、空间与功能、材质与建构”三个互动的组成要素（图 2-3）。地理学家将那些人类干预下改造的景观称为“文化景观”（Cultural Landscapes），空间类型学即源自传统和文化，文化景观则进入这一新的认同建构过程——从多个尺度和不同角度对文脉因素的流动性问题做出多解设计回应。

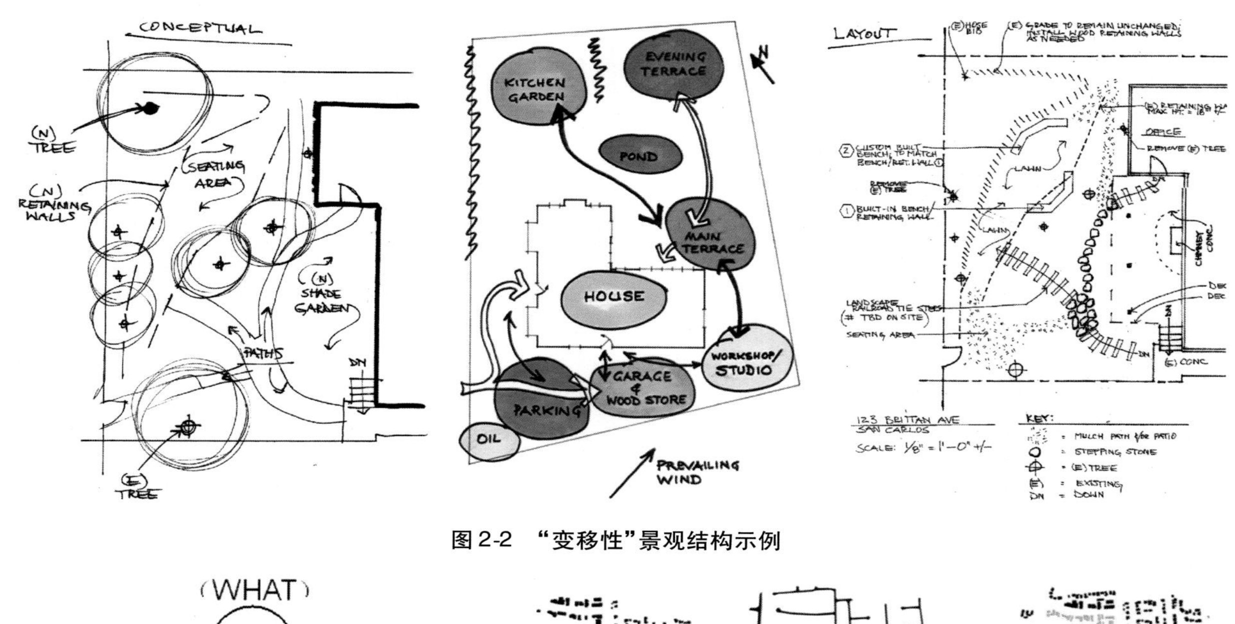

图 2-2 “变移性”景观结构示例

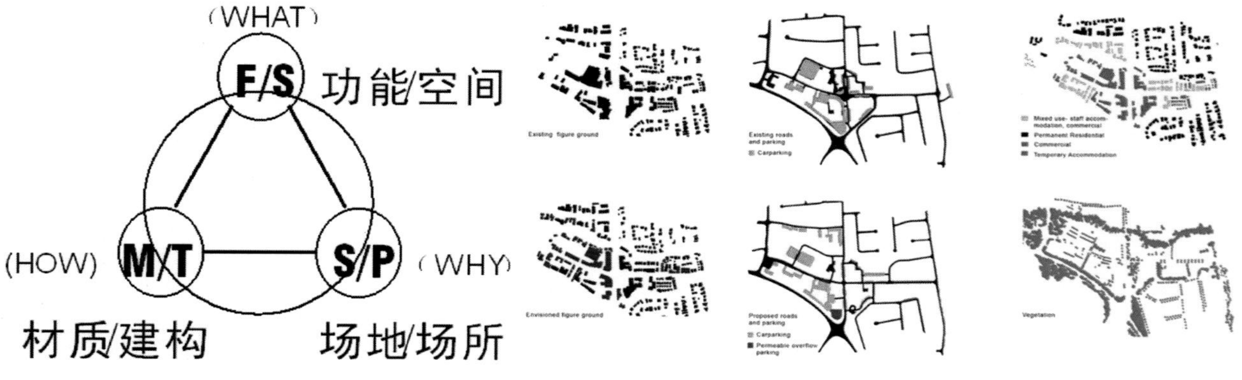

(WHAT) F/S 功能/空间

(HOW) M/T 材质/建构

S/P (WHY) 场地/场所

图 2-3 “变移性”景观概念设计的基本问题：环境 · 空间 · 建构

处于非稳定结构状态的“变移性”作为“无定形（Formless）”中最流行的操作模式，就是要强调以流动结构中动态体系之间的无关联性打破静止状态中形式的稳定性。景观概念设计的形式在其生成过程中具有极大的偶发性与不确定性，而不应是“可度量”的，也不可能是事先约定好的。Pablo Molestina 和 Andreas Ruby 在《操作景观》（*Operative Landscape*）一文中亦认为景观本体实质上遵循一种摒弃“添加”的逻辑与环境减量的操作手法，因为在景观的概念中从来没有图和底的区分。无论景观有什么新的发展——在山丘上、森林中或湖泊里，相对它的周围出现了变化，这些变化都自行成为整体的一个部分。[11]但不确定、非定型并不意味着不能生成结构，注重从自然景观中寻求灵感的景观设计会重视不同生态系统之间的关系，注重还原环境自然及人文生态本质，其结构始终是开放的、是基于土地属性的（气候、水文、土壤性质、日照、环境资源、城市文化、地域文化、项目文化等），而且“认同建构的动态本质并非如它有时显示的那样是新现象：至少在某种程度上总是存在一种建构人们自身认同的需求，而不只是作为一个施予物被动地接受”[12]。设计是专注于过去经验、构想、权衡等种种可能性的一个过程。设计常由隐喻而引发，隐喻所包含的逻辑又引导它精心完成。设计成为一种组织问题、构想答案的辩证法。从一个隐喻跃向另一个隐喻，注意这一点，然后又注意那一点，从不被不协调或暂时协调的过早诱惑搞得束手无策，从思想上开始了解一切重要度量的决定所具有的意义。设计师构想整个体系——关键之点精确，对做决定意义不大的地方则放松或不予解决[13]（图2-4、图2-5）。

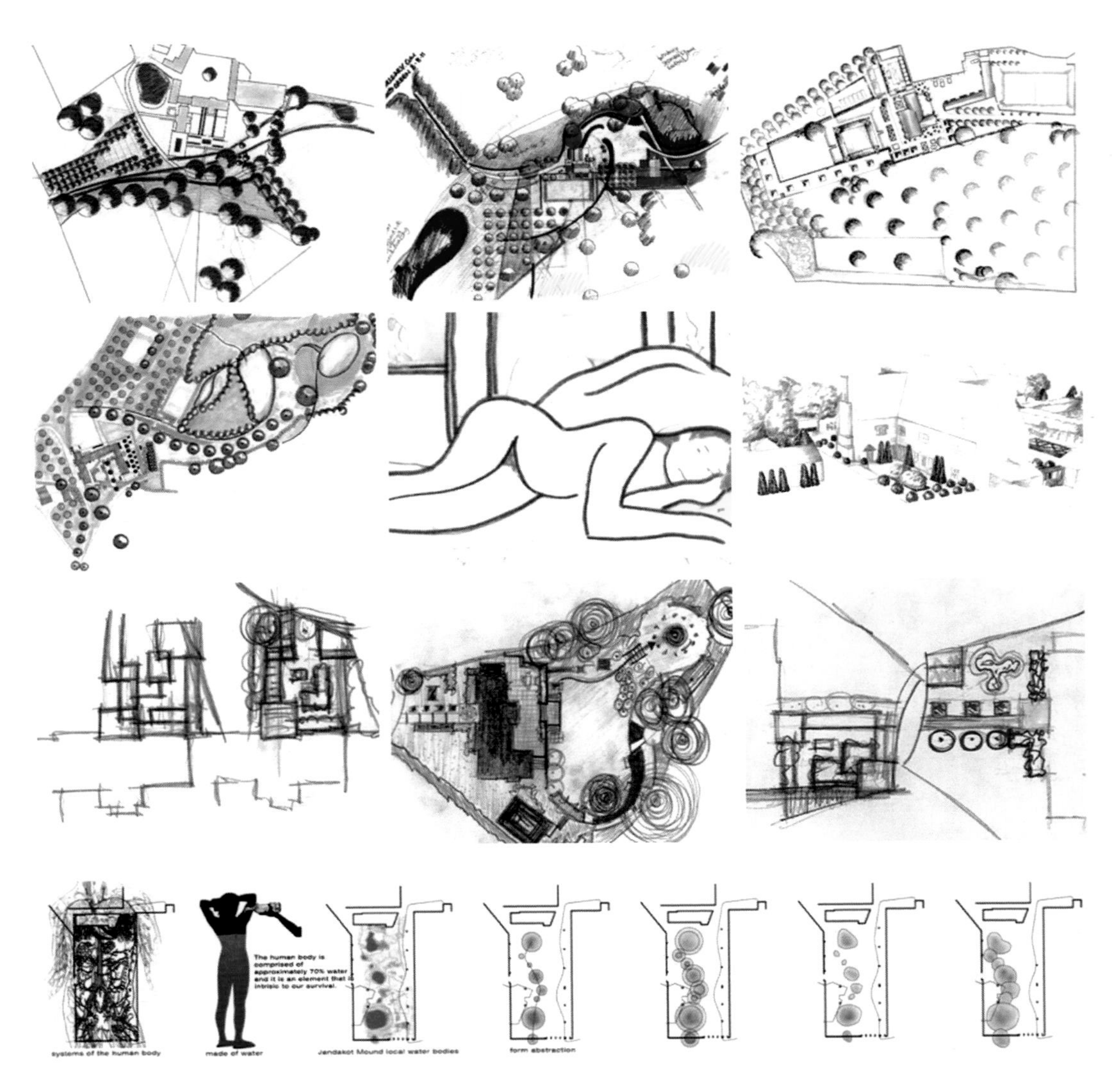

图2-4　景观概念设计的具象性隐喻创意思维方法

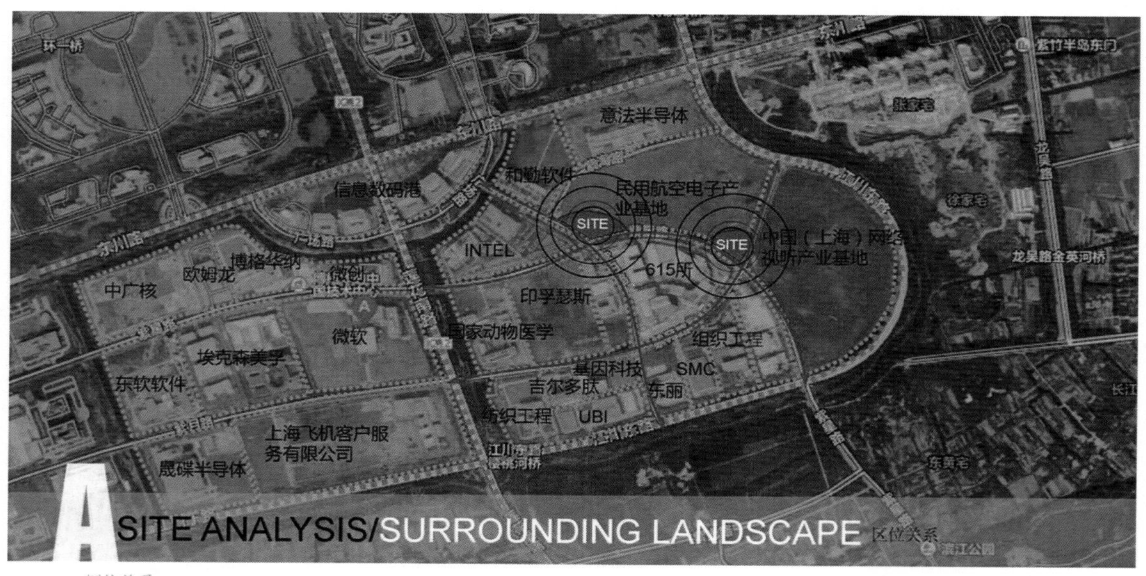

区位关系：

本次设计基地位置位于上海市紫竹高新技术产业开发区紫星路的街角绿地，靠近中航电子产业基地，南面为615所，西侧为INTEL企业园，东侧为上海网络视听产业基地，周边多以企业园区为主，服务对象较为统一。

区域功能：

产业功能：以集成电路与软件、新能源、航空、数字内容、新材料和生命科学等六大类产业作为主导产业。

服务功能：为进入高新区的科研人员和国内外高科技人才提供科技创新的服务。人力资源服务、风险投资服务、中介咨询服务、通讯信息服务、交通运输服务、会务展示服务、娱乐休闲服务……

Industrial function: 6 high-tech industries as the backstone.

Service function: Provide high-tech innovative functions to researchers and high-tech staffs.

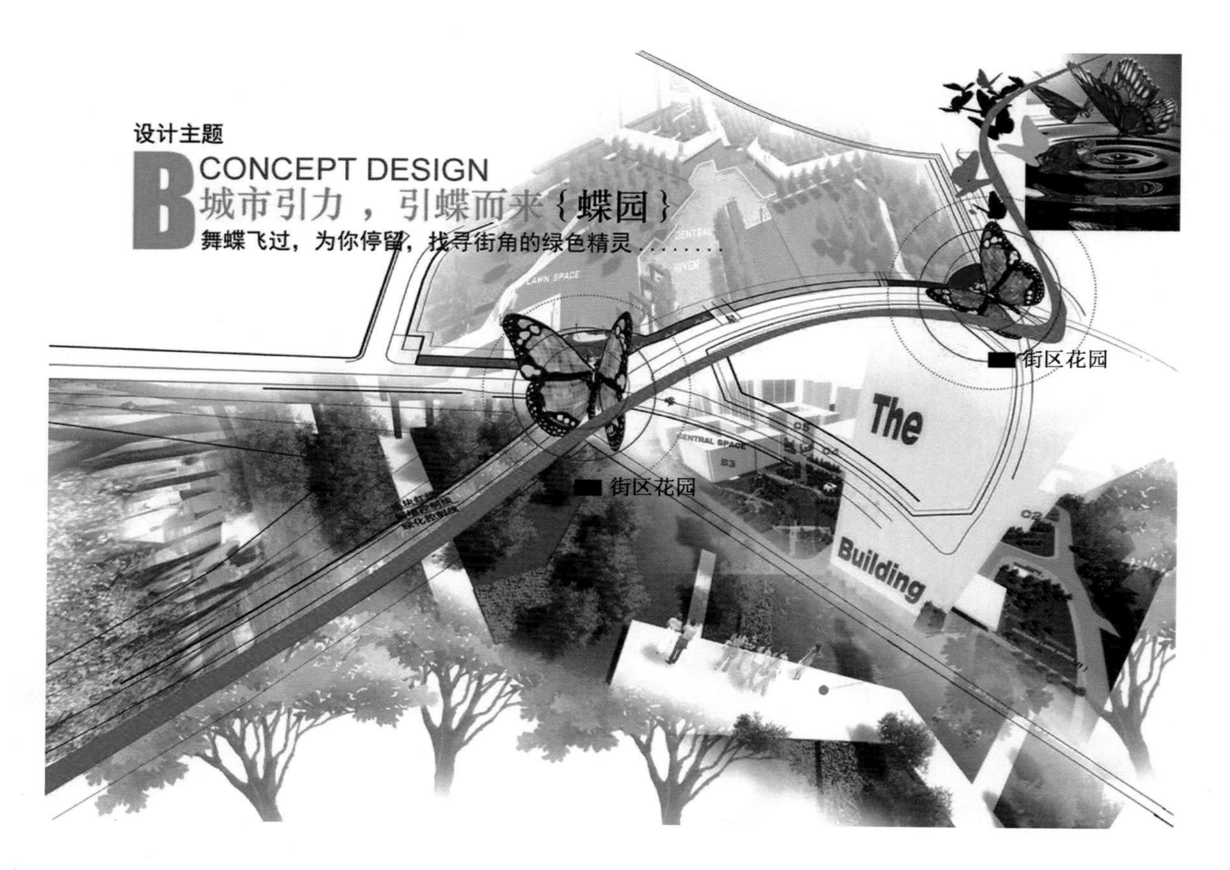

设计主题
B CONCEPT DESIGN
城市引力，引蝶而来｛蝶园｝
舞蝶飞过，为你停留，找寻街角的绿色精灵……
街区花园
街区花园
The
Building

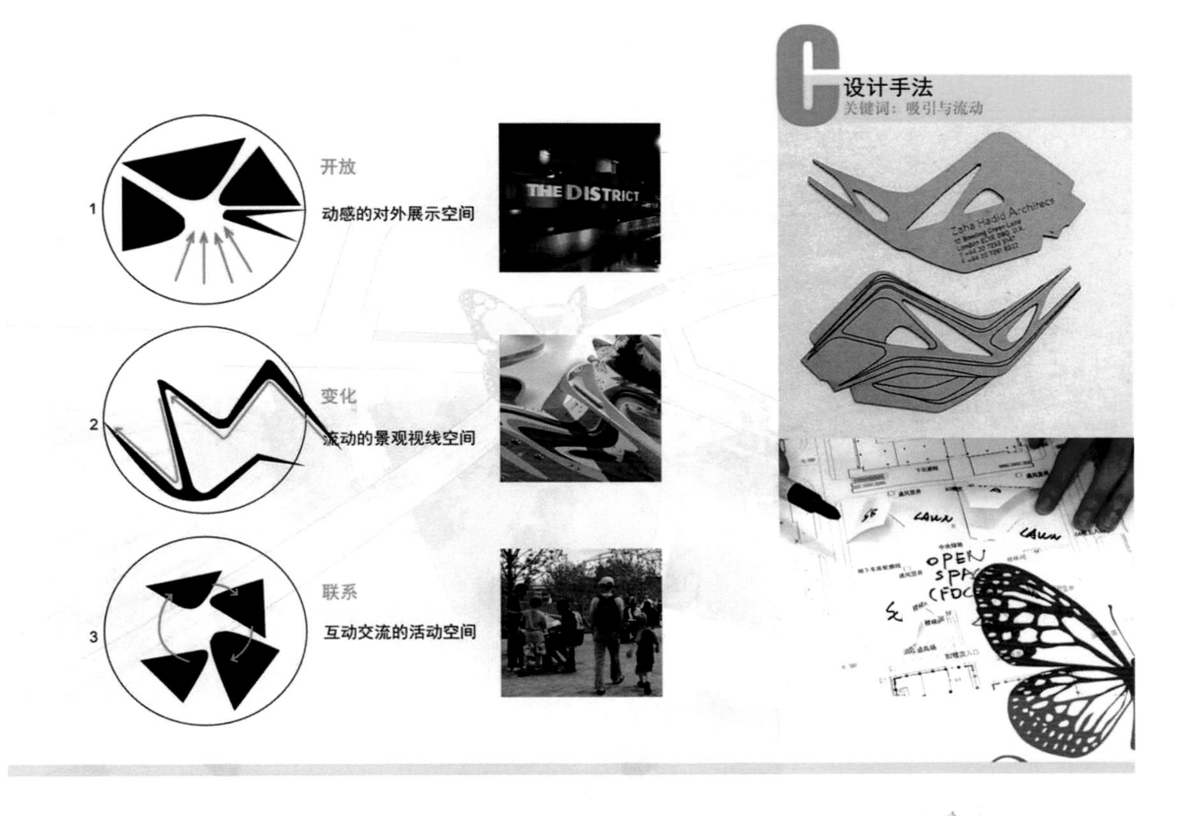
C 设计手法
关键词：吸引与流动
开放
动感的对外展示空间
变化
流动的景观视线空间
联系
互动交流的活动空间
1
2
3
THE DISTRICT
Zaha Hadid Architects
OPEN
LAWN

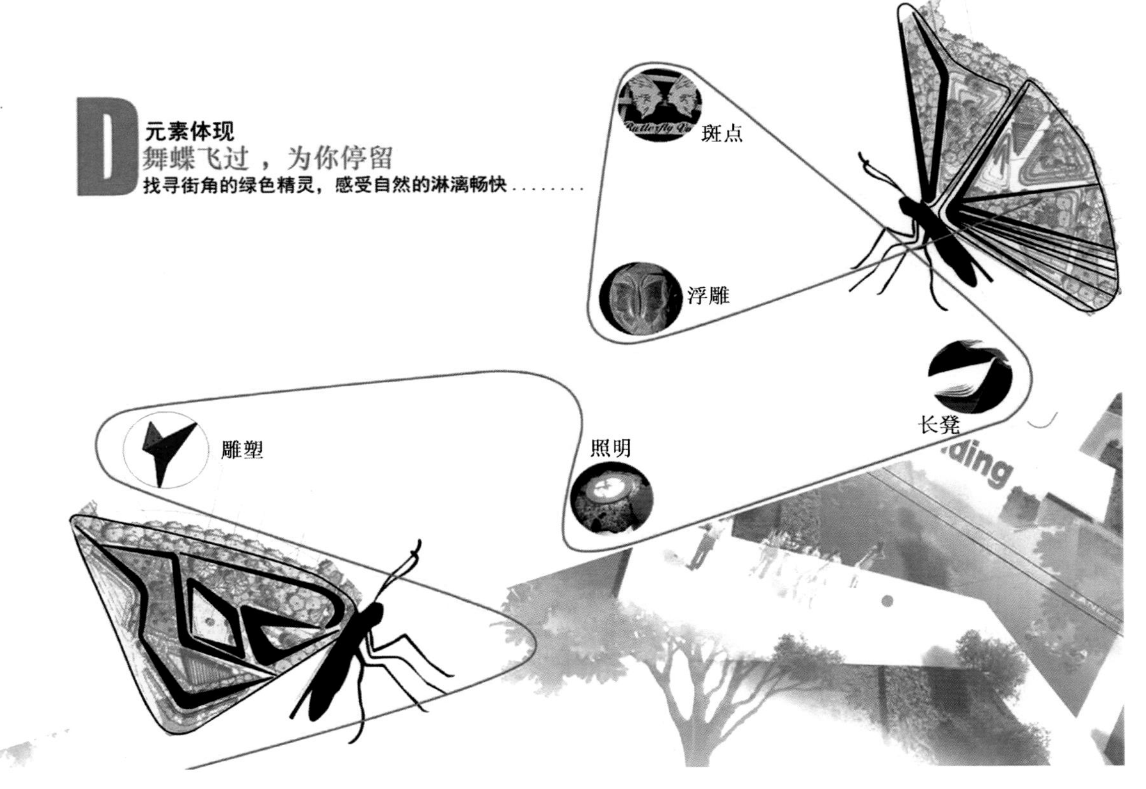
D 元素体现
舞蝶飞过，为你停留
找寻街角的绿色精灵，感受自然的淋漓畅快........
斑点
浮雕
长凳
照明
雕塑

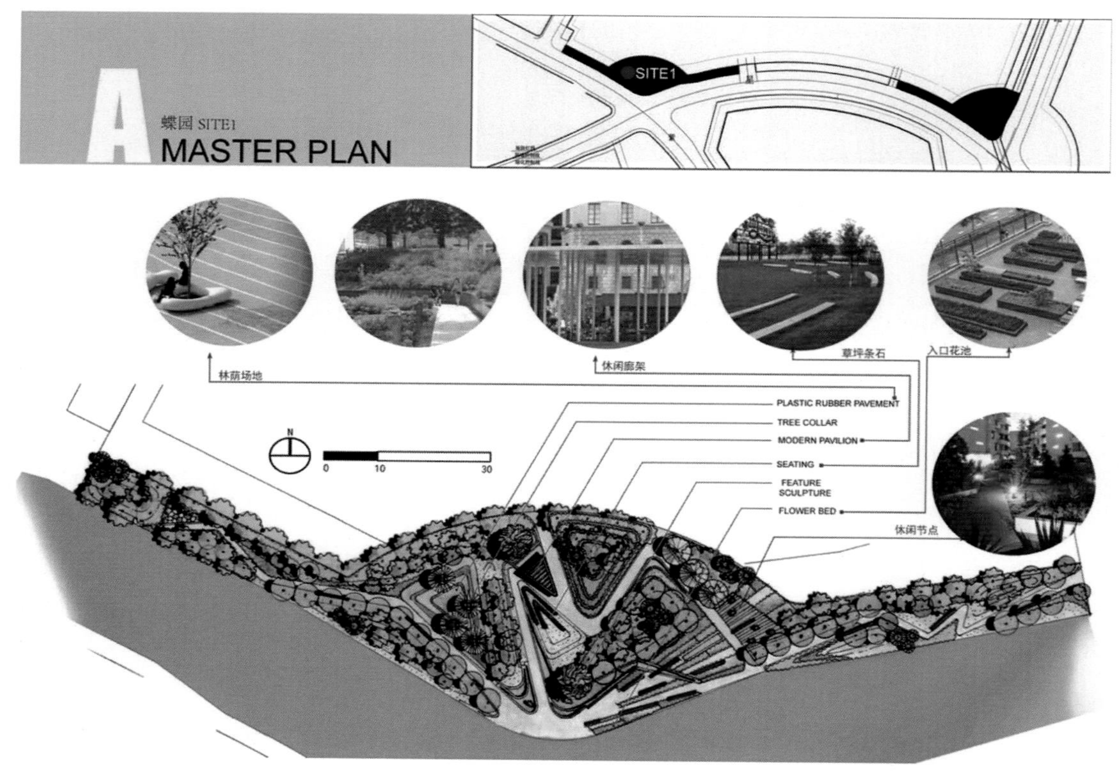

图 2-5　景观概念设计的具象性隐喻创意设计案例

第三节 ◉ 景观结构语言体系的组织策略

景观设计师往往有一种忽视度量标准的倾向。然而，景观中的度量标准往往比建筑及其结构的度量标准来得更为微妙，关注度量标准在景观设计中是非常重要的。受到建筑设计和城市设计的诸多观念的影响，在景观设计过程中有一种使用新的度量标准的需求，这可以使设计师从毫无根据的自由形式中解放出来，形成对景观尺度及维度的一种新的认识。度量标准有时仅仅是一种单位或者一种标准的度量方法。我们习惯了国际通用的以米为单位的计量方法去理解设计。然而，我们还需要对其他度量标准有一定的了解，例如，大自然的度量标准、公共空间的度量标准、时间和韵律的度量标准，这些度量标准相互叠交，定义了一座城市（图 2-6）。[14]

景观设计在“可度量与不可度量”之间的模糊限定以及与空间转换相关的度量标准即可以创造新的生活节奏和城市体验，与景观结构语言无法脱离的概念设计亦将为形式、过程和系统创造新的理念。例如，选址于北京东三环的人民日报社新大楼，其设计竞赛中标方案的主要创意概念即以圆形造型表达“天圆地方”的结构寓意，并为设计过程提供概念性框架的度量标准。通过电脑模拟从圆形开始逐渐“概念地展现”出三维动态的双曲面造型，并且与长方形的基地形成呼应，最后在顶端形成三角形的人字，与《人民日报》的主题关联，圆形的统摄地位同时满足了该项目处在北京市 CBD 东扩的核心位置作为区域中心的定位要求与城市肌理的衔接（图 2-7）。此概念设计的形式结构从建筑三个“角”上以外凸浑圆的巨大钢柱沿弧线直接交汇到楼顶，三面的玻璃幕墙则是内凹的曲面，以弧形为母题结构体系的建筑造型，即根据场地固有条件变形生成，根据狭长的用地条件在水平方向拉伸。因为交通压力和使用要求在三个方向进行退让，形成了在此基础上的人字形平面，同时在升起的过程中，沿道路方向向后退让，弱化高层建筑对周边环境的压迫感，最终得出了曲线状的建筑造型。

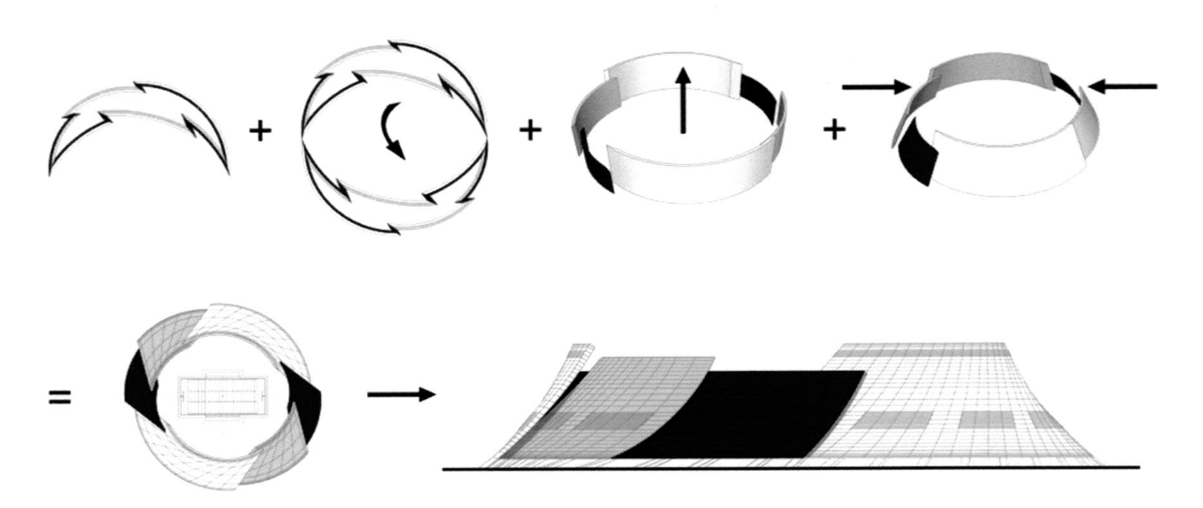

图 2-6　景观概念形态的异变

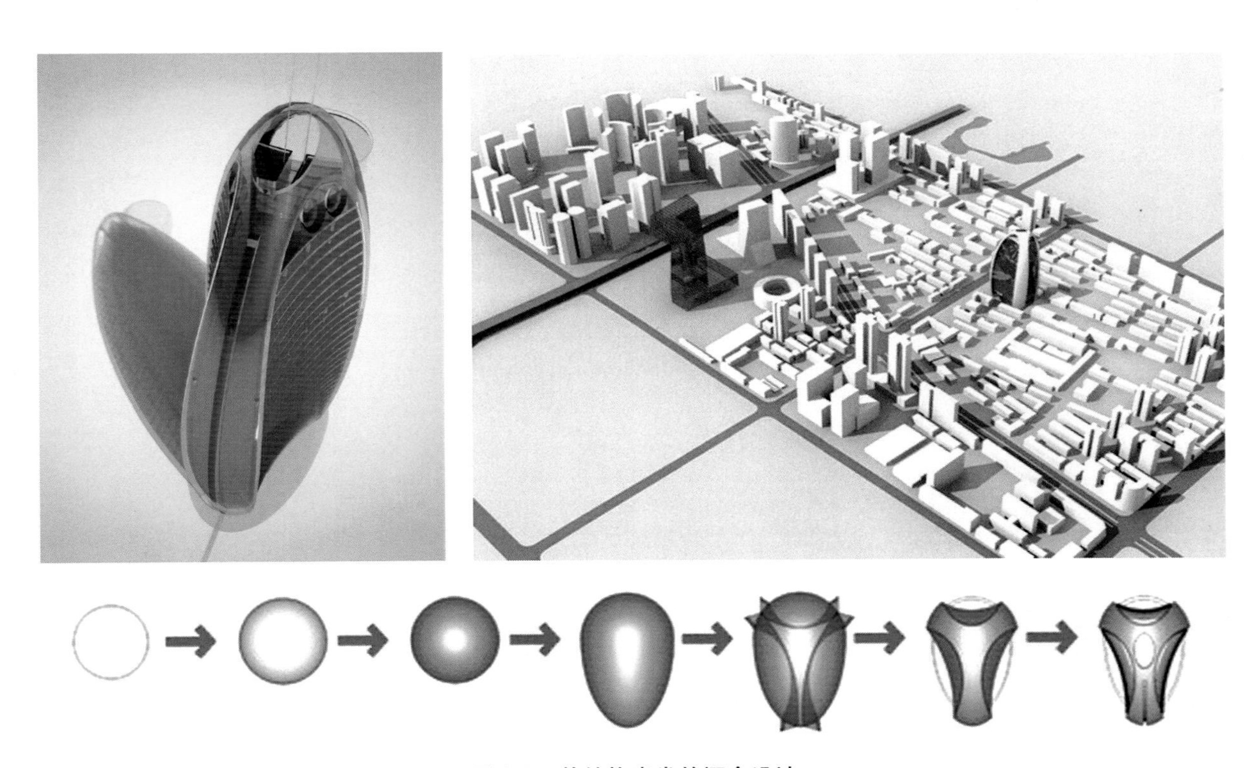

图 2-7　从结构出发的概念设计

小结 ◉

景观概念设计应该是一步到位，还是应该保持一种更为开放的设计策略？一般而言，必须为未来的设计过程的发展留有一定的弹性和变化空间，因为“城市的规模、运动和进程会随着时间的变化而变化，景观建筑师应该具备充分考虑到这些变化的能力，才能够运作非常复杂的城市设计项目。因此，将多样化的技巧应用到每一个工程中对于设计师来说是非常重要的”[15]（图2-8）。

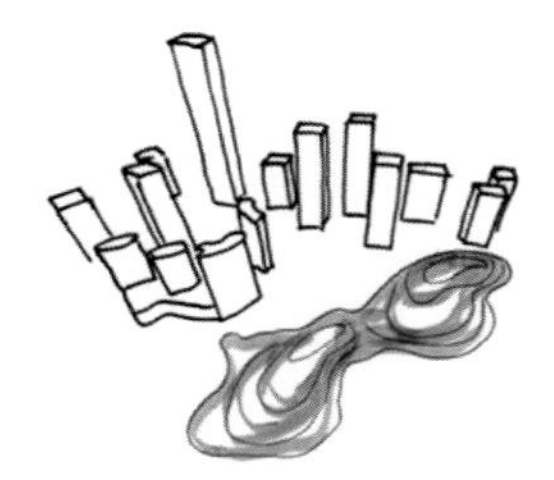

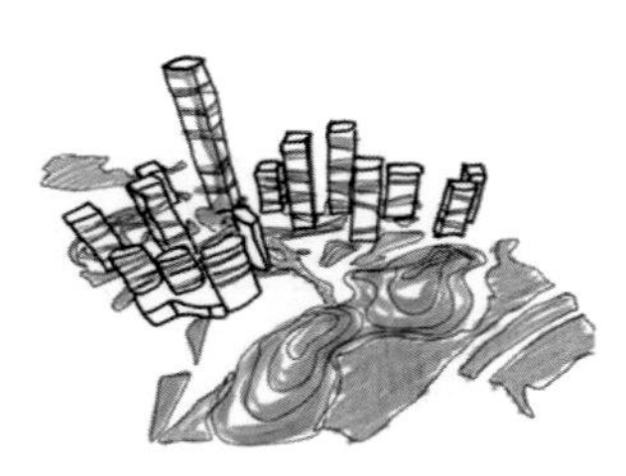

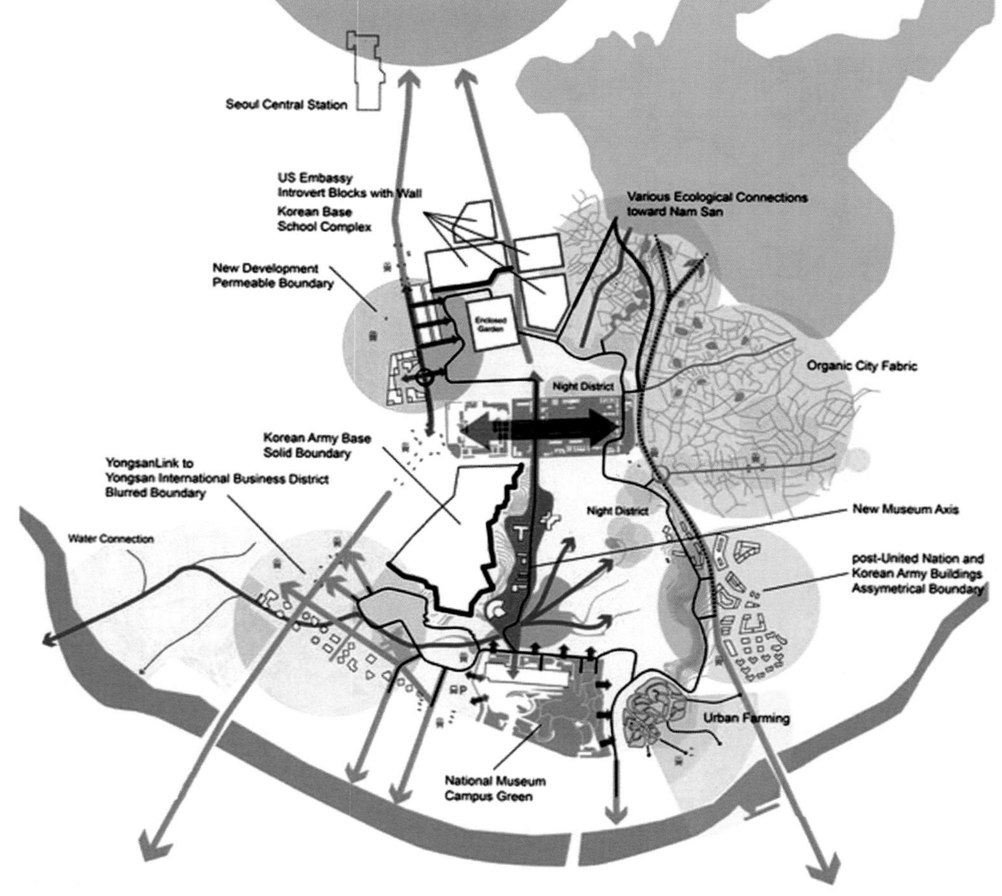

图2-8　结构演变视角下的城市景观生长

思考题

1. 确立某一特定设计主题后,尝试通过概念生成、概念提取、概念元素重组与变形、概念设计图示呈现这一完整过程,对你生活的大学校园某一地块进行景观概念设计结构语言层面的设计操作。

2. 每4人一个小组,搜集景观概念设计在结构形态方面的经典作品,详细分析其优劣,在课堂上分别介绍各自案例,与大家共同讨论总结。

参考文献

[1] [英]霍尔. 表征:文化表象与意指实践[M]. 徐亮等,译. 北京:商务印书馆,2003:31.

[2] [法]格雷马斯. 符号学与社会科学[M]. 徐伟民,译. 天津:百花文艺出版社,2009:3.

[3] [美]萨丕尔. 语言论——言语研究导论[M]. 陆卓元,译. 北京:商务印书馆,2007:7.

[4] [法]列维·斯特劳斯. 看·听·读[M]. 顾嘉琛,译. 北京:生活·读书·新知三联书店,1996:88.

[5] [德]伽达默尔等. 解释学 美学 实践哲学:伽达默尔与杜特对谈录[M]. 金惠敏,译. 北京:商务印书馆,2005:50.

[6] [瑞士]皮亚杰. 结构主义[M]. 倪连生等,译. 北京:商务印书馆,1984:65-66.

[7] [澳]布尔. 历史与现代的对话——当代澳大利亚景观设计[M]. 倪琪等,译. 北京:中国建筑工业出版社,2003:12.

[8] [美]金尼. 第二自然:当代美国景观[M]. 孙晶,译. 北京:中国电力出版社,2007:75-76.

[9] [英]迪伊. 景观建筑形式与纹理[M]. 周剑云等,译. 杭州:浙江科学技术出版社,2003:32.

[10] 邓位. 景观的感知:走向景观符号学[J]. 世界建筑,2006(7):47.

[11] 丁沃沃. 概念设计[M]. 北京:清华大学出版社,2006:22、29-30.

[12] [英]沃森. 设计与场所认同[M]. 魏羽力等,译. 北京:中国建筑工业出版社,2009:6.

[13] [美]林奇等. 总体设计[M]. 黄富厢等,译. 北京:中国建筑工业出版社,1999:134.

[14] [15] [英]沃特曼等. 景观与城市环境设计[M]. 逄扬,译. 大连:大连理工大学出版社,2011:140、63.

第三章

设计意向

——景观概念设计的几种模式构想

景观概念设计是在方案之前的一种设计实践。其目的主要是为投资方(甲方)提供一个对所投资的项目的大体认识和限定——“评述基地、意向和用户,思考所需解决方法的类型,以及物力财力是否足以完成项目计划”,包括对环境(基地、土壤、气候、植物群落等)、周边环境、交通道路系统、业主能承受的价位的综合分析。它是对景观环境内外部条件的一个研究过程,进行景观空间总体的构想,将景观空间分隔,进行平面、立面、剖面构想以及感官环境构想。它强调景观空间氛围的艺术气息、生态效应、功能使用、感官效果等。

设计构想可以尽量图示化,并思考每一种活动与活动之间的相互关系,空间与空间的区位关系,使各个空间的处理安排上尽量合理、有效。因此,设计构想可由几个步骤完成:理想机能图解→基地关系机能图解→动线系统规划→造型组合图。而且,“构想对于产生整体性是非常必要的。构想的重要性不仅仅在于它具有人性,即大脑视野洞察的人间现实,更因为它最终是更为精确的。它产生出在一定情况下所需要的整体性,比起任何智力过程都准确。在渐进过程中,如果每项建设行为都作用于整体性,那么,重中之重的东西是这种行为必须发展,自然地或直接地从已有的东西中发展”[1]。

凯文·林奇在《总体设计》中认为大多数的环境设计都借鉴前人用过的处理手法加以修改。被一再借鉴的形式可以称作典型,司空见惯地使用着的形式则是旧框框了,例如尽端路、后院、绿树成行的街道、轴线对景、游戏场、路旁咖啡馆等。我们头脑中充满着这类惯用的形式,也知道它们的适应性。创造一种新的形式,全面考虑细部、意图、生产方法,使之适合行为的需要等,这是一件耗费时日的事,需要经过反复试验才能证实它的实用性并琢磨改进它的细部。由于不可能全面革新一个地点的大多数特征,因而必须回顾过去的成就。历史上最完美的基地都是这一漫长过程的产物。设计师在沿袭过去某一设计处理时略加调整以改善功能。当适当的定型被广泛推广之时,便可发展宏伟的区域景观,它是由众人智慧创造的,然而却和谐而且在视觉上相互配合成为一种生活方式。作为一个完整的设计过程,不断借鉴修改是有用的,它适用于外部变迁的步调比之环境决策缓慢的场合。但即使在多变动的情形下,我们也应使之适合以前的形式。在正常的设计中,它们随处可见,重大决定也就这样出现了。定型设计不可避免,危险在于未加思考地滥用。可用的定型必须与设计课题存在某种关联,同时还必须通过一系列小修改达到一个好的结果。在不同条件下发展起来的最新款式或形式可能根本就不合适。“设计师对可能形式的创作构思,它通过多种方式完成。设计发展了种种朦胧的可能性,既有局部片段的,也有整体系统的;既在模糊不清的场所,也在精确恰当的地方。设计的思想状态时而像孩子般易受建议影响,时而又持苛刻的批评态度。这是设计师和他正在进行的成长、变更着的形式之间的对话——它不是一个明确的、合乎逻辑的程序，而是在基于对原则、对典型、对基地及使用者特征的了解而准备的场地上所做的非理性的探索。”[2]

另外，“概念设计的提法始于20世纪，受益于林同炎对建筑设计的贡献，是指不经过准确计算，尤其在一些难以做出精确理性分析或在规范中难以规定的问题中，依据整体结构体系与分体系之间的力学关系、结构破坏机理、震害、试验现象和工程经验所获得的基本设计原则和设计思想，从整体的角度来确定建筑结构的总体布置和抗震细部措施的宏观控制。运用概念性近似估算方法，可以在建筑设计的方案阶段迅速、有效地对结构体系进行构思、比较与选择，易于手算。所得出的方案往往概念清晰、定性正确，避免后期设计阶段一些不必要的繁琐运算，具有较好的经济可靠性能。……城市景观概念设计是‘概念设计’的拓展，它通过设计概念将设计者理性与创造性灵感思维上升到专业设计领域，同时结合成功的景观工程案例，依据景观建设项目策划、规划成果，融合政策、法规、规范等因素形成理性、统一的主导理念——景观设计概念并以其为主线贯穿全部设计过程，从而形成独特的、富有创新性的景观设计方法，获得整个景观设计的总目标”[3]。学者邱德华和文剑钢亦提出了景观概念设计的结构关系图式操作步骤，如图3-1所示。

（1）设计基础——前期工作——技术指标及可行性论证⟶地域特征研究⟶空间形式研究⟶民俗文化研究
（2）设计阶段——↓设计概念——概念的正确性⟶概念的创新性⟶概念设计方法⟶概念文脉继承
↓概念设计⟶↓功能审美　↑环境视觉风貌的一致性
↓方案原创　↑环境视觉条件的和谐性
↓方案价值　↑环境视觉氛围的艺术性
↓工程造价　↑环境保护质量的生态性
（3）成果审议——方案评审——↓景观要素评审⟶资源利用⟶场地规划⟶审美效果⟶↑
↓景观工程预测⟶工程施工技术⟶工程施工组织设计的内容和质量⟶质量预测
↓景观效益预测——↓经济效益
↓社会效益
↓生态效益

图3-1　景观概念设计的结构关系图

景观概念设计作为景观设计的一个阶段性设计过程在本质上是一个理性分析的过程，“是对设计场地的一切客观因素的逻辑分析，它包括对设计场地的植物群落（包括耕地）、气候特征、土壤类别、人流规律、公共与私人空间、空间的使用方式、地理特征、人文历史、人口变化、污染调研及交通方式等生态和人居环境条件的总体分析，总结设计场地的不利因素，归纳设计场地的发展潜力。感性论证是理性分析后的论证（心理、生理、情绪和气氛等）。很多因素会在功能上改变客观事物的面貌，形成很多错觉，这些通过感性所获得的错觉很可能启发和论证景观设计”[4]。安建国和方晓灵则从场地研究的层面提出了景观概念设计表达的具体思路：

（1）初次感知。

第一步：个性化感知（第一印象，最初体验）。

第二步：空间理性论证（寻找第一印象的来源，反复体验），整理出场地元素的主次关系。

（2）理性分析。

第三步：使用者的体验（通过社会调研，评估设计师个人感受中的共性部分）。

第四步：提炼感知的共性部分——设计师与使用者的感知对照分析。

设计师：发现空间的新鲜感觉——经常将抽象感觉提升为设计意象。

使用者：更多从功能性角度考虑——经常反映出设计方向。

第五步：提出问题（共性＋个性）。

个性体现的是设计师的敏感性，共性体现的是社会的需求性。

（3）再次感知。

第六步：分析问题（重新回到最初的体验，并更深入地进行场地分析）。

（4）理性深入。

第七步：解决问题（对最初的体验的求证）。

第八步：设计细节和技术。[5]

第一节 ◉ 景观空间构想

景观空间构想一方面是对场地现有景观形态的改造设计构想，另一方面是对景观空间成长的概念构想。其中景观空间成长的概念一般指景观空间中同样目的的活动方式、使用方式的改变；景观空间中植物群落随时间推移而改变；景观空间中构成材料的耐久性和寿命的改变。且景观空间成长的构想包括对景观空间存在的活动内容和用途变化的构想；分段景观空间构想的形成——分段地对基本功能要求的活动进行先期构想，对未来的活动内容进行预留；构想景观空间中植物群落所达到的预期效果（即植物造景的艺术、生态效应）；景观空间的增加或修减的可行性的构想（图3-2—图3-7）。

美国学者克莱尔·库珀·马库斯和卡罗琳·弗朗西斯在其共同编著的《人性场所：城市开放空间设计导则》中初步建立了一套评价景观空间建构的使用标准：

● 位置应在使用者易于接近并能看到的位置。

● 明确地传达该场所可以被使用，该场所就是为了让人使用的信息。

● 空间的内部和外部都应美观，具有吸引力。

● 配置各类设施以满足最有可能和最引人的活动需求。

● 使未来的使用者有保障感和安全感。

● 在合适的地点，向人们提供缓解城市压力的调剂方式，有利于使用者的身体健康和情绪安宁。

● 尽量满足最有可能使用该场所的群体的需求。

● 鼓励使用人群中的不同群体的使用，并保证一个群体的活动不会干扰其他群体的活动。

● 在高峰使用时段，考虑到日照、遮阴、风力等因素，使场所在使用高峰时段仍保持环境在生理上的舒适。

● 让儿童和残疾人也能使用。

● 有助于开放空间管理者奉行的各项行动计划，比如，幼托中心的教育计划、医院的治疗计划。

● 融入一些使用者可以控制或改变的要素（如托儿所的沙堆，老人住宅中的花台，城市广场中的互动式雕塑和喷泉）。

● 通过某些形式，如让人们参与该空间的设计、建造及维护的过程；把空间用于某种特殊的活动；或在一定时间内让个人拥有空间，让使用者——无论是个人还是团体的成员享有依恋并照管该空间的权利。

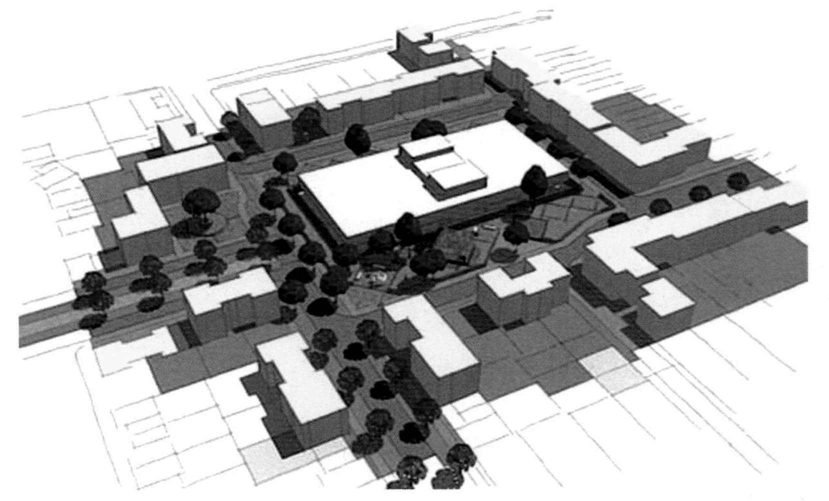

图 3-2　景观空间成长的构想模型图

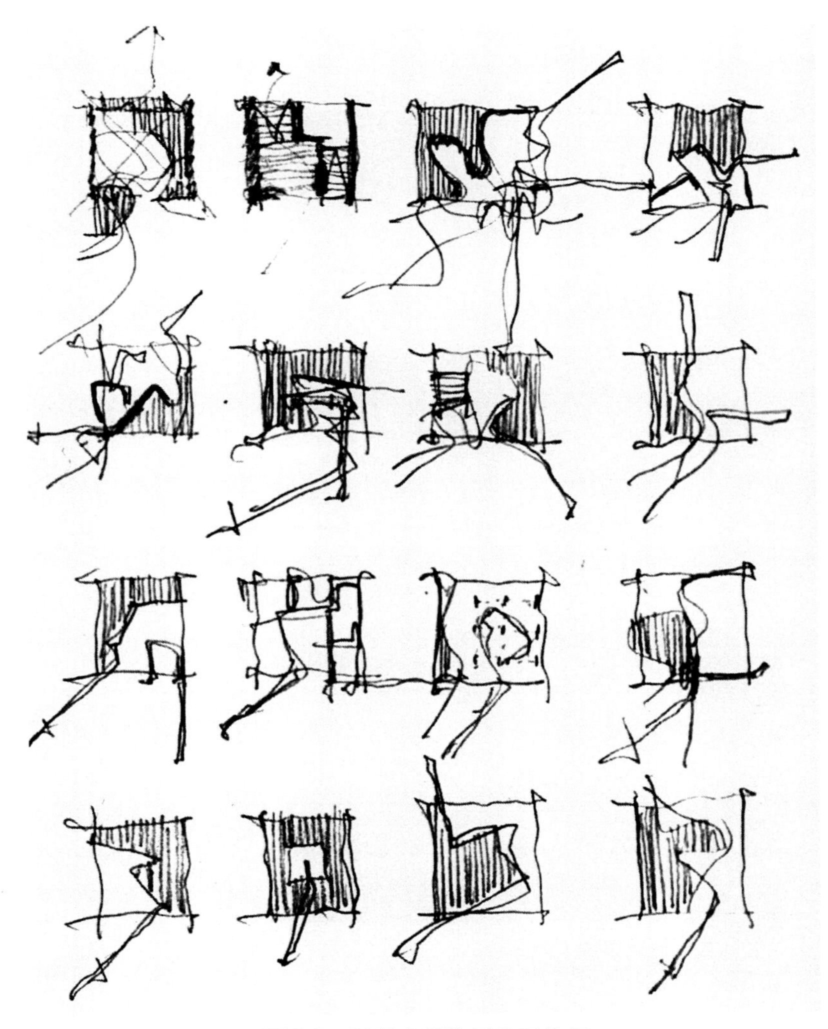

图 3-3　景观空间格局分割构想

● 维护应简单、经济，控制在各空间类型的一般限度之内(如水泥广场可能易于维护，但不适用于公园)。

● 在设计中，对于视觉艺术表达和社会环境要求应给以相同的关注。过于重视一方面而忽视了另一方面，会造就失衡的或不健康的空间。[6]

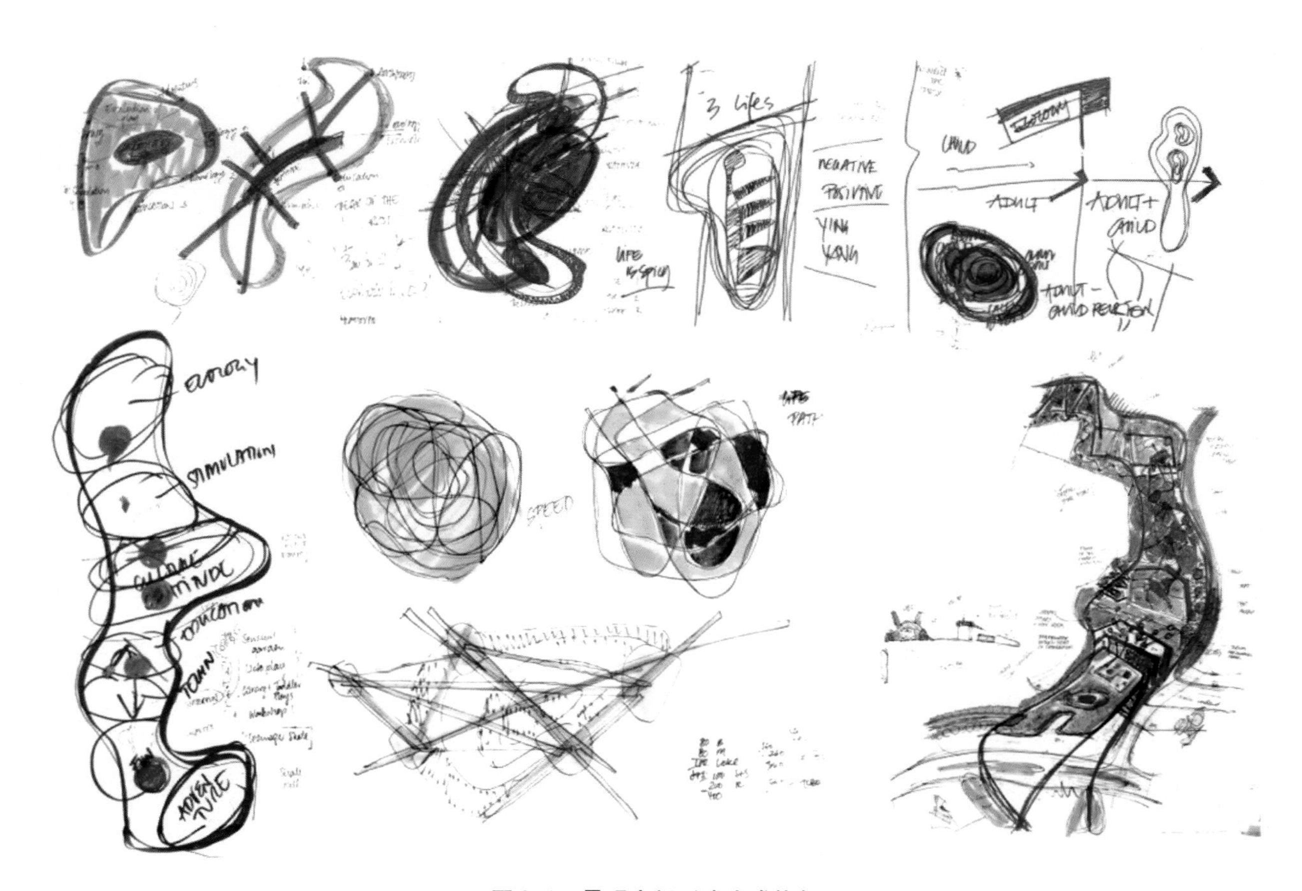

图 3-4　景观空间形式生成构想

景观骨架——廊：串联与展示
景观体系：廊+庭+院
社区公共活动空间沿景观廊道布置，提高景观均好性与可利用性，增进住户交往。

2号地块主题分区
两庭五院·幸福回忆
幸福之花在这里盛开，
繁华深处营造心灵的庭院。
寻找美好，一起走到幸福里。

总平面图 | 总图设计 Master Plan

成都华润·幸福里景观设计

1号地块：

经济技术指标：
总用地面积：32932.2 m²
建筑占地面积：8075.2 m²
景观面积：24857.0 m²
铺装面积：13574.2 m²（商业街的面积为 11056.6 m²）
水体面积：306.9 m²
绿地面积：10975.9 m²
绿地率：33.3%
软硬景比例：8.1：1.9（除去商业街和水景面积）

2号地块：

经济技术指标：
总用地面积：32239.4 m²
建筑占地面积：8697.2 m²
景观面积：23542.2 m²
铺装面积：9061.6 m²（商业街面积为 3241.9 m²）
水体面积：103.1 m²
绿地面积：14377.5 m²
绿地率：44.6%
软硬景比例：7.2:2.8（除去商业街和水景面积）

图 3-5　从空间组合层面出发的“成都华润·幸福里”景观概念设计系列图纸

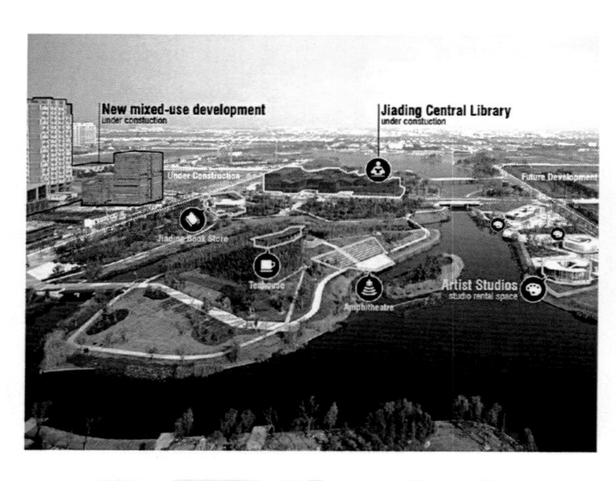

图 3-6　利用现场照片进行空间构想分析方法

图 3-7　空间构想的透视化表现

第二节 ◉ 景观结构构想

"景观结构由节点、透景线、景区和景观序列构成,是一个点、线、面相结合的布局系统。……景观结构的确立明确了不同景区的景观特征,并建立了各景区之间的联系。构筑理想的景观系统,无论节点、透景线还是景区都应有主次、强弱之分,以便形成一个脉络清晰的整体结构。同时,园林绿地的景观结构应该与场地的肌理相结合,反映园林绿地生于斯长于斯的特质。"[7](图3-8)约翰·O. 西蒙兹(John Ormsbee Simonds)在《景观设计学:场地规划与设计手册》(*Landscape Architecture: A Manual of Site Planning and Design*)的"景观中的结构"部分则从自然适应性的视角深刻指出:"无论哪种类型,最好的结

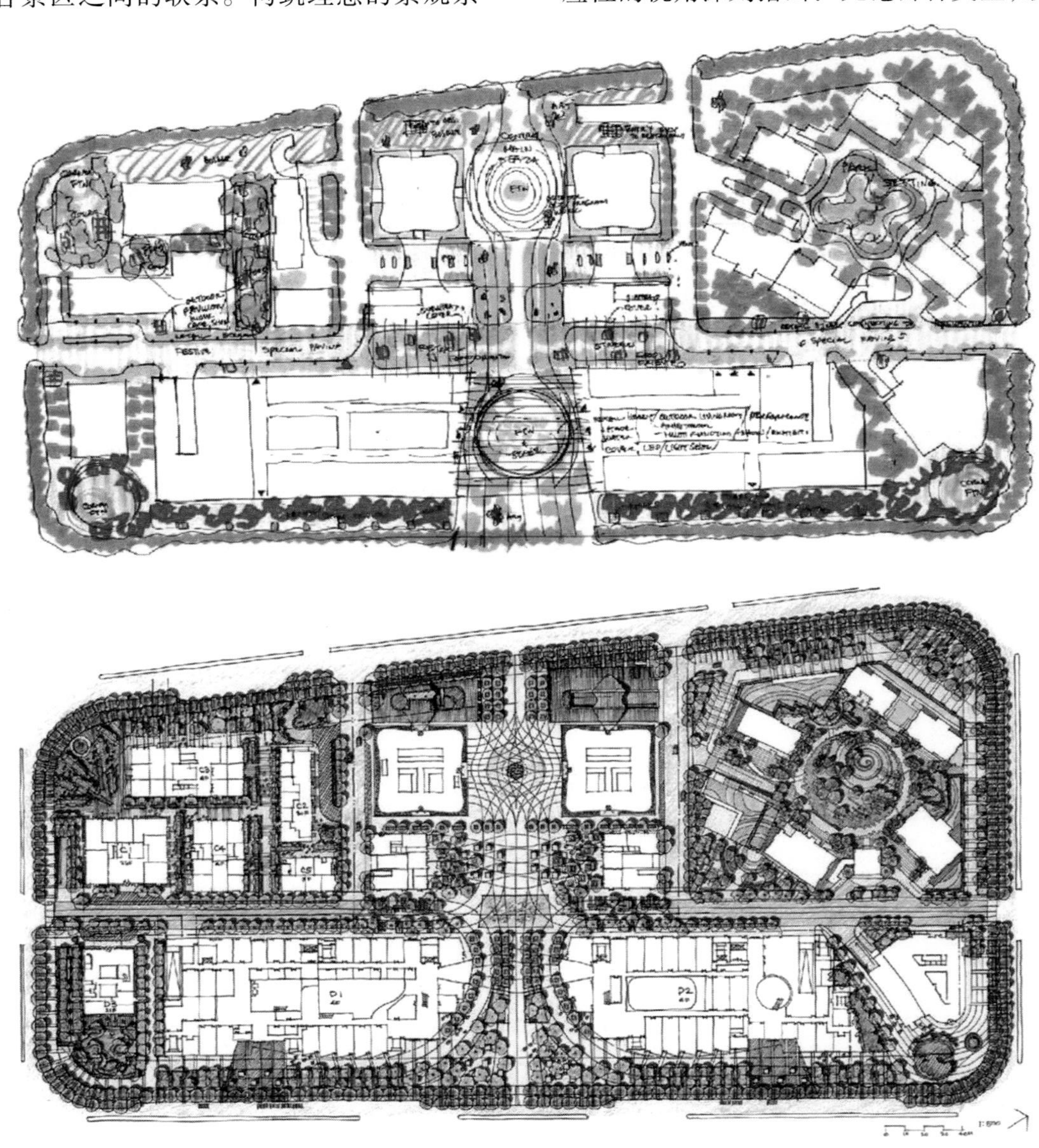

图3-8 从景观概念结构草图到景观概念设计平面图

构是那些因时就地，以最经济的材料最好地实现目标的结构。毫无例外，自然崇尚的是一种高度简洁、有力和柔韧的结构：无论是树的枝干，还是鱼鸟的骨架，甚至蛋壳和草茎。作为形式，每一类结构都很出色地配合其功能，每一类结构的设计和制造都无须考虑美学，然而就这种绝对的适应而言，每一类都洋溢着内在的美。那么，是否那些规则和程式的教条只会限制而不会孕育富于意义的设计？是否那种事先就对形式和结构做好构思的观念只会产生过时的建筑？是否如同在自然界中一样，我们最精巧优美的结构将源于对更富表现力的形式的直接寻找？……同结构形式和客观物体一样，在住宅和城市的布局方面，自然同样有许多我们可鉴之处。我们还没有见过成轴线排列的蚁丘和对称布置的海狸居所。这些野生动物已学会将居所同自然地形、水流现状、风向风力及太阳运动轨迹谐调起来，我们人类难道还无动于衷吗？……如果总结一下教训，那就是：依据教条公式设计的建筑和依据简单几何学进行的场地规划是注定要失败的。"[8]美国学者亚历山大等在《城市设计新理论》中基于整体性设计思想即提出了清晰明确、重点突出、开合有度、起承转合的景观结构规划要点：

（1）整体性或连贯性是空间构形的客观条件，这种条件在任意给定的空间都或多或少地存在并且能够测定。

（2）产生整体性的结构形式总是存在于它自身特定的环境中。因此，绝不会有两种完全相同的形式。

（3）整体性的条件总是由相同的、具有明确定义的过程产生的。这个过程是通过逐渐产生出一种在空间上被定义为"中心区域"（The Field of Centers）的结构而呈增长趋势进行的。

（4）中心区域是通过在特定条件下不断创建扩展中心而产生的。[9]

西蒙兹在《大地景观：环境规划指南》（*Earthscape: A Manual of Environmental Planning*）的"区域规划"部分亦着眼于总体性区域景观的"结构"："确立每一区域的图解结构，周密设想规划布局是有秩序发展所必不可少的。可是，如果确定的土地利用和相互的关系没有表达出区域的特性，那么各种摩擦将会发生。假如人和货物的自由活动不能保证，那么将会产生代价高昂的低效率和令人苦恼的时间浪费。假如没有考虑和提供区域内生活和工作的人们的需要，那么将会产生持续不断的不满意见。假如规划的框架没有提供可能调整的和经常更新的机会，那么退化是注定要发生的。在分布诸规划要素时，规划家将发现一些固有的'既定因素'，它们大大地影响区域结构的发展。关键的地形特征，如山、深谷和水体，这些要素将暗示出某些土地利用形式和规定了其他问题。现有的道路和铁路以及主要的公用事业设施，常常是非常牢固地存在着，只能作轻微地改动，以至于必须承认它们并结合到规划中去。现有的耕地和自然区的分布也是重要的，因为它们很易于组织到开放空间系统中去，以弥补稠密建筑区内新空间之不足。合理而有效的集中开发方法当然应受到尊重，这完全是传统的土地利用方法，甚至是地产所有人的看法。具有吸引力的、合乎需要的新开发方法的可能性，也是规划过程中应考虑的因素。……如果区域规划的方案与群众的愿望相悖，或者，如果这个规划极大地破坏了自然的和人工的秩序，就注定要受到有力的反对并最终失败。反之，如果规划适应了自然的特性并促进了和谐的系统，那么这个区域就能一步步地、通过合理的发展过程，发挥其最大潜力。所以就这一点来说，规划家的目标就是，制定和实现区域的图解，使各种需要的土地利用的图形、一切环境因素达到平衡。如果达到了这个目标，那么每一个区域将不仅能实现其最高的和最好的功能，而且能体现其自身的鲜明特性。"[10]

1. 蓝道和绿道系统

区域的排水通道限定了天然的走廊。这些排水通道包括沼泽、水体、河流及其支流，以及它们的边坡和洪泛平原。这个风景网可保护流域，提供多种形式的娱乐活动，并为区域提供相互联系的公园道路、自行车路和步形路形成的路网（图3-9）。

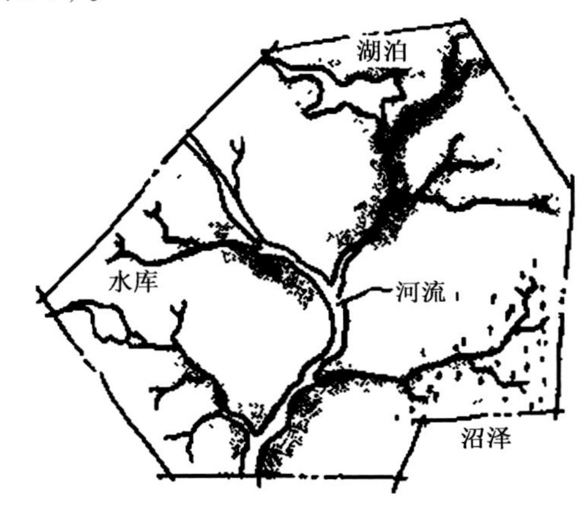

图3-9　蓝道和绿道系统

2. 活动中心

为计划的区域的诸活动中心确定位置和适合的土地，包括城市中心、社区、工业公园、公共机构和商业办公的园地和娱乐场所。除了必需的交通—传输走廊以外，其他土地都要保留作农田、森林、自然保护区，以及其他适合的用途（图3-10）。

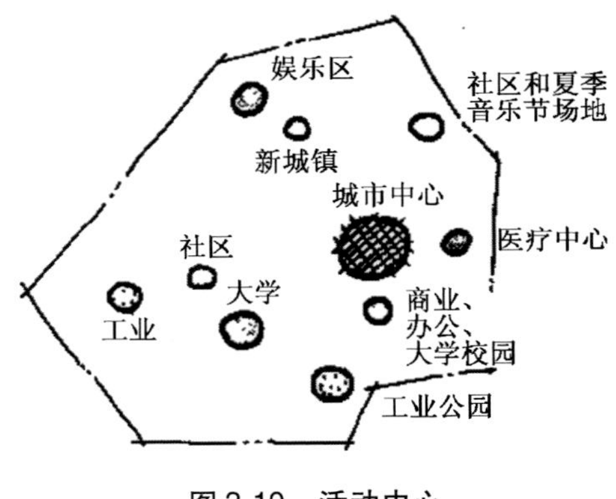

图3-10　活动中心

3. 交通—传输走廊

这些走廊地带为各活动中心提供相互的联系。要有足够的宽度以同时容纳公路、公共交通和传输线路，并保证有适当的遮蔽和视觉质量（图3-11）。

图3-11　交通—传输走廊

4. 区域的综合规划

这里，最好的自然特征得到了保护；确定各活动中心的位置和规模以使它们发挥出最好的功能，交通和传输线路是径直的，并且是合并在一起的；使全部土地的功能彼此和谐，并与区域的景观相谐调（图3-12）。

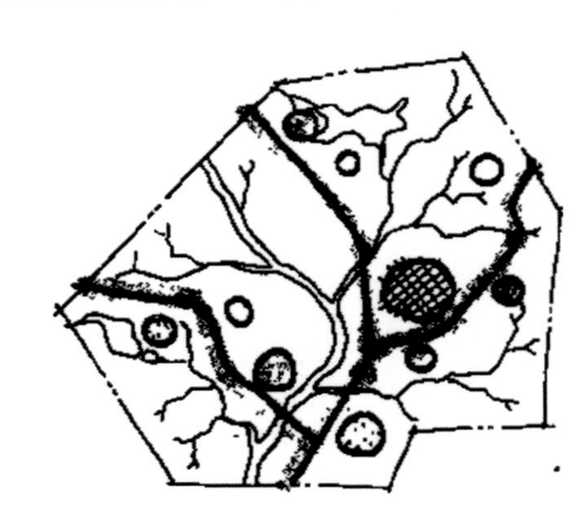

图3-12　区域综合规划

5. 区域各组成部分的分散和相互联系

将区域的诸中心分隔开，使它们成为自然景观的组成部分，以永久性的开放空间保护围绕在它们四周（图3-13）。

6. 与公路相关的诸活动中心

最好将区域副中心规划在快速道路的一侧，不要跨在两侧（图3-14）。

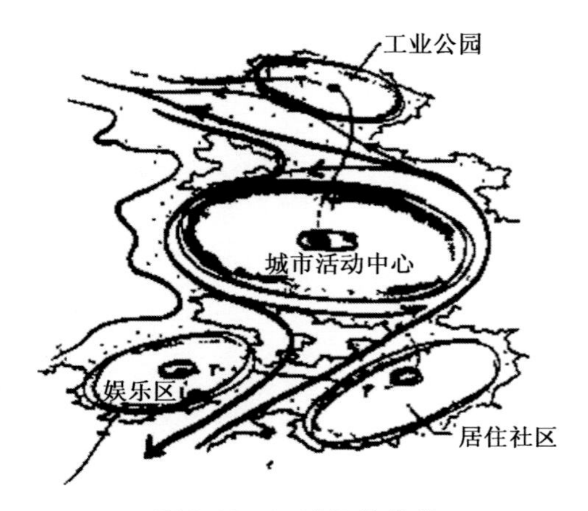

图 3-13　区域间的关联

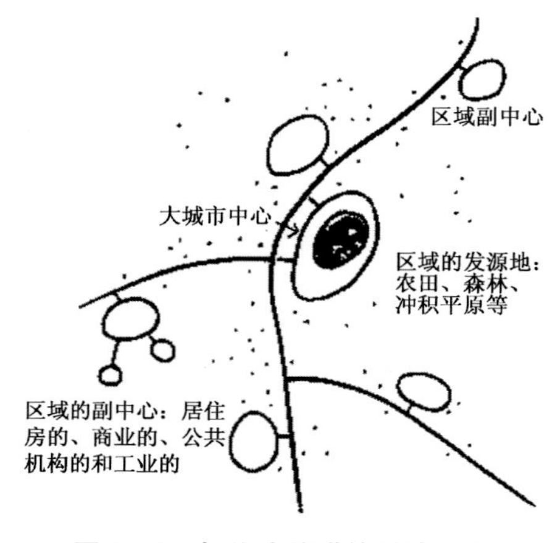

图 3-14　与公路关联的活动中心

7. 与公共交通相关的诸活动中心

新城镇和其他副中心的规划,应有利于快速公共交通的直接联系(图 3-15)。

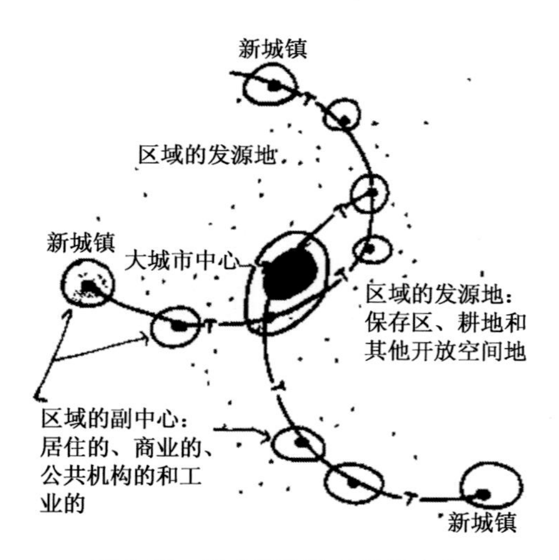

图 3-15　与交通相关的活动中心

8. 区域的结构

使土地利用和交通这两个系统协调(图 3-16)。

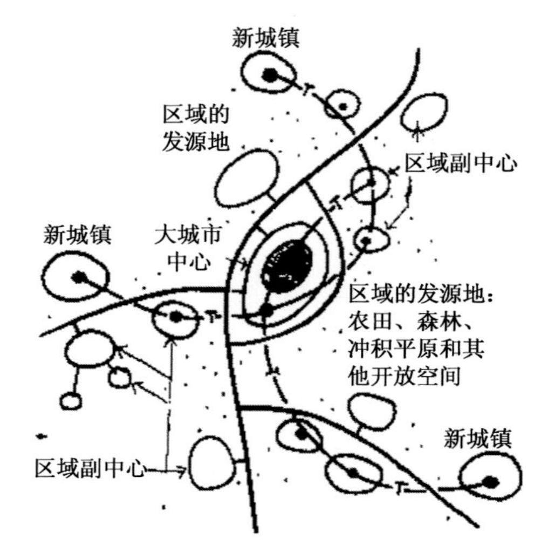

图 3-16　区域结构形式

9. 土地利用结构的动力

从外部连接的多功能组群,在许多方面是更有效率的和令人满意的(图 3-17)。

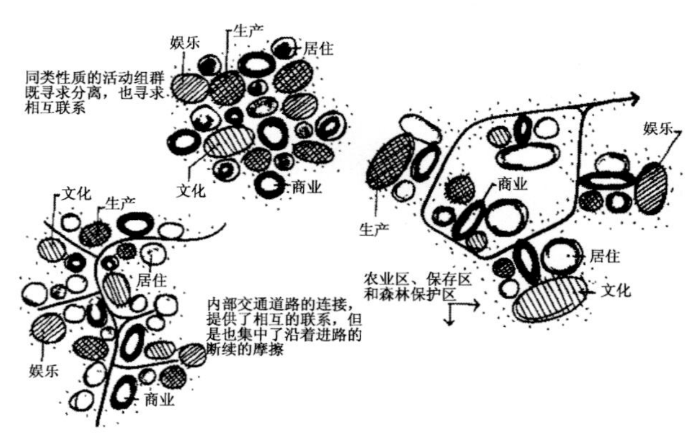

图 3-17　土地利用形态

10. 灵敏的等高线是发展的决定因素

土地分区作为一个有用的规划工具经常是失败的,由于改变计划或增加密度容易被批准。缺乏有效的土地开发法规的结果是,造成了大量的困难和代价高昂的环境问题。

代替的方法是,建议在规定的合理截止日期以后,将一切未开发的私人土地转为耕地或保护的土地利用一类,并按此征税。然后将这些土地按生态的敏感性进行分类,作为将来开发的方针。只有在论证了计划的用途与区域的目标一致，适合于计划的场地，以及论证了根据合理地延伸公用设施，提供可以同意的服务时，才能批准开发许可证(图3-18)。

11. 保护坡地和洪泛平原

在较高的场地和高原上建筑，将陡坡和排洪的谷地作为社区的开放空间(图3-19)。

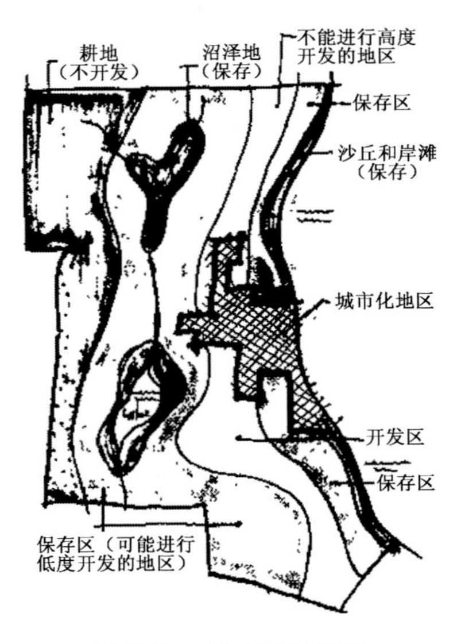

图3-18　等高线的限定

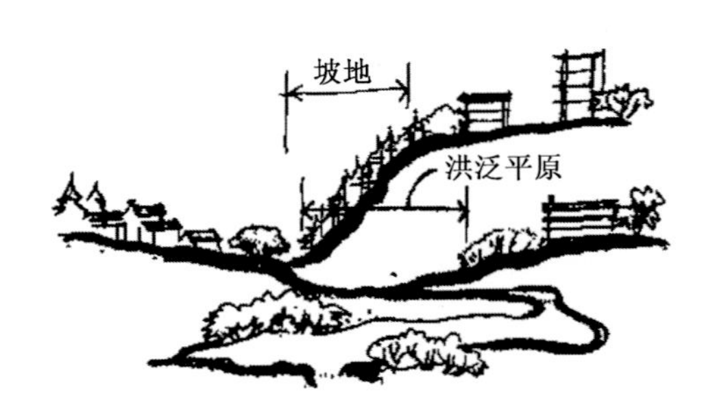

图3-19　场地竖向结构

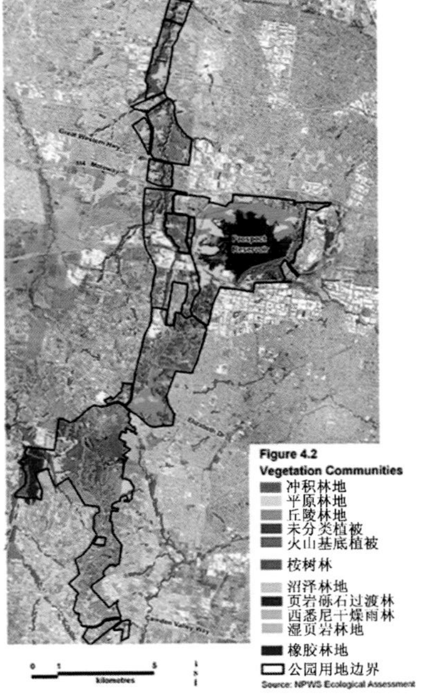

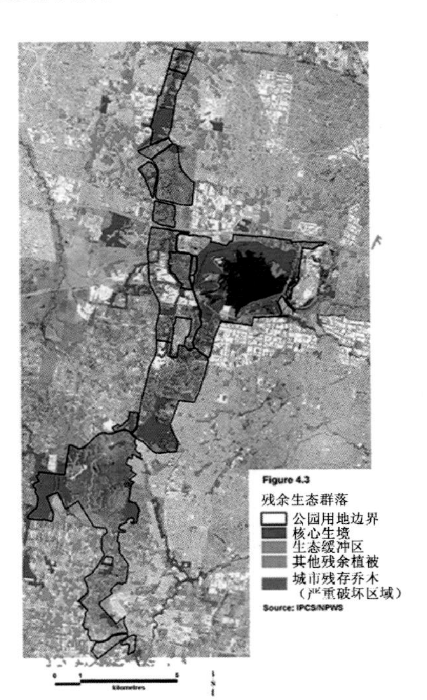

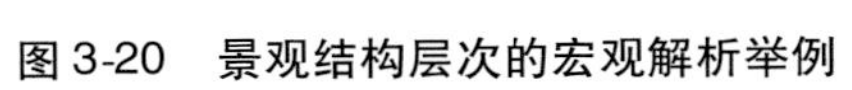

图3-20　景观结构层次的宏观解析举例

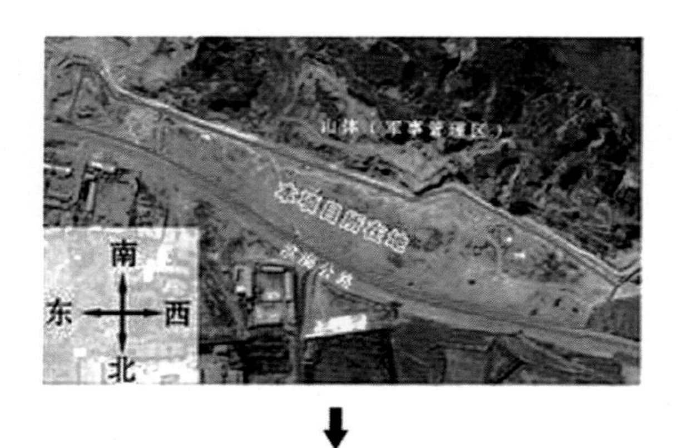

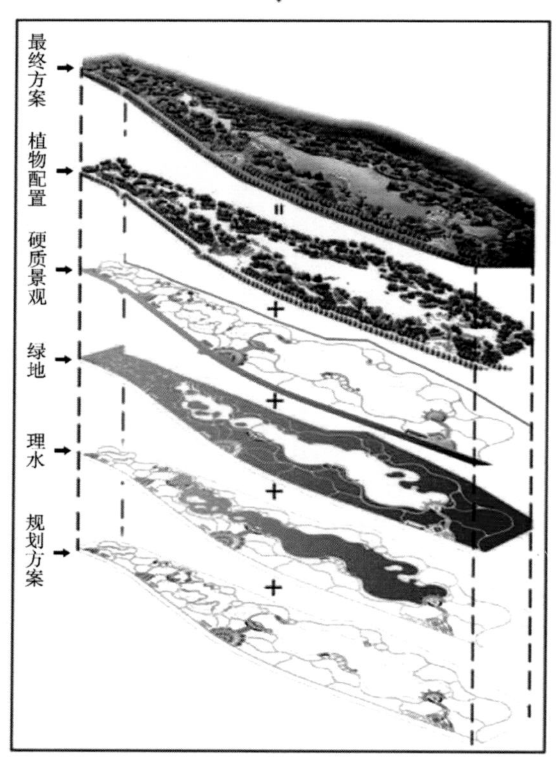

图 3-21　景观结构层次分析图例示意

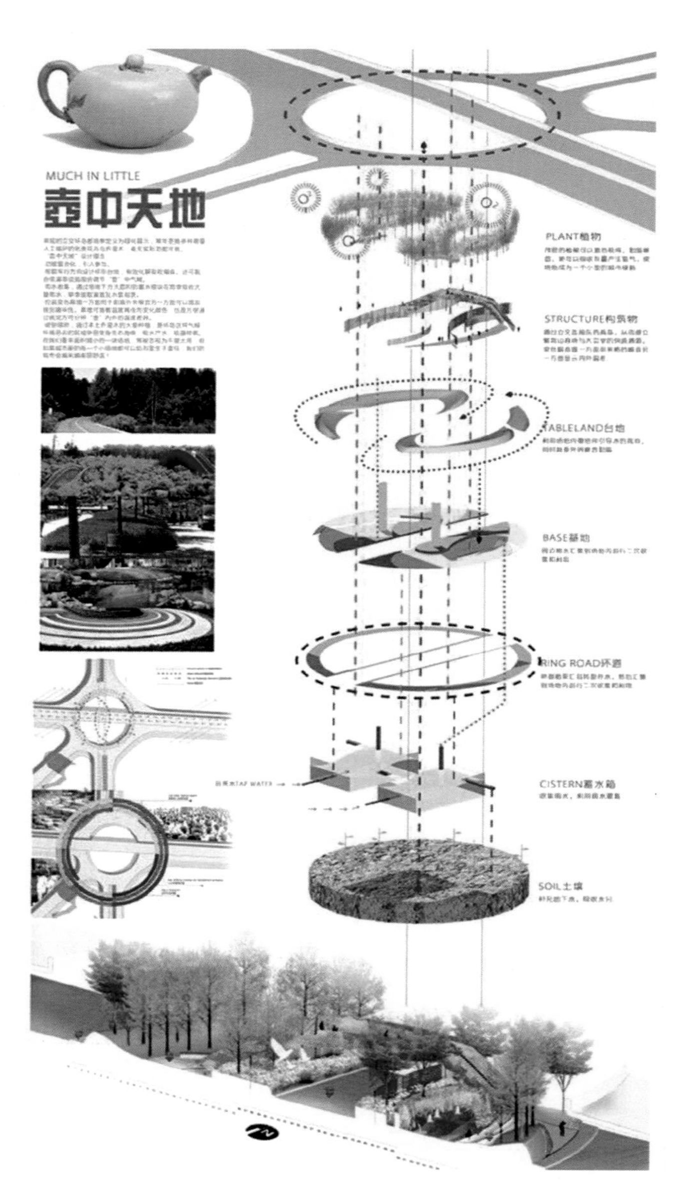

图 3-22　景观空间的层叠式解析 A

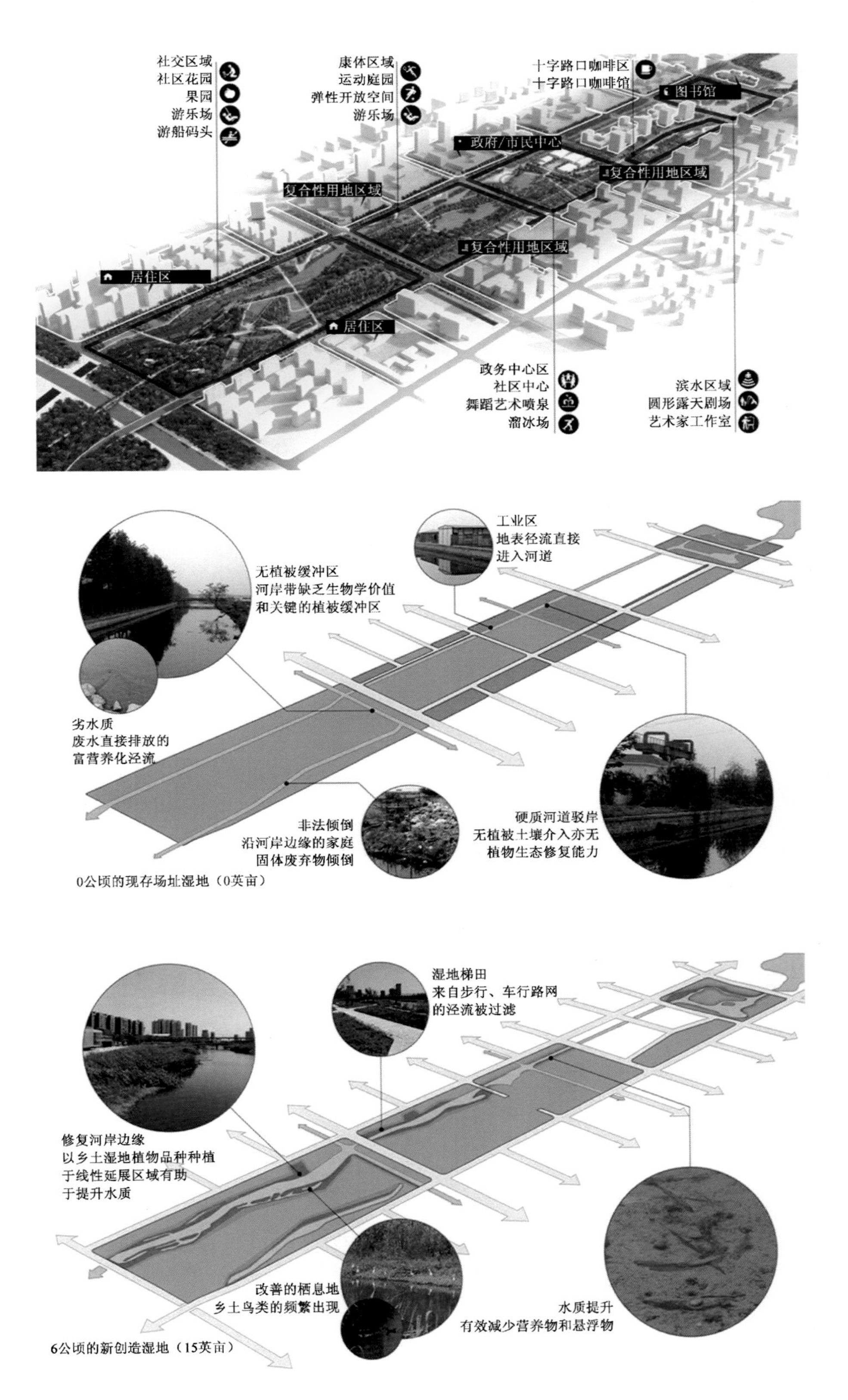
社交区域
社区花园
果园
游乐场
游船码头
康体区域
运动庭园
弹性开放空间
游乐场
十字路口咖啡区
十字路口咖啡馆
图书馆
政府/市民中心
复合性用地区域
复合性用地区域
复合性用地区域
居住区
居住区
政务中心区
社区中心
舞蹈艺术喷泉
溜冰场
滨水区域
圆形露天剧场
艺术家工作室
工业区
地表径流直接
进入河道
无植被缓冲区
河岸带缺乏生物学价值
和关键的植被缓冲区
劣水质
废水直接排放的
富营养化泾流
非法倾倒
沿河岸边缘的家庭
固体废弃物倾倒
硬质河道驳岸
无植被土壤介入亦无
植物生态修复能力
0公顷的现存场址湿地（0英亩）
湿地梯田
来自步行、车行路网
的泾流被过滤
修复河岸边缘
以乡土湿地植物品种种植
于线性延展区域有助
于提升水质
改善的栖息地
乡土鸟类的频繁出现
水质提升
有效减少营养物和悬浮物
6公顷的新创造湿地（15英亩）

图 3-23　景观空间的层叠式解析 B

第三节 ◉ 景观技术构想

技术构想又称为技术策划，是以景观空间构想为前提条件，研究构想空间中的结构选型，构造环境装置以及材料等技术条件和因素的过程，它涉及空间中的结构构造、装饰材料、设备材料、植物群落的选择等技术及硬件准备（图 3-24、图 3-25）。

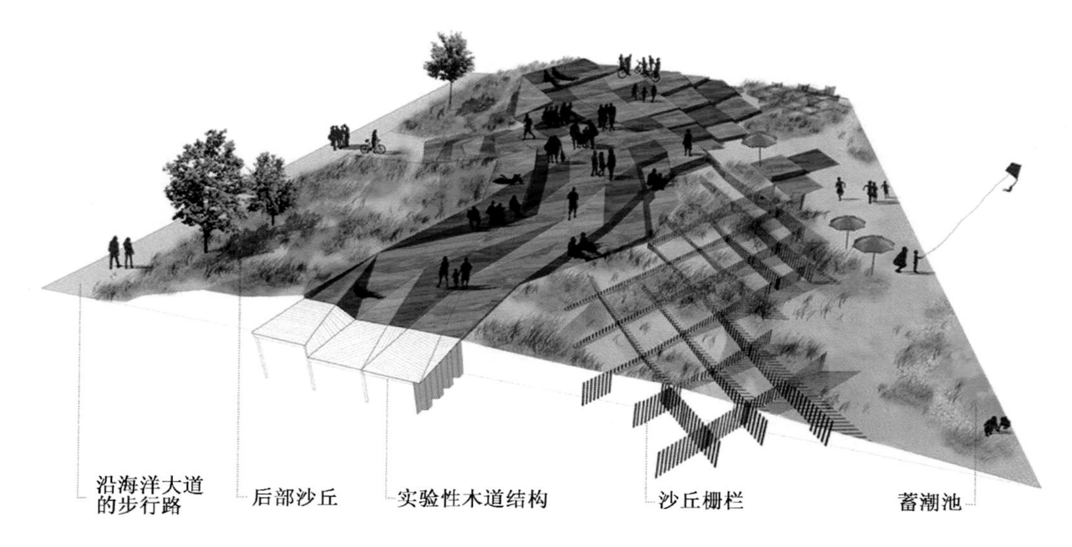

图 3-24　景观技术方案透视表达

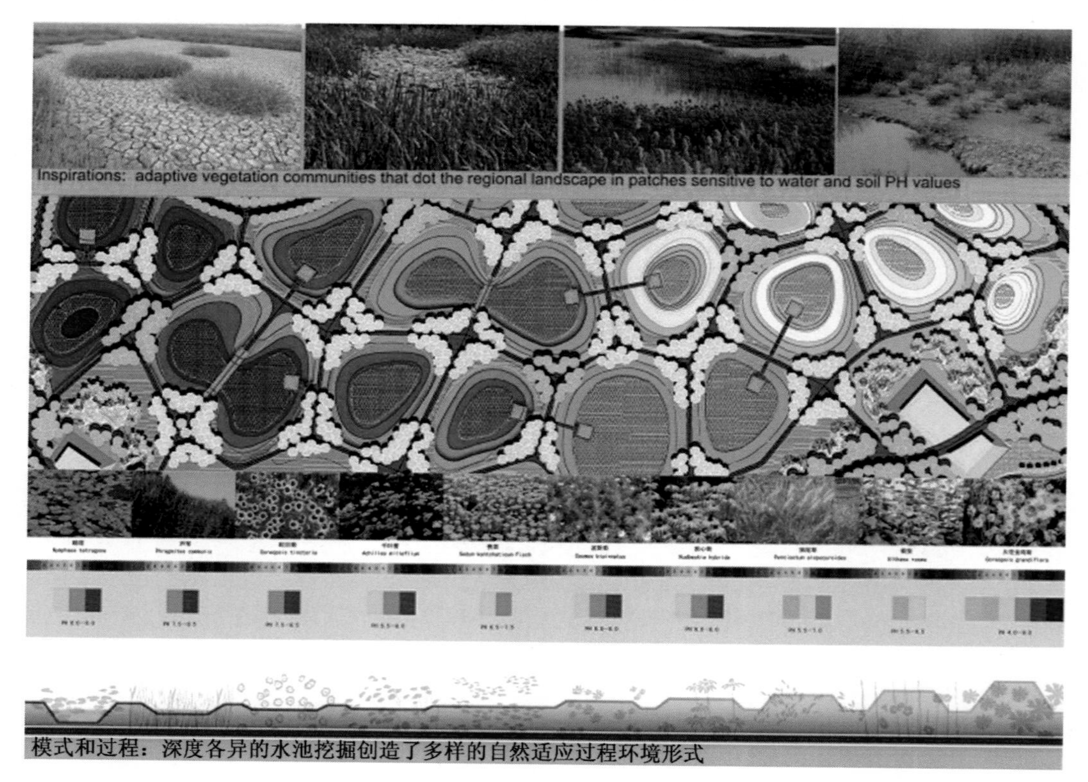

图 3-25　哈尔滨群力公园的细胞式雨洪承载结构示意图

一、技术选型

技术选型是在多种技术选择条件下进行系统研究比选，且对不同技术方案从景观形式、生态适应性、工程影响及建造成本等方面进行优劣比选分析，并给出合理方案和设计要求，从而生成因地制宜、优势互补的技术选型策略过程。它是研究与构想完成的景观空间相关联的最普遍的结构方式以及特殊场合的结构选型和结构的开发条件。通过结构的构成法则，结果变换、筛选，最后确定出构想方案。景观的结构构成通常有木结构、混凝土结构、钢结构、喷泉和喷灌管网结构、夜间景观照明网结构等。

二、构造方式

构造方式与景观总体形态与节点形式密切关联，涉及结构科学、材料科学、植物学等领域的知识支撑，尤其强调景观构造的安全性和功能适应性、造价与养护的合理性、形式与材料的审美性等方面。而且，诞生景观的结构方式空间具有多样性，如园路系统、景观建筑和功能小品、水系统、开敞空间等，其结构方式的种类也各不相同。不同性质的空间选择各自相应的结构方式，并且满足该空间的生活使用需要（即功能要求），这是结构选型的关键。

三、景观技术构想举例

（一）日本

在日本建筑学会编撰的《建筑与城市空间绿化规划》中以屋顶绿化为例详细探讨了景观技术层面的细部构想：

计划与设计屋顶绿化时必须调查和把握以下项目：

（1）调查和把握招标者的希望与条件：绿化目的、利用形态、管理运营方针、希望绿化的内容、预算、希望完成的日期等。

（2）调查和把握自然环境条件：气象条件、风的影响、向阳状况、海风的影响、景观等。

（3）调查和把握建筑条件：荷载条件、防水层的种类与状态、有无给排水设备、设备材料的搬运方法、有无电梯、出入口、从房间看到的景观等。

（4）法规等的调查和把握：消防法（安全通道的指定等）、绿化标准、管理组合规定等。

1. 在荷载条件下确保植被栽种基础

人可以上去的一般的屋顶、凉台、露台的荷载条件为 150 ~ 180kg/m^2。在相对（水）密度为 1.6 ~ 1.8 且厚度为 20cm 的黑土等土壤为掺和土的情况下，其荷载就会达到约 320kg/ m^2 以上，因此必须想办法减轻植被栽种基础层的重量。

另外，由于移植植物的形状、大小、种类以及土壤的组成不同，使植物成活、生长所需的土壤的厚度也就不同，考虑到荷载条件，确定适宜的土壤以及植物的大小与种类是很关键的。

不仅要考虑土壤等植被栽种基础层的荷载，同时也必须考虑防止水土流失设施的材料及底板材料的荷载，并采用轻质材料。

2. 用景天类、苔藓类进行薄层绿化的施工方法

所谓薄层绿化施工法就是用耐旱性很强的景天类或苔藓类植被，在厚度非常薄（只有 35 ~ 70mm）、荷载非常轻（只有 30 ~ 60kg/ m^2）的土壤上栽植，一般不需要浇水并且很容易维护的屋顶绿化和倾斜屋顶绿化施工法。

这种施工方法所需的各种制品已开发出来，如排水垫型、底面浇水型、植被栽种基础层一体型等。

景天类采用墨西哥景天、圆叶景天、中国景天（大唐米）等，苔藓类则选用砂苔、白苔藓等栽培品种进行栽种，根据需要也进行混植。

上述两种植被栽种的地点基本上选择向阳的地方。淋不着雨的地方需要浇水，雪多的地方不适合栽种。

3. 土壤的选择与施工点

（1）考虑到环境问题，在荷载条件比较好的人工基础层上最好使用经过改良的本地土壤。

（2）根据荷载条件及施工情况，在适当的位置、合适的材料上选用适宜的土壤。

（3）轻质土壤的场合，必须注意土壤性质决定了排水基础。

（4）造园树木与草本花的养分需求量不同。一般情况下，蔬菜的养分需求量最大，草本花其次，以下依次为香草、家庭果树、花木、针叶树。另外，如果屋顶上面的树木长得太高大，就会在枝叶修剪及荷载方面产生问题，这也会对在管理上如何选择适应植物的土壤产生影响。

（5）蔬菜栽培时必须按照蔬菜的需要给土壤里混入堆肥及微生物材料。

（6）火山沙石系列、再生培植土以及改良土壤等的损耗量为10%左右，一般的人工轻质土的损耗量为20%左右，所以应根据损耗量决定土壤的运入量。

（7）轻质土在不含水分的情况下很轻，而且容易飞散，因此施工的时候必须边洒水边施工。另外，风比较大的时候应中止施工。

（8）在使用轻质土的情况下，为了促进植物根部发育，应该解开树木的根部捆包，弄碎根钵的土，但应使根部与轻质土充分接触。

4. 防漏水对策

为了防止植物根部破坏防水层，要采取在栽种床底部铺设防护薄板（聚乙烯薄板：厚0.3mm）的防根措施，防护薄板铺设在栽种床以及凸起凹下的部分，要充分密合。特别是沥青防水层暴露时，常采用特殊板与保护垫结合的绿化防水施工法。在凉台等地方，由于一般采取涂膜防水或灰浆防水等简易防水措施，处理时必须十分注意。这种情况下，箱式绿化是比较理想的。

另外，防水层的耐久时间大约为10年，所以在进行绿化前应调查防水层的状态，根据需要事先对防水层进行改善或修补是重要的。

在土壤与建筑的处理上，土壤与女儿墙隔开，土壤的高度应该比周围的防水层低100mm以上。如果允许的话，低150mm以上是比较理想的状态。

此外，如果要在植栽植物丛中设置屋顶排水管，为了防止土及落叶等堵塞管道，务必设立可检查的堵头。

5. 应对风的策略

屋顶常会有很强的上吹风或下吹风，植物有可能被吹倒，新芽与花也有可能被吹得四处飞散，所以必须设置防风网、灌木篱笆及支柱等，并应该将护墙建高一点。

在风比较强的地方，应该栽种不怎么受风影响的比较低矮的植物。为了防止土壤飞散与干燥，应该用灌木或者地被植物覆盖或用树皮碎片覆盖。

所谓覆盖就是在植物的根部铺上稻草等，以防止干燥，并保温和防止杂草繁殖等。最近，有不少使用轻质土壤以达到防止土壤飞散及美观等目的的例子。

覆盖材料包括：草垫、树皮碎屑（树皮的碎片）、木屑（将木头弄碎）、树皮纤维、火山沙石、特殊纸、合成树脂薄板等，一般使用树皮碎屑或木屑。

另外，一般的屋顶上土壤的厚度都不够固定支柱，所以不能使用传统的防风支柱。通常采用通过设置金属网或强度板等在土壤下面固定根钵的树木地下支柱法。

6. 适应自然环境条件的植物栽种

根据荷载条件、植物栽种基础层的厚度、树木的成长程度、搬运等情况，从适应规划地气候条件、自然环境条件的树木中选择树种及树形。长得太大的树木从荷载等方面看不适合。

考虑风害及维护等因素，应该在一层人工地基上栽种能形成道旁景观的高大树木，低层屋顶用半高树木进行绿化，逐渐往上则依次采用以灌木类、地被类植物为主体的绿化计划。

另外，防水层的耐用年数将会延长，但如果考虑修缮改造等问题，屋顶最好不要栽种会长得很高很大的树木。

如果通过防风对策、使用轻质土壤等能确保植物栽种的基础层，通常的植物都可以栽种。

7. 防止跌落及防止下落等安全对策

计划在屋顶或凉台上构建花园的时候，必须充分考虑防止物件跌落、枯枝等物落下及确保个人隐私。

必须考虑设置兼具防风功能与安全功能的防风网和木栏杆等。栽种花木时，必须考虑扶手及栅栏的高度应高过栽种土表面1100mm以上的防止跌落的安全对策。

另外，为了不使枯枝或果实等掉落到地上惊吓行人，应该注意树木配置。在寒冷地带还必须注意预防雪或冰柱掉落。

8．确认安全通道

凉台有可能是公寓共用部分的安全通道，所以必须事先调查有关的管理协定以确认能否在凉台上建造花园。

9．维护

屋顶花园的管理基本上与普通地面植被的管理没有什么大的区别，除了用水管理与地面相比需要注意外，还必须注意防风对策、检查排水沟，以及排水管道是否被落叶堵塞等情况。

由于人工轻质土壤不含有杂草种子，所以使用人工轻质土壤的场合的除草管理简单。使用树皮碎屑等覆盖材料可以在一定程度上防止杂草产生。虽然是清洁的土壤，但由于种植的植物或小鸟的携带，也会产生病虫害。由于屋顶没有地面那么多的天敌，因此容易产生意想不到的害虫，必须引起注意。

屋顶比较干燥，所以容易产生叶螨。应该定期给叶子背面喷水进行预防。另外，对草莓、苹果等结红色果实的植物而言还必须注意鸟害。冬天，叶子蔬菜也会受到严寒的侵袭，必须注意铺网防护。

凉台上会产生鸟粪问题，因此必须注意对栽种植物的选择。[11]

图 3-26　卫星照片

（二）土耳其

城市屋顶花园的一个典型设计案例为土耳其伊斯坦布尔 Şlşhane 公园，即实现了城市公共空间的最大转化。SANALarc 设计团队让巨大的停车场完美地隐藏在让这个身处繁忙交通中的公园下方，并精雕细琢打造公园边界和内核，让其成功地应对和化解周边各种复杂情况，为城市居民提供了俯瞰伊斯坦布尔这座历史名城的惬意场所。Şlşhane 公园地下有共 6 层，有 1000 个停车位容纳量的巨大地下停车场，还有通道连接地铁。运动传感器控制的 LED 照明设备最大限度地节约电能。停车场的屋顶也就是Şlşhane 公园的基地，其实是一个巨大的屋顶花园，这里有 5 个通风口帮助地下停车场换气。公园地面尽可能选择木材和植物降低热岛效应，有利雨水收集。借由巨大的交通量，这里也集合服务、零售、文化等功能为一体，为经停公园的人们提供多样化的服务。面对倾斜的地形，设计师设置了下凹的开阔广场避开喧杂的车流噪音，同时也设置了观景木平台，供人们眺望下方的城市风景和远处的海景。无论四季，无论白天黑夜，这里都上演着惬意的城市生活。这里过去臭名昭著的环境焕然一新，有女性使用者提到现在的场所即便是在夜间也让她感到安全放心。还有市民表示，这里如此美丽，值得带上全家人前往（图 3-26—图 3-33）。

图 3-27　Şlşhane 公园场地解析

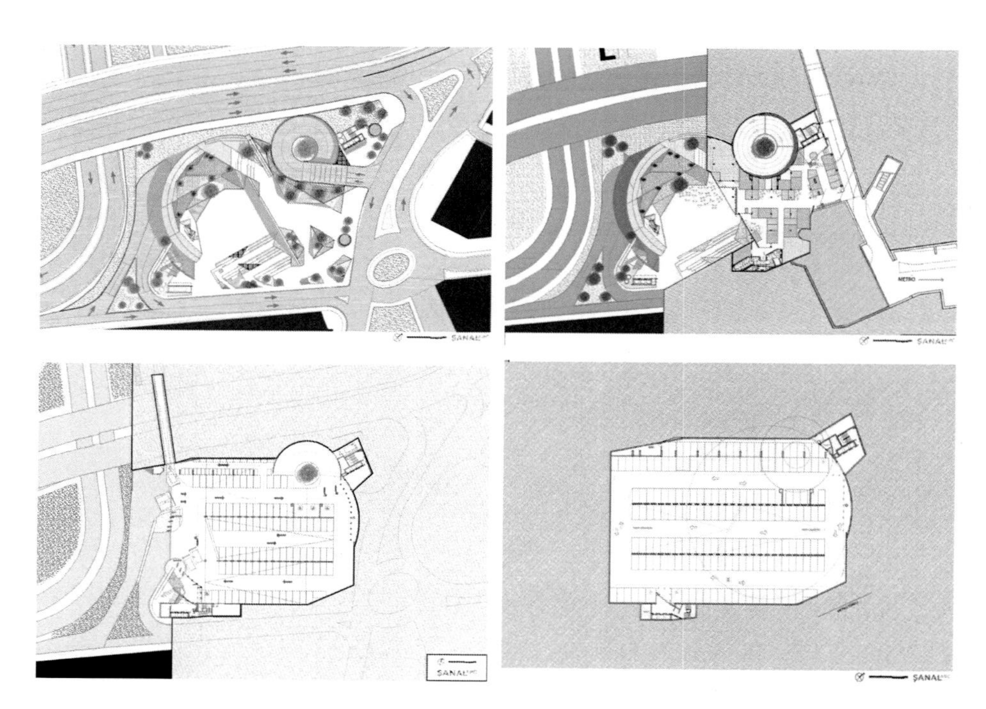

图 3-28　Şlşhane 公园分层平面设计

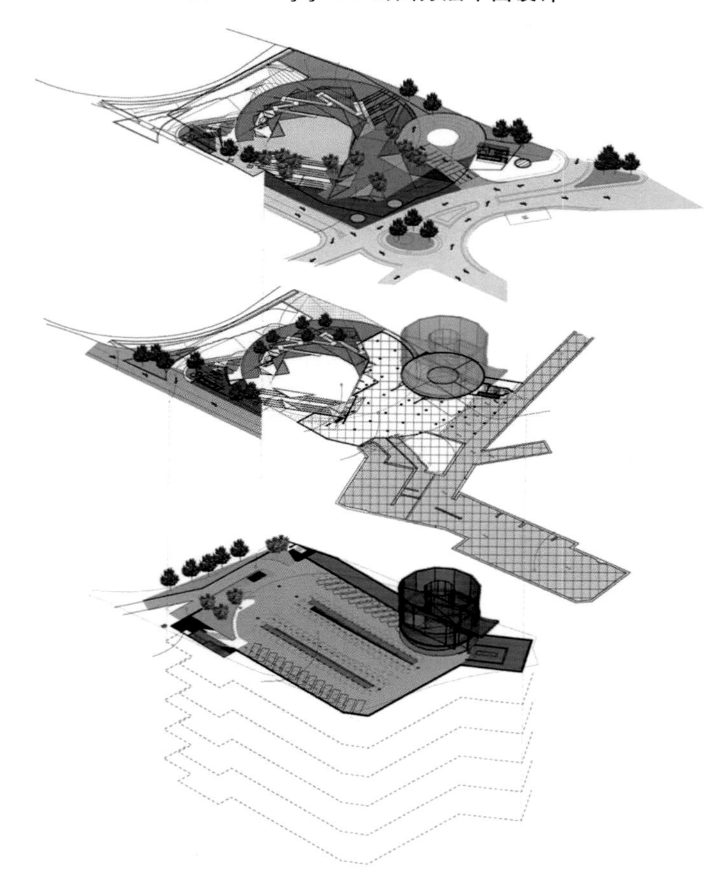

图 3-29　Şlşhane 公园屋顶花园技术分解

图 3-30　**Şlşhane** 公园景观概念透视效果

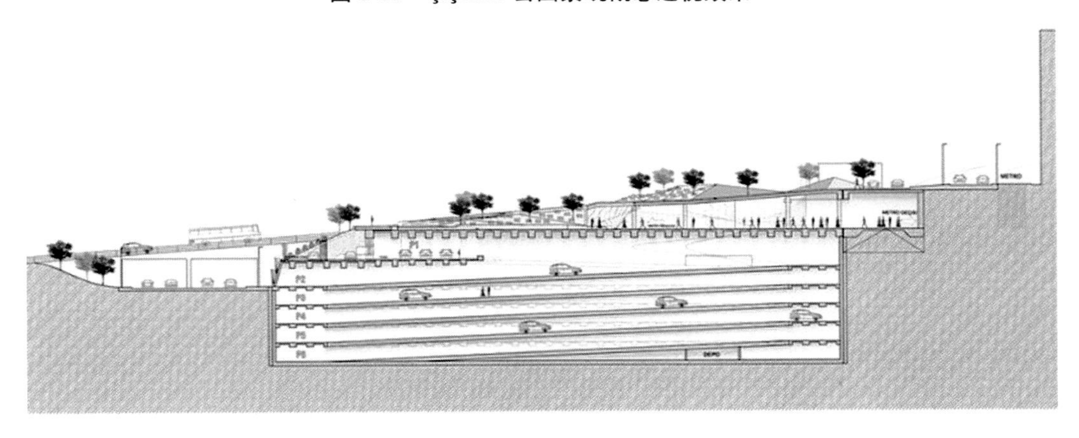

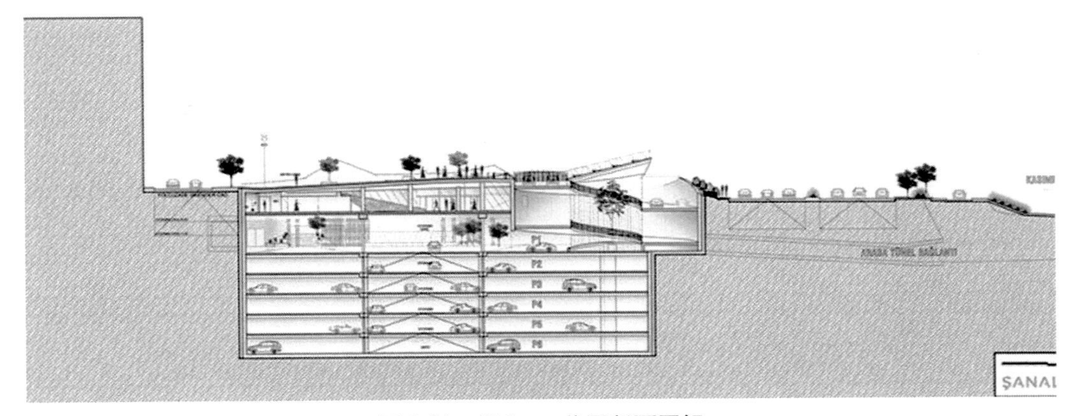

图 3-31　**Şlşhane** 公园剖面图解

第三章　设计意向

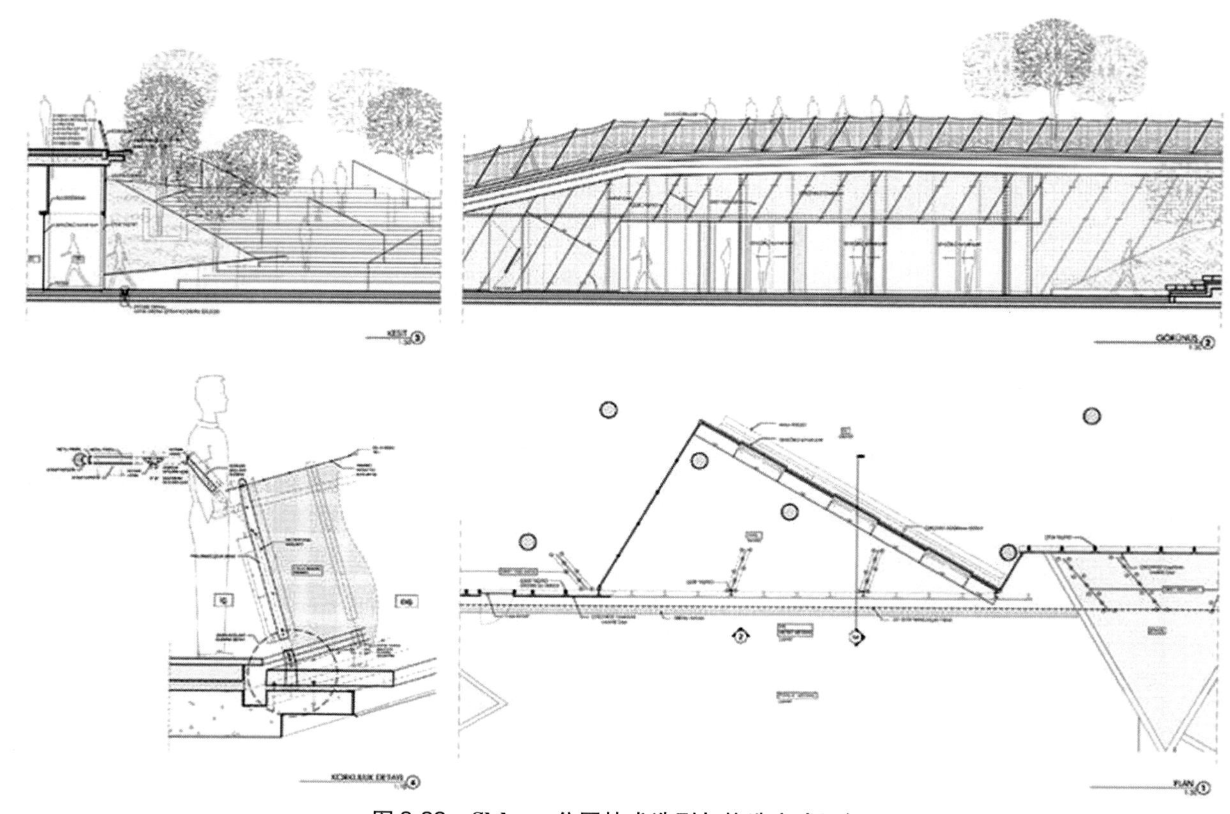

图 3-32　**Şlşhane** 公园技术选型与构造方式图解

图 3-33　Şlşhane 公园实景照片

第四节 ⦿ 景观装置构想

景观空间一经构想完成,各种景观元素就构成了一个立体形态的景观空间环境。保证景观在经济可行的前提下的良好的环境特性是环境装置构想的目的。环境是指空间的热、光、声、气味等物质和文化环境,它是由空间本身的景观元素和设备与空间外部的种种刺激达成动态平衡的一种物质形态。它包括自然元素如雨、风、雪、露、尘、阳光、声等的影响,也包括人文的因素如装饰、园林小品、雕塑、浮雕、陈设、植物造景等的影响(图 3-34—图 3-38)。

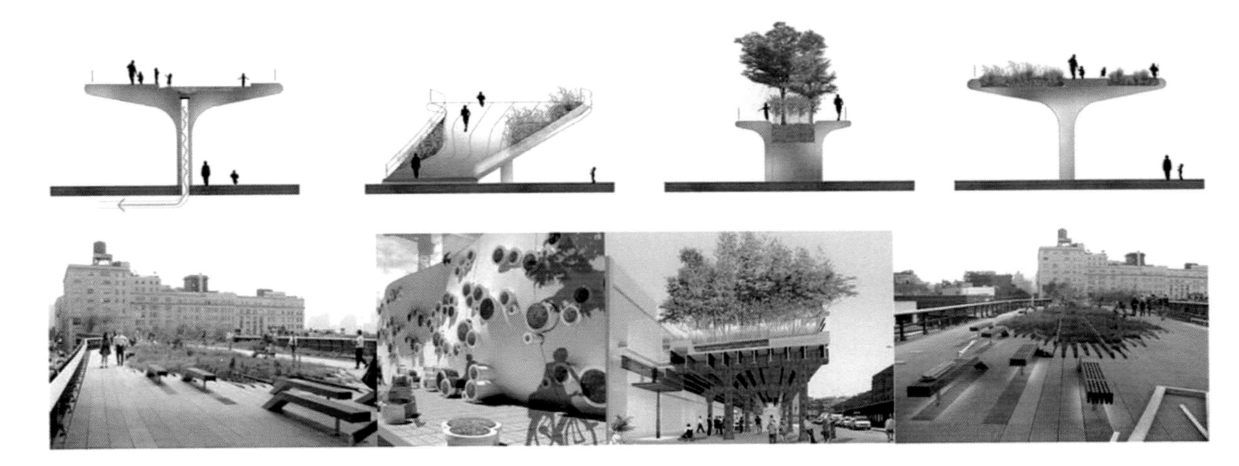

图 3-34　步行桥的桥面绿化与雨水回收设施意向

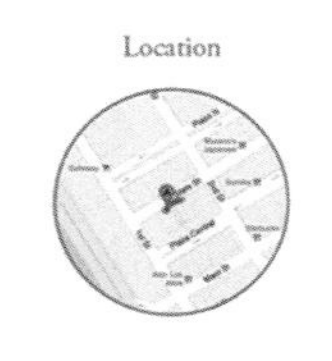

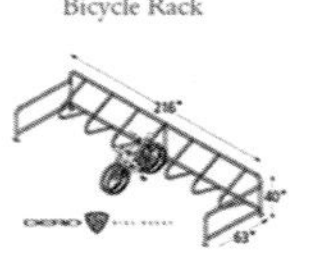

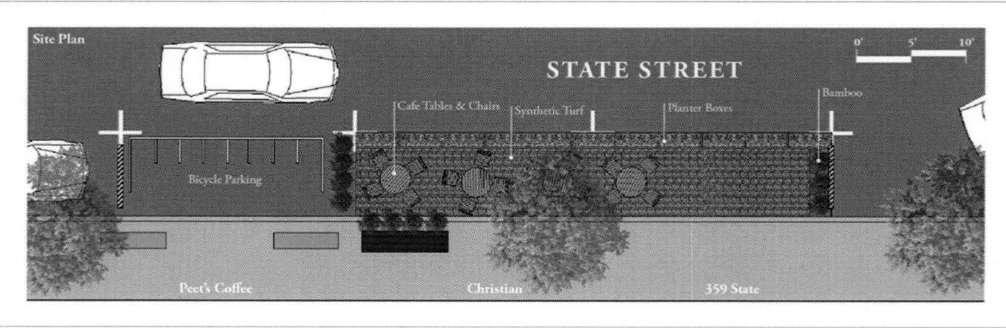

图 3-35　城市街道环境休息设施装置意向

图 3-36　有效收集雨水就地利用(如街道植物的浇灌),减少都市径流及污染的雨水花园景观设施装置

图 3-37　日本枯山水景观小品意向

图 3-38　水景 + 绿墙 + 灯具 + 户外家具的意向

景观环境在满足使用的前提下，更强调舒适和精神的作用，即强调环境的气氛和情调。这种对人文环境因素的重视，正是现代景观环境的一大特征。在空间满足了人类的声、光、热、空气等的基本物理要求之后，应更高一层地满足人类使用的心理和精神要求。注重人文环境的质量应成为景观设计师创造环境不可或缺的部分。人文环境的气氛因素是与景观空间的内在功能使用紧紧地联系在一起的。不同使用目的的景观空间，要求有不同的环境气氛，甚至不同的使用对象也要求有不同的环境气氛。如老年人活动空间宜恬静、优雅、质朴、肃穆，而少年儿童的活动空间则宜明亮、鲜艳、丰富、变化等。残疾人使用的无障碍通道等辅助设施、景观照明设施等多种记述装置的开发也是环境装置构想的研究对象（图 3-39、图 3-40）。

图 3-39　景观照明等环境装置意向

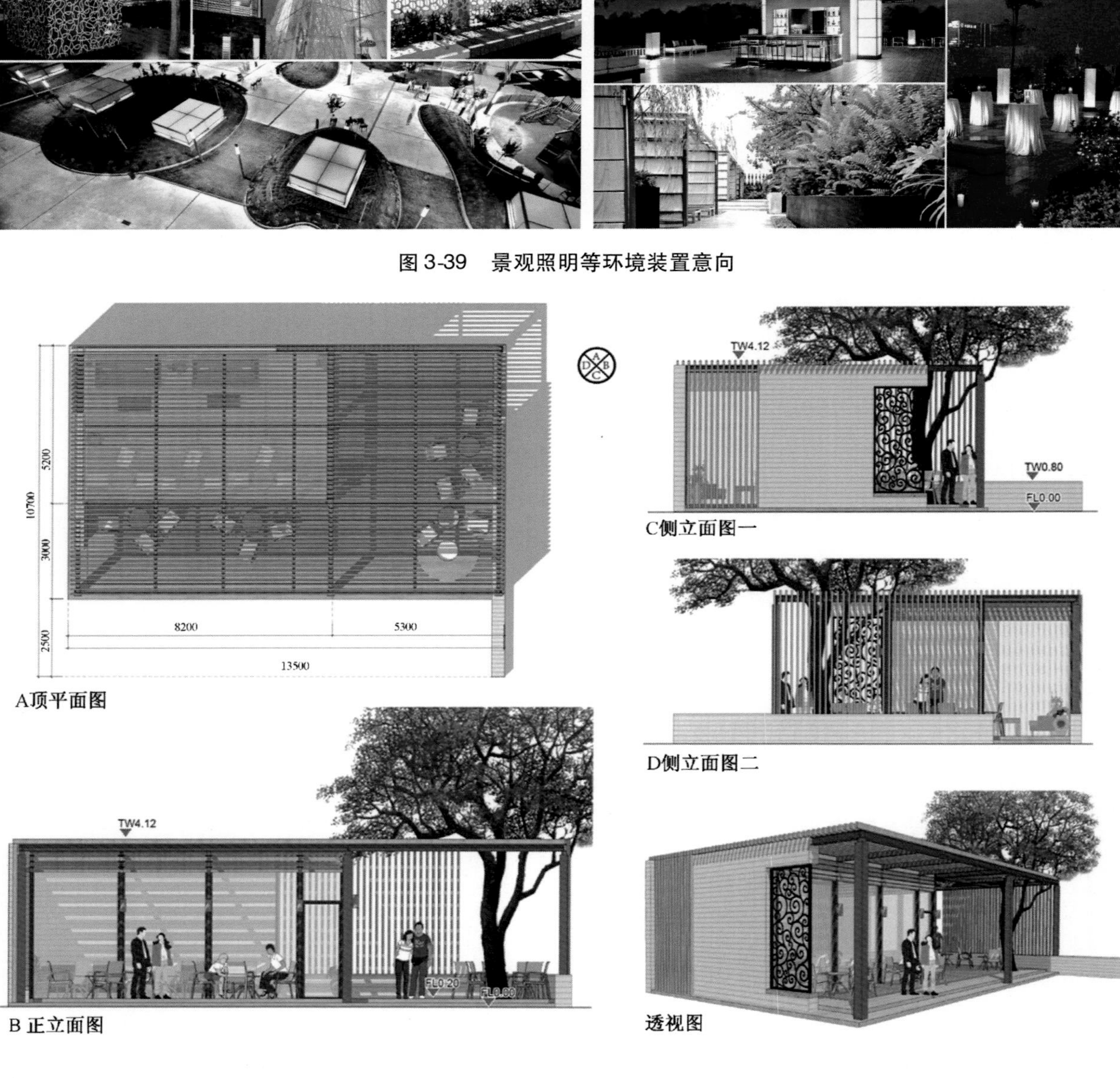

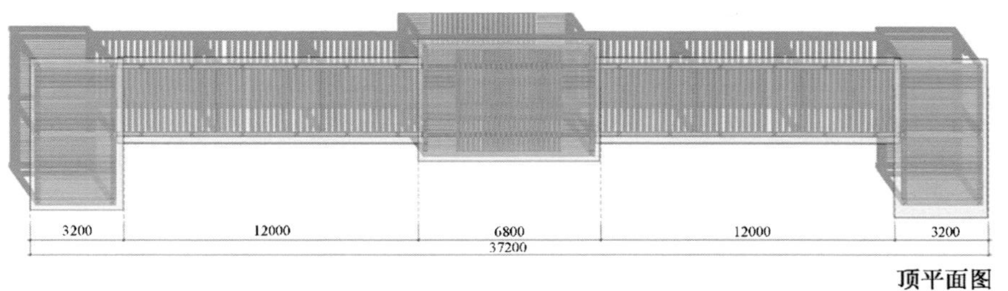

顶平面图

意向图片

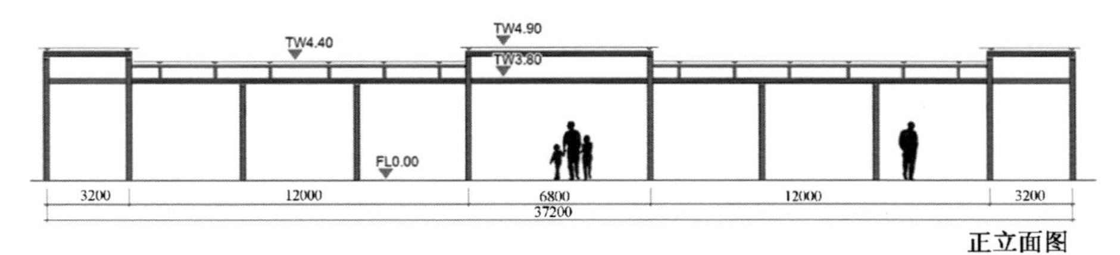

正立面图

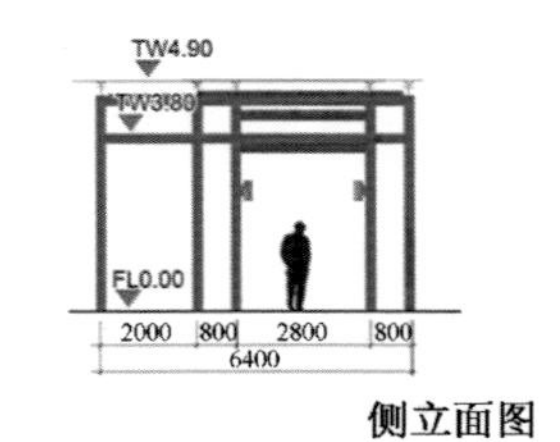

侧立面图

透视图

图 3-40　小型景观构筑物的装置设计

第五节 ◉ 景观材料构想

通过材料的选定实现景观空间环境的基本和特殊要求及环境气氛的创造。根据景观空间的构想，以半开敞和开敞的形式选择装修材料和软构想（植物配置、水系统等）时，可根据空间开口部位的性能选择材料。材料构想应考虑其使用目的、使用位置、施工、经济等因素，而对其色彩、肌理、质感等视觉细部上的要求可在设计阶段继续进行深入研究（图 3-41—图 3-44）。

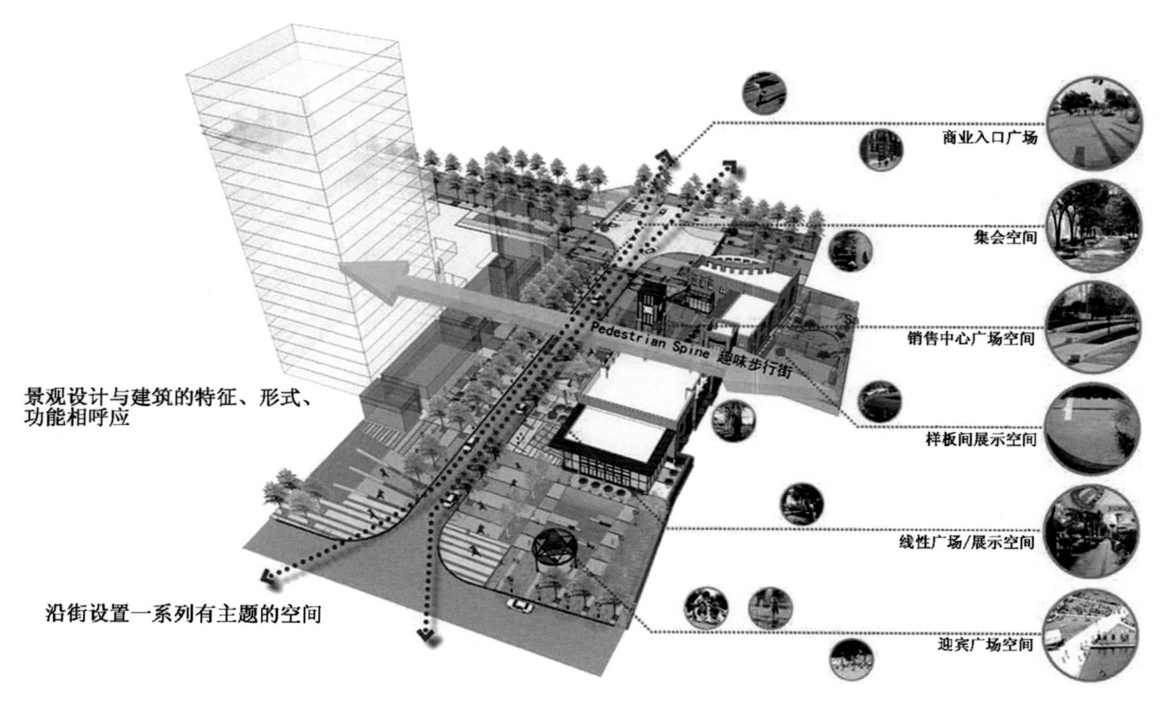
商业入口广场
集会空间
销售中心广场空间
样板间展示空间
线性广场/展示空间
迎宾广场空间
Pedestrian Spine 趣味步行街
景观设计与建筑的特征、形式、功能相呼应
沿街设置一系列有主题的空间

图 3-41　景观材料研究方法

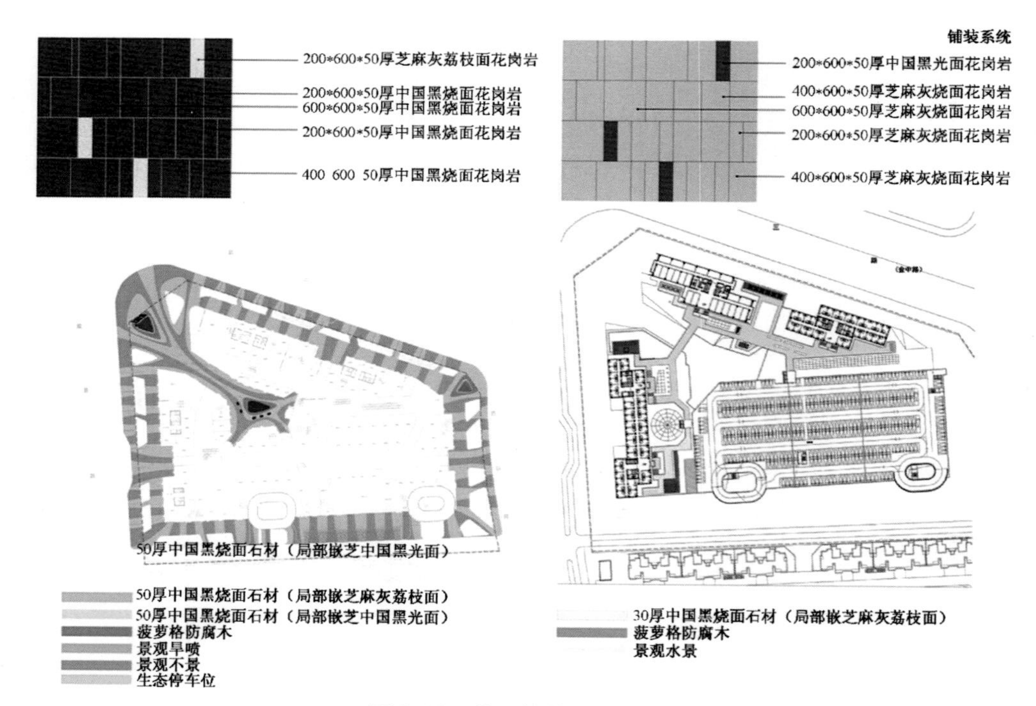
铺装系统
200*600*50厚芝麻灰荔枝面花岗岩
200*600*50厚中国黑烧面花岗岩
600*600*50厚中国黑烧面花岗岩
200*600*50厚中国黑烧面花岗岩
400 600 50厚中国黑烧面花岗岩
200*600*50厚中国黑光面花岗岩
400*600*50厚芝麻灰烧面花岗岩
600*600*50厚芝麻灰烧面花岗岩
200*600*50厚芝麻灰烧面花岗岩
400*600*50厚芝麻灰烧面花岗岩
50厚中国黑烧面石材（局部嵌芝中国黑光面）
50厚中国黑烧面石材（局部嵌芝麻灰荔枝面）
50厚中国黑烧面石材（局部嵌芝中国黑光面）
菠萝格防腐木
景观旱喷
景观不景
生态停车位
30厚中国黑烧面石材（局部嵌芝麻灰荔枝面）
菠萝格防腐木
景观水景

图 3-42　景观铺装材料构想

图 3-43　景观建构的常见材料

图 3-44　植物、水体之间的材料组构

又如在景观的绿化材料构想设计时需要熟知景观种植配植典型方式（图 3-45—图 3-50）。在景观工程实践中，所涉及的苗木形态主要有以下几种，典型植物组团的种植就是在这些形态的基础上配植产生的：

（1）园冠阔叶大乔木，如法桐、元宝枫、国槐、白蜡等。

（2）高冠阔叶大乔木，如毛白杨、新疆杨等。

（3）高塔形常绿乔木，如桧柏、铅笔柏、大云杉等。

（4）低矮塔形常绿乔木，如小云杉（2～3m）、翠柏球等。

（5）园冠型常绿乔木，如油松、白皮松等。

（6）球类常绿灌木，如大叶黄杨球、金叶女贞球、红叶小檗球、凤尾兰等。

（7）修剪色带，如修剪大叶黄杨、金叶女贞、红叶小檗等。

（8）小乔木，如紫叶李、玉兰等。

（9）竖形灌木，如玉兰、木槿等。

（10）团型灌木，如榆叶梅、碧桃、紫薇、金银木等。

（11）可密植成片的灌木，如棣棠、迎春、锦带等。

（12）普通花卉型地被，如菊类、福禄考、景天、鼠尾草等。

（13）长叶型地被，如鸢尾、萱草、玉带草、狼尾草、芒类等。

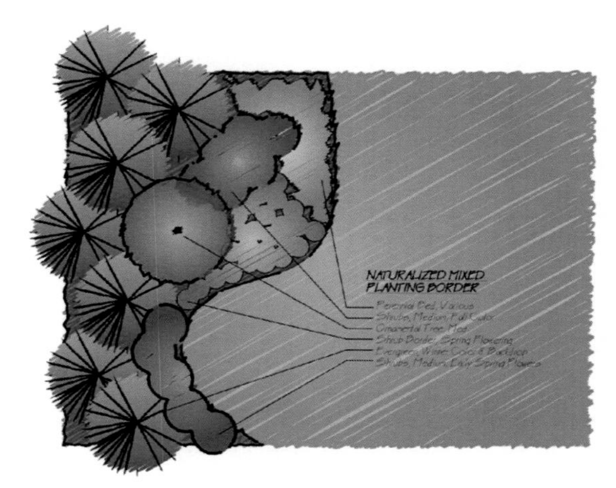

图 3-45　注重林缘线和地缘线控制的多层次多品种植栽设计

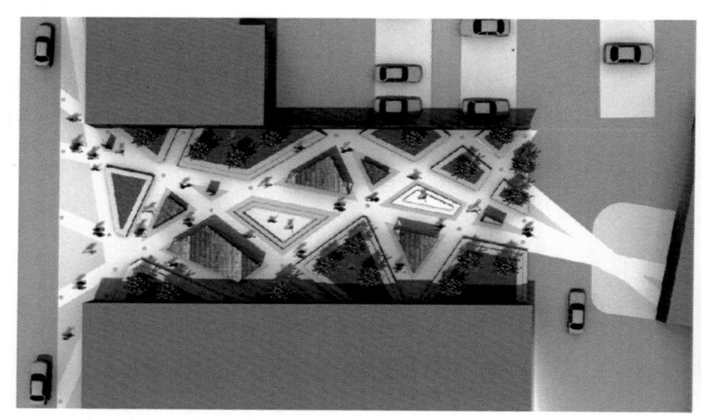

图 3-46　几何式种植形式

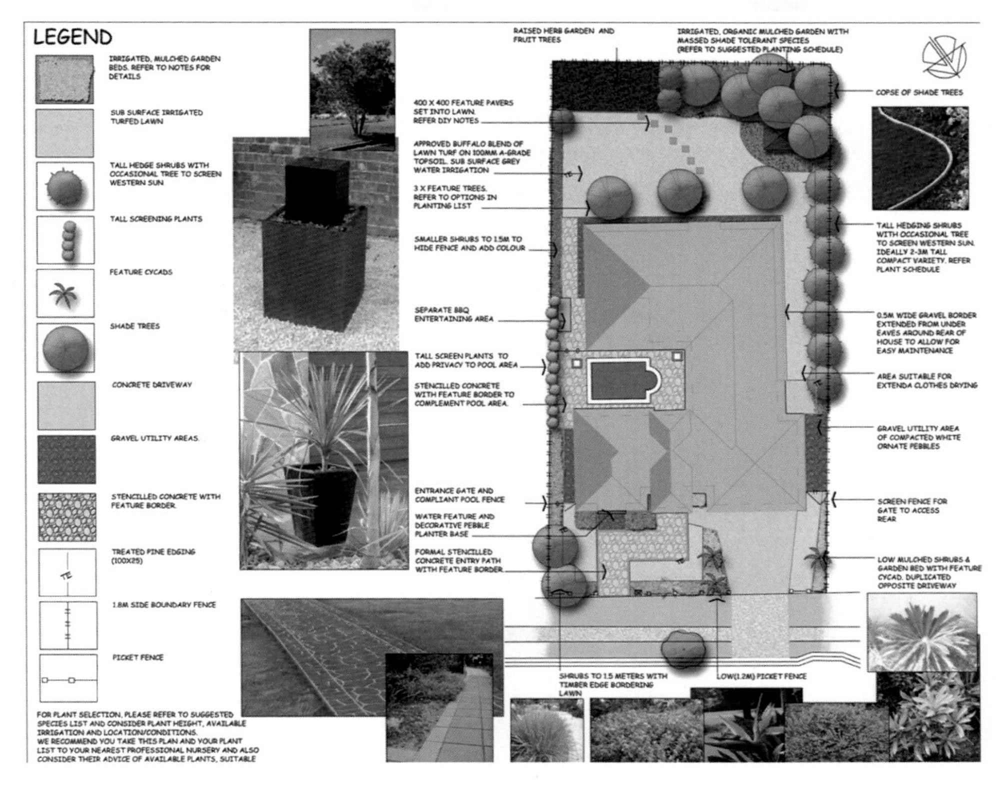

图 3-47 种植意向设计

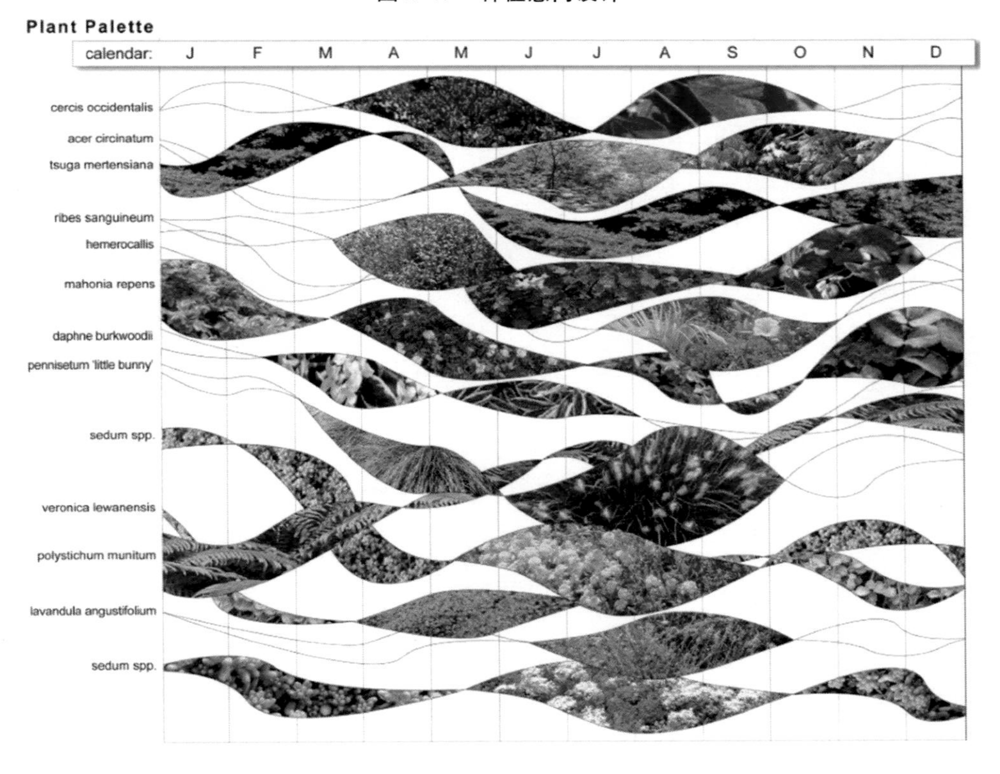

图 3-48 季节性植物材料选用矩阵意向图

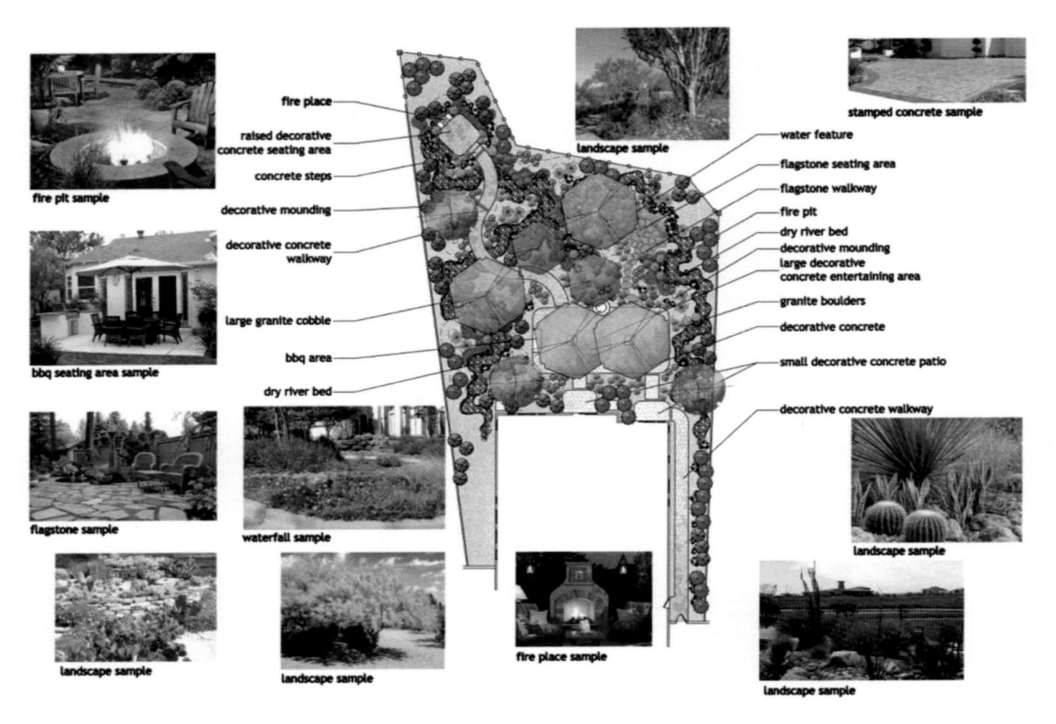

图 3-49　小环境植物种植设计意向

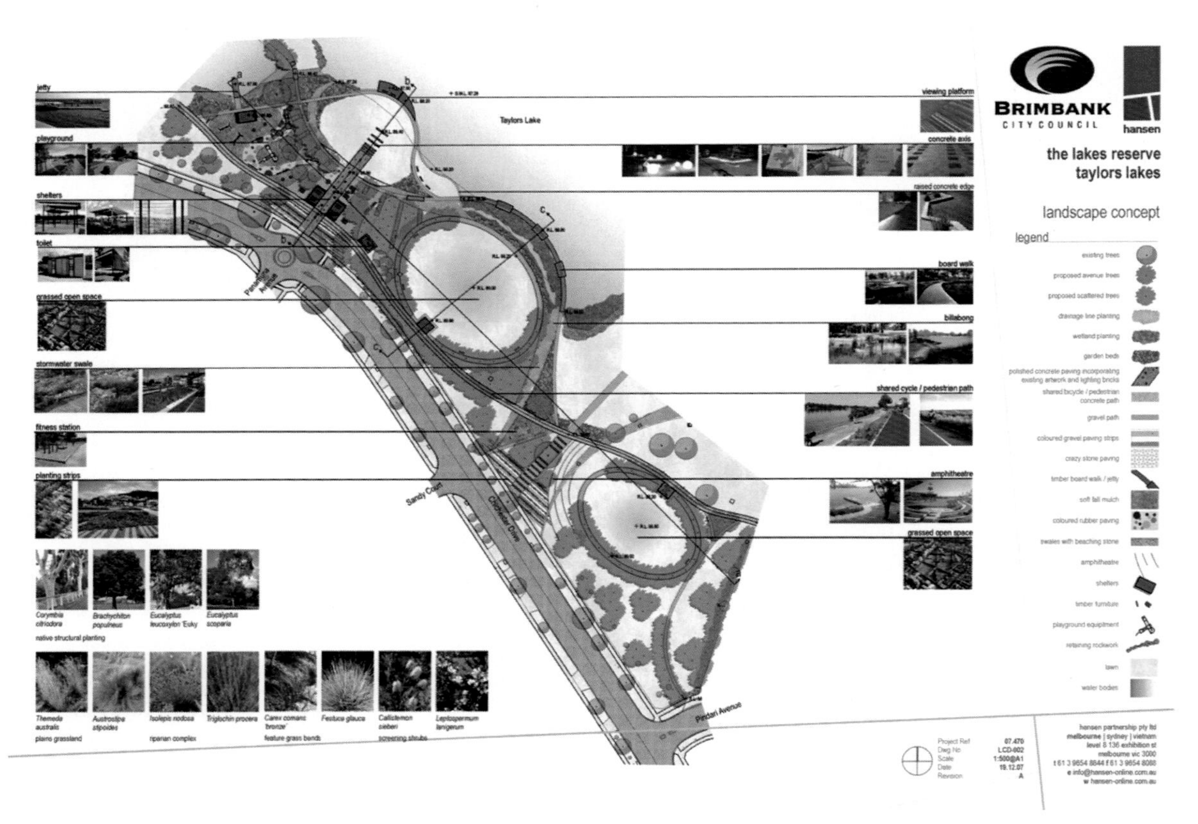

图 3-50　景观植物材料的空间建构

现代居住区的景观种植工程总体风格是以组团式、层次错落的自然式种植为主的，根据其所在不同区域，其具体的配植手法又有不同，一般可分为三种类型：

（1）别墅区间建筑周围与道路两侧的种植区域。

此区域种植基本集中在各个住宅前，种植风格强调形态错落，乔木、灌木、草花、地被按层次分布。地被花卉以点缀为主，布置在灌木之前或之间，形成第一层次。修剪球型灌木作高低错落组团为第二层次，构成绿色骨架，量较大，花灌木配植少量但形态错落——球型冠与瘦长型冠搭配，彩叶与绿叶搭配，形成丰富的视觉效果，阔叶小乔木或大乔木每组里只有 1 ~2 株或没有，常绿乔木 1 ~3 株。图 3-51—图 3-56 是几种配植类型图示，图中数字对应上述植物形态种类序号。

1. 园冠阔叶大乔木
2. 高冠活叶大乔木
3. 高塔形常绿乔木
4. 低矮塔形常绿乔木
5. 园冠型常绿乔木
6. 球类常绿灌木
7. 修剪色带
8. 小乔木
9. 紧形灌木
10. 团型灌木
11. 可密植成片的灌木
12. 普通花卉型地被
13. 长叶型地被

图 3-51　从地被到小乔木层的自然式配植，叶形地被与修剪绿球交叉种植

图 3-52　从大乔木到草花的多层次标准配植，利用植株形态之间的差异，形成高低错落、前后层叠的变化

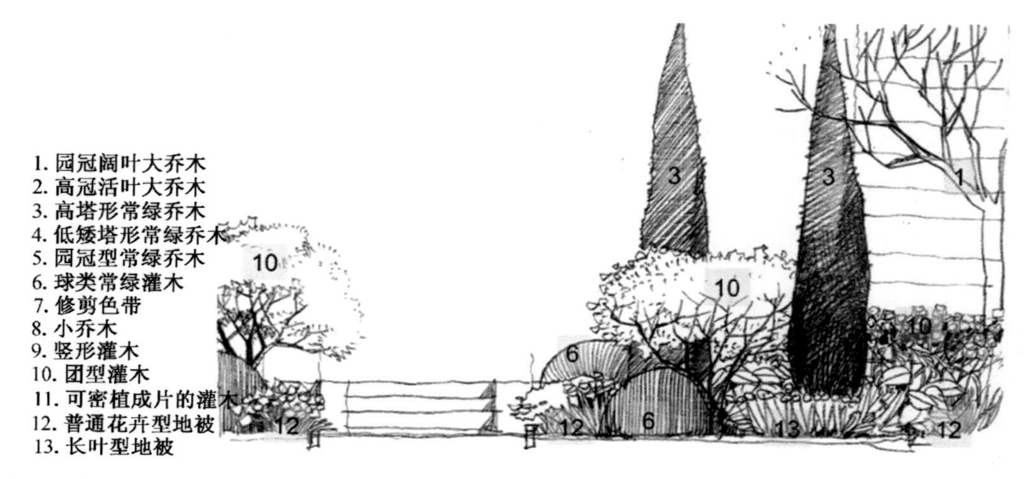

图 3-53　在建筑边缘、墙角等处的植物处理：层次丰满，越狭窄处植物越密实，抱角处往往以铅笔柏配合花灌木破除建筑的棱角感

图 3-54　不同形态灌木组合样式：高园相配，形成差异，较大量的整形绿球与少量点缀地被花卉穿插组合

图 3-55　疏密搭配的层次配植，局部（左侧）留出草坪，与组团植群形成开阔对比

图 3-56　实景照片示意 A

（2）花园洋房区建筑间绿地区域。

此区域绿地面积较大，在组团种植时应当注意组团之间的开合变化，在密植组团之间留出相对较大的草坪面积。植物组团在不同位置植株错落程度和组合方式不尽相同，大致可分为绿地中普遍栽植，在构筑物、出入户、建筑物周围等处栽植和宅前花园分界栽植三类。图 3-57—图 3-62是几种配植类型图示，图中数字对应上述植物形态种类序号（图 3-57—图 3-62）。

图 3-57　典型的由低到高、层次分明的组合种植，地被层线性排布，围绕在绿球外侧形成组团边界，地被层植物之间间或跳动，形成色彩、形态的丰富变化

图 3-58　典型栽植组团强调层次性配植，但相对尺度较大，同种基调灌木数量较大，与其他植物形成主次形态对比；地被和修剪绿球相对较少，在中间区域成片、成线种植，形态较简洁，在组团起始边缘处相对错落复杂，形成整体形态上的繁简对比

图 3-59　实景照片示意 B

1. 园冠阔叶大乔木
2. 高冠阔叶大乔木
3. 高塔形常绿乔木
4. 低矮塔形常绿乔木
5. 园冠型常绿乔木
6. 球类常绿灌木
7. 修剪色带
8. 小乔木
9. 竖形灌木
10. 团型灌木
11. 可密植成片的灌木
12. 普通花卉型地被
13. 长叶型地被

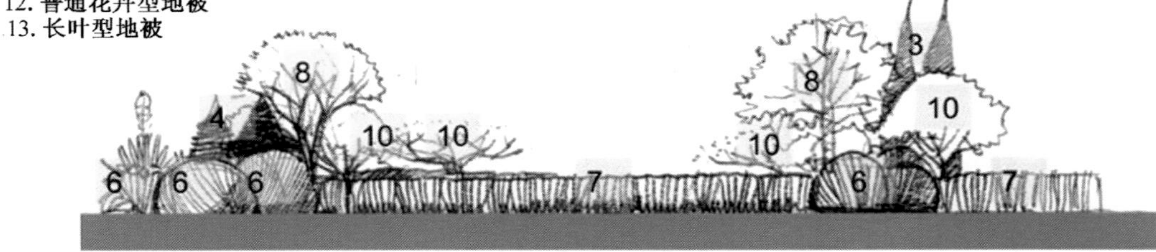

图 3-60　楼间私家花园外延用植物分隔，分隔手法为：组合修剪绿球与修剪色带共同组合成边界，球、灌木、草花等多用于入户路口边、园与园之间的分割线等处，形成疏密有致的变化节奏

图 3-61　在建筑物旁、道路转角处、景墙小品边缘、地下车库周围等处配植，品种多、层次多、形态组合变化多样，配植方法类似于别墅区

图 3-62　实景照片示意 C

（3）公共绿地区域绿地。

公共绿地景观相对较为粗放，以较大片的乔木、灌木组群交替形成开合的层次。图 3-63—图 3-65 是几种配植类型图示，图中数字对应上述中植物形态种类序号。

另外，植物材料作为空间建构的物质实体（图 3-66），如同美国景观学者米歇尔·劳瑞（Michael Laurie）在《景观设计学概论》（*An Introduction to Landscape Architecture*）的"绿化及绿化设计"一章中针对其"设计潜力（Design Potential）"所指出的：

在规划场地中为了实现某种设计意图或功能需求对植物进行挑选。这一过程很复杂，需要考虑所有的客观条件，如土壤、水分、温度以及其他一些因素，还需要对植栽的目的有清晰的了解。有一点必须明确，植物不是简简单单地用来填补剩余空间的，它们的种植位置和品种选择应该是来自于解决设计难题。植物是有结构的，地表铺面也是如此，并且根据几乎相同的原则加以使用；与铺面相比，植物还要附加养护和更换成本。

植物可以赋予一个项目形态。经过认真地组合这些植物同样可以像建筑物一样构成空间。种植灌木和树篱可以围合出一块块的区域，同时遮挡住不希望被看到的景观。爬满藤蔓植物的花架可以起到遮盖棚顶的作用，还会在地面上形成漂亮的阴影图案。在维朗德里城堡（Villandry），植物被修剪成像"建筑"一般的形状，并围合出大的开放空间。芝加哥湖滨公园（Lakeside Park）的山楂树密密地种植在一起，从内部看形成了一个类似"建筑"的通道结构，从外面看则有清晰的线性结构。在这座公园里，榆树围合并确定了更大的空间，将公路与绿化草坪隔离开来。经典的景观大道是利用植物构建空间的另一个实例，通过景观来引导注意力转移。根据规模大小，这种用树木创造的空间分隔感或围合感是推断出来的而非实际打造的，然而篱笆和灌木则会形成实体上和视觉上的障碍。在区域景观中，林中空地被树木从空间上划分出来。

交通动线是另外一个设计方面，可以通过植物加以强调。可以设置灌木用来标示边缘，强调衔接，突出路线的方向性或是用作实体障碍。在城市，道路两旁的树木可以起到给区域或者主要道路及路线提供标识的作用。巴黎的林荫大道或者那些充满艺术氛围的地方，都展示了树木在塑造城市形象方面发挥的作用。池塘周围自然植被的变化提供了一个优秀的生态模型，这种植被上的变化反映了当地的信息。

植物的另一项极其重要的功能是防止土壤侵蚀。植物的根系结构能够牢牢地紧固住土壤，从而防止土壤从河岸上冲走造成滑坡。植物的另一项功能是阻止降雨对裸露地面的冲击，通过减少径流，种植植物有助于保持水分，保护地下水资源的补给。草皮、常春藤和原生植被能出色地做到这一点。[12]

1. 园冠阔叶大乔木
2. 高冠阔叶大乔木
3. 高塔形常绿乔木
4. 低矮塔形常绿乔木
5. 园冠型常绿乔木
6. 球类常绿灌木
7. 修剪色带
8. 小乔木
9. 竖形灌木
10. 团型灌木
11. 可密植成片的灌木
12. 普通花卉型地被
13. 长叶型地被

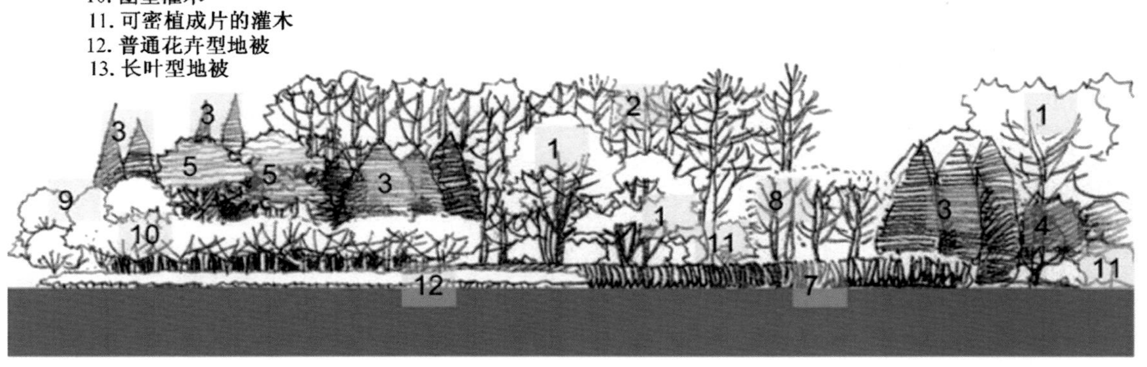

图 3-63　公共区域植物景观配植意向

图 3-64　实景照片示意 D

图 3-65　实景照片示意 E

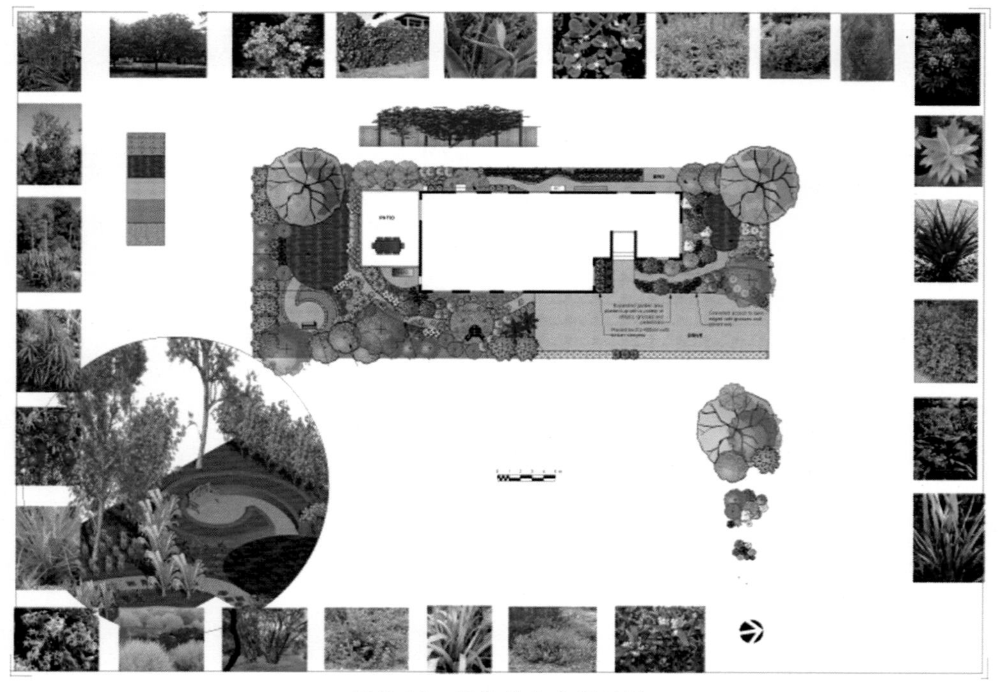

图 3-66　植物作为空间材料

第六节 ◉
景观感知构想

空间的感官环境是指空间环境中人的感官构成影响的物理量,如光、空气、热、声音等。它们的作用是使空间中的人类的感官具有一些特定的心理指向性,如温暖的感觉、舒适的感觉、抑郁的感觉。这些能引起和影响人对景观空间环境心理反应的物理量就是感官环境的条件。在视觉中,人眼可以观察到的是看见的形态,如透过窗射入的光线、人工的照明、墙壁材料的质感和色彩等。它们同时对视觉产生刺激,形成空间感官的综合效应。

1. 空间的感觉

具有顶的建筑,其顶高的空间给人以开敞和向上开放的感觉,二顶低的空间给人以压抑和向下封闭的感觉。而圆形和正方形的均质空间则给人以向心性的感觉。不同的空间都保持各自的空间感觉,这是空间的自然属性。

2. 光和色彩的感觉

不仅单指明度和颜色等纯技术化领域的物理现象,而且关系到光和色彩的心理效应。从外部的日光、天光等通过玻璃等进行控制,到对人工采光的照明灯具的位置和大小、明暗、色彩及光影等的设计都是景观概念设计空间构想环节所应考虑和研究的问题。由于光、色的明暗变化,空间亦呈现出开放、封闭和方向性的特点,它们可以强化空间的感觉。此外,除去空间中这些固有的光、色因素外,使用者本身也是光和色的动的感觉源。人的服饰在光色、灯色的照明下,反射在墙壁、铺地等空间材质上,与光、色的静环境形成一种多变的感官效果。

3. 密度和尺度的感觉

通常高密度往往于生理学上的不快感和压抑感等恶劣感觉相联系,而空间构筑物尺寸上的变化往往引起空间尺度上的改变而加剧空间密度的感觉。

4. 时间的感觉

空间的物理量对人体产生作用,反映为心理量表现出来,若被感知是需要一个时间过程的,这一时间的过程,包含着心理感觉的产生、定位、变化与消亡的互动关系。中国古典园林设计手法中的"步移景异"就是反映时间因素对感官环境影响的最好诠释。这种与时间相关的感官环境的构想就是我们常说的"空间的序列"。对于植物而言,强调季相变化和色彩变化的设计,便会创造适宜游赏的四季园林空间景相。

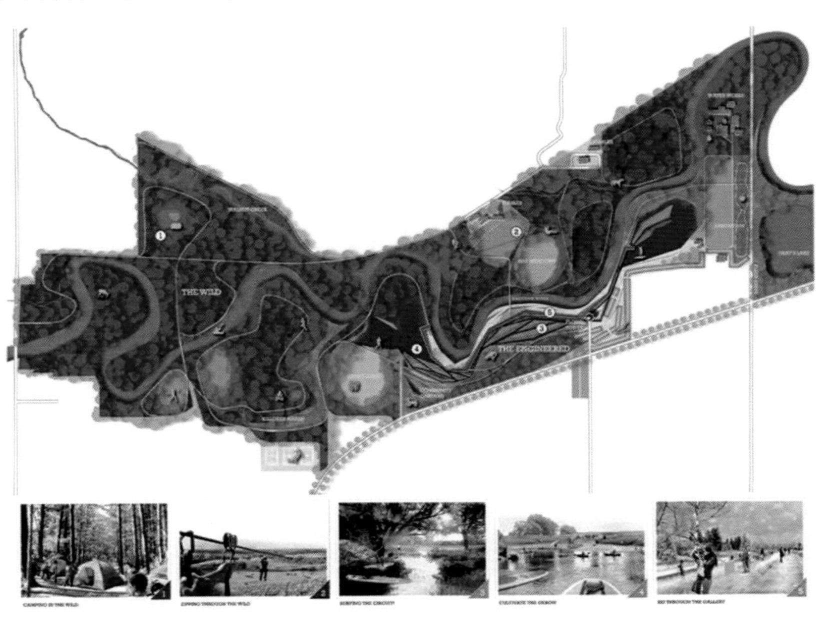

图 3-67　滨水公园的感知性设计

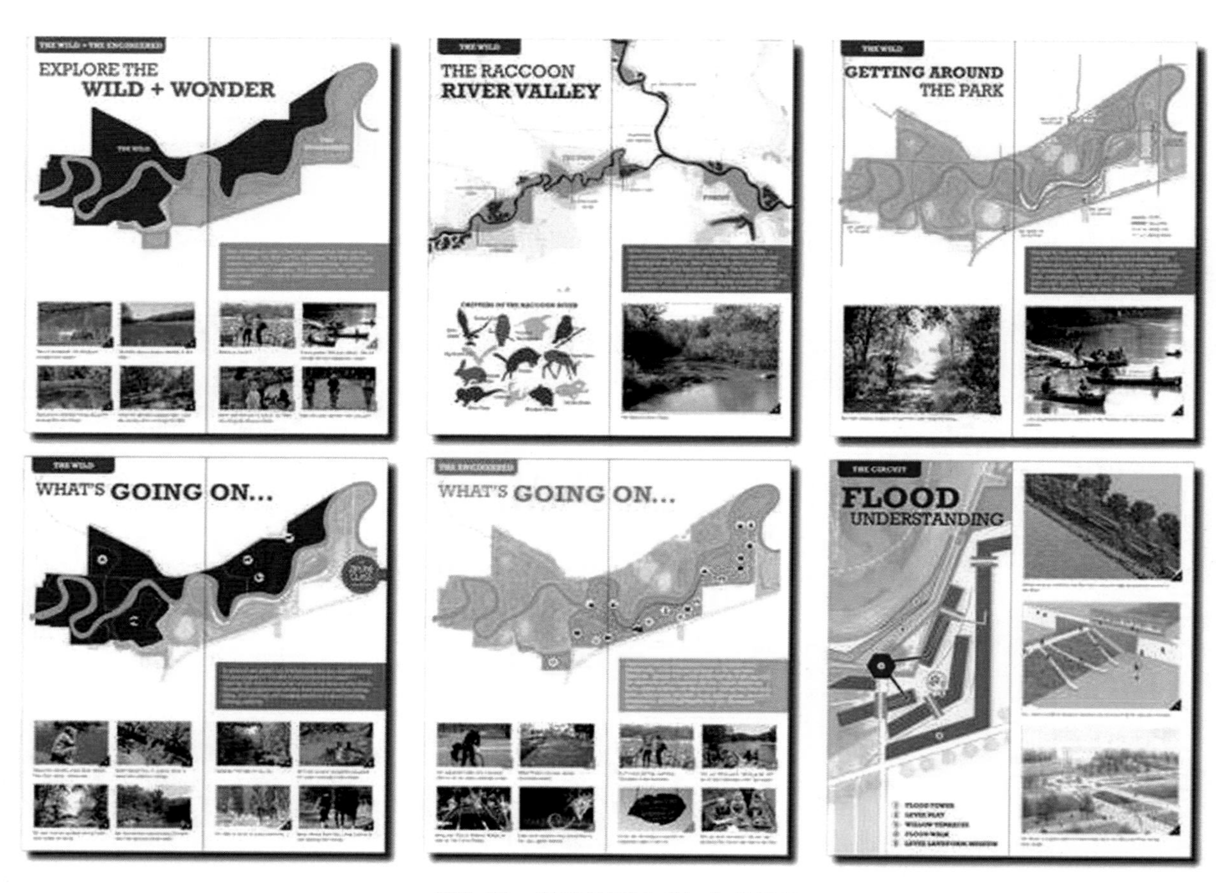

图 3-68　景观的不同感知方式呈现

思考题

● 1. 以“景观成长空间”为主题，概念化地呈现某一设计场地5年、10年、20年、30年、50年及更长时间的不同景观形态，并从结构、材料、技术等方面进行景观细节的持久性设计。

● 2. 从诸多经典设计案例中，分类型、逐步建构一个属于你自己的景观概念设计意向图谱资源库。

参考文献

[1] [美]亚历山大等. 城市设计新理论[M]. 陈治业等，译. 北京：知识产权出版社，2002：49.

[2] [美]林奇，海克. 总体设计[M]. 黄富厢等，译. 北京：中国建筑工业出版社，1999：136－137、9－10.

[3] 邱德华，文剑钢. 城市景观概念设计方法研究[J]. 苏州科技学院学报（工程技术版），2009(3).

[4] 安建国，方晓灵. 法国景观设计思想与教育：“景观设计表达”课程实践[M]. 北京：高等教育出

版社,2012:129－130.

[5] 安建国,方晓灵.法国景观设计思想与教育:“景观设计表达”课程实践[M].北京:高等教育出版社,2012:134－135.

[6] [美]马库斯,弗朗西斯.人性场所:城市开放空间设计导则[M].俞孔坚等,译.北京:中国建筑工业出版社,2001:9.

[7] 刘志成主编.风景园林快速设计与表现[M].北京:中国林业出版社,2012:15.

[8] [美]西蒙兹.景观设计学:场地规划与设计手册[M].俞孔坚等,译.北京:中国建筑工业出版社,2000:288.

[9] [美]亚历山大等.城市设计新理论[M].陈治业等,译.北京:知识产权出版社,2002:19.

[10] [美].西蒙兹.大地景观:环境规划指南[M].程里尧,译.北京:中国建筑工业出版社,1990:167－170.

[11] [日]日本建筑学会编.建筑与城市空间绿化规划[M].蔡于胜,译.北京:机械工业出版社,2005:141－148.

[12] [美]劳瑞.景观设计学概论[M].张丹,译.天津:天津大学出版社,2012:212－213.

第四章

设计表达

——景观概念设计制图的图解举例

“景观的一个重要特点是为人类而设计，供人观赏、触摸、嗅到气味并穿梭其间与景观一起经历成长。而景观设计则以绘画、制图、建筑和种植等各种行为来呈现。”[1]图示是一种语言，它表达了空间的结构、形式的特征和组成要素的存在方式与状态。景观概念设计制图表达的中心内容在于景观的再表现，而且“这种再现不是简单的形象和视觉元素的再现，而是通过场地的理性分析（交通、土壤、植物、生物、水文、物候、光、色彩、地貌和地理等）和感性分析（视觉、听觉、嗅觉、味觉和触觉，甚至是第六感）重新表现一个既个性又具共性特征的空间，这种个性是设计师通过其对景观的个体感受理解所表现出的主观性，这种共性是使用者以感觉认知开始、以逻辑理解结束的具有主客观双重性的空间理解。……艺术家在景观之外描述着景观，景观设计师必须在景观之内描述景观。景观专业的速写表现的不仅是视觉范畴的内容，它表现着景观空间的构成特征，这种描述是一种剖析式的，有论据用途的，与使用者发生紧密关系的，是所有人体感官对景观空间的综合理解。景观特征的表现手法是多样的，不仅限于透视图，可能平面图对表现区域特征更简捷有效，而剖面图对表现地形的特征会更清楚等。譬如：我们走过一条街道后，景观设计师可能以平面图的方式标注这条路的阴凉区域和声音的变化，以剖面图的方式表达路面与周边土地的高差关系，以及植物的高度和视觉的开合，以透视图的方式表现景观中的主次形象等，这些描述方法的选择是以空间特征为依据的”[2]。

罗伯特·布朗和管悦在《设计与规划中的景观评估》的“绘制景观元素图”中亦指出景观中的每个元素都应该被描绘和记录下来，以清晰地表达景观中的资源状况，并使业主容易理解。影响和指导设计的关键信息也要标明。景观评估的成果一般是一份结合分析图的评估报告。景观评估最重要的一点是遵循一个清晰且经得起推敲的过程。步骤就是事件发生的一系列过程。

第一步，搜寻有关场地的信息，如该地的地形、地表水、植被、动物、土壤、气候等的资料。在图书馆、互联网或者当地的政府部门可以获得这些资料。通常来说这些资料是在一定比例下提供一个大范围的概况，有关场地的具体信息是不大可能找到的。不过它提供了有关场地的背景脉络，这是非常重要和值得考虑的。

第二步，获取场地及周边地带的航拍照片。找到该地的“连拍立体图像”——一种从飞机上连续拍摄的照片，它可以让你看到场地的类似三维的影像。这个方法使你在去现场之前可以简单迅速地熟悉场地。它使你产生飘浮在场地上方的感觉。你会很容易地找到道路、构筑物、森林地区和河流。当对这个过程熟悉之后，你还能识别树种和建筑物高度。通过航拍照片可以得到很多信息。

第三步，带着复制好的图纸和航拍照片，花些时间到场地勘察。先在场地中走走，找到你在航拍照片中看到的景物及特色。这个过程使你证实在图纸及航拍照片制作之后场地是否有变化,同时更新细节的变化。比如场地中有一块湿地,是图纸及航拍照片中没有显示的,但是在现场却可以找到。这时可以收集有关场地组成的所有信息(比如进行场地植被组成的研究,或者和当地居民交谈,听听他们对场地使用的意见等)。

第四步,需要制作有关场地不同元素的分析图。制作的图纸应该包括地形、土壤、水文、植被、野生动物、微气候、土地使用,以及其他任何有关场地的独特的和重要的内容。在某些状况下,例如当景观元素紧密联系和互相影响的时候,可以把一些图纸合并为一。比如将地形图和土壤图合并。同样,水文图和微气候图、植被图和动物图也可以合并。根据场地的情况,场地使用图可能有若干张。如果场地以前几乎没被利用过,那么使用图可以和地形及土壤图合并。如果场地使用的状况很复杂,则需要做考古图,了解场地的历史使用图及当今使用图。

第五步,撰写一个简短而清晰的报告来描述你取得以上信息所使用的步骤,以及对场地的各种资源状况的描述,作为对图纸的补充。这包括所有和日后场地使用决策有关的信息。到此就基本上完成了景观评估中"场地清单"的部分。下一步就是"场地分析"了。

当图纸和报告准备好以后,下一步就是合成信息。这个过程可以有很多途径,但是我们要选择一个经得起推敲的步骤:识别和评估景观单元。景观单元是场地中特点相对统一的地区,比如场地中地形、土壤、植被及动物分布接近的地区。景观单元需要在单独的图纸中表示。

分析的最后一步,制定一个框架来判定每个景观单元可以被使用的可能性和适宜性。可能性指的是场地可以被使用的潜力,是以一种尽可能客观、无偏见的评估所得到的。例如,一片成熟的林地客观地说是可以作为工业开发用地的,因为成熟的树林可以被很快地砍伐并清理干净作为发展用地。场地适宜性的分析考虑了更多的价值因素和主观因素。成熟的树林作为一个生态系统具有相当的价值,你可能希望保留这片树林或现在的使用功能。通过区分可能性和适宜性就能聚焦在问题的主要方面,而不会由于强调"因为它不应该作为工业开发用地,所以它不能作为工业开发用地"(这种含糊的判断)而遭到质疑。

可能性和适宜性分析的结果应该总结成一张图,来表达对场地的各个部分最合理使用的建议。这张图和报告的其他部分将成为接下来的设计过程中不可缺少的一部分。如果业主已经对场地的使用有了想法,现在正是将业主的需求和场地的潜质结合起来并支持那些使用功能的时候。从这以后创造性的规划和设计将是整个设计过程的主角,当然它们是基于坚实和科学的景观评估的。景观评估不是做完就可以放在一边了。完成景观评估有一个非常重要的原因,就是它为提出适宜的场地的设计方案提供了一个坚实的基础,同时也是衡量业主、公众或者官员们的建议是否合适的标尺。因此,景观评估报告和图表是设计全过程中不可缺少的一部分。[3]

第一节 ◉ 景观概念设计的分析图解

建筑师伯纳德·楚弥(Bernard Tschumi)曾说:"传统的设计图不再够用,在建筑的标注与记录方式上,势必会出现新的形态。"而且,"分析有方法,才能让我们了解设计的过程"。由此,理解景观原址场地的特征和周边环境的影响,须以图示化的符号语言加以表达,并分析场地内部各要素。此时所画的符号化图示解析是"自说自画"式的,是设计者的一种自我交流,各种创意火花与注意事项要点均可以文字记录的方式标注于图纸之上,图面绘制风格不限,精准度不限,形象度不限,甚至图面可以较潦草混杂,但对于每个设计限定条件都应详细具体地归纳、分析——"任何一个多样变化的场所都可分解为不同的空间单元，这些单元的相互关系建立了一个系统，整个空间系统应有恰当的逻辑秩序。”[4] 戴明（Deming, M. E.）和斯沃菲尔德（Swaffield, S. R.）在《景观设计学：调查·策略·设计》（*Landscape Architecture Research: Inquiry, Strategy, Design*）的“第十三章　逻辑系统（公理、规则及论证）”中以“作为逻辑系统的空间句法”为议题深刻指出：“20 世纪 70 年代以来，建筑和数学交叉领域出现了抽象的形状文法和逻辑，设计和艺术界纷纷建立自己的语法结构。或许是因为建筑本身的构造属性，此类理论方法在建筑领域颇有建树。不过，随着更为复杂的景观设计计算的出现，空间句法对于学科研究的重要性将有增无减。……此类形式工具的逻辑基础是空间与形式拓扑学。拓扑空间即‘引入集合性、连通性和连续性等形式概念’的数学结构或几何体，因此在建筑规划和景观设计等空间设计领域非常重要，信息通路和社交网络的设计也引入拓扑空间理念。景观设计师在准备场地设计的时候常常会用到抽象泡泡图或流程图等拓扑技术，分析项目元素和循环功能之间的关系。……与建筑结构的抽象形式有所不同，景观句法的基本构成是图形化结构：点／物（树木、形体、房屋）、线（围栏、道路、水平线）、平面／表面（纹理、图案、厚度）和层次（前景、背景、深度、交叠）。对上述元素的记录整理属于分类策略，评价其美学的一致性是评价策略，而对整个视觉系统的规划和表述是公理性的，因此属于逻辑系统研究的范畴。”[5]

荷兰代尔夫特（Delft）大学的伯纳德·卢本（Bernard Leupen）等学者在《设计与分析》的“有助于分析的制图技巧”（*Drawing techniques to aid analysis*）中指出，设计图只能展现出所要呈现的一部分，这些图只是实物的抽象表现。每一个设计的分析都有其绘图的方法，各式各样的分析图其表达方式主要分为两类：一类为平行线投影法（Paraline Projections），即所谓的等角透视法（Axonometrics）；另一类为聚合线投影法（Converging Line Projections），或称为消点透视法。在“制图处理”这一关键环节，卢本等亦指出分析景观建筑设计时有三种制图处理的方式，分别是简化、附加资料及分解呈现。

（1）简化。

这是处理地图或设计图时最基本的方法，目的是要展现一件设计的结构。简化是最常使用于设计分析的技术，它去除所有不相关的资料，以便留下研究中必要的资料。绘制这种分析图时，重点在于决定哪些资料应该留下，哪些应该删除。经验告诉我们，宁愿留下多一点的细节，而不愿太少。一张分析图必须一眼就能看懂，要能自我说明，而不需要另外解释。一般而言，一系列的设计图加上一定数量的资料，比较容易了解；一大张图加上一大堆资料则较难看懂。简化有两种不同的基本形式：形态简化（Morphological Reduction）与类型简化（Typological Reduction）。

① 形态简化。形态简化的作用在于揭示并说明一物体的空间结构。这类分析图的目的则是呈现一建筑物、城市或区域的空间特性。为了达成此目的，分析图中特别分清楚已建部分（即实物）与未建部分（空地或空白）。通常实物部分都会画出来，空间部分则留白。随着简化对象的物体不同，处理时的比例大小也有所变化，实物与空地也有进一步的差异。例如，处理林荫大道与公园之类的绿色构件时，方法和处理建筑物时就大不相同。街道、巷弄和广场之间，或是运河与绿地之间，也都有一些差别。

形态简化所用的符号有平面（一致的、阴影的与间色的平面）与线条（连续线或虚线、单线或双线）。至于使用哪一种技巧，则要视简化对象的比例和探讨的层面而定。笔触的粗细也是制作分析图时的另一个好方法。这种技巧大多使用于“普通的”黑白图上，黑色区域和线条用来标示实物部分，白色区域和线条则表示空地。这样的图适合于分析建筑的空间结构，或者是建筑开发区的性质（封闭的街区或开放的房屋行列）。在一张“负片图”（Negative Drawing）中，空地用的是黑色，实物用的是白色。这样的做法可以凸

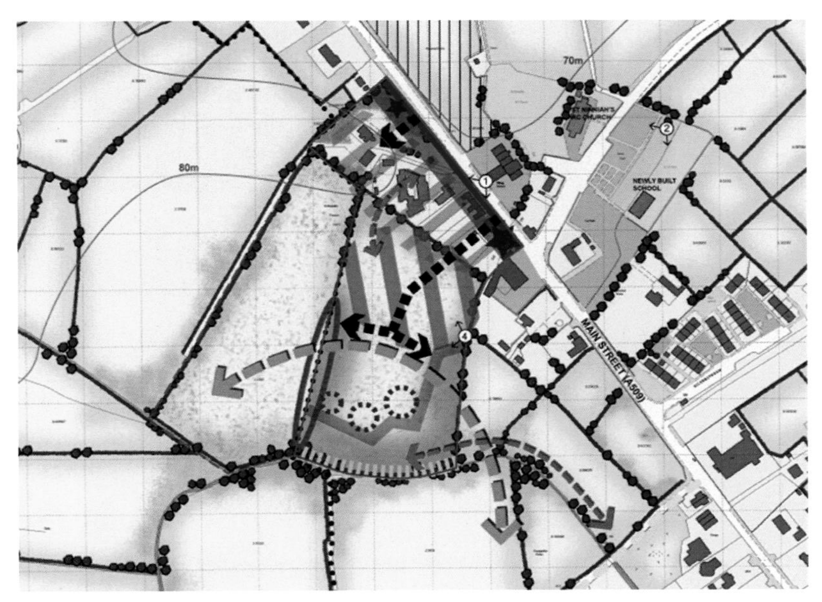

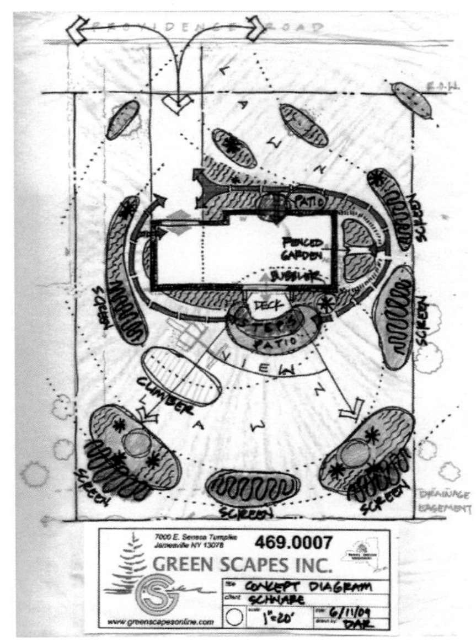

图 4-1　简化式的场地分析图解 A

显建筑计划中的未建部分。一张分析图中有各种不同的层次，可以利用实线、虚线及画点之类的制图技巧来加以强调。

任何依比例画出来的地图都可以当作基础或"背景"，尤其是地形图（旅行用的图不适合，因为图的边缘处常扭曲变形）。

设计分析的工作有一部分必须要在地图上制图，而底层地图的尺寸比例就必须迁就分析本身的特性与分析对象的比例大小。因此，比例尺1∶50000的地形图可以用来绘制景观的样式，或是标示聚落与高速公路、高压电缆、铁路线或水道等大型构件之间的相关位置。1∶25000的比例尺则非常适合用来绘制一个城市的主要结构（结构方面的构件）及其中的主要构件，同时它也适用于呈现左右一个城市中不同区域的空间结构。到了比例尺 1∶10000时，我们就可以辨认出不同的建筑与道路，同时也可以区别实物与空白。1∶5000或更大的比例较为适用于检查城市中某一小区块的空间结构，而不用来探讨区块之间的关系。

有时候必须同时使用目前与过去的地图。由于旧地图的比例不一定正确，最好能将旧地图上的资料"挑拣"出来，放进最新、最正确的地图中。

如此处理绘图方面的资料，有助于将焦点扩及整个设计的空间结构，探讨其中每一个层面。比如说，绘制一个城市或地区的结构要件，可以了解人们如何经历当地的空间。这类分析图中的主要构件包括使用频繁的道路、主要的广场、地标性的建筑以及绿色的空间。这些形态图也可以用来检查城市中不同区域之间是否有凝聚力。都市结构的发展可以用历史地图集的形式来呈现，以一连串的地图（比例、大小与位置都一样）来说明历史变迁。通过图表对照的方式，便可以呈现城市中所发生的事件及其结果对空间结构所产生的影响。

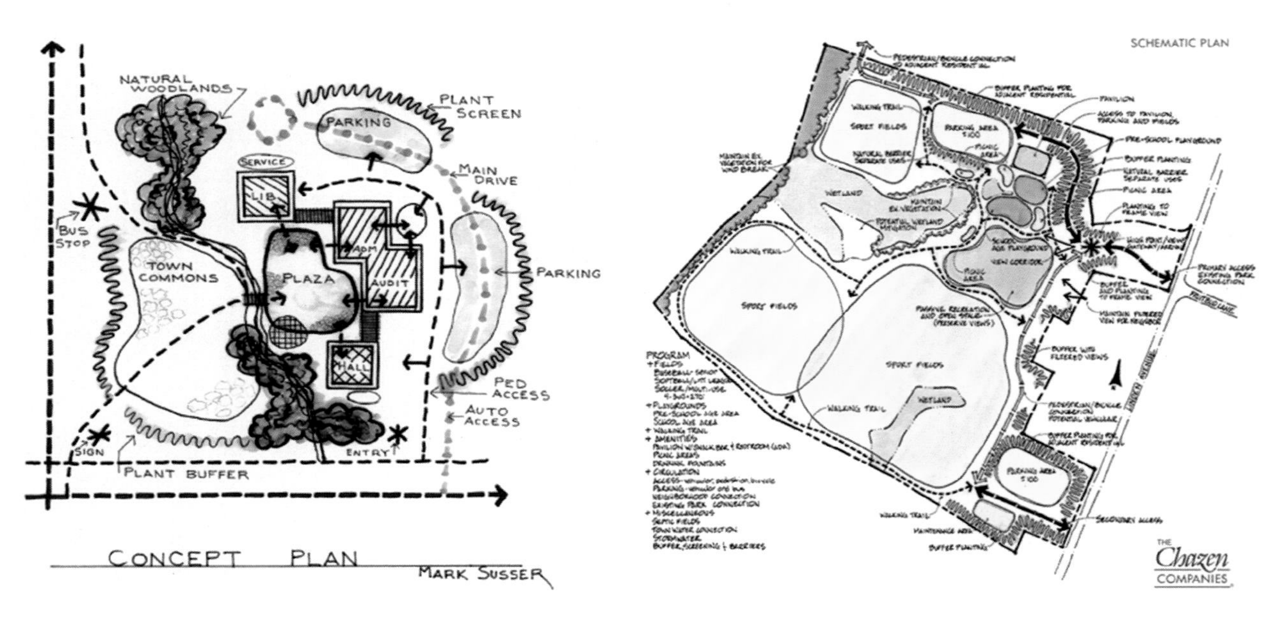

图 4-2 简化式的场地分析图解 B

② 类型简化。这种简化方式有两种截然不同的目的。

第一,它将设计简化到只有最基本的构成要素,剩下的只有底层结构的图形。这样可以和图形相似的其他设计比对,就成为所谓的"类型图"。类型图可以说是一个类型的精华所在。

第二,通过比较简化设计所得的图形与可能是该设计来源的类型图,可以了解该设计如何从原来的类型改变而来。如此有助于我们判断该设计是某个已知类型的样式变化(即变型),或者代表一个全新的类型(即转型)。

绘制类型简化图时所用的法则和方法,大致和画形态简化图时所用的类似。同样地,地形图可以当作这种图的"基础"。一般而言,作建筑物的类型分析时,设计图或演示文稿图比契约用图更为恰当。相较于形态简化,类型简化有进一步的意义,将与设计无关的全部去除,让设计显得更为图形化。类型简化的处理中,重点放在设计的类型层面、与原始类型之间的异同以及各种不同构件如何产生关联(即类型层面)。因此,比较一个固定的样式和该样式的变化,有助于找出原始类型的特征,同时也可以分析出这些特征如何应用在设计中。同样的处理过程也可以用来探究原始类型的变型,观察此一变型如何应用在特定情况下,解决设计上的问题。下列是一些用来改变既有类型的方式:旋转、左右对调、折叠、增加以及结合其他原始类型。

(2)附加资料。

一种绘制分析图的方法就是,增加视觉或建筑以外的资料。这些资料或许与机能和使用有关,或许告诉我们底层的几何系统。最好在分析图中去除不相关、让人分心的资料后,再加上这一类的资料。前述的形态简化图就是这类分析一个很好的起步。

增加资料的方式包括:空间与材料系统的几何基础、轴线、区域等;以颜色、间色、图表标示建筑的机能与使用;视线、动线与作用力线。

① 几何系统。为了要了解一件设计的几何系统,可以在分析图中加上材料与空间的轴线、区域及网格线。爱默别墅(帕拉迪奥,1560 年建于范若罗)的分析图明白显示,该别墅各式各样的构件沿着一条轴线组织在一起,展现这栋建筑时可以将外围部分去掉,留下中间的区域。

户外空间的轴线可以用最少的空间构件来

标示，这里所指的是阶梯和入口的大门。林荫大道可以画成长形的块状，以强调其开放的空间。

下列是麦第奇别墅的分析图，图中的几何系统、房屋和花园都以粗细不同的线条标示，并且作了相当程度的抽象处理。房屋是中心部分，图形以此为基础，所以用横向的剖面图来呈现，建材的厚度以墨水画上。花园以较淡的线条来画。几何系统的线条粗细则介于房屋与花园之间。由于它的构件中有正方形，所以必须加上对角线来证实四边的确等长。花园中的轴线以虚线表示，粗细与几何方格系统的虚线粗细一样。

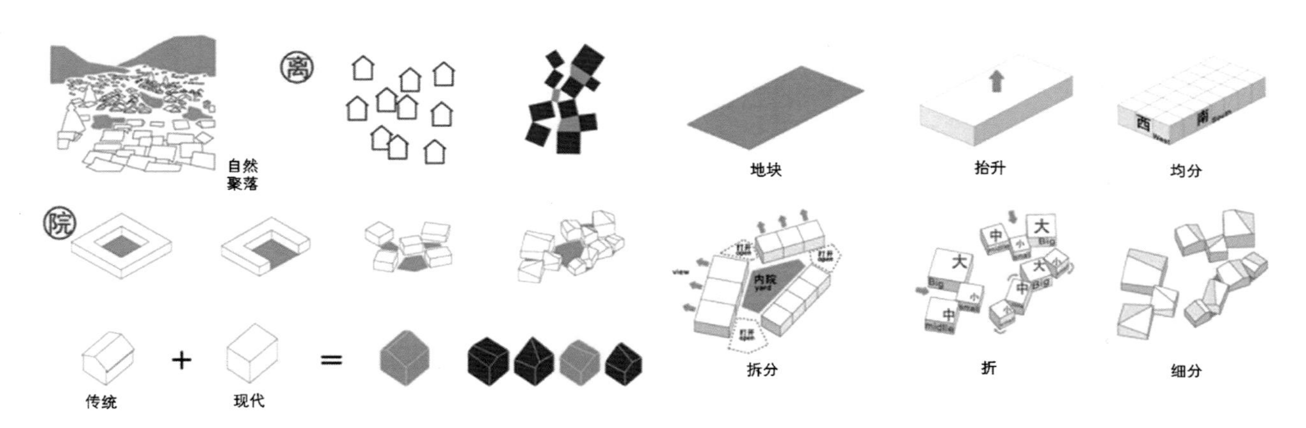

图 4-3　几何系统图解

② 机能和使用。标明建筑物、城市一部分区域或公园的使用情形时，色笔和网版都是简单的辅助工具。大多数情况之下，平面图很适合这类制图方式；有时候用来处理剖面图，也可以让图更为清楚。为了避免使用过多的颜色及网版，最好先行确定哪些部分需要检查。若是大型的公共建筑，就可能将主要机能及次要机能的相关位置标示清楚。若是一栋房子，重点通常放在起居部分与通道、设备之间的差异。

为了能够比较分析结果，一般颜色的使用法则如下：

对于一栋房子而言：

起居室：红色的边框；

厨房：整面的橙色；

卧室：深蓝色；

内部通道：亮黄色；

外部通道（楼梯、回廊、门阶、走廊）：淡黄色；

储藏室、车库：褐色的边框；

潮湿区域：整面的浅蓝色；

干燥区域：蓝色的小点；

工作区域（紧邻住宅的办公室或执业处、工作室）：橙色的边框；

店面：整面紫色；

发展个人嗜好的地方或工作坊：黑色的边框。

分析较大型的建筑物时，主要的机能以红色或红色边框来表现；其余的（走道、浴室）则以一般房屋的用色法则来表现。

分析城市部分区域时，用色法则如下：

住宅：红色；

商店：紫色；

咖啡厅、餐厅及饭店：粉红色；

办公室：橙色；

工厂或工场：黑色；

公共建筑：蓝色，并印上代表字母；

慢车道：黄色；

快车道：淡灰色。

分析公园及花园的设计时，用色法则如下：

公共的绿色空间：深绿色；

私人的绿色空间：淡绿色；

水：淡蓝色；

游乐区：土黄色；

绿色植物园、观赏植物园、苗圃：淡紫色；

运动区：淡粉红色。

使用网版时，最好从淡色系开始，用在占有最大面积的机能上。辅助性的机能所占用的面积越小，所使用的色调便越深。……有一些正式的文件以机能或区域来规划城市，通常都会用包括以颜色及网版来传达信息的地图。这些文件显示一个差异很大、活动多元的系统。为了让文件清楚易读，必须将插图及图解的信息限制在一个或某几个方面。通常都只是标示出公共或有总体特点的机能，例如公共建筑、文化机构、商店、夜生活的场所以及绿化的设施。

画出动线及视线也是一种方法，它足以说明使用者如何体验整个建筑空间。许多例子显示，这种方法不但可以用于平面图与剖面图，连等角图也可以适用。选择背景时有一个非常重要的因素，那就是要让分析图呈现出这些要素在空间体验上的重要性。由于一张分析图通常包含太多信息，所以最好简化背景，并且仅加入对于了解这个系列及动线不可或缺的要素。小幅的简图有额外的帮助。

(3) 分解呈现。

分解图（Demontage）也称为分裂图，有助于探讨建筑各个不同层面、系统、构件、时期或设计与背景环境之间的关系。将图形并列或重叠以提供辅助的信息，对探究设计中各种不同层面的关系也很有帮助。在一个设计中，这些层面有可能是建筑的不同楼层或不同的结构层次。以下便是可以重叠的结构层次：组合构件、背景与物体、比例规模、历史层面、建筑楼层、概念上的层次、建筑构造及设计。

分解图将建筑设计分解，让我们能仔细地观察建筑实体，了解空间结构的组合。分解图的形成方式有二，或将设计分解成不同的“层次”（如地形层次、内部结构层次、建筑或绿地层次、结构或使用层次等），或说明设计中各个不同的构件（如边界、充填或衔接的构件）。分析某一层次整体的构成要素时，通常需要简单地概括一些额外的信息，目的是将分析的对象置于较大的背景环境中，例如加上方位点或河道等。若要展现各个不同地形之间的差异，最有效的方法就是绘制一张图，显示每一个地形的特性。分析建筑物的构造时，分解图也是相当合适的方法。在一张分解图中，建筑结构中不同的构件可以个别画清楚，展示建筑的方法与组织，或说明个别构件在建筑物中所发挥的功能。[6]

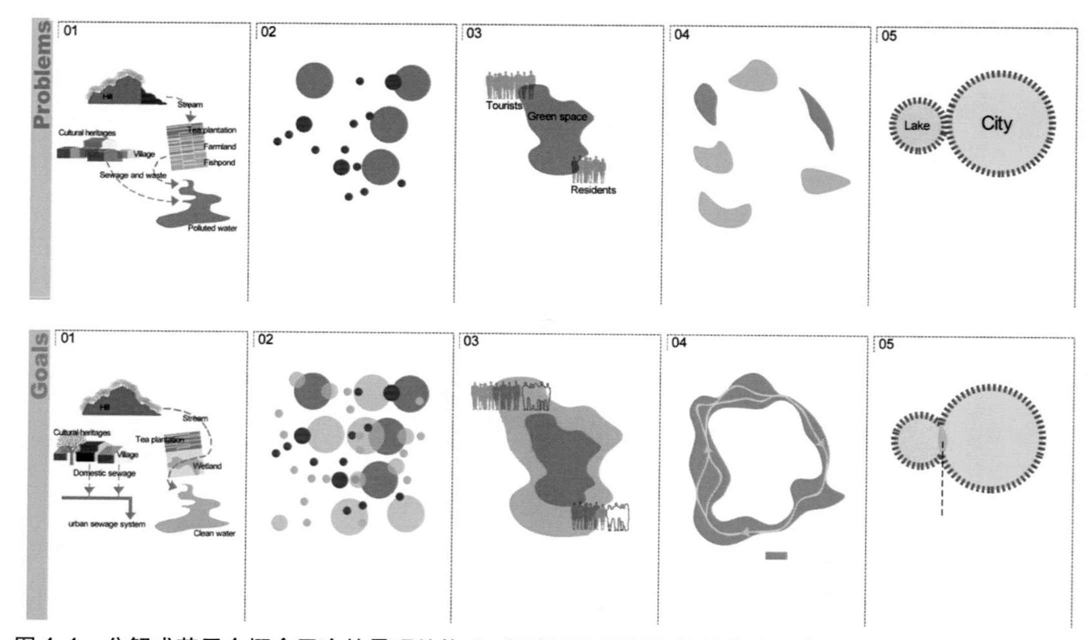

图 4-4　分解成若干个概念层次的景观结构 A：分裂图呈现构件，让结构的组合在不同平面层次清楚可见

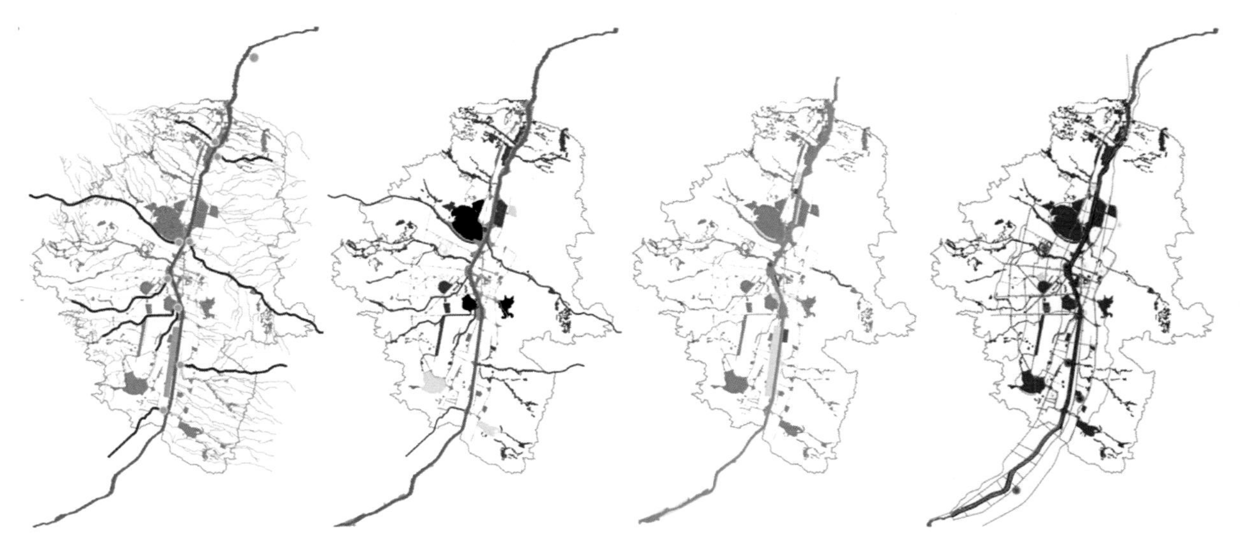

图 4-5　分解成若干个概念层次的景观结构 B

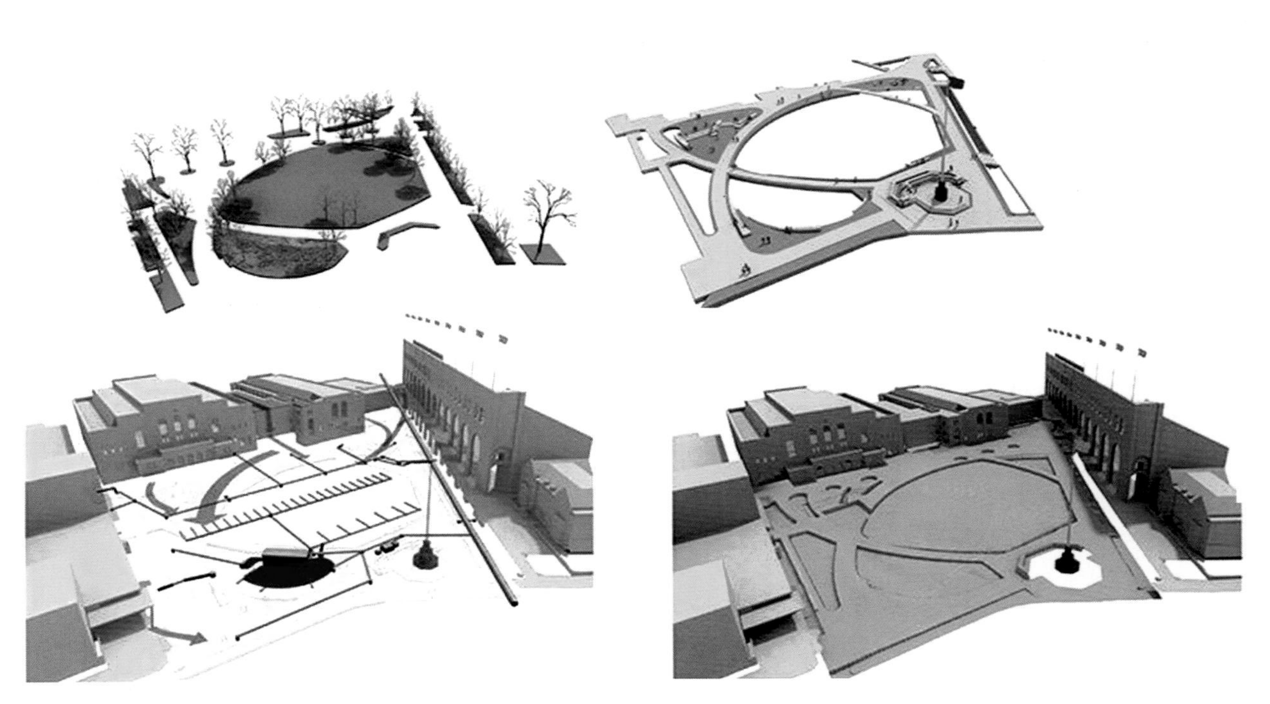

图 4-6　分解成若干个概念层次的景观结构 C

第二节 ◉
景观概念设计的平面、立面、剖面及透视制图

戴维·A.戴维斯(David A. Davis)指出:“从事设计专业成功的重要条件,就是具备独到的眼光及表达观点的能力,虽然观察力的形成需要长期的学习和积累,但是,我们可以在职业生涯中不断改变并完善我们的绘图技术,以形成独特的风格。”“研究设计方案的利弊主要是为了寻求能够满足用户及社会需要的最佳开发机遇,并通过物理的、环境的及经济的透视,判断项目的可行性。概念图主要用于确立设计的利弊及标准、示范开发项目的可行性及建构决定后续设计的框架图。概念构思的意图是要提出新的举措、解答疑难问题并相应提高客户及公众的收益。一张概念图必须尽量清楚地表现这些举措、问题及收益。”

你在画面中表达的主要思想是什么?

高品质设计图最精妙的特征之一是:通过清晰的图形表达,令看图者领会画面的主旨。因此,请清晰地表达自己的主要思想,而不要去强调无关的事物。

图形成像的视点在何处?

这一点至关重要,你必须知道作图的视点及画面距你的远近。另一个问题是画面将以何种方式来表现?是呈现其原貌,还是以幻灯片或录像的形式来展示?图幅的大小、文字的尺寸和间距以及细部说明的总量将会依视点的远近而不同。一般来说,视点距画面越近,预计的细部总量就越大。

谁是观众?

观众的定义在这儿是指那些图纸的用户。请问一下自己,画面中所传达的信息是面向谁的?是委托你工作的客户(代表某团体的门外汉),还是学生、承包商,或是其他的专业设计人员?任何一类观众群体对设计的步骤都有不同的理解方式,相应地,也会有不同的预期。为了能有效地传递画面信息,设计图必须根据用户的理解力及相应的预期值而量身定做。

该图形属于设计的哪个阶段?

在早期的设计评估阶段所绘制的图形虽然需要准确,但其精度要求仍低于技术图。概念图的根本目标是具有准确的基本数据,并以“随意”的格式展开画面。概念图不仅要表达设计方案的意图,而且要体现该项目形象或其设计者的基调。用于实施和存档的施工图则需细致和精确,以表达施工的可行性意图。

图纸的未来使用期限有多长?

你的图纸是否有机会获得比别的图纸更长的“保质期”,或者它是否会被当作后续图的基础?如果是的话,在这样的图纸上花费更多的时间也许是明智的,因为,只有这样,它才能适应现在和将来的需要。

你是否仔细研究了各种绘图材料及现成的工具?

若要考虑如何形成自己的制图风格,这儿至少有两种训练方式。一方面,你可以不断地利用同样的绘画工具和材料,探索一种易于识别的流行技术,这往往会成为你自成一格的著名“品牌”。另一方面,也许你有机会运用任何数量的最适合该项目类型风格的绘图材料及工具。例如,你可能在家用一张废纸手工绘制某环境展示的总平面图,或为某高科技的客户选择用艺术类软件来绘制所有的图纸。

利用现成的绘画材料的例子有很多,其中,手绘图可以用羊皮纸、聚酯薄膜、文件纸、蜡光卡纸、描图纸、牛皮纸为材料,偶尔也可用画布来完成;计算机图形则可输出在文件纸、聚酯薄膜、羊皮纸、相纸以及特殊的彩印文件纸上;手绘透视图则可利用黑色或棕色线条的轮廓图、Claycote、图表卡片、水彩纸以及上面提过的所有材料;还可将注解、纹理或胶片印在(或粘在)航拍图、照片以及轮廓图上。而今,利用数字环境为基础的介质材料正日益成为一种流行趋势。通过文字或图形软件可在计算机上完成设计图,并将非数

字化作品经摄影和扫描进行数字化处理并存档。转印电子作品是有效地向其他用户或观众传递信息的最佳途径。在转印电子文件前先明确版权合同是必要的。

建构你的画面

考虑完上述问题之后，在准备绘制真正的图形前，应更多地实践一下平面规划技术。请先在画面布上花些时间，并对其结构和风格做出关键性判断。解决设计问题需要一些预先规划，同样，设计图的绘制也不例外。请思考以下几点制图的要素。

（1）构图。

在这儿，“构图”是指二维图形及其文字元素的布局。预先计划图形的布局是绘制高品质作品必不可少的步骤。在一页薄纸上，平衡画面中各元素的分量并安排文字及标题的位置以达到审美的价值和标准，对一幅示意图来说至关重要。此外，还要考虑到图纸的比例及各相关事物的表现形式。施工图的重点是清晰、有效。尽管审美情趣也很重要，但施工文件必须首先保证能够清楚、扼要地展现用于实施的图形及说明文字。

“图解草图”是在准备任何系列的图片展示前首先建立的小比例情节串联图板。以上所示便是一例施工图的图解草图。草图明确了根据图纸大小所定的格式、图形的比例、注解及图例的位置以及整套图纸的次序。还有，从中可以清楚地辨别出详图和加长的平面图以及它们在整套图纸中的位置。可将其视为设计队伍的图解说明，伴随设计的全过程。

（2）建立规则并准备一个实体模型。

准备一个逼真的实体模型并在作图前预先制定绘图标准是一名训练有素的设计人员必备的素质。预备范图的目的之一是要保持图纸的前后一致而不是指望在作图的准备过程中快速地在扉页上做出判断。以这些规则为标准能够规范设计过程中的每张图纸，并能令你有效地进行工作，还能获得其他知道这些标准的同行的帮助。

（3）线条图。

衡量线的厚薄及线形质量的标准分别是线的粗细及其前后的一致性。平面图中线的厚薄与立面图及剖面图中略有不同，在平面图中，设计者可以根据对象的重要程度灵活地选择线的粗细。在总平面图中，建筑的外形是表达该设计空间特征的最重要元素，所以建筑物的轮廓线必须清晰并伴有阴影。在绘制绿化规划图时，图形的焦点变成了树木和灌木丛，建筑物的轮廓及阴影反而退居其次。在立面图和剖面图中，选择线形厚薄的依据是物体的视觉深度，较粗的线或物体的轮廓线往往根据物体的深度而改变。

所谓线形质量实际上主要与手绘图有关。如果你能正确使用电脑绘图，那么，获得高质量线形应该不是一件困难的事，其线形不但厚薄一致，而且搭接准确、清晰。对手绘图来说，须要特别细心地保证线条粗细变化均匀，并在搭接处略有重叠。可利用活动铅笔来获得粗细一致的线条，并可在画图时试着转动铅笔，这样既可保持笔尖的锋利，又节约了削铅笔的时间。此外，略有重叠的搭接可以保证图形的正确与清晰。

（4）纹理及图例。

画面中的图例可以表示地平面的改变或标记正/负的关系。利用剖面线、点画法、彩色胶片或彩色马克笔和铅笔可以有效、清晰地勾画出局部的凹凸感。记住，图例不能主宰画面（除非你让它看起来像是画面中的一个片断），但它必须与画面的构图、平衡及线形相协调。图例必须保持轻淡，而不会影响画面中的重要信息或引起画面的混乱。

给画面添加纹理往往适用于示意类作品，它们需要加深细部刻画来表达构思或提高渲染的艺术质量。例如，屋顶的纹理或建筑物的“帽子”，它们都为画面增添了完美品质及真实感觉。此外，当用彩色铅笔、彩色粉笔、炭笔或石墨绘制渲染图时，可选择一种带纹理的底板，当使用这种工具绘图时，能显示出对比效果，纹理的突出部分被加强，而凹陷部分则几乎被淡化了。示范卡片、水彩纸以及粗纸板都是很好的纹理底板。

(5) 阴影。

阴影往往使二维图形具有准三维的品质。必须仔细考虑阴影的位置、深度及亮度。几乎没有不需要使用几种阴影模式的平面图。决定了如何强调画面中必需的阴影后，还要仔细研究可供选择的方案，以获得预期的效果。阴影长度的准确性与真实物体的实际高度相关，但这只是一个图形效果，它绝不能掩盖设计的本质元素。必须探索一条既能提供有效阴影，又不影响画面清晰度的方法。阴影的长度必须视画面的大小和复杂程度而定。

文字及书法

尽管给人第一印象的往往是被当作首要信息的图像，但是其中标注的说明却能加强细部的信息，并传递图像所不能表达的内容。大多数情况下，如果图中需要注解，那么就应考虑如何在整个构图中安排文字或文字块。譬如，当一个段落看起来具有几何形状时，它就构成了一个正面的图形，需要小心地将它与平面图形相结合。再譬如标题在构图中的双重作用。当然，最重要的是它明确了项目内容，但它还有另一个作用：它有可能成为平面构图的一个元素。有时，字形或色彩也能有效地形成正面的第一印象。重要的不仅是图形，还有其中的文字。

在开始为你的作品添加注解前，请先花点时间确定这些注解在图中的作用。通常，在概念图或技术设计图中，它们往往结构松散，而这些注解在图中的位置是确定最终构图的元素之一。相反地，在施工文件或详图中的注解往往以直尺来规范稳定的格式。无论哪种情况，注解的布局必须与整体构图相协调。

此外，还须确定将使用何种书写格式（是草书还是硬笔），以及相应的字高。对于概念图和技术设计图而言，往往没有规律可循，草书、硬笔或数字化文字都适合。在选择字形时应先考虑一下作品的风格，一般来说，草书运笔流畅，较适合风格随意的作品；而所有的施工文件及最后的详图则须使用风格精细的硬笔书法或数字化文字。文字的尺寸将根据它在图中的重要性及画面的清晰度由设计者决定。

最后要考虑的是什么样的注解是必要的以及应将它放在图中的什么位置。这个问题主要与示意类作品有关。为解决上述问题，简单的做法就是将描图纸覆在整张平面图上，并标出注解，这样，你可以在图形元素的周围设计文字的布局，并加强画面的整体构图。通过调整文字块来完善整体构图。[7]

一、平面表现图解

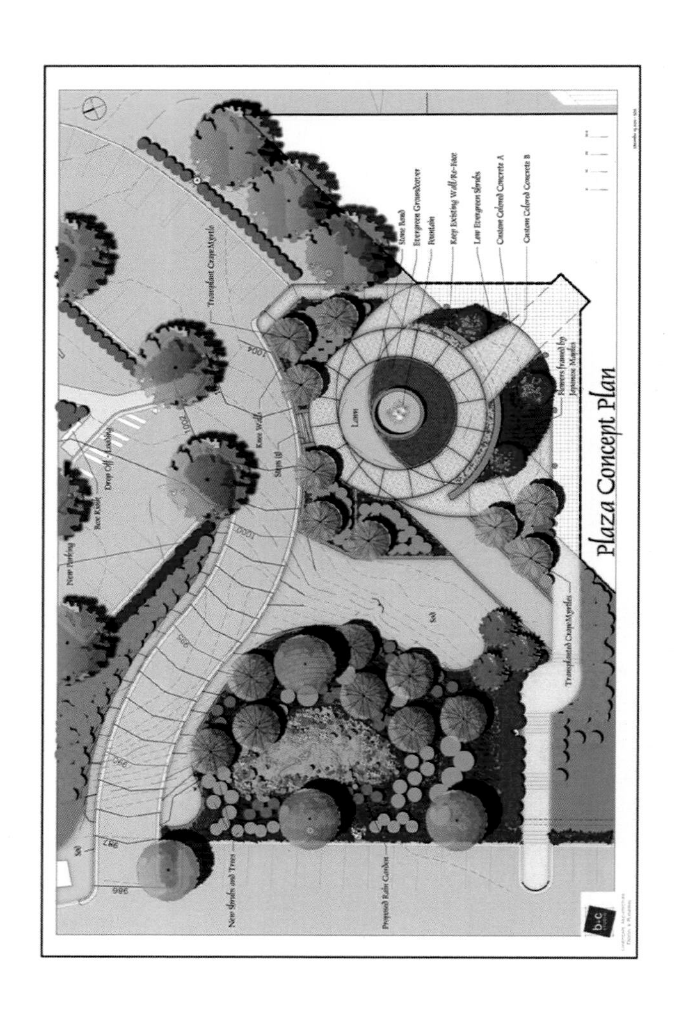

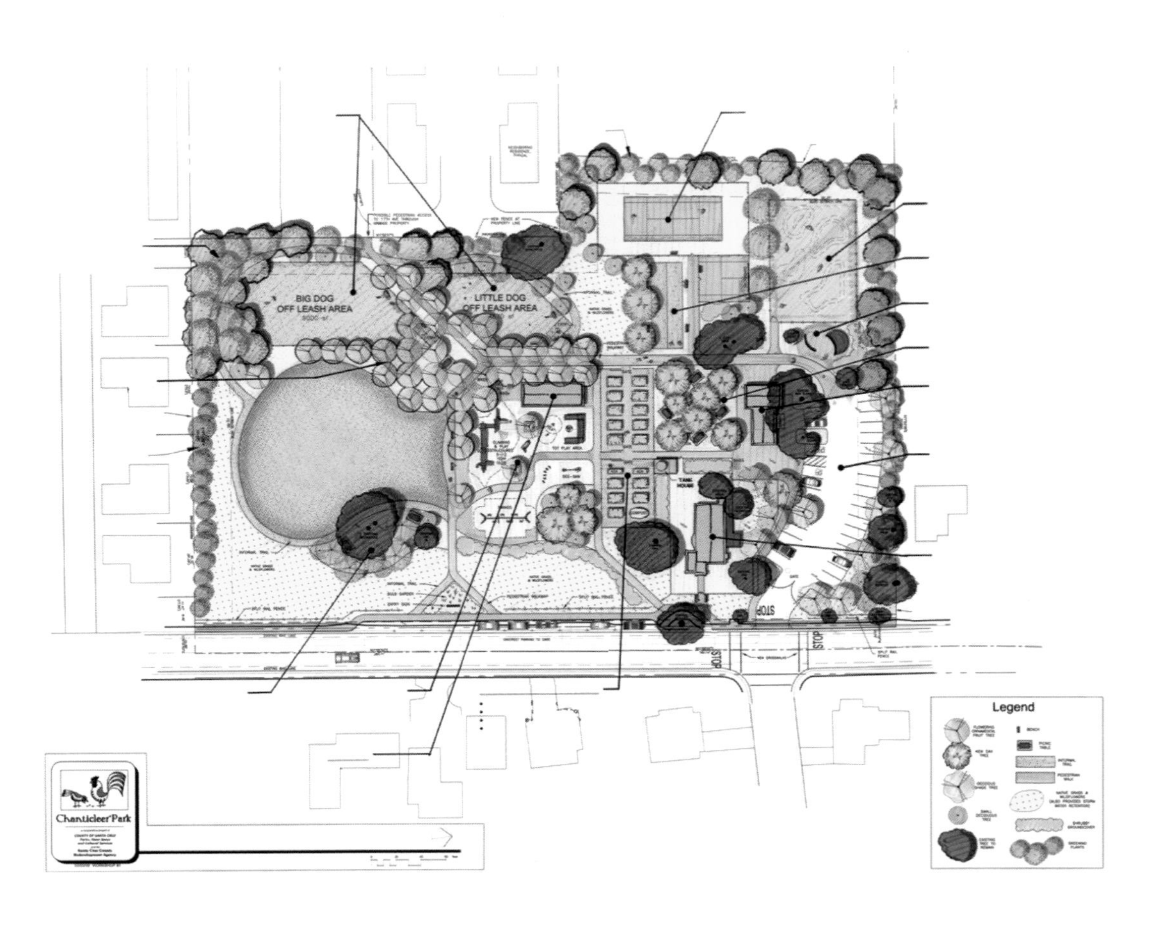
BIG DOG
OFF LEASH AREA
LITTLE DOG
OFF LEASH AREA
Legend
Chanticleer Park

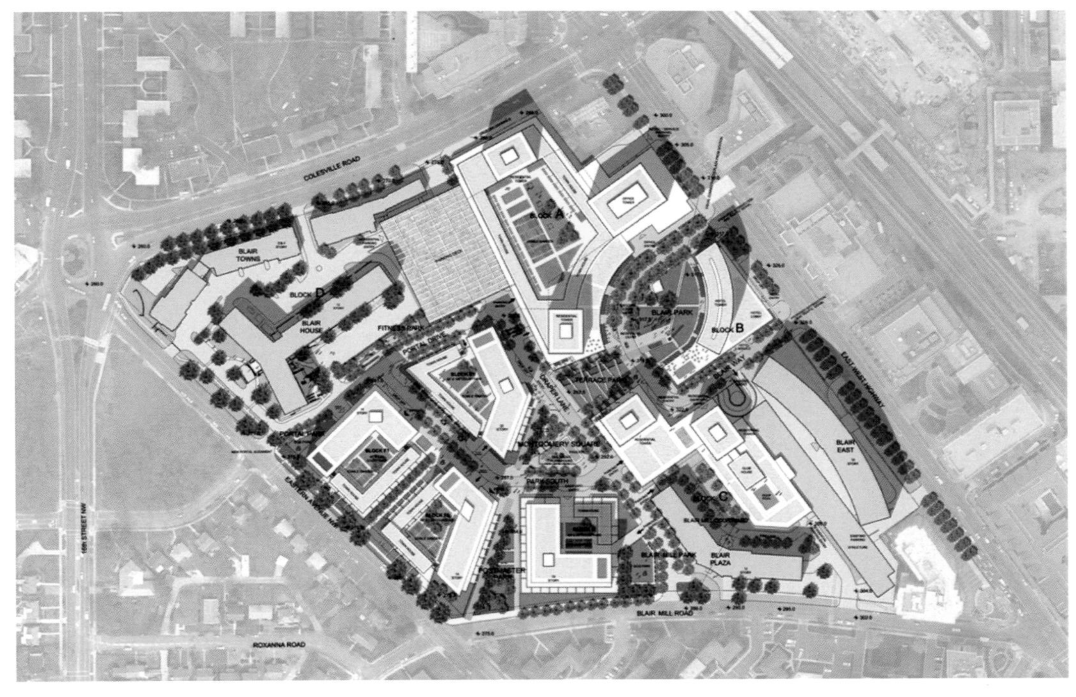
COLESVILLE ROAD
BLAIR TOWNS
BLOCK D
BLAIR HOUSE
FITNESS PARK
BLOCK A
BLAIR PARK
BLOCK B
TERRACE PARK
MONTGOMERY SQUARE
PARK SOUTH
BLOCK C
BLAIR PLAZA
BLAIR EAST
BLAIR MILL PARK
BLAIR MILL ROAD
ROXANNA ROAD

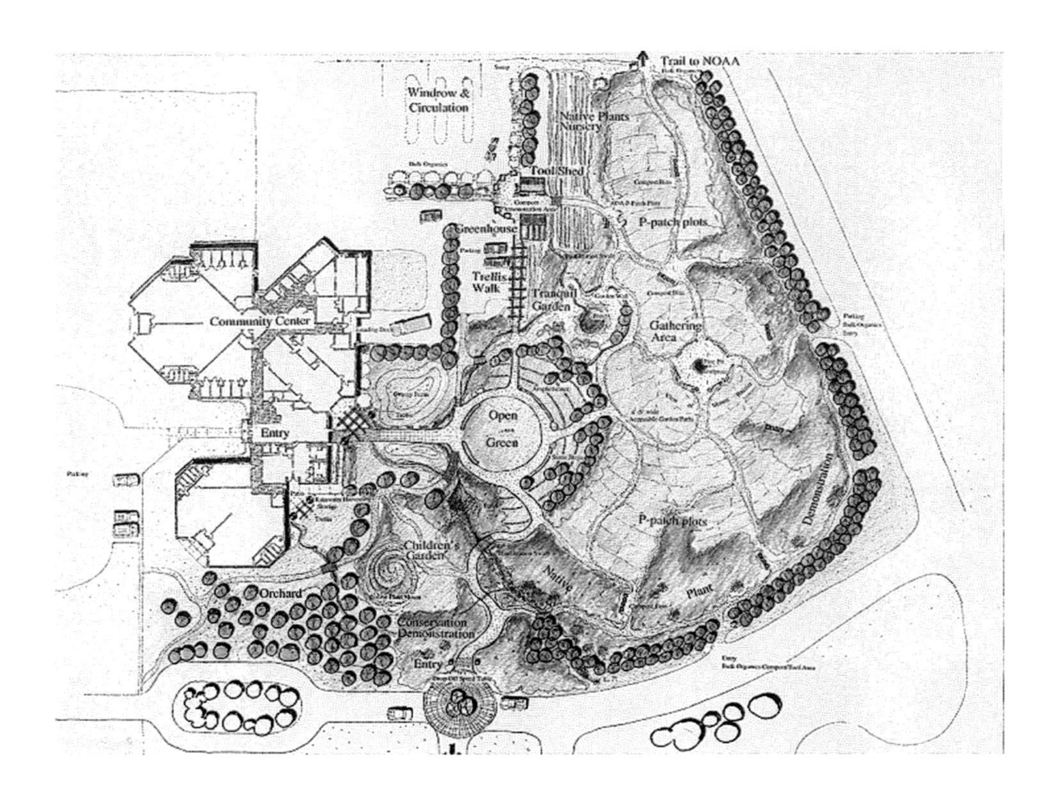
Trail to NOAA
Windrow & Circulation
Native Plants Nursery
Tool Shed
Greenhouse
P-patch plots
Trellis Walk
Tranquil Garden
Community Center
Gathering Area
Open Green
Entry
P-patch plots
Demonstration
Children's Garden
Native
Plant
Orchard
Conservation Demonstration
Entry

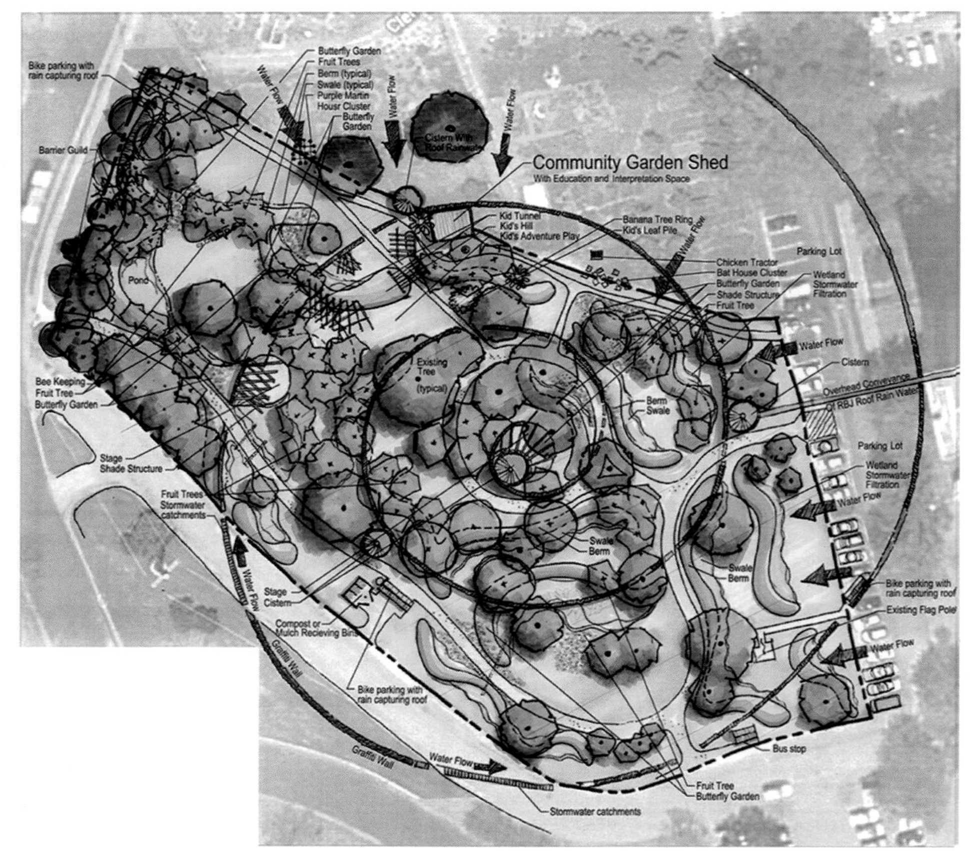
Bike parking with rain capturing roof
Butterfly Garden
Fruit Trees
Berm (typical)
Swale (typical)
Purple Martin Housr Cluster
Butterfly Garden
Water Flow
Barrier Guild
Community Garden Shed
With Education and Interpretation Space
Kid Tunnel
Kid's Hill
Kid's Adventure Play
Banana Tree Ring
Kid's Leaf Pile
Chicken Tractor
Bat House Cluster
Butterfly Garden
Shade Structure
Fruit Tree
Parking Lot
Wetland Stormwater Filtration
Pond
Water Flow
Cistern
Overhead Conveyance of RBJ Roof Rain Water
Existing Tree (typical)
Berm
Swale
Bee Keeping
Fruit Tree
Butterfly Garden
Parking Lot
Wetland Stormwater Filtration
Stage
Shade Structure
Fruit Trees
Stormwater catchments
Swale
Berm
Swale
Berm
Bike parking with rain capturing roof
Existing Flag Pole
Stage
Cistern
Compost or Mulch Recieving Bins
Water Flow
Graffiti Wall
Bike parking with rain capturing roof
Bus stop
Graffiti Wall
Water Flow
Fruit Tree
Butterfly Garden
Stormwater catchments

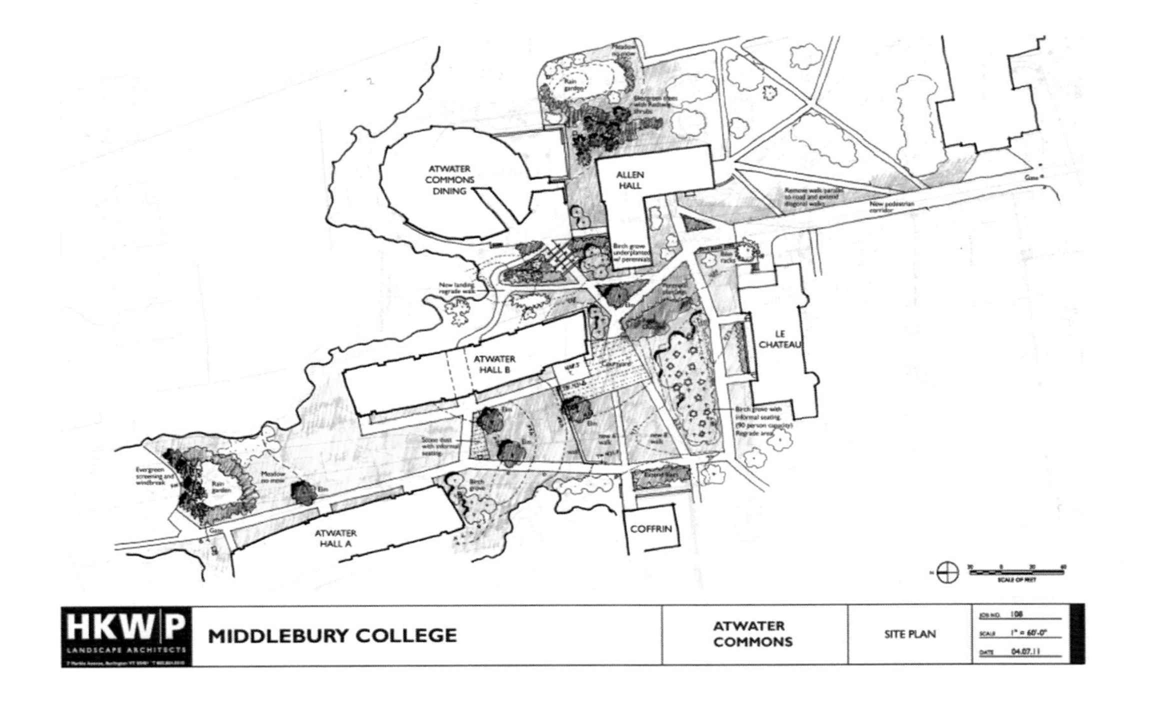
ATWATER COMMONS DINING
ALLEN HALL
ATWATER HALL B
LE CHATEAU
ATWATER HALL A
COFFRIN
HKWP
LANDSCAPE ARCHITECTS
MIDDLEBURY COLLEGE
ATWATER COMMONS
SITE PLAN
108
1" = 60'-0"
04.07.11

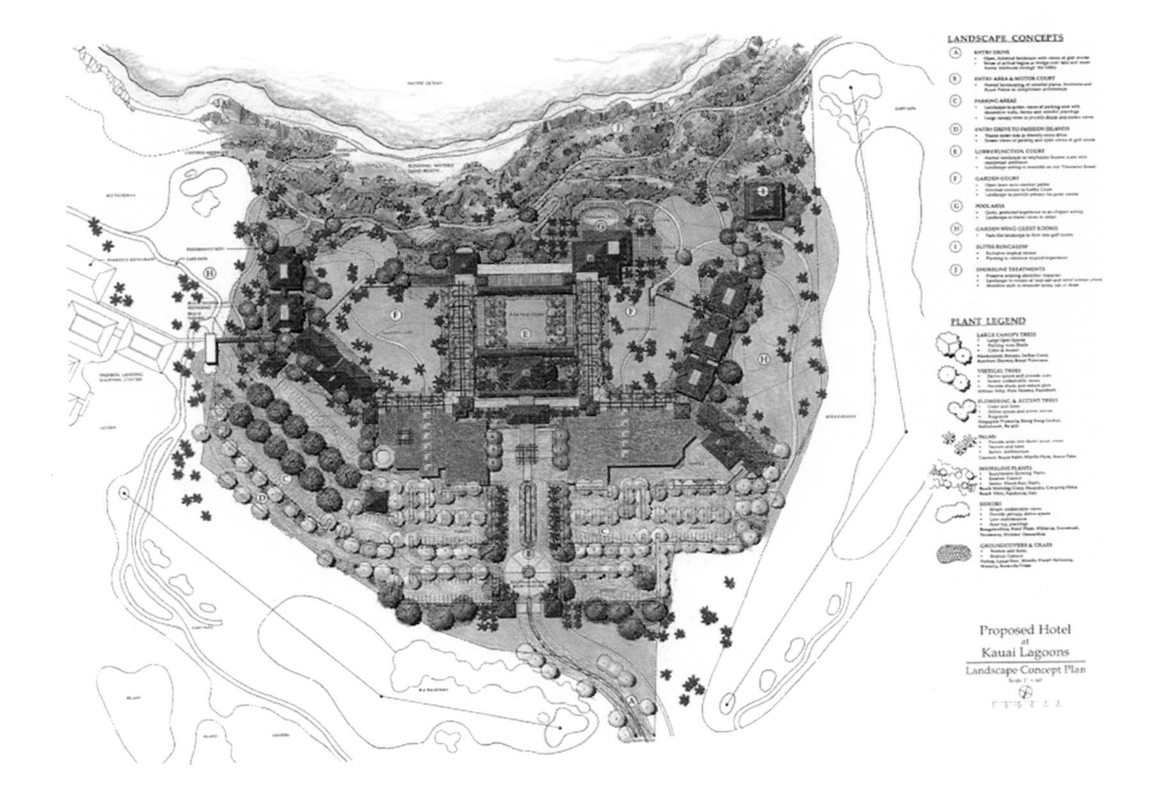
LANDSCAPE CONCEPTS
PLANT LEGEND
Proposed Hotel
at
Kauai Lagoons
Landscape Concept Plan

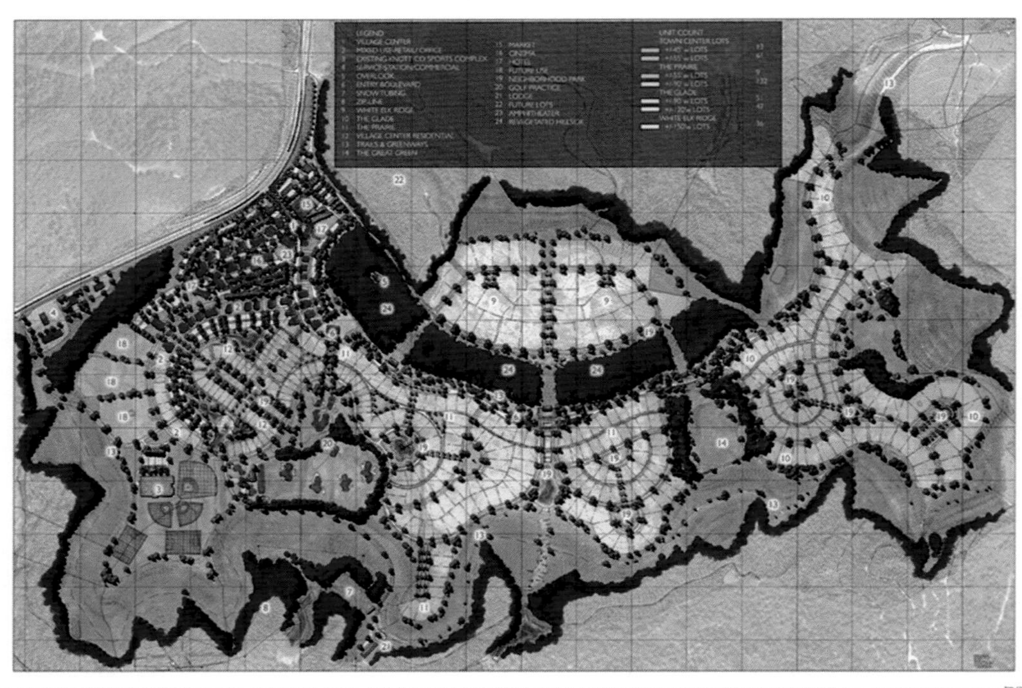

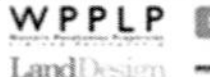

Conceptual Master Plan
CHESTNUT MOUNTAIN
KNOTT COUNTY, KENTUCKY

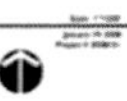

MANCINI RESIDENCE CONCEPT PLAN

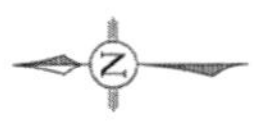

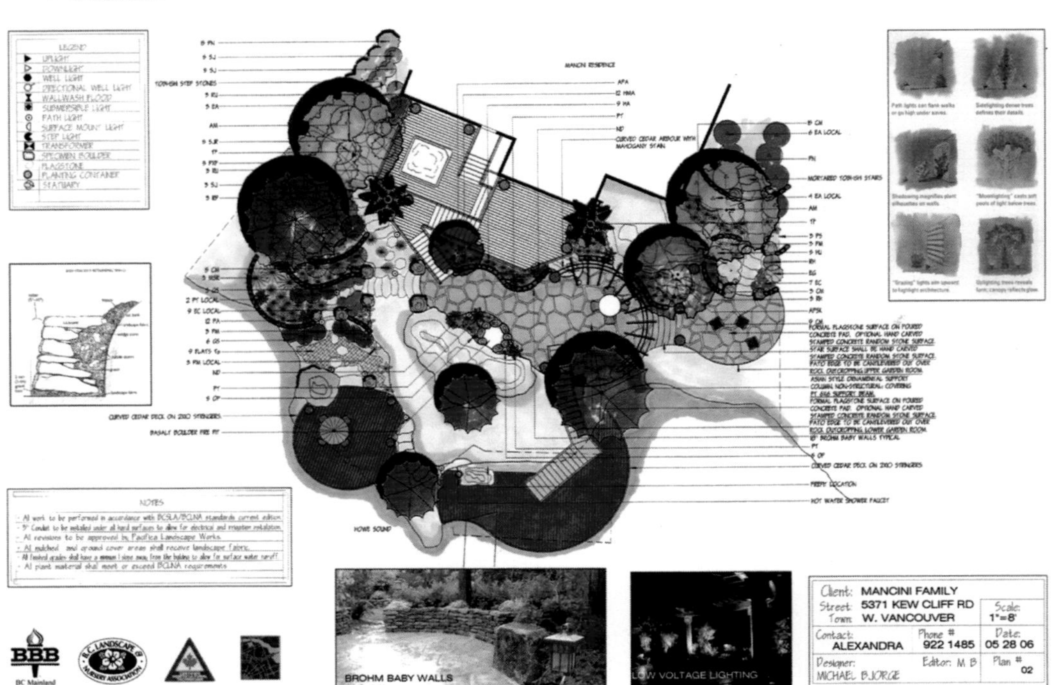

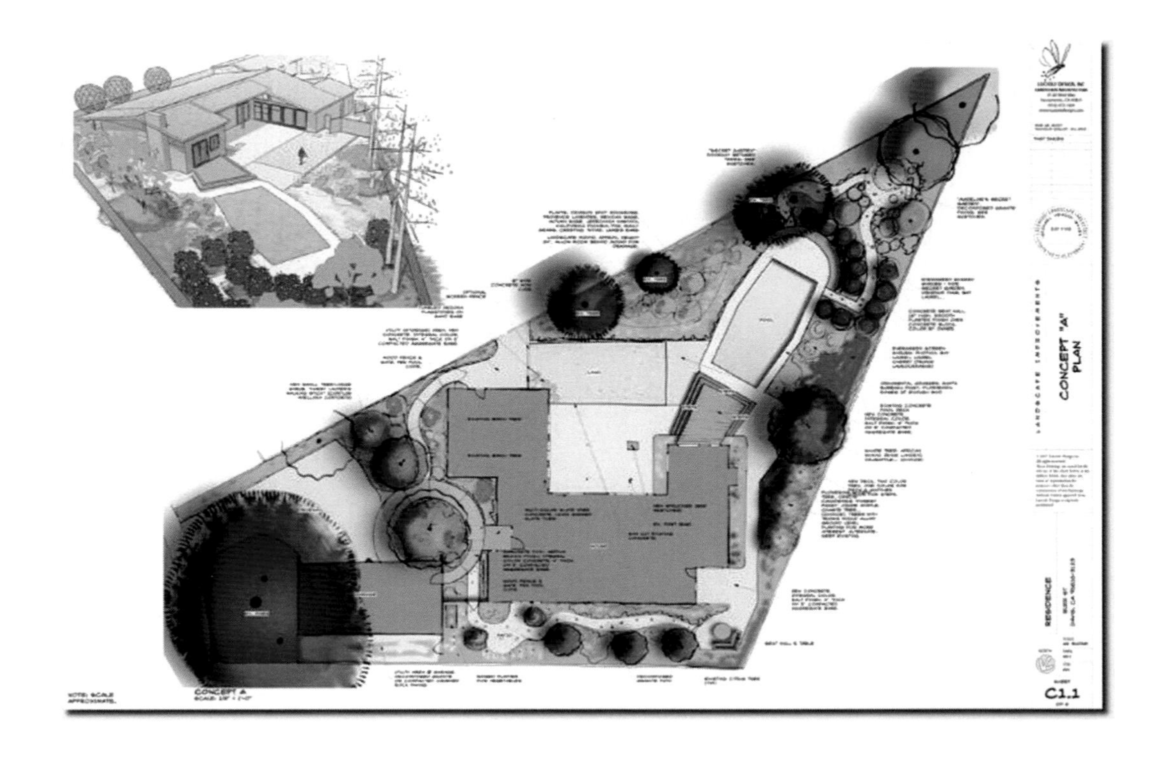
CONCEPT "A" PLAN
CONCEPT A
C1.1

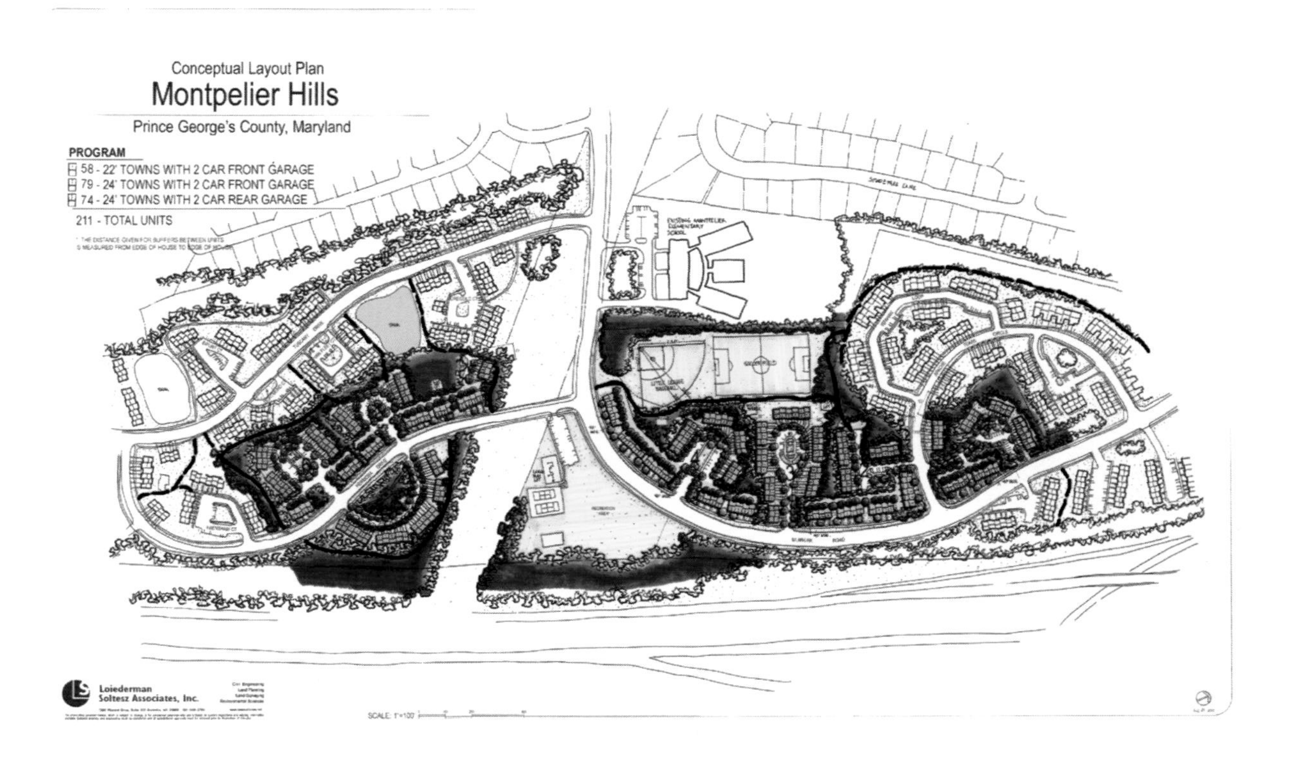
Conceptual Layout Plan
Montpelier Hills
Prince George's County, Maryland
PROGRAM
58 - 22' TOWNS WITH 2 CAR FRONT GARAGE
79 - 24' TOWNS WITH 2 CAR FRONT GARAGE
74 - 24' TOWNS WITH 2 CAR REAR GARAGE
211 - TOTAL UNITS
Loiederman
Soltesz Associates, Inc.
SCALE: 1"=100'

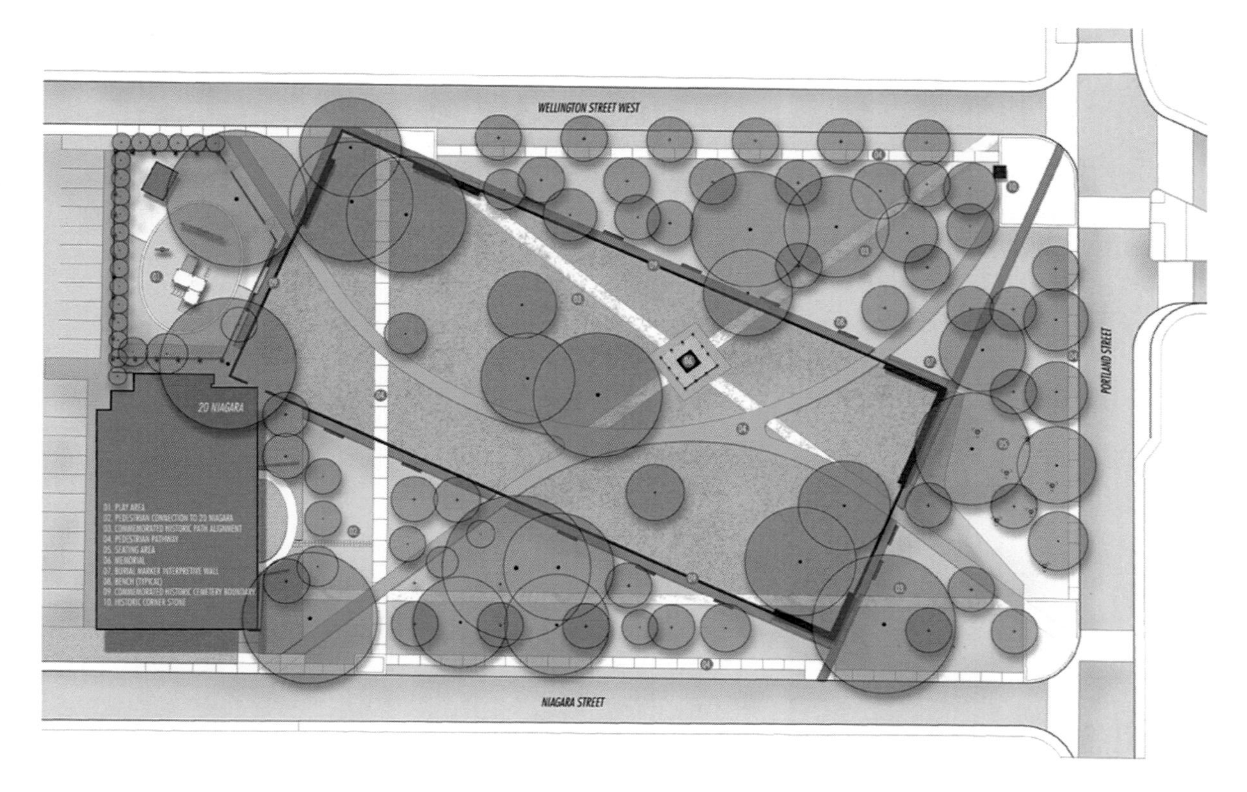

WELLINGTON STREET WEST
PORTLAND STREET
20 NIAGARA
01. PLAY AREA
02. PEDESTRIAN CONNECTION TO 20 NIAGARA
03. COMMEMORATED HISTORIC PATH ALIGNMENT
04. PEDESTRIAN PATHWAY
05. SEATING AREA
06. MEMORIAL
07. BURIAL MARKER INTERPRETIVE WALL
08. BENCH (TYPICAL)
09. COMMEMORATED HISTORIC CEMETERY BOUNDARY
10. HISTORIC CORNER STONE
NIAGARA STREET

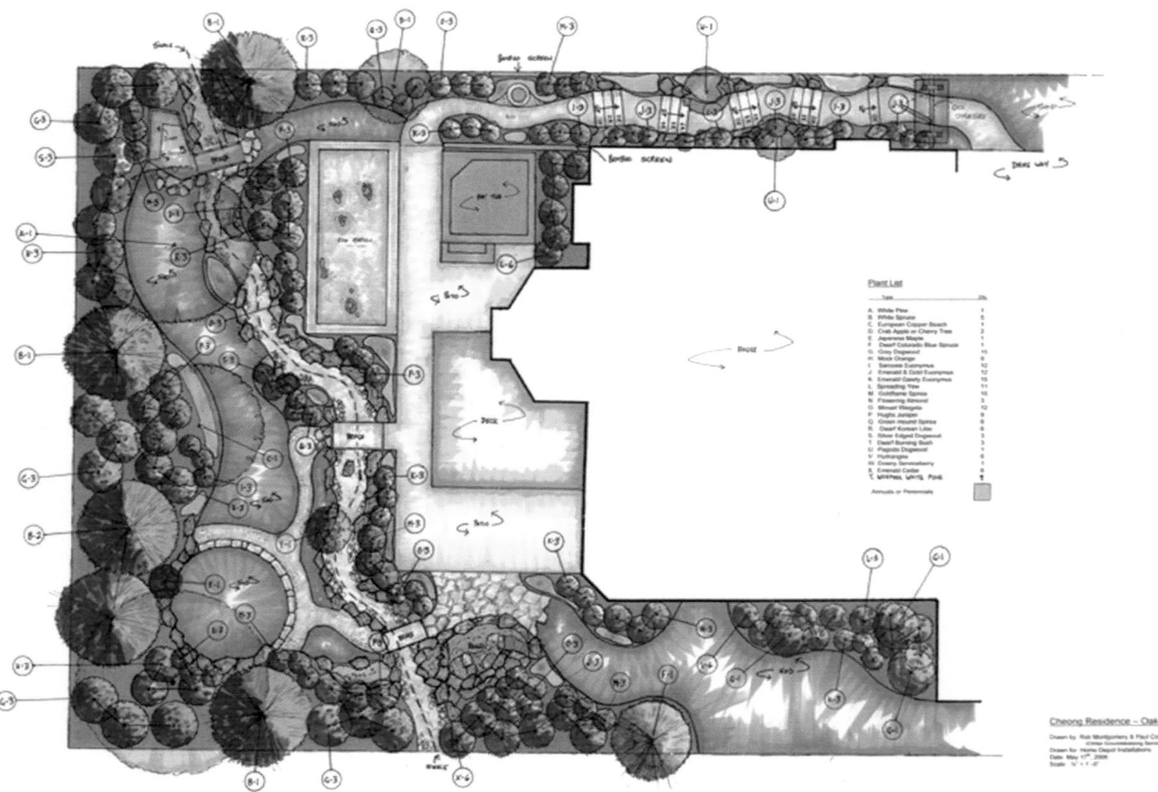

Plant List
Cheong Residence – Oak Ridges

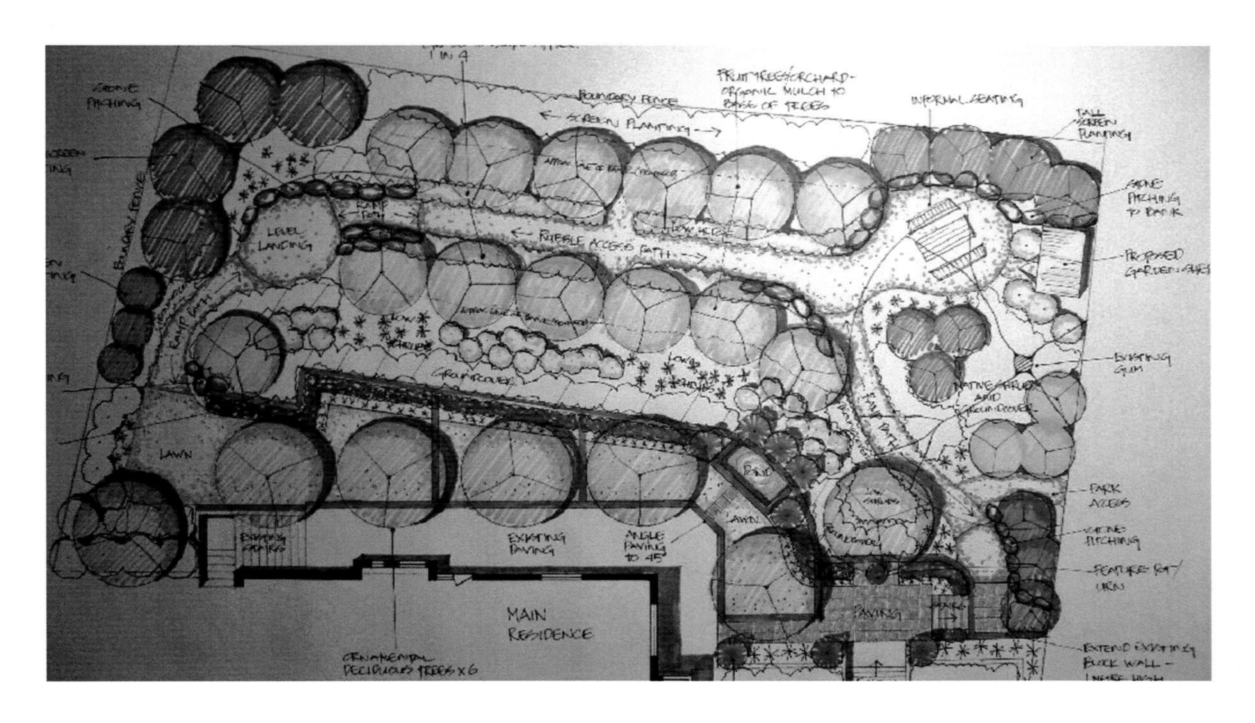
STONE PITCHING
BOUNDARY FENCE
SCREEN PLANTING
FRUIT TREES/ORCHARD - ORGANIC MULCH TO BASE OF TREES
INFORMAL SEATING
TALL SCREEN PLANTING
STONE PITCHING TO BANK
PROPOSED
LEVEL LANDING
RUBBLE ACCESS PATH
GROUNDCOVER
EXISTING GUM
LAWN
PARK AREAS
STONE PITCHING
EXISTING PAVING
ANGLE PAVING TO 45°
PAVING
MAIN RESIDENCE
ORNAMENTAL DECIDUOUS TREES x 6
EXTEND EXISTING

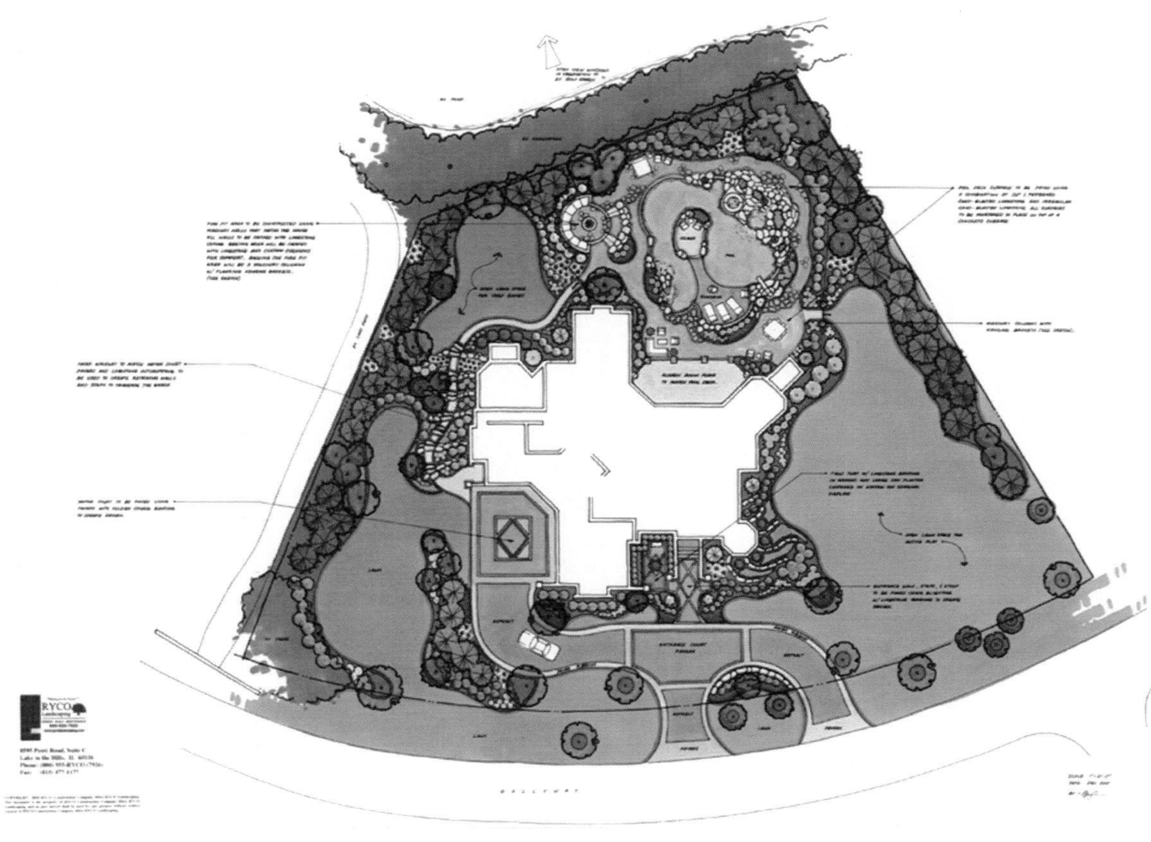

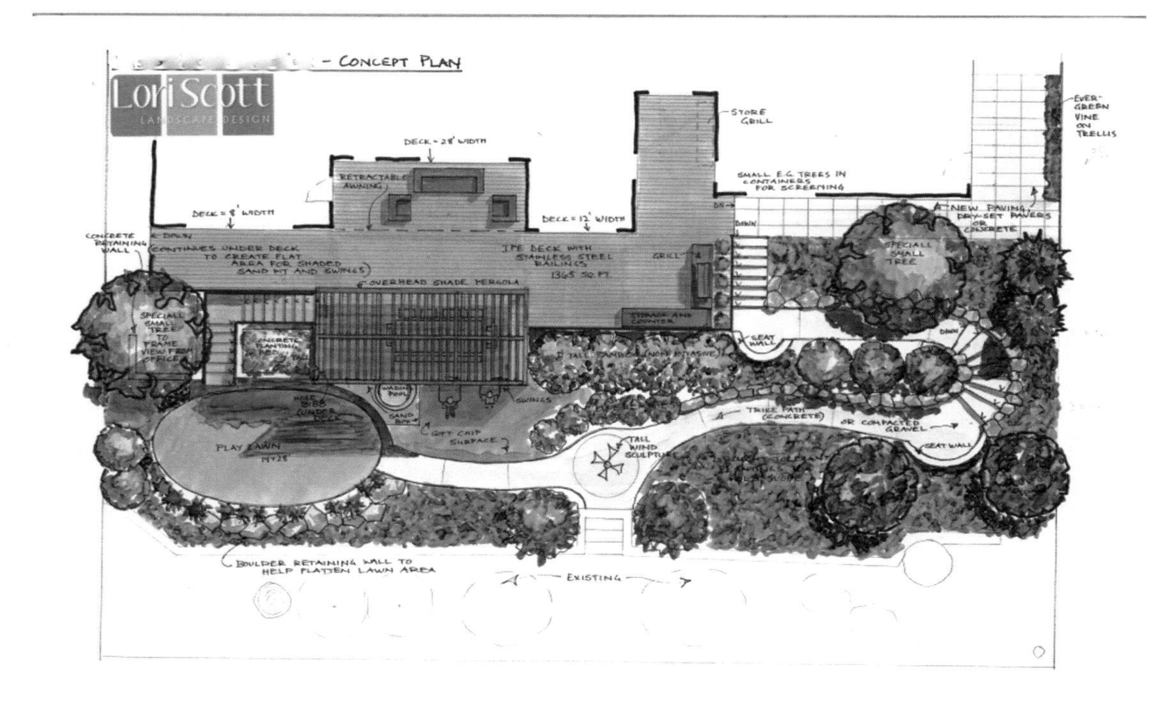
- CONCEPT PLAN
Lori Scott
LANDSCAPE DESIGN
DECK = 28' WIDTH
RETRACTABLE AWNING
DECK = 8' WIDTH
DECK = 12' WIDTH
STORE GRILL
SMALL E.G. TREES IN CONTAINERS FOR SCREENING
EVER-GREEN VINE ON TRELLIS
CONCRETE RETAINING WALL
DOWN
CONTINUES UNDER DECK TO CREATE FLAT AREA FOR SHADED SAND PIT AND SWINGS
IPE DECK WITH STAINLESS STEEL RAILINGS 1365 SQ. FT.
GRILL
NEW PAVING, DRY-SET PAVERS OR CONCRETE
SPECIAL SMALL TREE
OVERHEAD SHADE PERGOLA
SPECIAL SMALL TREE TO FRAME VIEW FROM OFFICE
SEAT WALL
TRIKE PATH (CONCRETE) OR COMPACTED GRAVEL
SEAT WALL
SWINGS
PLAY LAWN
TALL WIND SCULPTURE
BOULDER RETAINING WALL TO HELP FLATTEN LAWN AREA
EXISTING

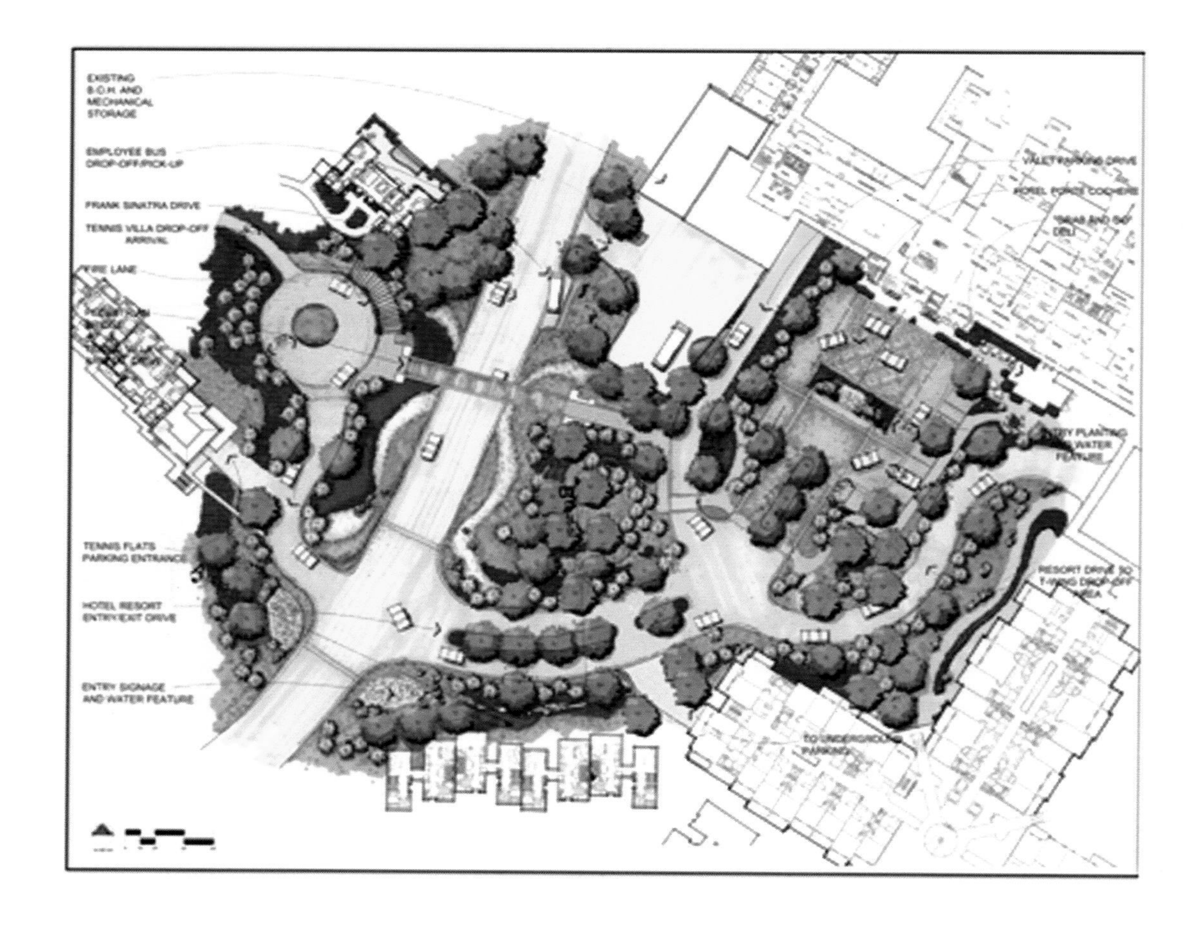
EXISTING B.O.H. AND MECHANICAL STORAGE
EMPLOYEE BUS DROP-OFF/PICK-UP
FRANK SINATRA DRIVE
TENNIS VILLA DROP-OFF ARRIVAL
FIRE LANE
TENNIS FLATS PARKING ENTRANCE
HOTEL RESORT ENTRY/EXIT DRIVE
ENTRY SIGNAGE AND WATER FEATURE
HOTEL PORTE COCHERE
RESORT DRIVE
TO UNDERGROUND PARKING

景观概念设计教程

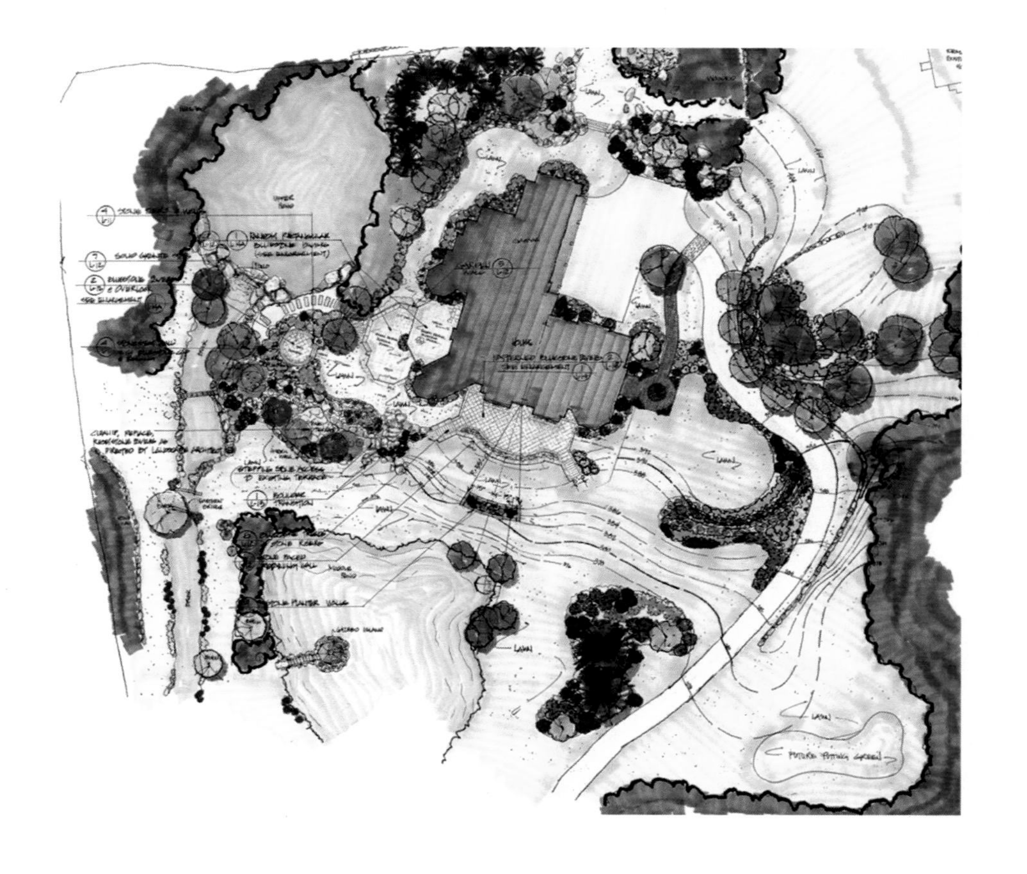

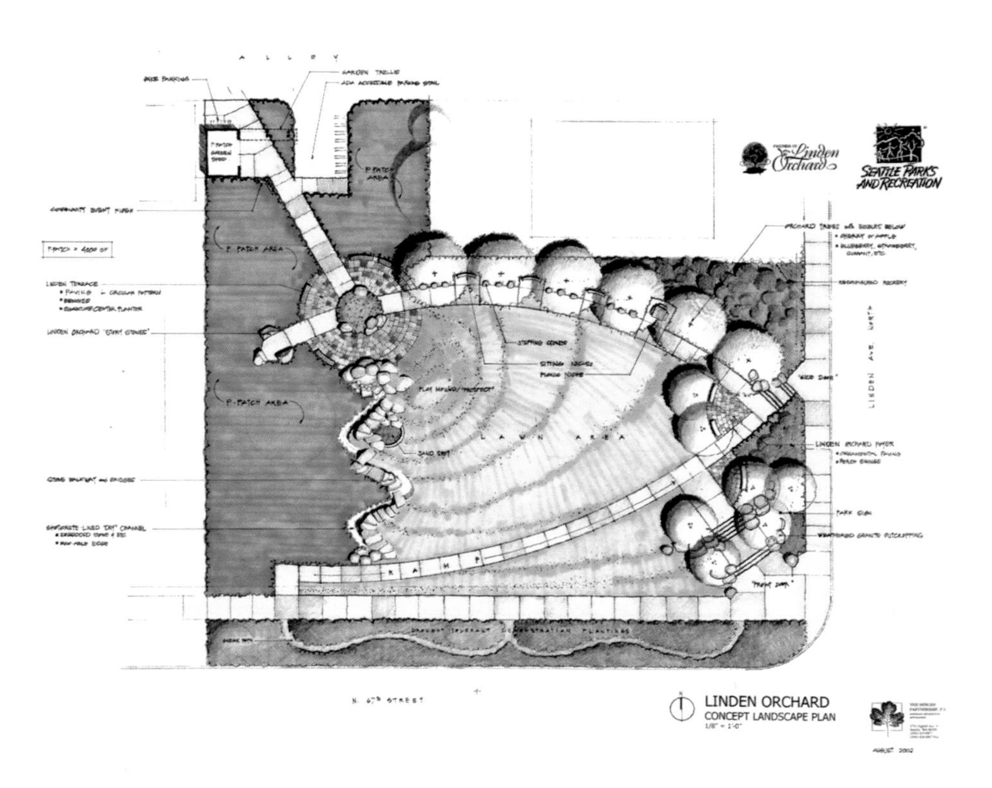
Linden Orchard
SEATTLE PARKS AND RECREATION
LINDEN ORCHARD
CONCEPT LANDSCAPE PLAN

二、立面、剖面表现图解

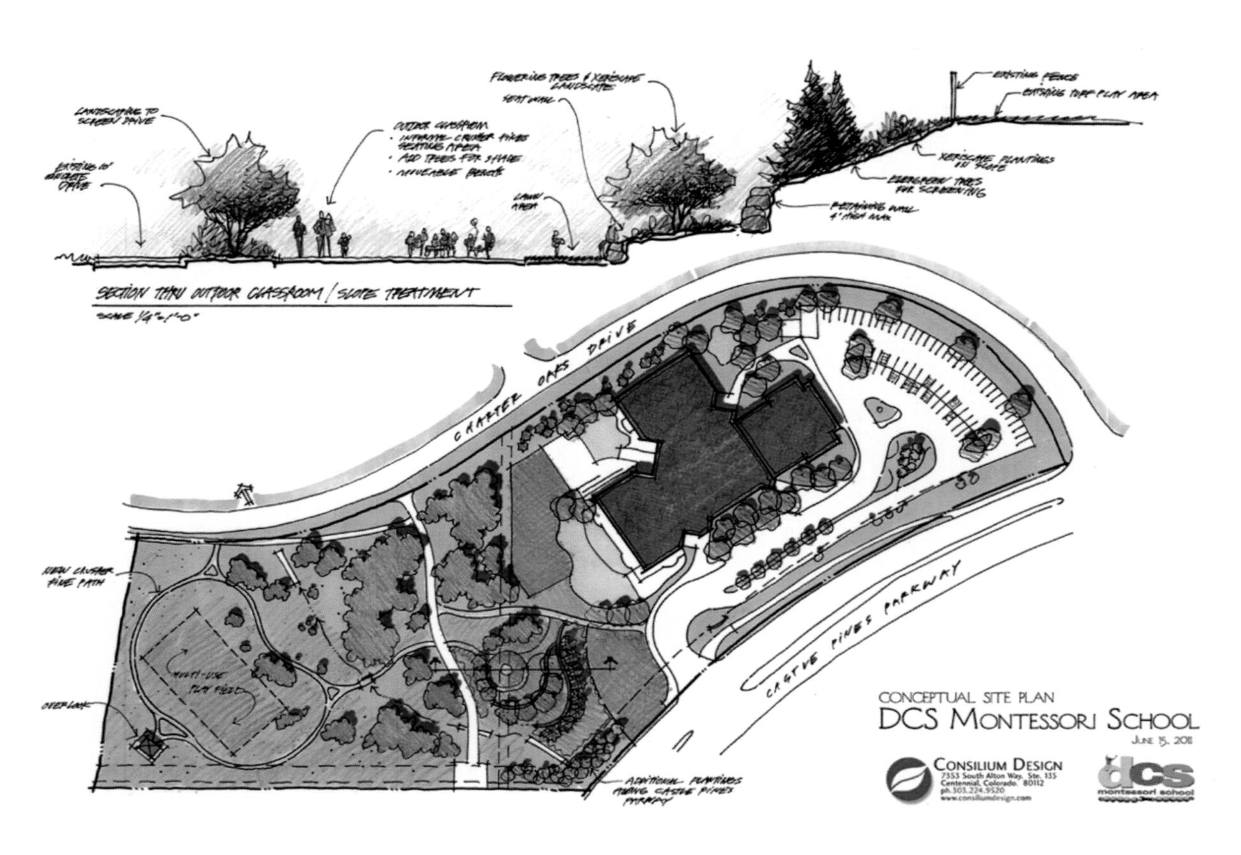
SECTION THRU OUTDOOR CLASSROOM / SLOPE TREATMENT
CHARTER OAKS DRIVE
CASTLE PINES PARKWAY
CONCEPTUAL SITE PLAN
DCS MONTESSORI SCHOOL
JUNE 15, 2011
CONSILIUM DESIGN
7353 South Alton Way, Ste. 135
Centennial, Colorado 80112
ph. 303.224.9520
www.consiliumdesign.com
dcs
montessori school

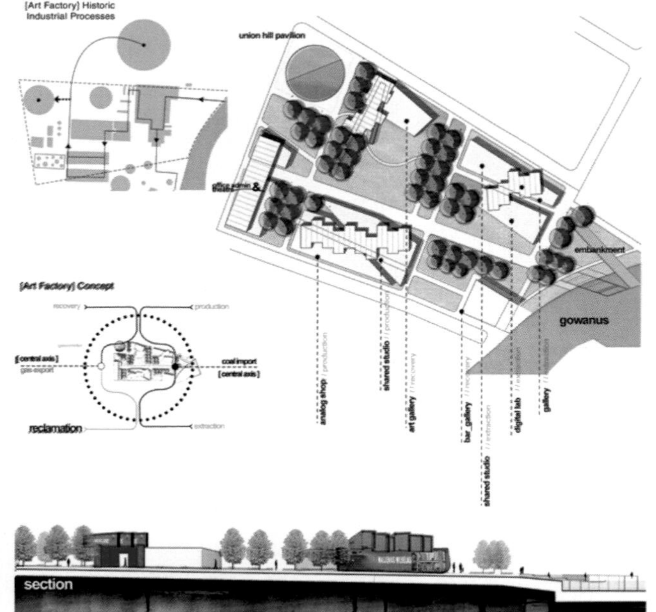
[Art Factory] Historic
Industrial Processes
union hill pavilion
embankment
gowanus
[Art Factory] Concept
recovery
production
[central axis]
gas export
coal import
[central axis]
reclamation
extraction
analog shop
shared studio
art gallery
bar_gallery
shared studio
digital lab
gallery
section

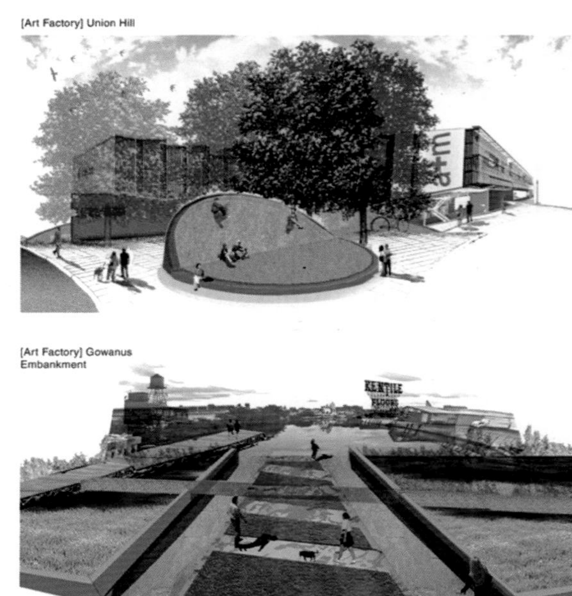
[Art Factory] Union Hill
[Art Factory] Gowanus
Embankment

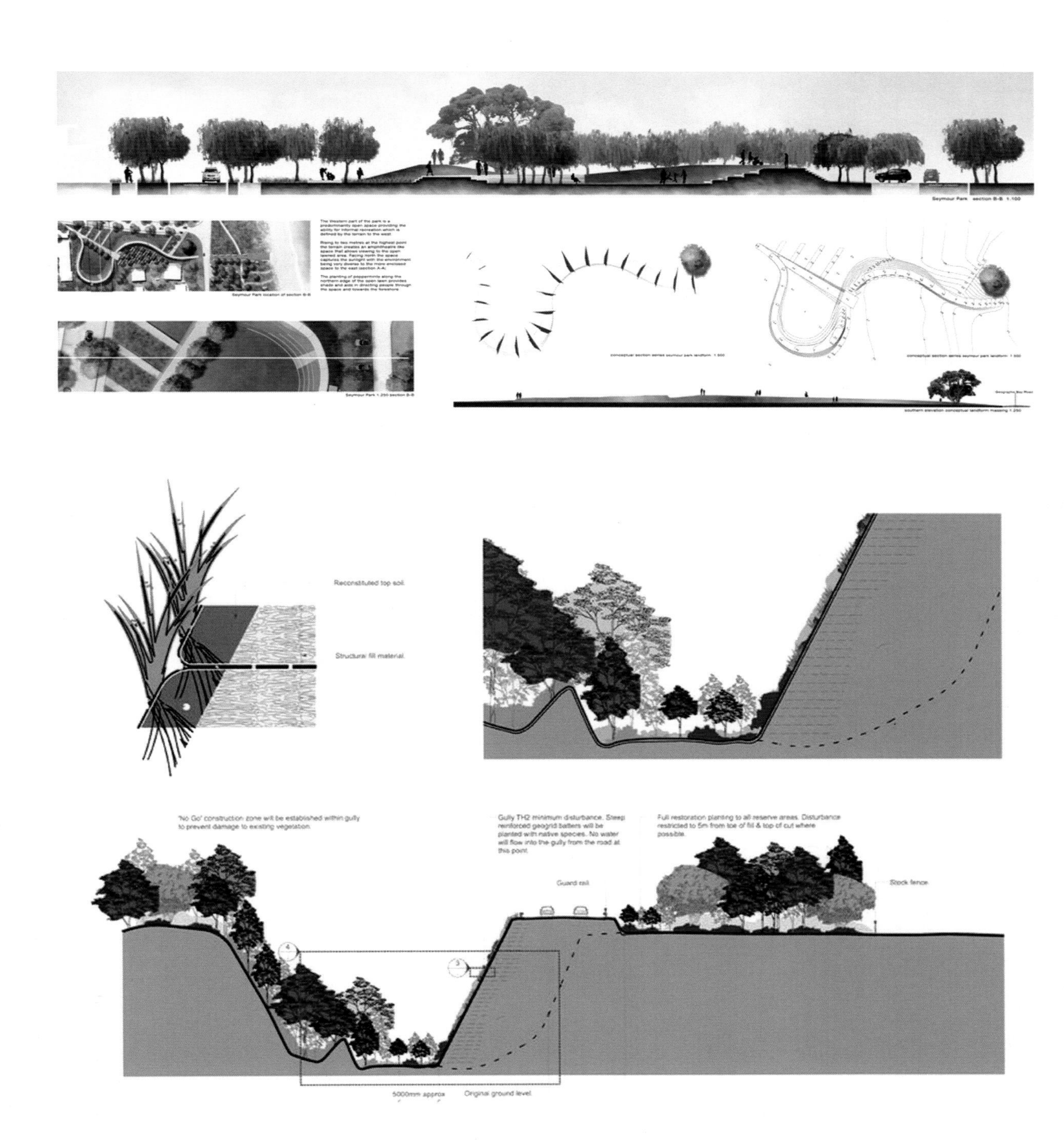
Reconstituted top soil
Structural fill material
'No Go' construction zone will be established within gully to prevent damage to existing vegetation.
Gully TH2 minimum disturbance. Steep reinforced geogrid batters will be planted with native species. No water will flow into the gully from the road at this point.
Full restoration planting to all reserve areas. Disturbance restricted to 5m from toe of fill & top of cut where possible.
Guard rail
Stock fence
5000mm approx
Original ground level

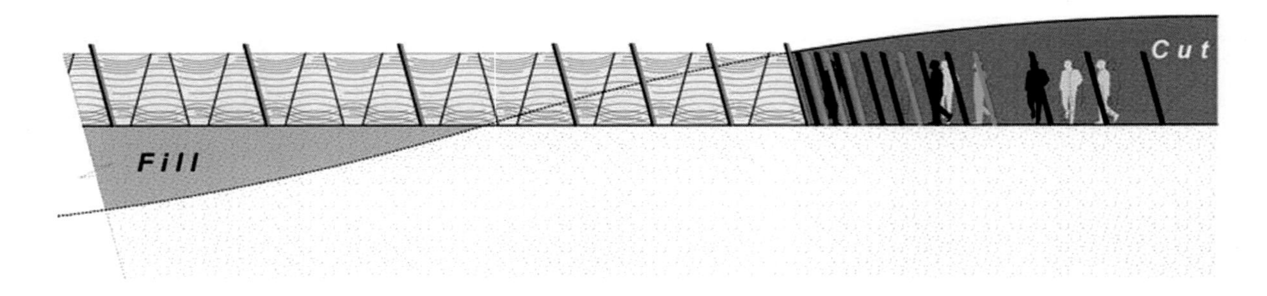
Cut
Fill

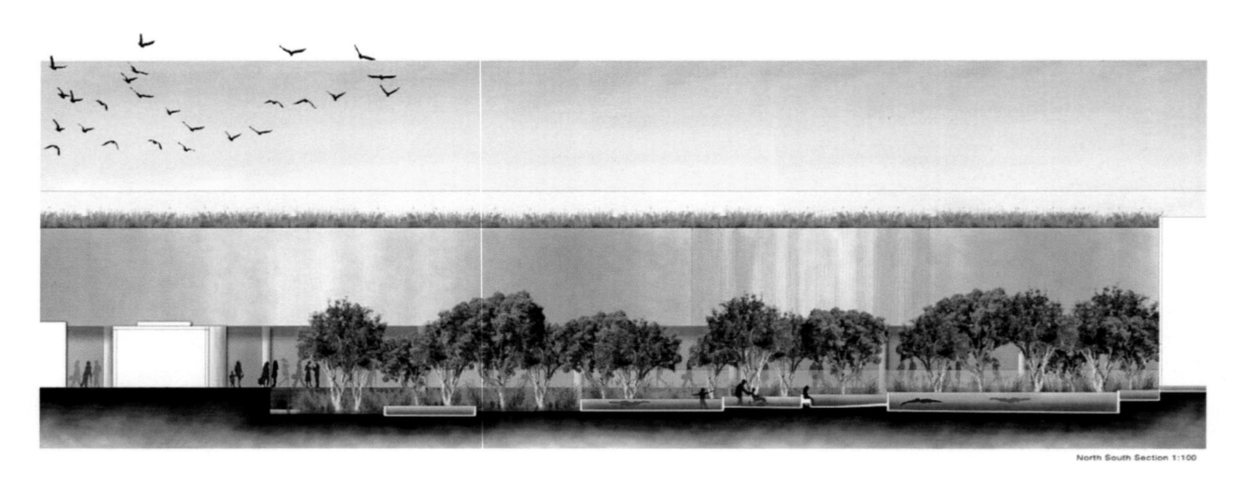
North South Section 1:100

Commercial
Footpath
Swale
Parking
Road
Swale
Parking
Swale
Urbanscape
Planter boxes
Urbanscape
Commercial

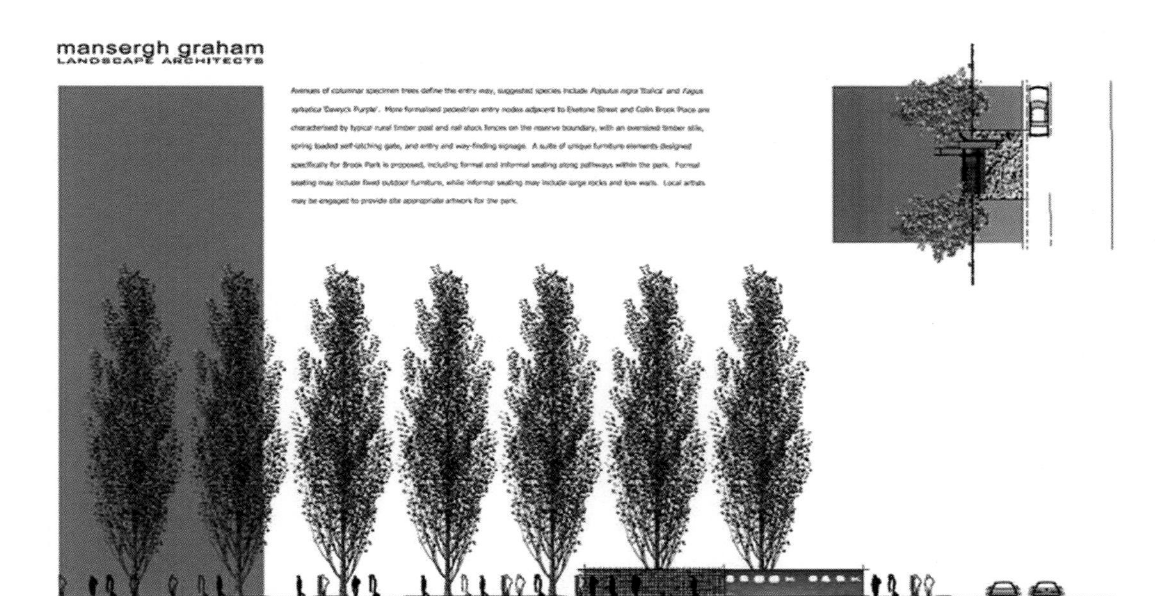
mansergh graham
LANDSCAPE ARCHITECTS
Avenues of columnar specimen trees define the entry way, suggested species include Populus nigra 'Italica' and Fagus sylvatica 'Dawyck Purple'. More formalised pedestrian entry nodes adjacent to Eketone Street and Colin Brook Place are characterised by typical rural timber post and rail stock fences on the reserve boundary, with an oversized timber stile, spring loaded self-latching gate, and entry and way-finding signage. A suite of unique furniture elements designed specifically for Brook Park is proposed, including formal and informal seating along pathways within the park. Formal seating may include fixed outdoor furniture, while informal seating may include large rocks and low walls. Local artists may be engaged to provide site appropriate artwork for the park.
2006
TE KUITI
BROOK PARK / WAITOMO DISTRICT COUNCIL
04 / 04

三、透视效果表现图解

The hydrotherapy pools provide the patients with an escape from the hospital to a peaceful ambient environment. Thick wetland vegetation in the cleansing biotopes creates screening and privacy for the patients whilst filtering the water and creating the sense of no longer being in the hospital.
Water is utilised as a healing device for all users of the courtyard with sight, touch and sound being stimulated within the space.

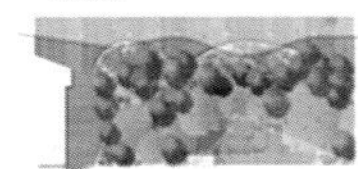

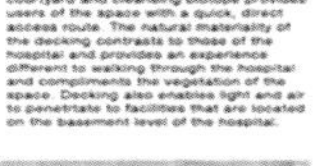

The timber decking that surrounds the courtyard and cleansing biotope provides users of the space with a quick, direct access route. The natural materiality of the decking contrasts to those of the hospital and provides an experience different to walking through the hospital and compliments the vegetation of the space. Decking also enables light and air to penetrate to facilities that are located on the basement level of the hospital.

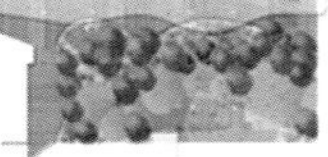

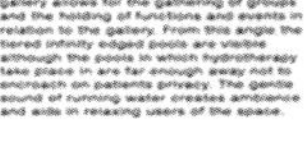

A larged deck area in front of the art gallery allows for the gathering of groups and the holding of functions and events in relation to the gallery. From this angle the tiered infinity edged pools are visible although the pools in which hydrotherapy take place in are far enough away not to encroach on patients privacy. The gentle sound of running water creates ambience and aids in relaxing users of the space.

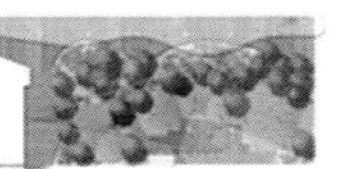

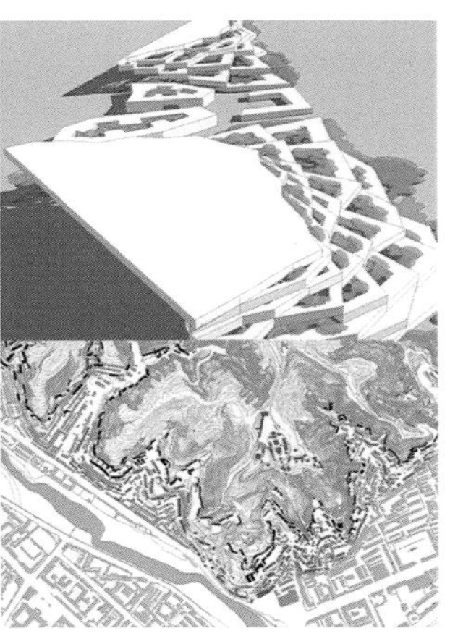

cafe

cafe
PROJECT
VISION

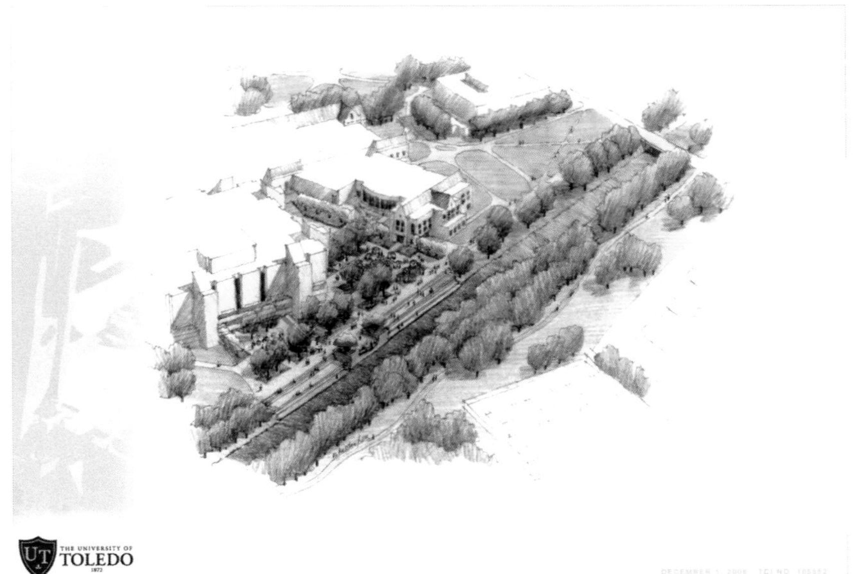
THE UNIVERSITY OF
TOLEDO
OTTAWA RIVER COMMISSION
COLLABORATIVE

第三节 ◉ 景观概念设计经典制图举例

景观概念设计制图使抽象的空间落置于具体的地形、材料、技术与社会情境之中，赋予其物质性与结构性，是沟通“创意”与“图纸”之间关系的关键技术，另外，“应用景观生态学本质是设计问题……需要将生态模式转化为文化语言，将不常见和不常用的形式放入常见并具吸引力的包装内，为混乱的生态系统设计井然有序的框架”[8]。MSP 玛莎·舒瓦茨（Martha Schwartz）及合伙人景观事务所创作的重庆东原地产 D7 项目市政公园（Civic Park）景观概念设计（D7 Dongyuan Chongqing China Concept Design），在制图图式表达与设计分析表现层面均可作为精良的范本。

一、项目解析：从区域、城市到基地

1. 任务书解读

D7 项目将成为一个容纳购物、生活、工作、休闲的多功能开发项目。它坐落于重庆江北区，由一些高密度居住区围绕，并紧邻商业与零售功能。

D7 项目的五期地块由商住两用的高密度开发体量组成。它将成为一个典型的城市环境，因此，与之相邻的市政公园更需要呈现出对周边工作、生活及购物人群的最大吸引力。

D7 五期的市政公园将为东西两侧紧邻的商业地块提供首要的休闲场所。同时，该市政公园也需要为周边居住的老人、儿童提供必要的室外活动休闲场地。市政公园范围内未来将坐落一个地铁出入口，公园也因此对更大范围的重庆市民具有更多的吸引力。一个高品质、独特体验的标志性公园将成为一个吸引全体重庆市民的目的地。

结论/设计：

市政公园设计的一个最大挑战是如何在公园东西侧的不同标高之间形成无缝流动的人流流线。因此，本公园也将成为东接三期商业综合体、西接五期商住地块的重要城市节点。

同时，重庆的湿润气候及降雨环境将成为可持续设计的一个重要问题。如何收集、组织并利用雨水并将这个过程美观化将成为设计过程的一个重要因素。互动性的水元素也将鼓励儿童及成人更多地参与到公园环境中，也为市民在炎热夏季提供舒适宜人的环境。阴凉环境的打造将成为一个重要的设计考虑点。

2. 重庆区域文脉

重庆是中华人民共和国的五大中心城市之一,行政区域内人口接近3000万人。重庆市大面积覆盖纵横交错的河流和山脉。整个地区的山坡向南延伸至长江流域。该地区是典型的喀斯特风景区。独特的风景、河流、森林、温泉、瀑布、峡谷和洞穴为“山城”的定义提供了最好的推介(图4-7)。

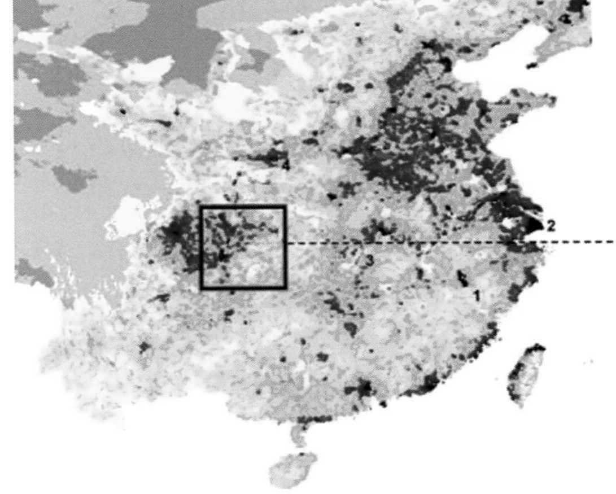

图4-7 区位分析

重庆城市化地区的人口只有六七百万,构成城市中心区的是被长江和嘉陵江包围的区域。城市的夜景照明被河流反射成成千上万的灯光。城市中心也有两大河流和缆车穿越。

重庆作为一个传统的工业城市,环境污染显著。为了改善这一状况,重庆开始国家生态园林城市以及新城市绿色空间的创建。新增绿化种植面积1075公顷。作为中国西部的一个关键驱动力，重庆打造"一小时经济圈"并着力发展两翼：重庆东北部、重庆东南部。该战略的目的是为了建设一个工业和制造业基地，集中在欠发达地区的两翼，使之得以加强，加快农民城市化。

结论/设计：

D7 项目的公园与开发受惠于"一小时经济圈"的发展。该公园还将响应重庆植树造林和生态园林城市的倡议。两个设计方案均以喀斯特景观的特点作为灵感，包含洞穴一样的空间、岩石、隧道或桥梁、森林、河流，以及一个独特的喀斯特广场入口。

3. 气候

重庆位于西藏高原与长江中部平原之间，属于亚热带气候，具有显著的雨雾潮湿环境。重庆也是著名的火炉城市，夏季漫长且异常湿热。重庆的冬季较短，但依然较为阴沉。多雾的环境也给重庆带来了"雾都"的称号，全年五分之一的时间均有显著的雾气覆盖。综上，重庆年均日照时间也位于全国的最低值（图 4-8）。

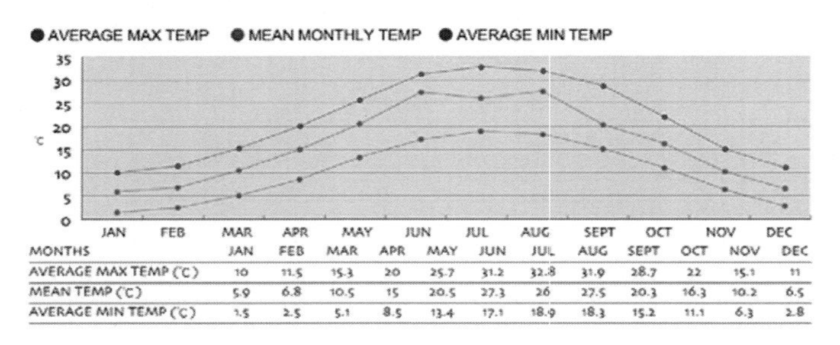

MONTHS	JAN	FEB	MAR	APR	MAY	JUN	JUL	AUG	SEPT	OCT	NOV	DEC
AVERAGE MAX TEMP (°C)	10	11.5	15.3	20	25.7	31.2	32.8	31.9	28.7	22	15.1	11
MEAN TEMP (°C)	5.9	6.8	10.5	15	20.5	27.3	26	27.5	20.3	16.3	10.2	6.5
AVERAGE MIN TEMP (°C)	1.5	2.5	5.1	8.5	13.4	17.1	18.9	18.3	15.2	11.1	6.3	2.8

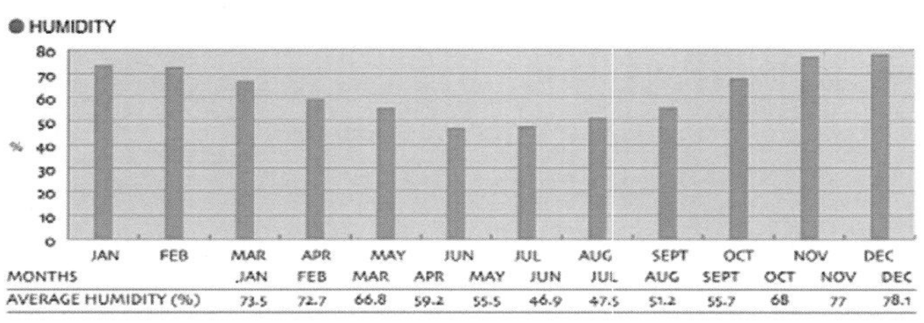

MONTHS	JAN	FEB	MAR	APR	MAY	JUN	JUL	AUG	SEPT	OCT	NOV	DEC
AVERAGE HUMIDITY (%)	73.5	72.7	66.8	59.2	55.5	46.9	47.5	51.2	55.7	68	77	78.1

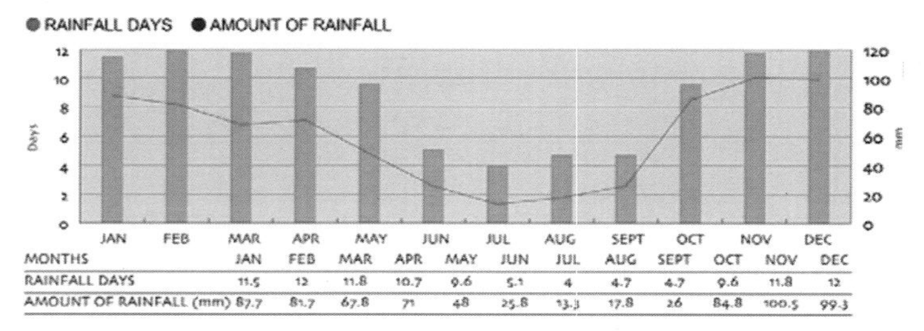

MONTHS	JAN	FEB	MAR	APR	MAY	JUN	JUL	AUG	SEPT	OCT	NOV	DEC
RAINFALL DAYS	11.5	12	11.8	10.7	9.6	5.1	4	4.7	4.7	9.6	11.8	12
AMOUNT OF RAINFALL (mm)	87.7	81.7	67.8	71	48	25.8	13.3	17.8	26	84.8	100.5	99.3

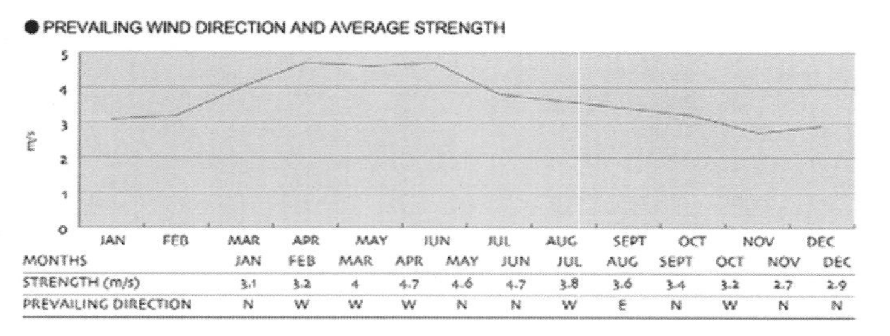

MONTHS	JAN	FEB	MAR	APR	MAY	JUN	JUL	AUG	SEPT	OCT	NOV	DEC
STRENGTH (m/s)	3.1	3.2	4	4.7	4.6	4.7	3.8	3.6	3.4	3.2	2.7	2.9
PREVAILING DIRECTION	N	W	W	W	N	N	W	E	N	W	N	N

图 4-8 气候分析

结论/设计：

设计师意识到一个遮阴凉爽的微环境的打造对重庆的重要性，因此在景观设计中更多地用显著的体块与构筑物创造阴凉的空间，大型树木的使用也将增进这一作用。互动性的水元素将提供另一种降温体验。雨水的组织、收集、利用与净化也将扮演至关重要的角色。

4. 基地区位

重庆中央城区由两江围合而成，形成一个半岛形式。D7场地位于中心城区的西北方位。一个市政公园的系统说明D7项目的市政公园将成为重庆大绿化系统的一部分（图4-9）。

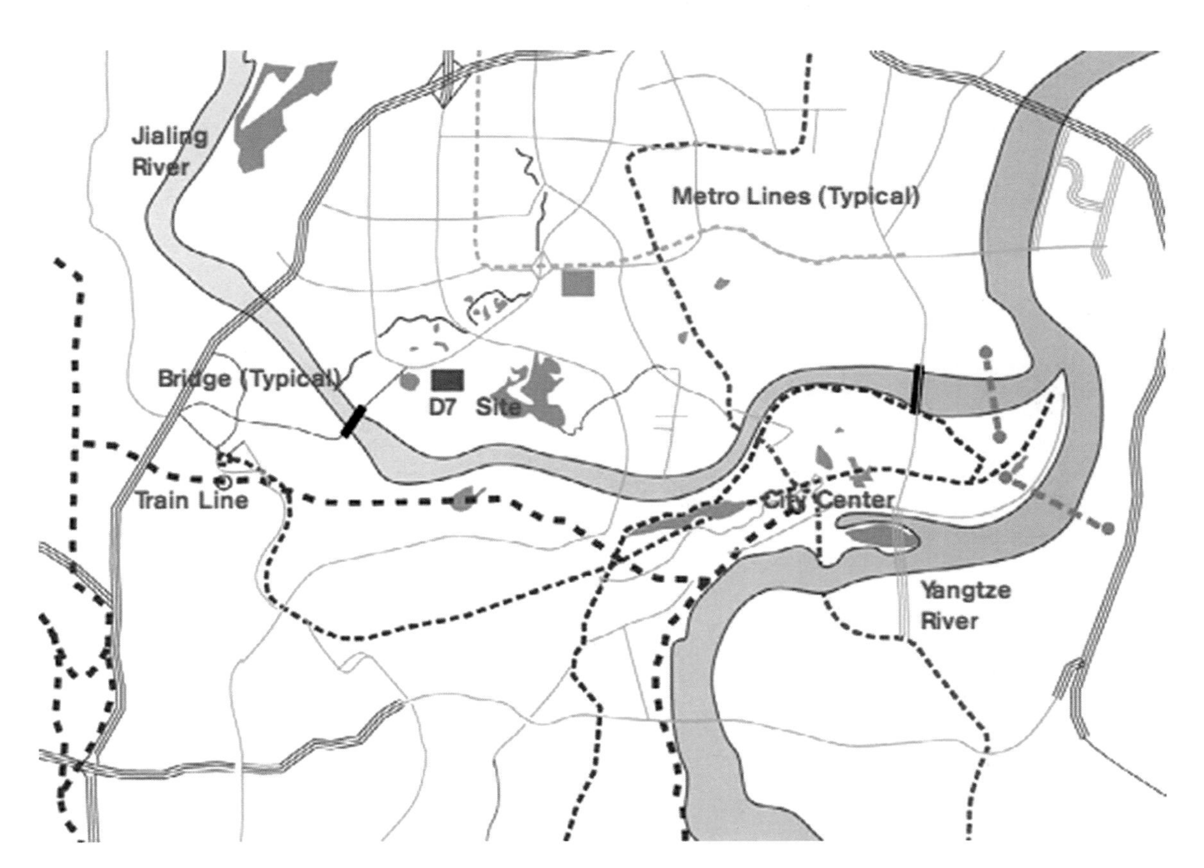

图4-9 周边环境分析

5. 基地文脉

D7项目坐落于城市发展的节点中，未来周边高密度住宅的发展尤为可观。

项目内南北向将规划一条新的市政道路。现存的高密度住区紧密围绕整个新开发区域。

现有公共空间位于项目基地的西侧与东侧。五期公园也将成为这一公园系统的最新组成部分（图4-10）。

6. 基地描述

D7项目的整体开发将形成一个包括住宅、办公、商业与公园的综合体。市政公园地块位于整个大项目的北侧，紧邻五期开发地块及三期商业综合体体块，将成为整个项目最主要的开放空间。一条新的城市主干道将从市政公园地块的下方约20米穿过，同时将设置轻轨线路的出入口。现有场地坡地预计为7%（图4-11）。

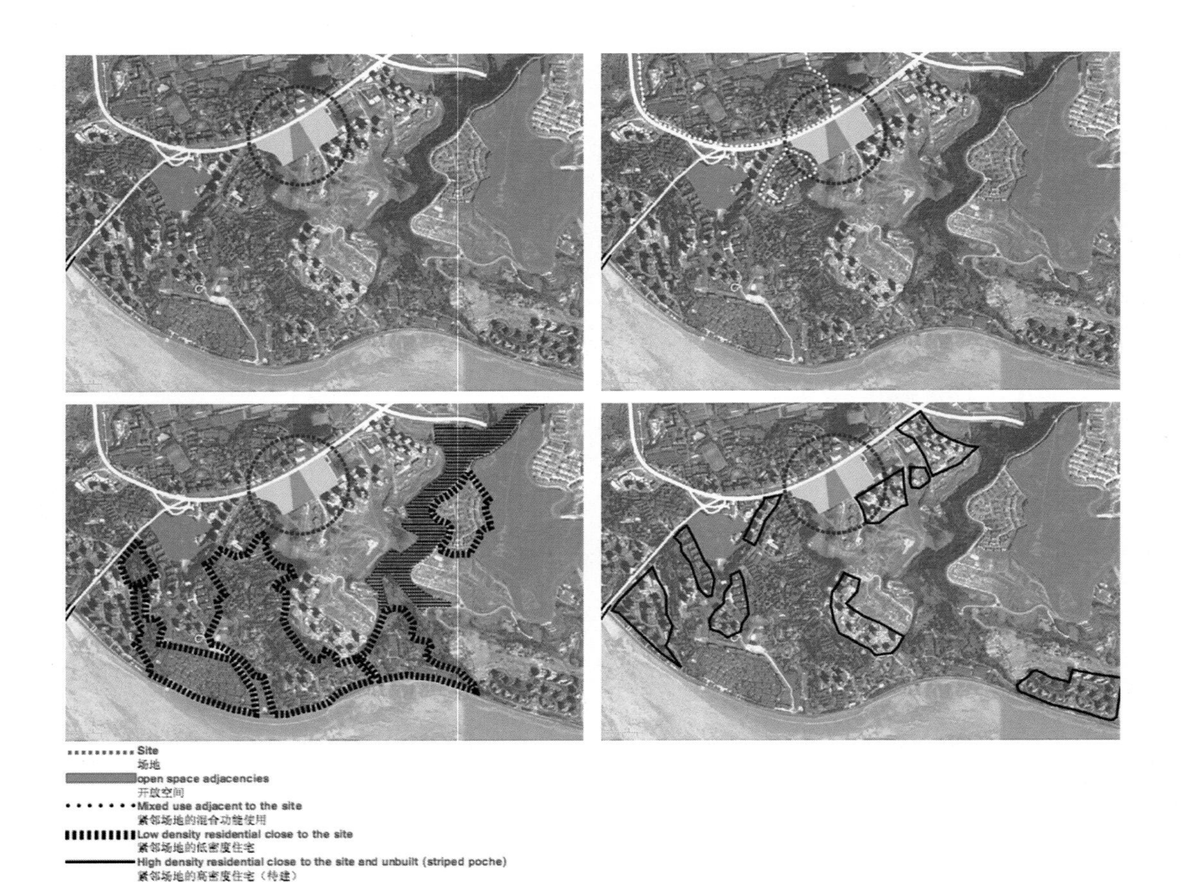
Site
场地
open space adjacencies
开放空间
Mixed use adjacent to the site
紧邻场地的混合功能使用
Low density residential close to the site
紧邻场地的低密度住宅
High density residential close to the site and unbuilt (striped poche)
紧邻场地的高密度住宅（待建）

图 4-10　文脉分析

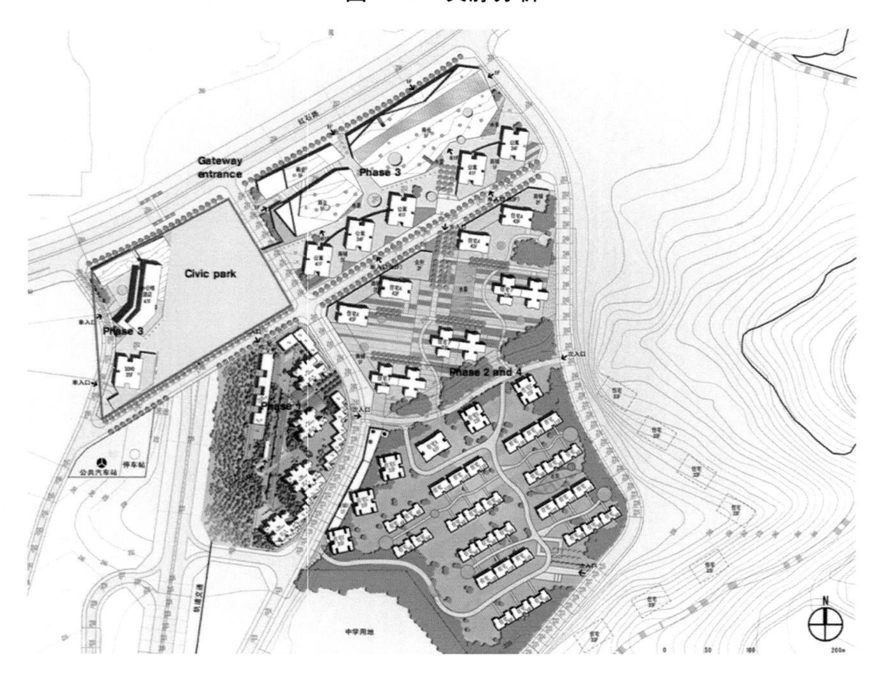
Gateway
entrance
Phase 3
Civic park
Phase 3
Phase 2 and 4
公共汽车站
停车站
中学用地
N

图 4-11　基址分析

7. 现状

D7 现状交通流线分析(图 4-12)。

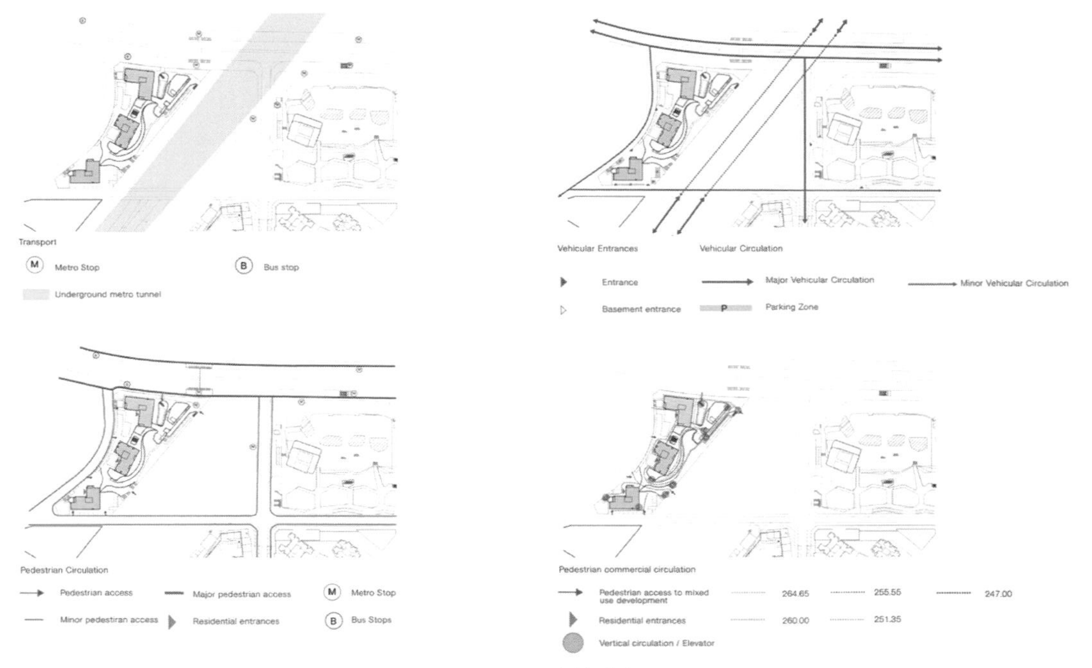

图 4-12　流线分析

二、概念设计:两个方案选项

根据场地现有的地形特点,并由重庆典型的喀斯特地貌启发,两个概念方案选项由此生成。喀斯特景观由稍带酸性的水流侵蚀而成,形成了多种多样的天坑、河床、隧道、桥、峡谷、石林、瀑布、褶皱山脉等标志性地貌(图 4-13)。

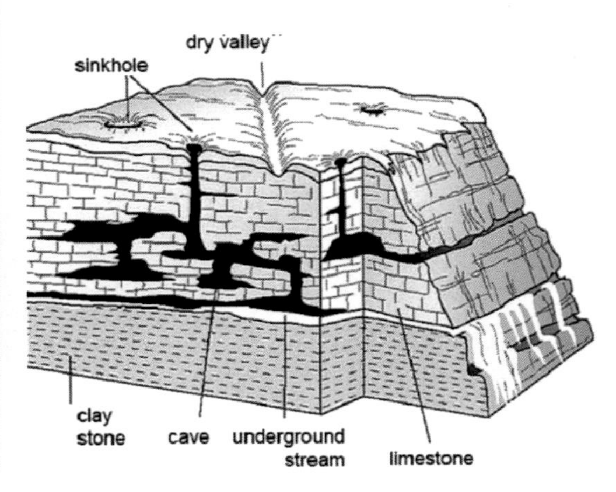

图 4-13　喀斯特地貌形成过程

1. 方案一：喀斯特景观

（1）灵感。

喀斯特景观将在地形高点形成系列景观体验的开始。场地的水流组织由现有高低开始，并随坡地进行，以此允许多种多样的空间体验，创造各种神秘的微地形。在场地地形的最高点，竖直方向的岩石被抽象为高耸的雕塑，与“天坑”结合，作为雨水收集的开始，并以此形成极具标志性的入口形象。随后，水流进入地下的雨水系统中，以洞穴、隧道的形式得以再现，并提供阴凉的休憩空间。标高变化的平台互相穿插组合，与不同的亚热带、热带植物结合，以此区隔不同的公园功能。由场地高点收集的水流被慢慢净化，于场地最低点汇集，并在最终的“天坑”景观中收集处理（图4-14）。

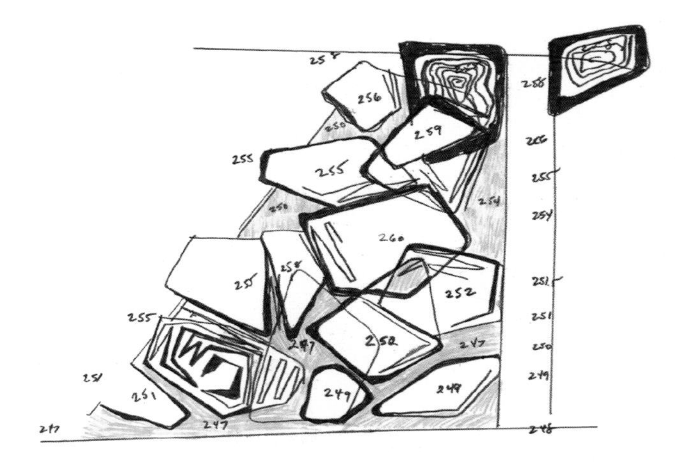

图4-14　方案一　景观概念构思草图A

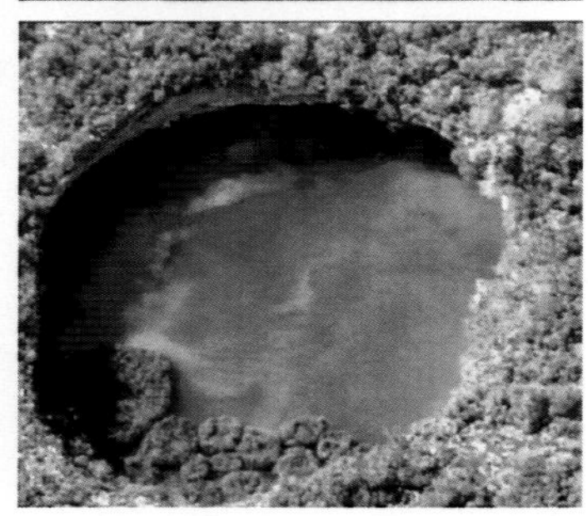

图4-15　方案一　场地灵感来源

（2）喀斯特景观结构分析图。

每个方案都探索了喀斯特景观的形成过程，并将之抽象为非常独特的景观体验提供给公众。每个方案都由一个初始的概念来组织并切割场地（图4-15、图4-16）。

（3）喀斯特创意构思草图。

方案一使大部分现有地形特点得以保留，在其间建造少量的平台或凹陷并向场地低处延伸。溪流在场地植被中环绕延伸。平台也将为公园的不同功能提供场地，并创造出不同的标高供人群活动及体验。

初始草图显示了通过不同体量的台地沿场地南北向层层叠落的概念，以此形成不同的首层空间，并融合绿化塑造地平。入口形象标志必须是非常显著的元素。草图研究中有不同体量的层叠。雨水的收集顺着场地坡度的走向汇聚到南侧低点。种植及剖面研究说明了地平从水系到植被对室外空间的塑造。入口喀斯特空间也由此生成（图4-17）。

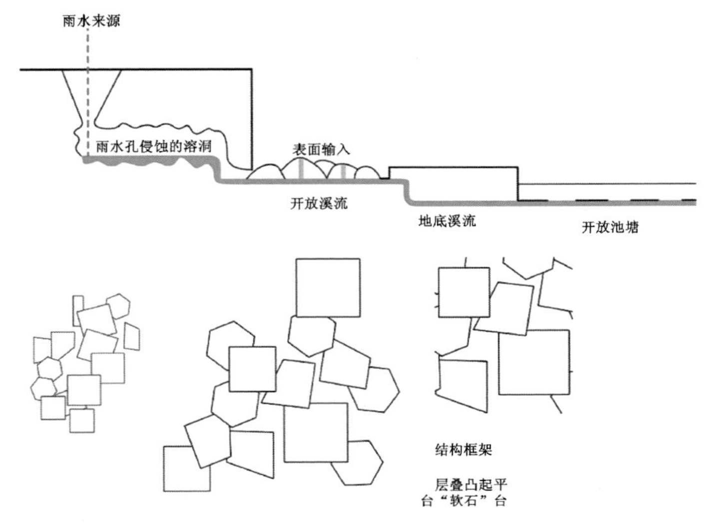

图 4-16　过程分析图

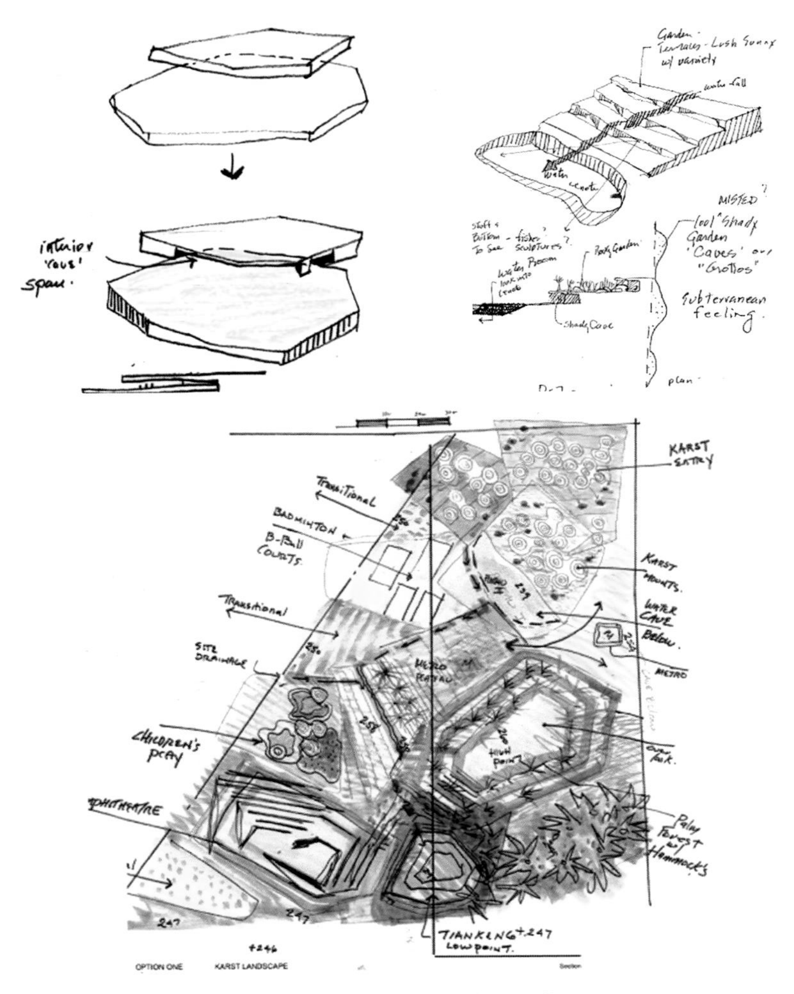

图 4-17　方案一　景观概念构思草图 B

（4）景观概念设计总平面图(图 4-18)。

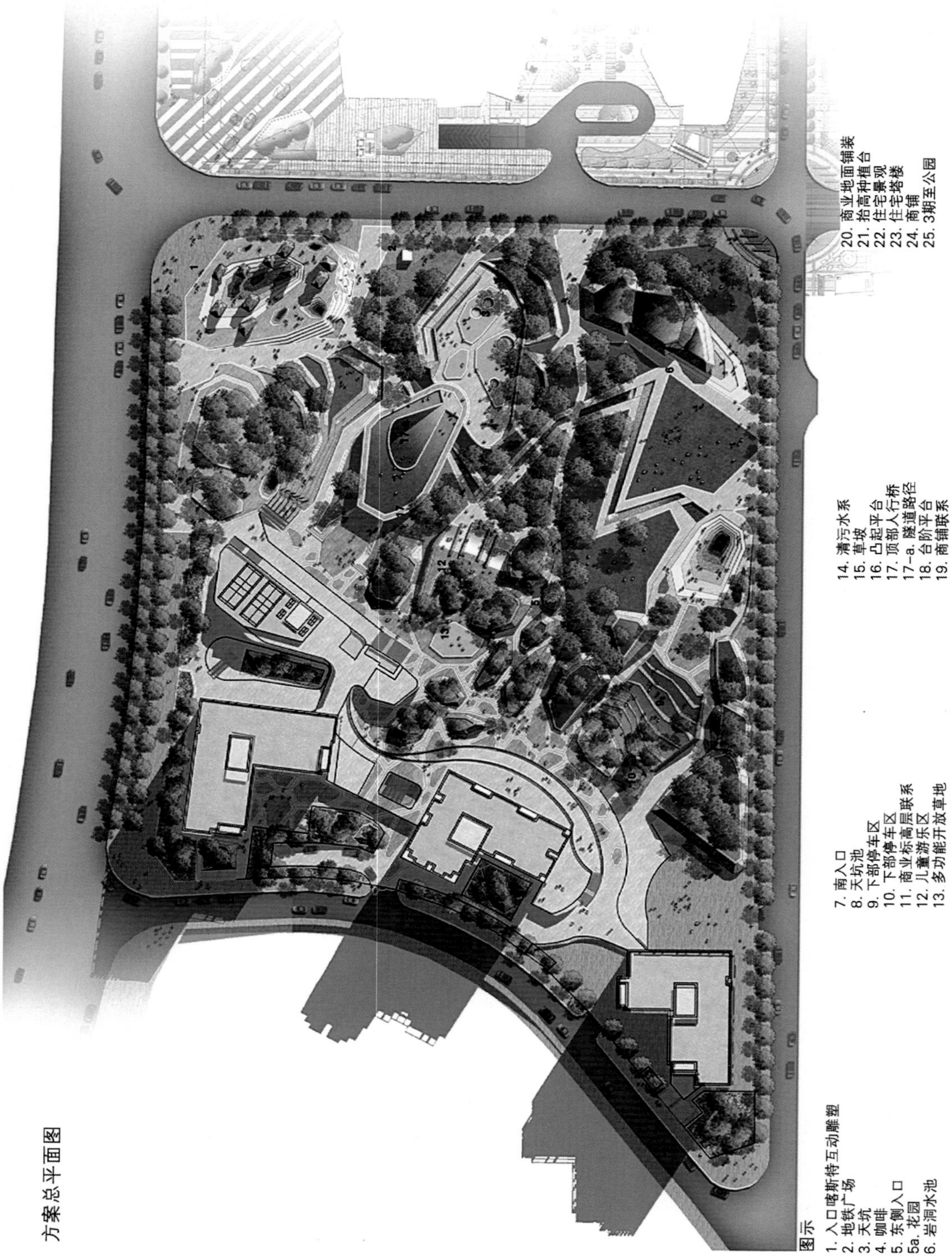

图 4-18

（5）景观概念设计放大平面图(图 4-19)。

图 4-19

（6）景观概念设计剖面图（图 4-20、图 4-21）。

图 4-20　剖面图一

图 4-21　剖面图二

（7）景观概念设计效果图。

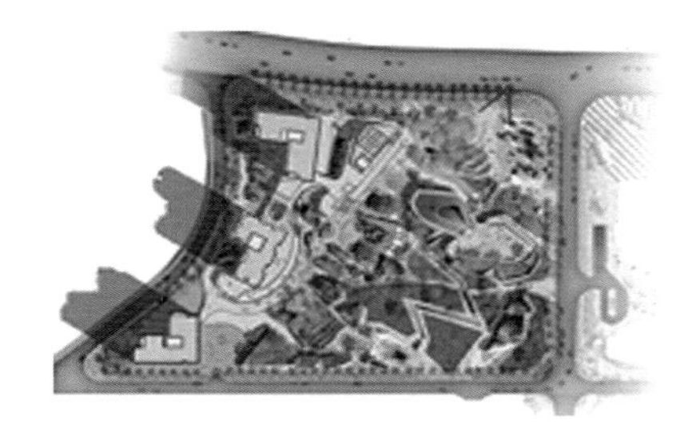

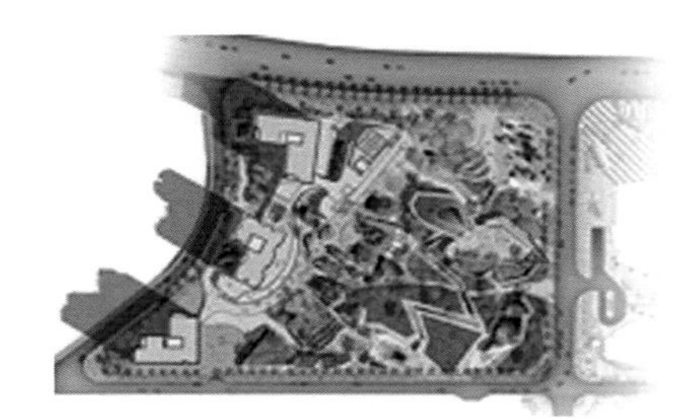

图 4-22　方案一　透视成角的位置

图 4-23　由北侧喀斯特雕塑入口处往南看透视效果

图 4-24　由室外表演场处往东北方向看喀斯特入口雕塑透视放大

图 4-25　由咖啡屋顶往西北侧看主干道透视放大

2. 方案二:拉链景观

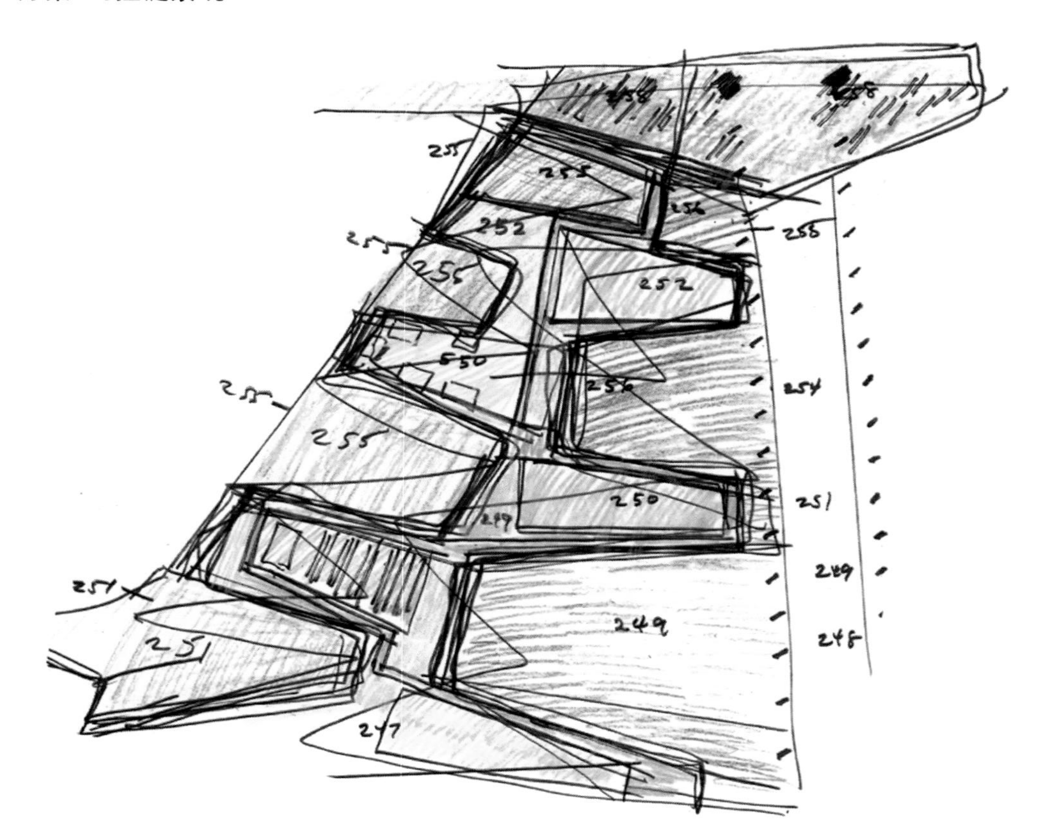

图 4-26　方案二　景观概念构思草图 A

（1）灵感。

峡谷和河谷，作为重庆喀斯特景观的标志，是对这个方案的启示。受被水侵蚀的地貌以及溪流和瀑布水的影响，自然形成葱郁的植被并包含众多的瀑布。俯瞰山谷，可看到自然的地质条纹。

拉链方案中在南北方向有一个巨大的峡谷，峡谷周边有观景平台和含有多种公园功能的平台来容纳不同的访问者。在场地北部，一个主要瀑布沿着凸凹的水墙倾泻而下。不同地平与五期商业零售部分形成一个无缝集成。

图 4-27　方案二　场地灵感来源

（2）过程抽象说明及场地构成。

图 4-28　喀斯特峡谷

图 4-29　喀斯特溶洞中的钟乳石

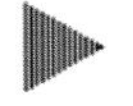

峡谷形成 -1 期

峡谷形成 -2 期

峡谷形成 -3 期

过程

图 4-30　喀斯特峡谷形成过程

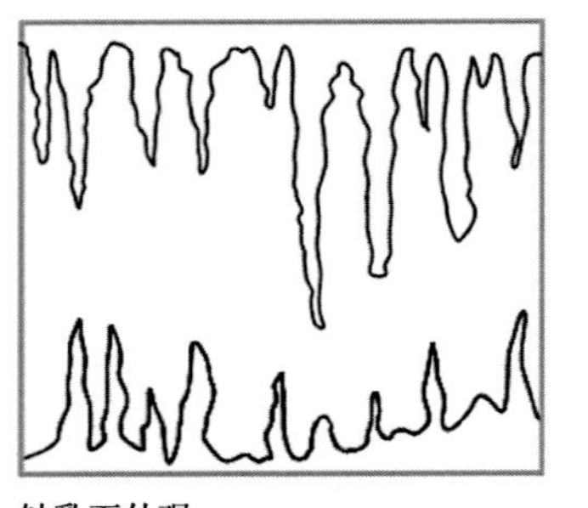

钟乳石外观
场地结构

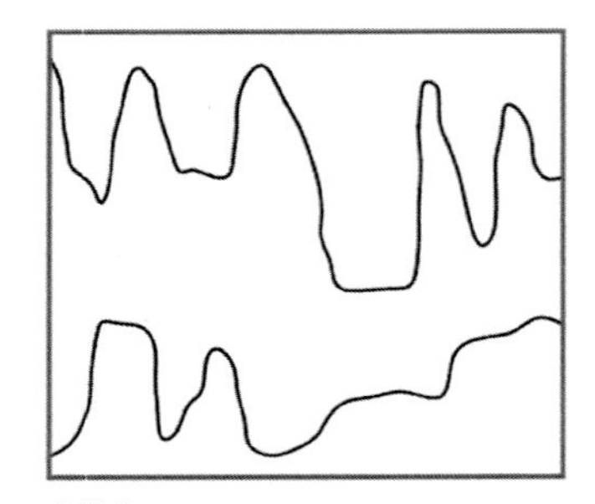

形式简化

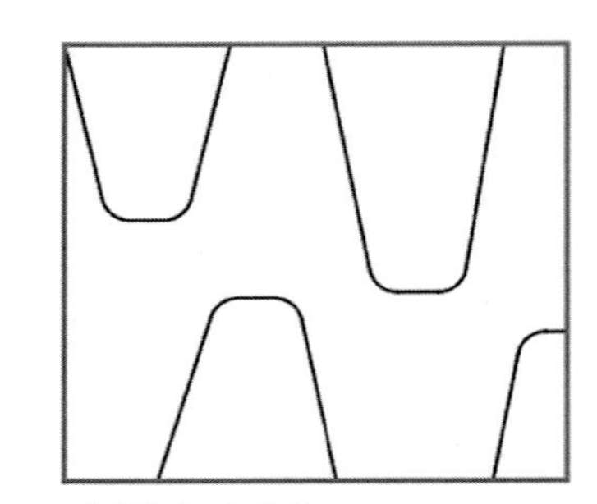

形式抽象（平面）

图 4-31　喀斯特溶洞场地结构

天坑形态

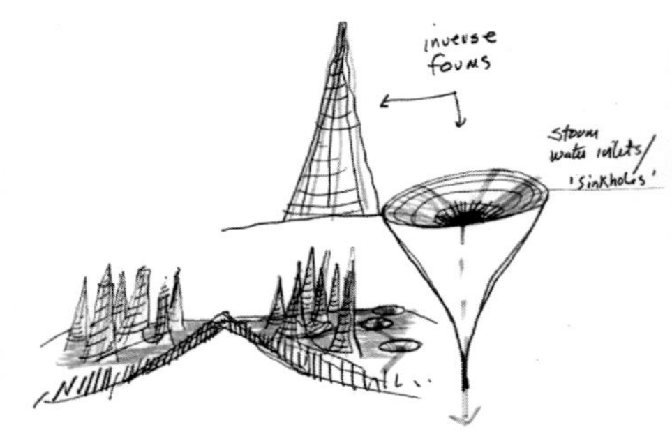

场地体现

示意案例

图 4-32　景观概念的场地表达

（3）拉链：初始概念生成。

根据方案二，将场地中央进行开挖，形成一条南北贯穿的峡谷，在其间组织路径及观景平台。峡谷将融合水流，并将栽满茂盛的植物，它两侧则布置突出的平台，相应布置系列公园功能与活动场地。

随着概念的演进，人工建造的地形逐渐清晰，剖面关系也慢慢生成以帮助理解标高及视线变化。充满茂密森林的河谷考虑了和商铺及三期商业综合体的标高关系（图 4-33）。

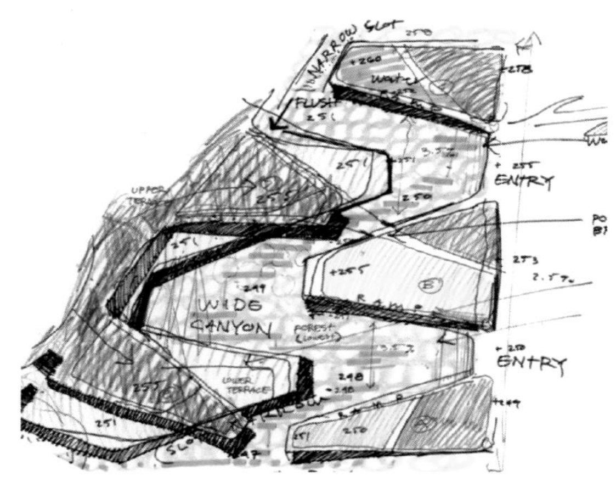

图 4-33　方案二　景观概念构思草图 B

（4）景观概念设计总平面图(图4-34)。

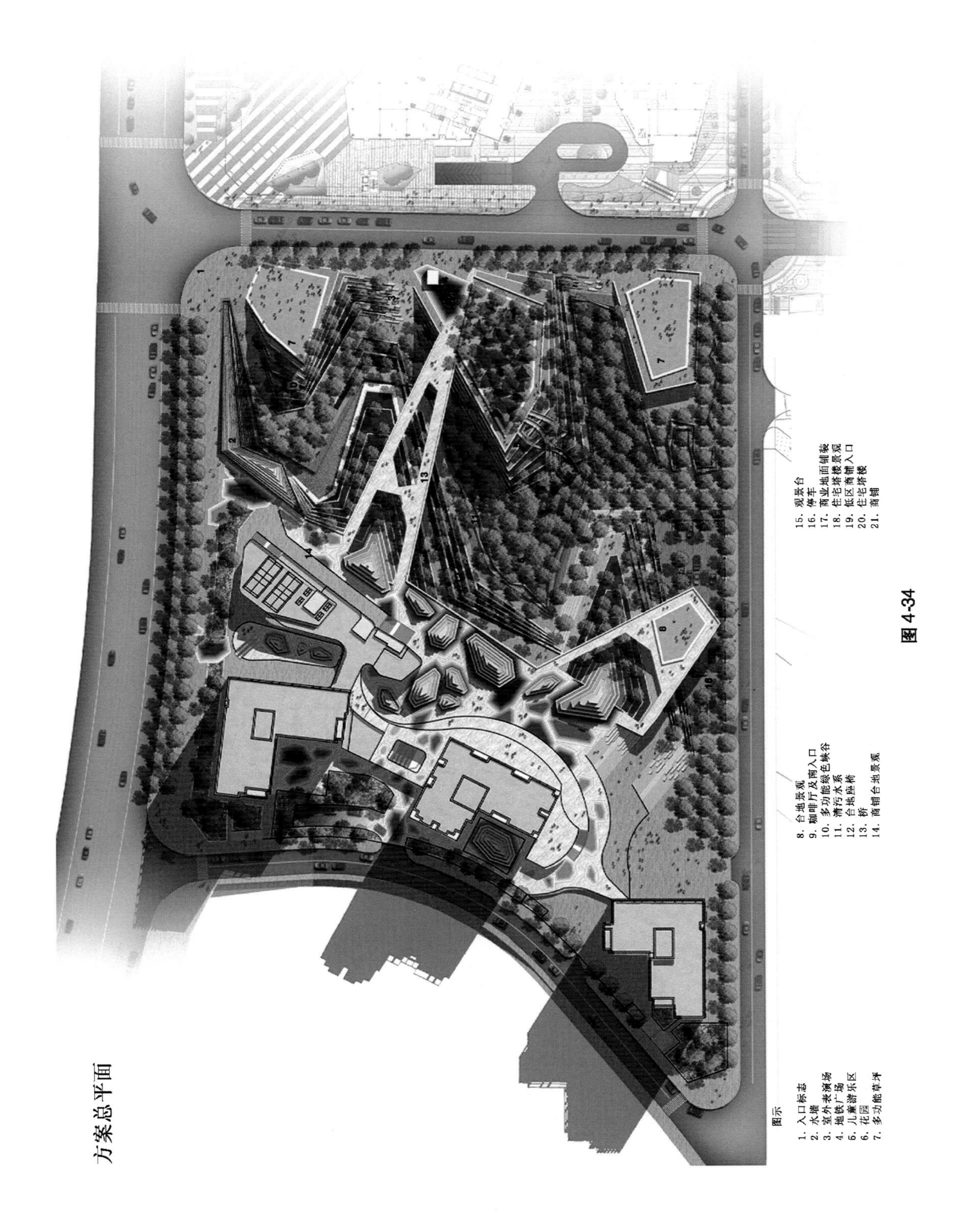

图4-34

(5) 景观概念设计放大平面图(图4-35)。

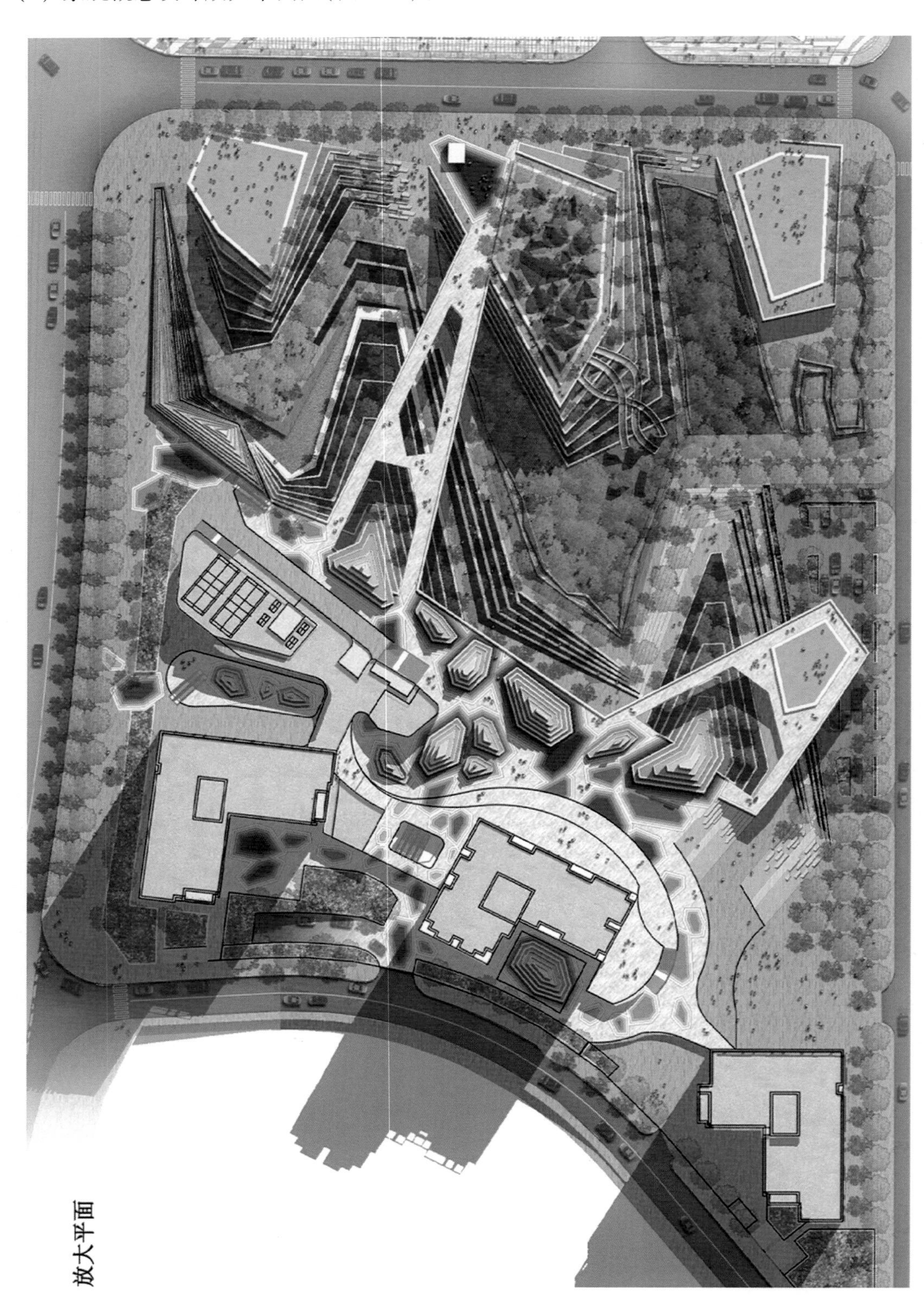

图4-35

（6）景观概念设计剖面图(图 4-36、图 4-37)。

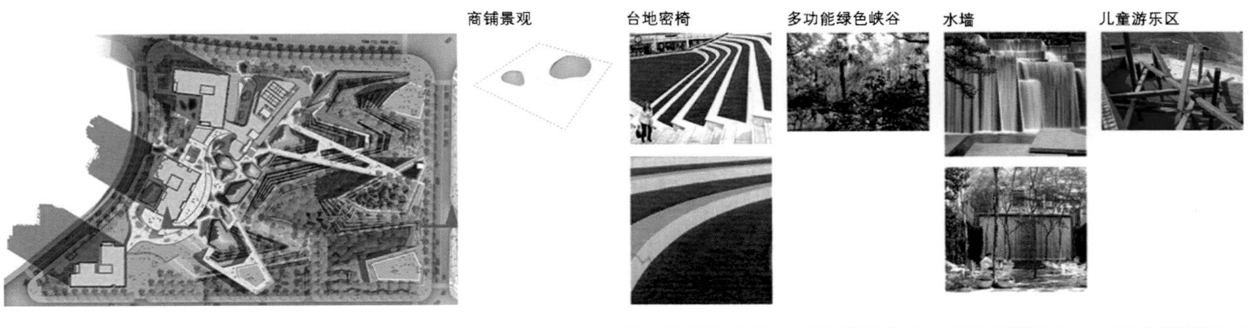

图 4-36　剖面图一

图 4-37　剖面图二

（7）景观概念设计效果图。

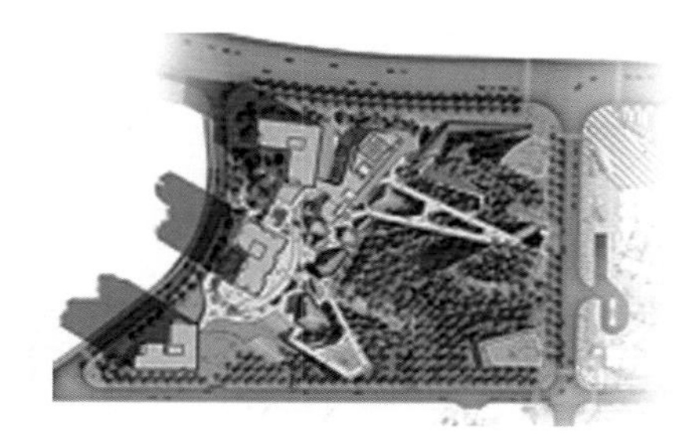

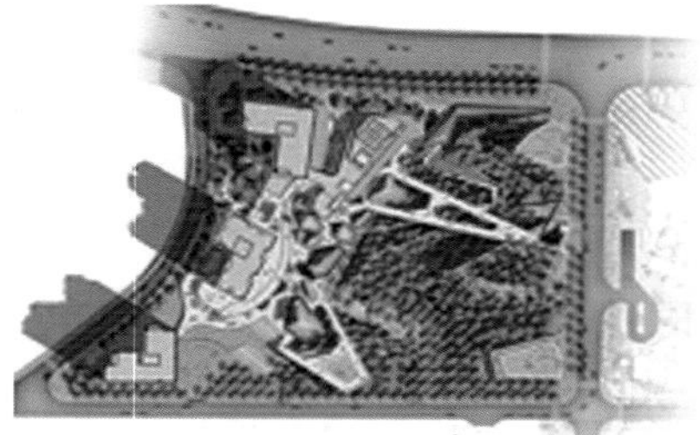

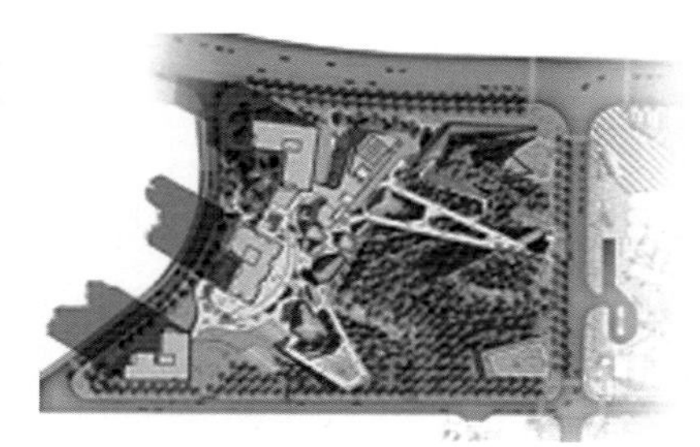

图 4-38　方案二　透视成角的位置

图 4-39　从室外表演场向北看透视放大

图 4-40　南侧小广场及咖啡外摆区透视放大

图 4-41　由水墙向西看透视放大

三、设计意向：景观概念设计模式构想

1．概念性公园景观结构元素

（1）交通流线＋硬质景观材料。

图 4-42　设计意向

① 材料硬景观。

图 4-43　青石

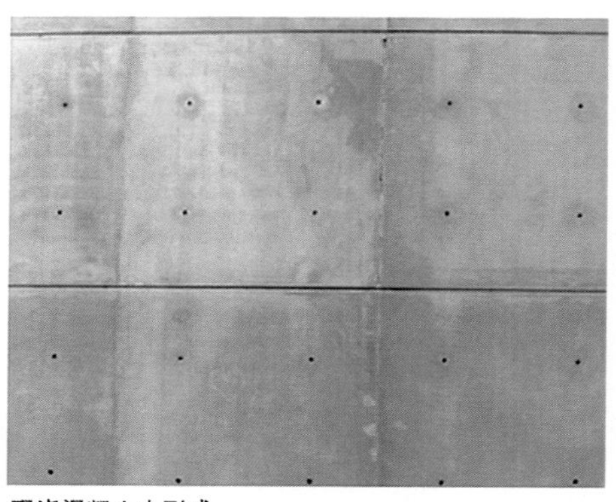

现浇混凝土中形成

现浇混凝土中形成

图 4-44　现浇混凝土

② 流线(喀斯特选项)。

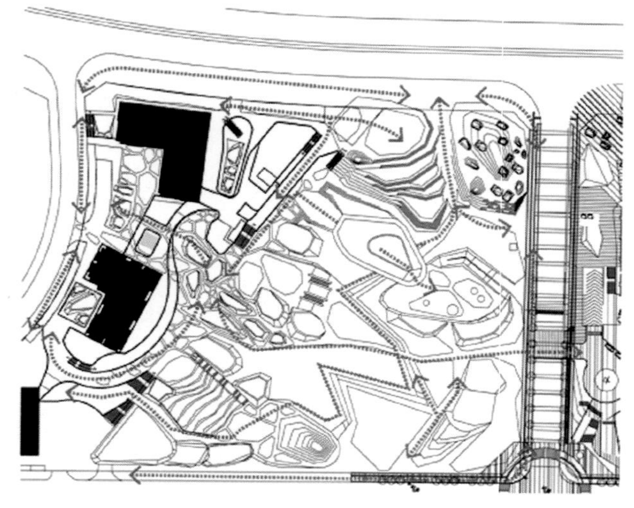

图 4-45　流线

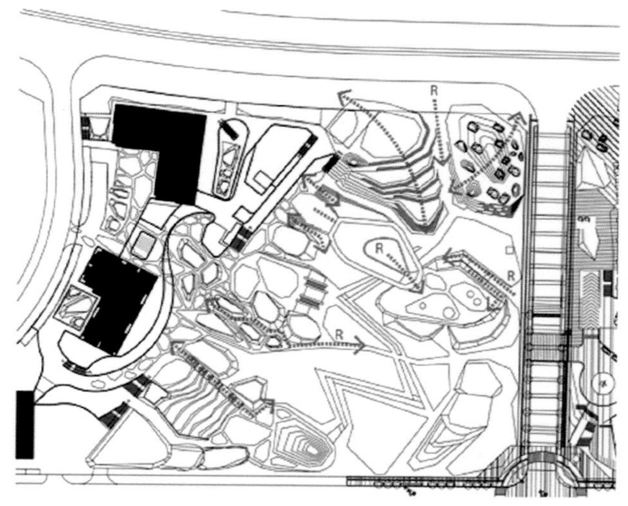

图 4-46　台阶

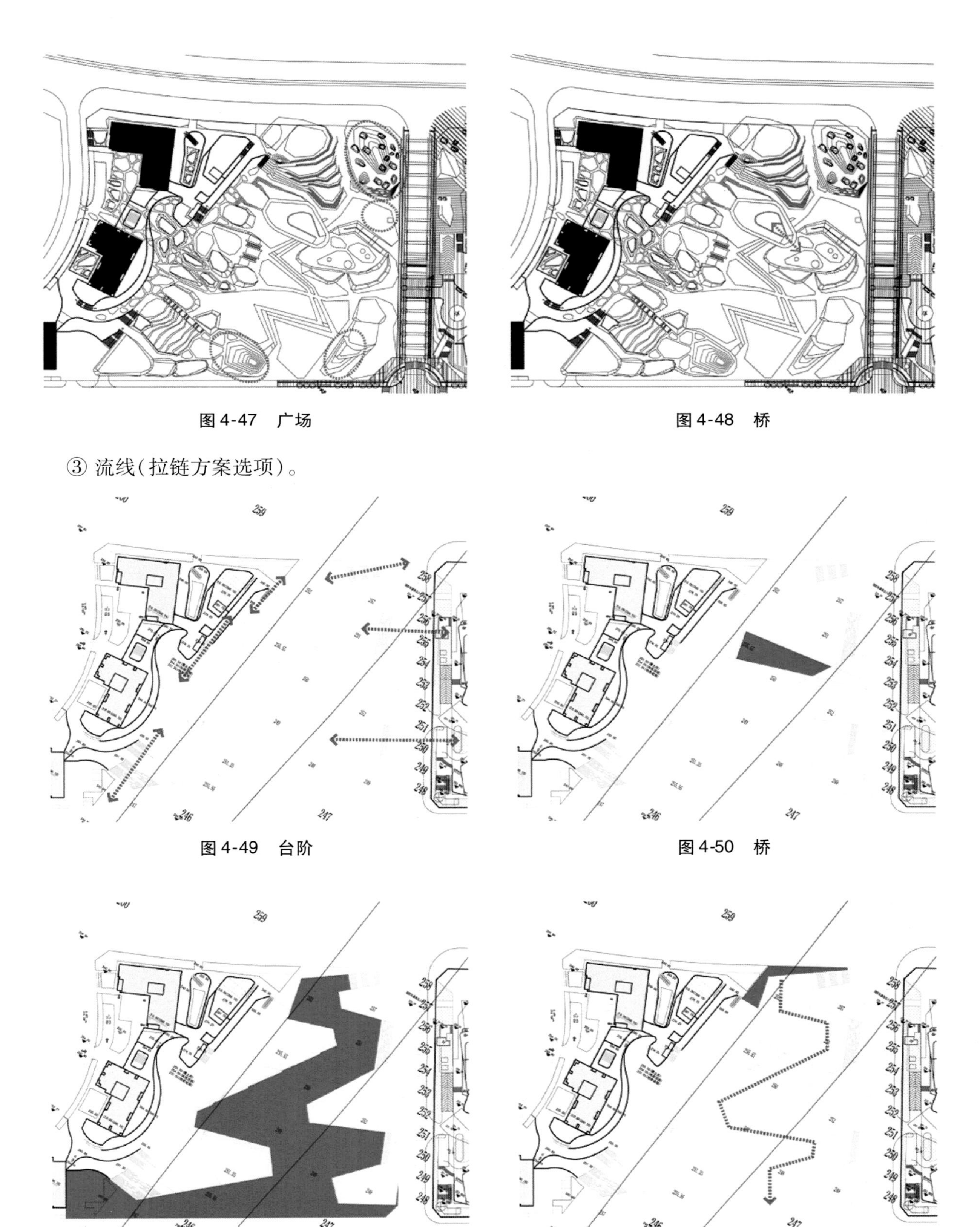

图 4-47　广场

图 4-48　桥

③ 流线(拉链方案选项)。

图 4-49　台阶

图 4-50　桥

图 4-51　峡谷

图 4-52　水景

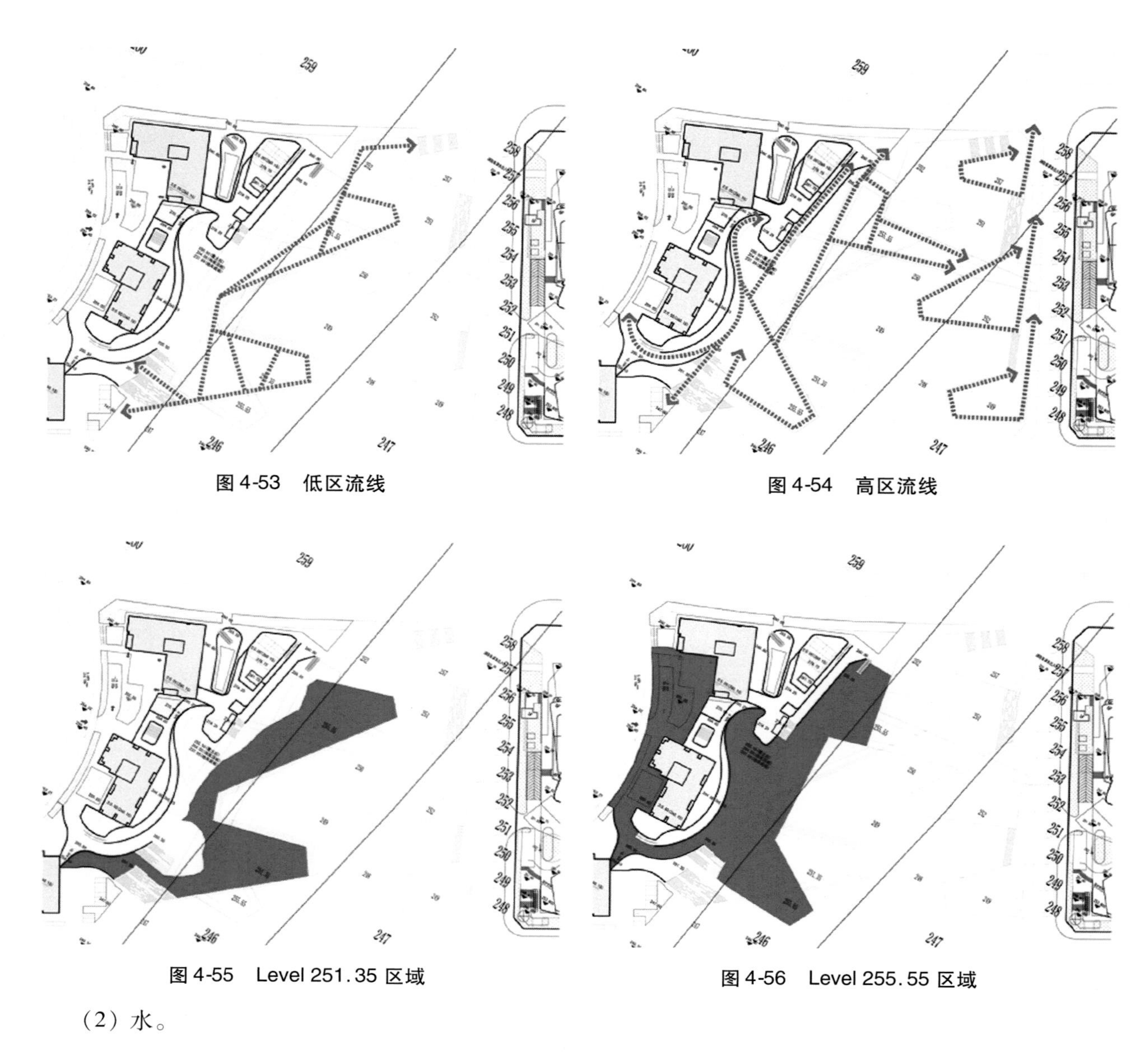

图 4-53　低区流线

图 4-54　高区流线

图 4-55　Level 251.35 区域

图 4-56　Level 255.55 区域

（2）水。

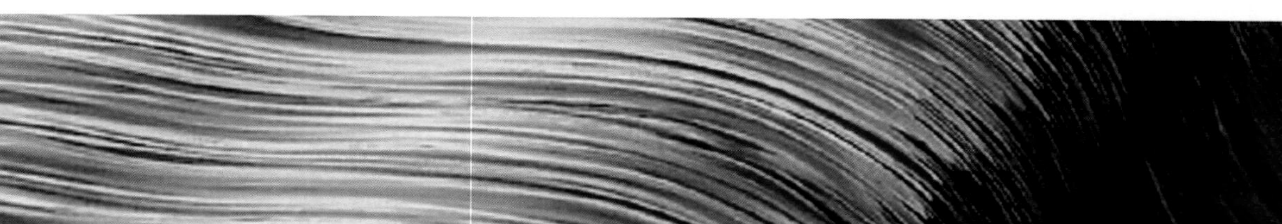

图 4-57　设计意向

① 水系分析图(喀斯特方案)。

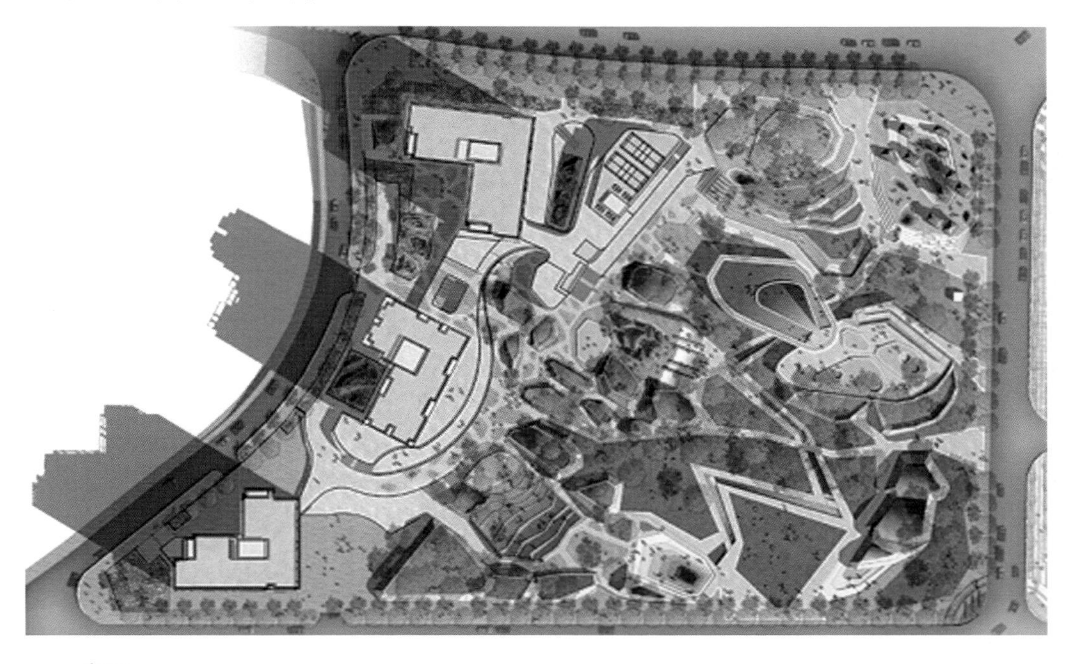

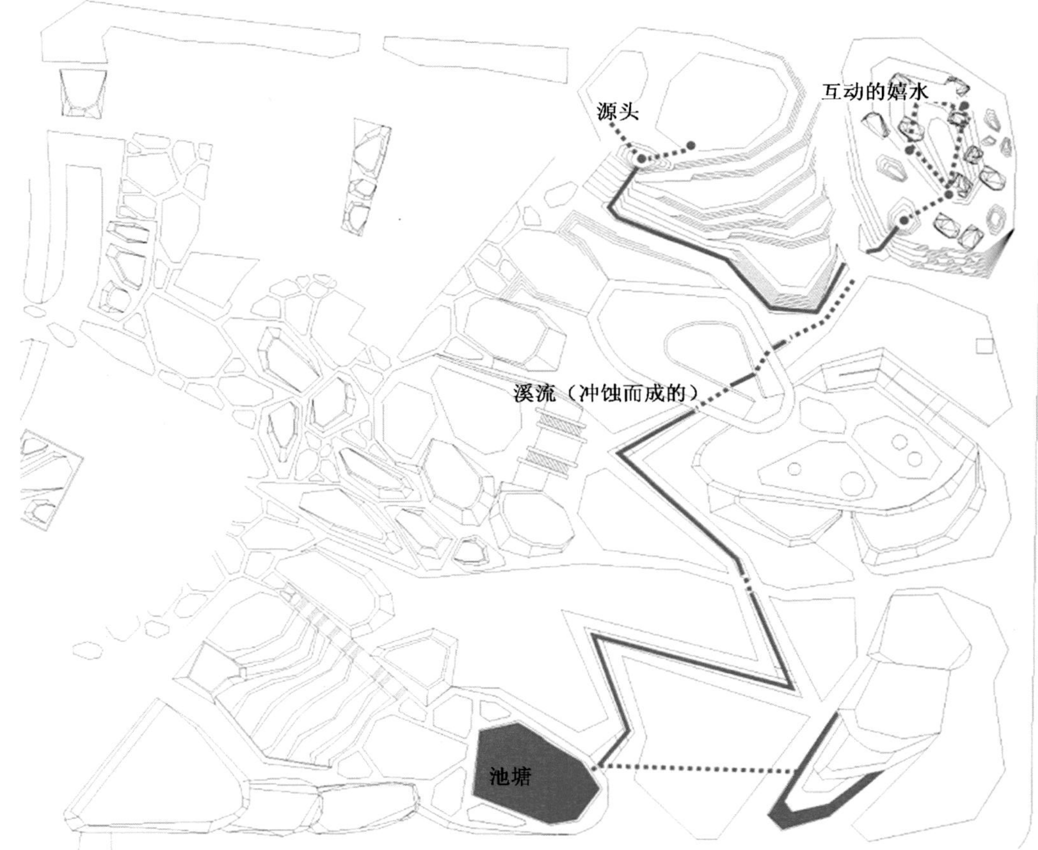

图 4-58

② 水系分析图(拉链方案)。

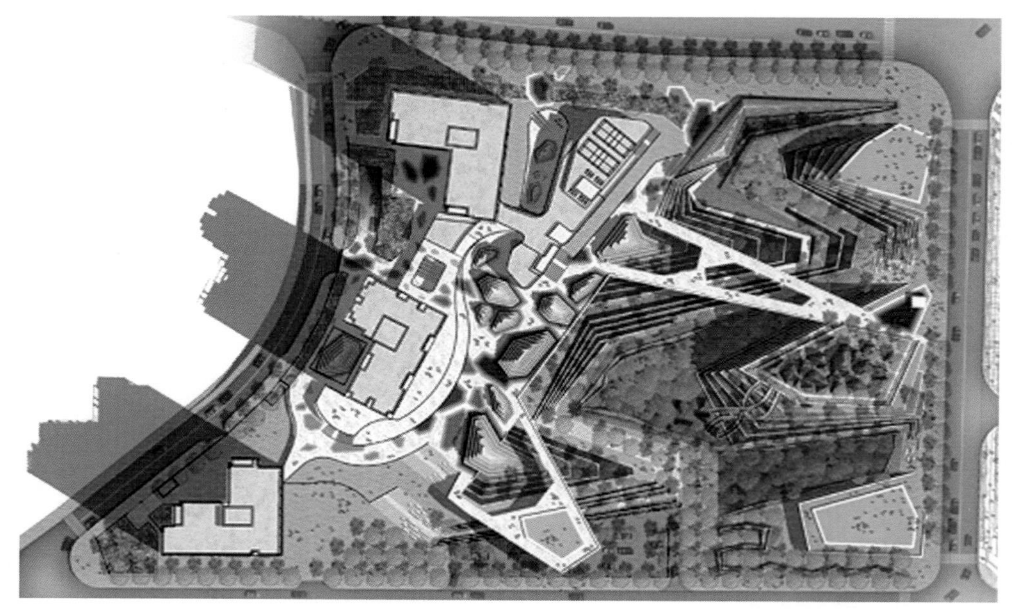

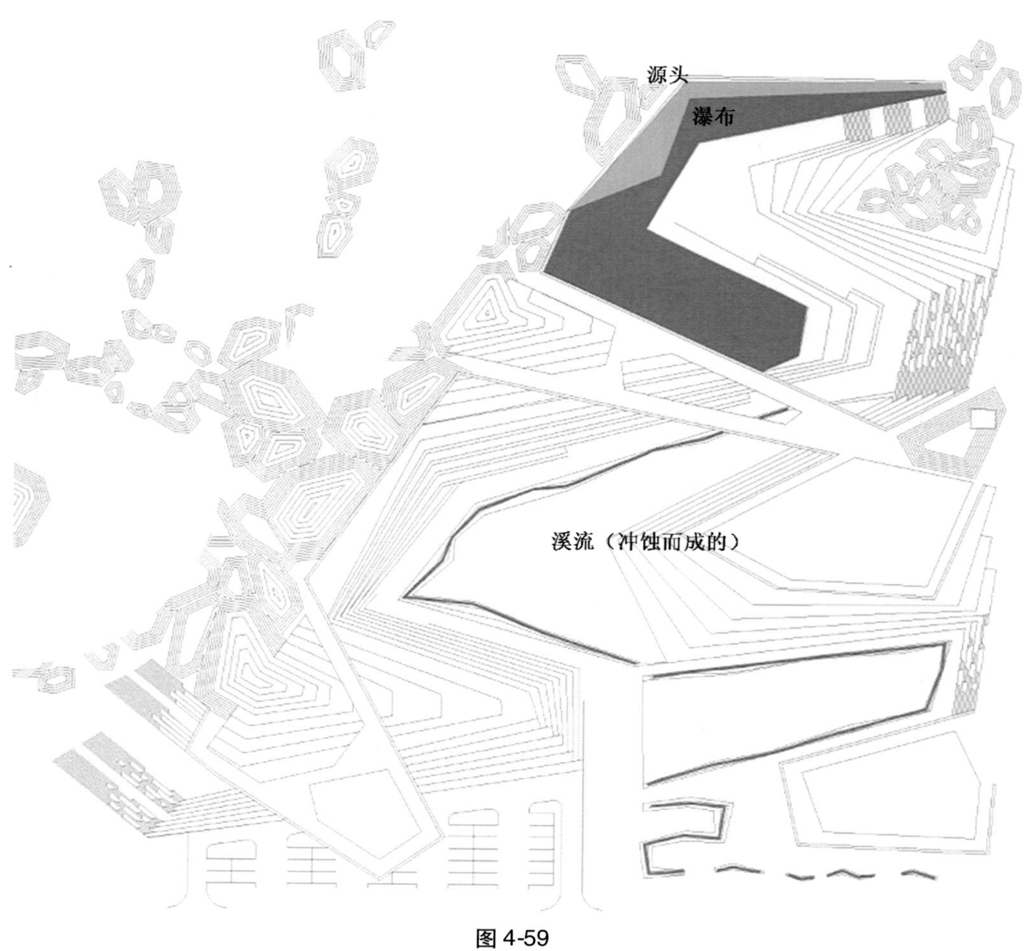

图 4-59

(3) 可持续性:城市可持续水循环系统(SUDS)。

图4-60　设计意向

① 可持续:可持续城市排水系统。

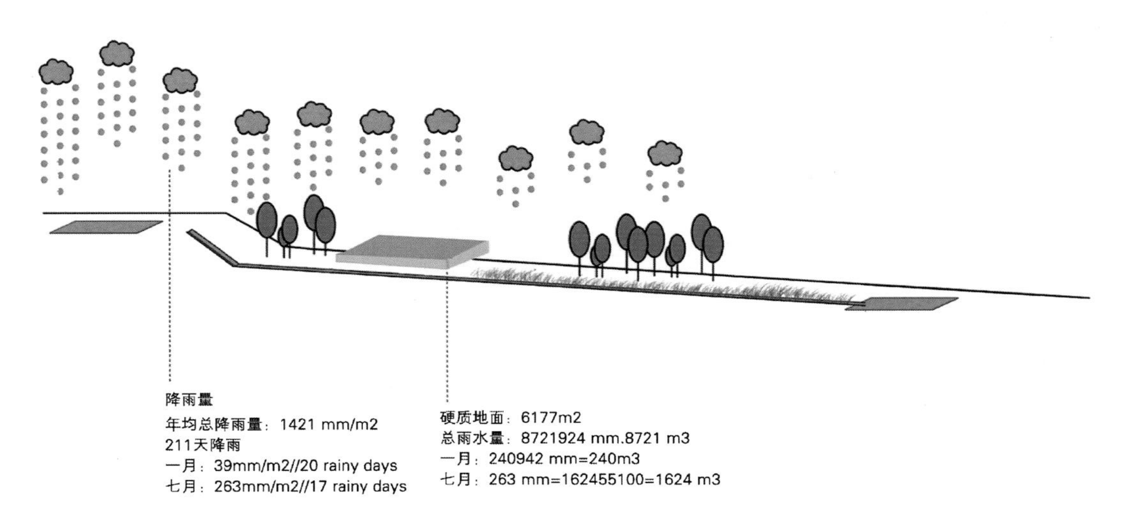

图4-61　可持续城市排水系统原理

② 雨水循环方案。

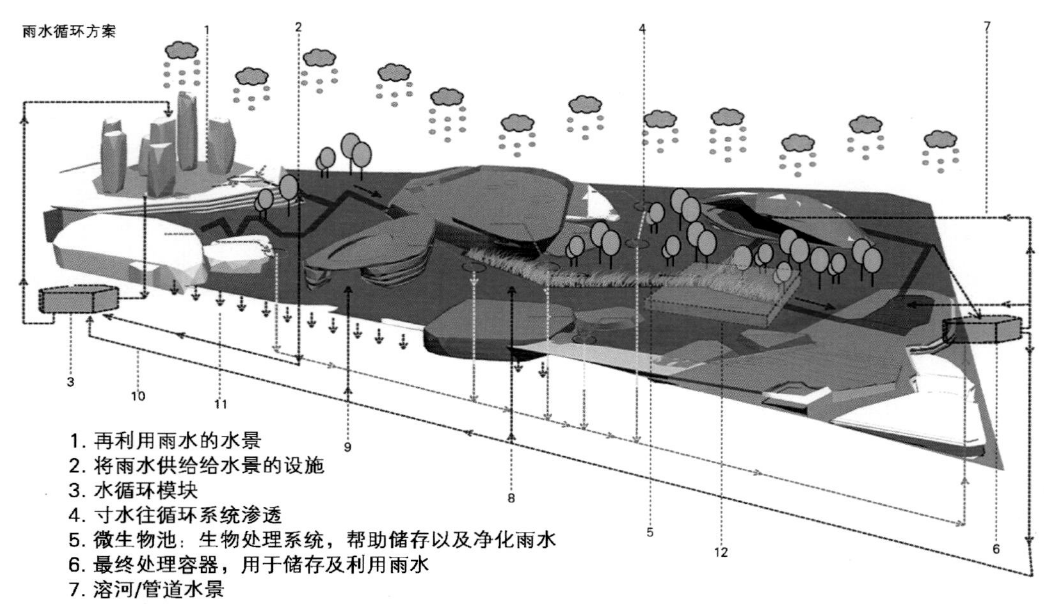

1. 再利用雨水的水景
2. 将雨水供给给水景的设施
3. 水循环模块
4. 寸水往循环系统渗透
5. 微生物池：生物处理系统，帮助储存以及净化雨水
6. 最终处理容器，用于储存及利用雨水
7. 溶河/管道水景
8. 用于灌溉的净水
9. 用于洁厕的净水
10. 用于喷泉的再处理雨水
11. 可参透的表面
12. 用于储存疏导雨水流的容器

图 4-62　雨水循环原理(一)

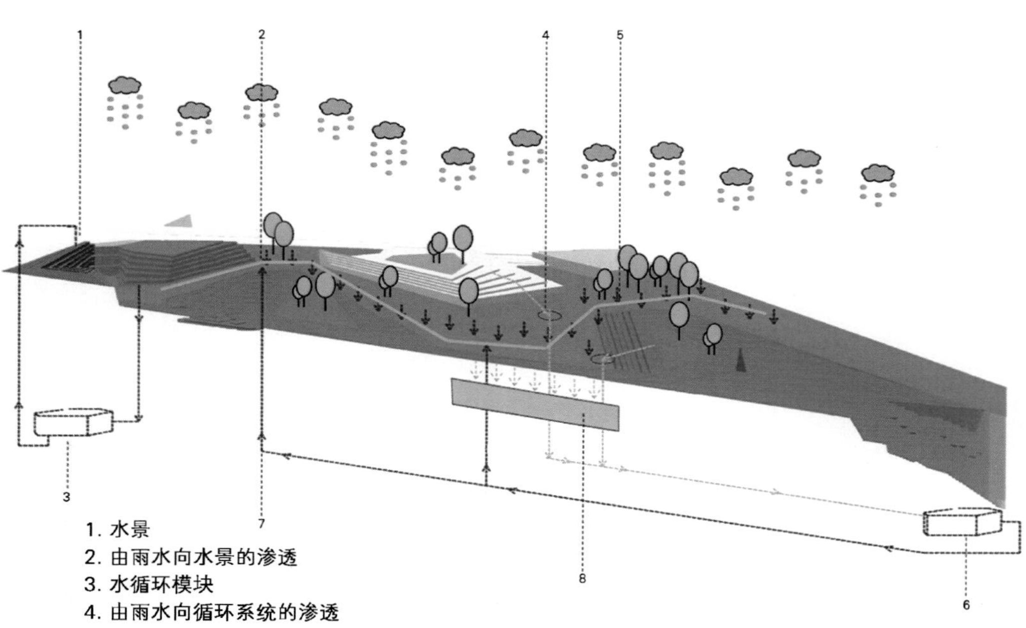

1. 水景
2. 由雨水向水景的渗透
3. 水循环模块
4. 由雨水向循环系统的渗透
5. 微生物池：生物处理系统，帮助储存以及净化雨水
6. 最终处理容器，用于储存及再利用雨水
7. 用于洁厕的净水
8. 用于储存疏导雨水流的容器

图 4-63　雨水循环原理(二)

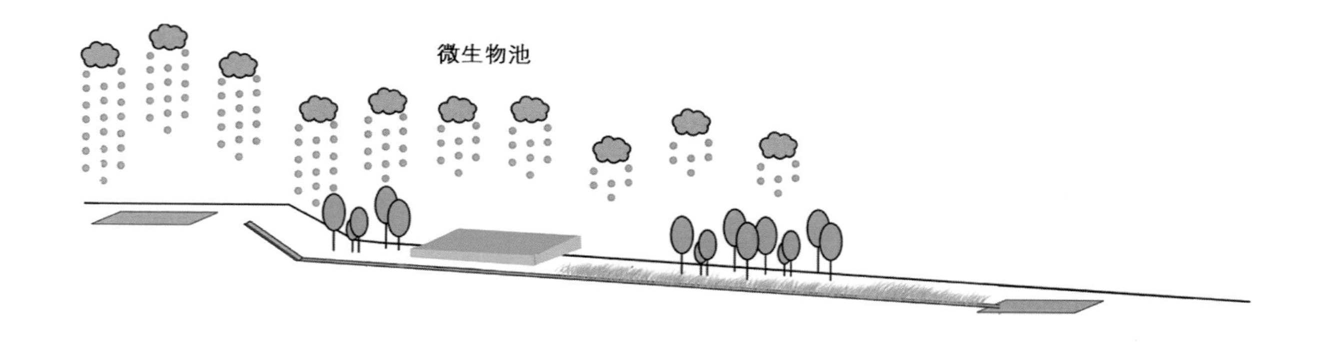

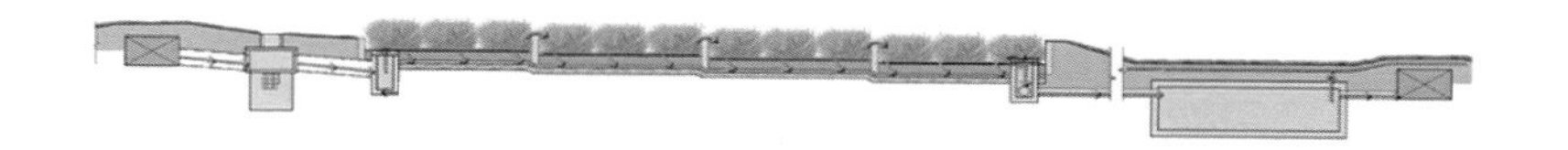

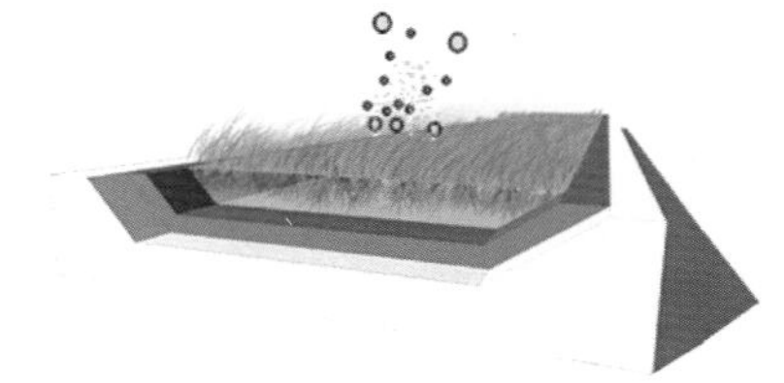

图 4-64 净水工作机制原理

③ 生态池案例：Normal，伊利诺伊州。

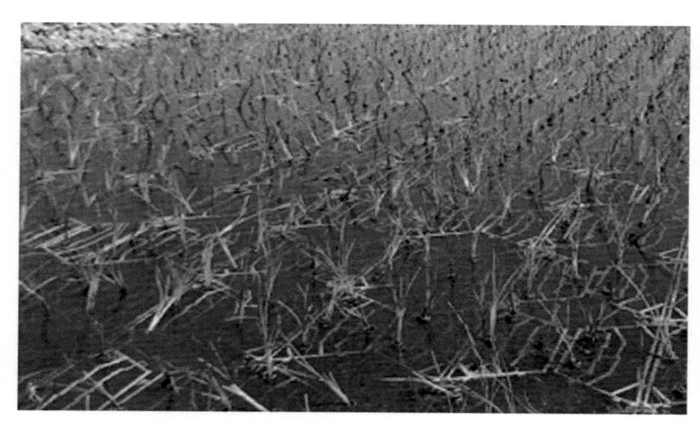

漂浮净水植物

净水池

幼年净水植物

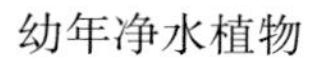

成年净水植物

图 4-65　Normal 生态池案例

（4）种植策略。

两个方案都将使用大量不同的乔木灌木以创造有利的微气候。方案产生的室外空间减轻了太阳的暴露。种植的类别将来自于喀斯特景观的特有组合，以实现植被的原生态属性。其他植物会从在中国有广泛栽培的观赏品种中选择灌木牧草和多年生植物。喀斯特景观的特点是树木和灌木分布于瀑布周围的岩石边坡，在较低的地平地区，用灌木和地面覆盖物填充主要地面。

特殊说明：每个方案均将依据不同主题的花园来实现更加装饰性的植栽效果，以此吸引游客更多地进入、停留于公园之中。

图 4-66　设计意向

图 4-67　自然形态灵感

图 4-68　人造景观灵感

① 种植意向分析(喀斯特方案)。

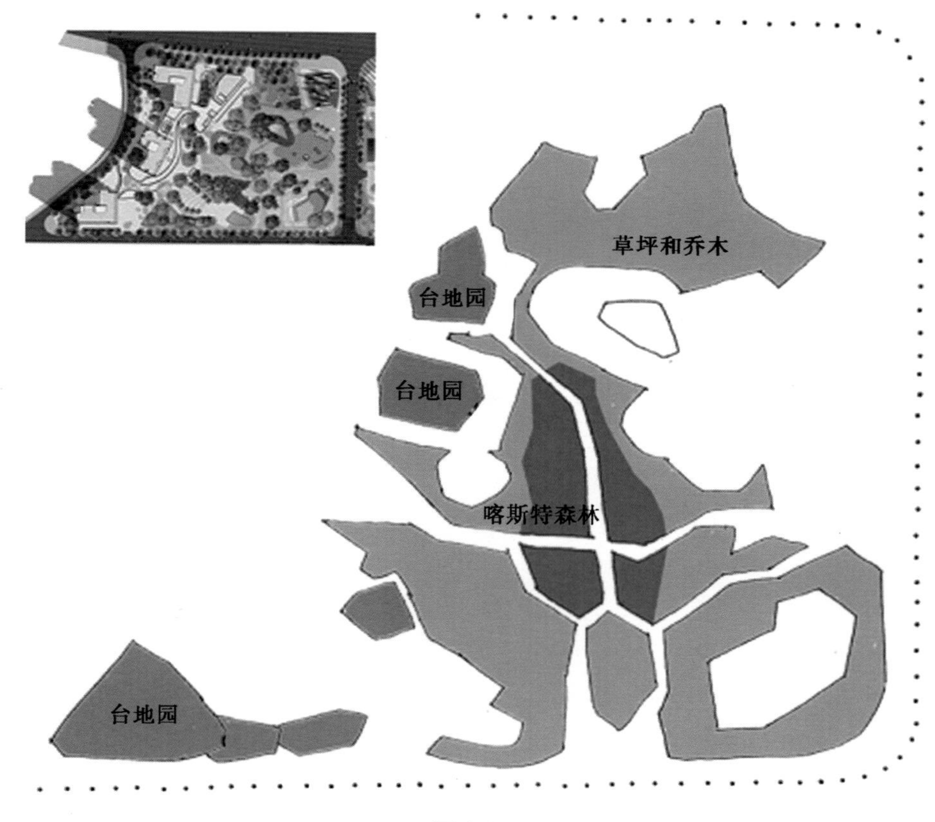

图 4-69

② 种植意向分析（拉链方案）。

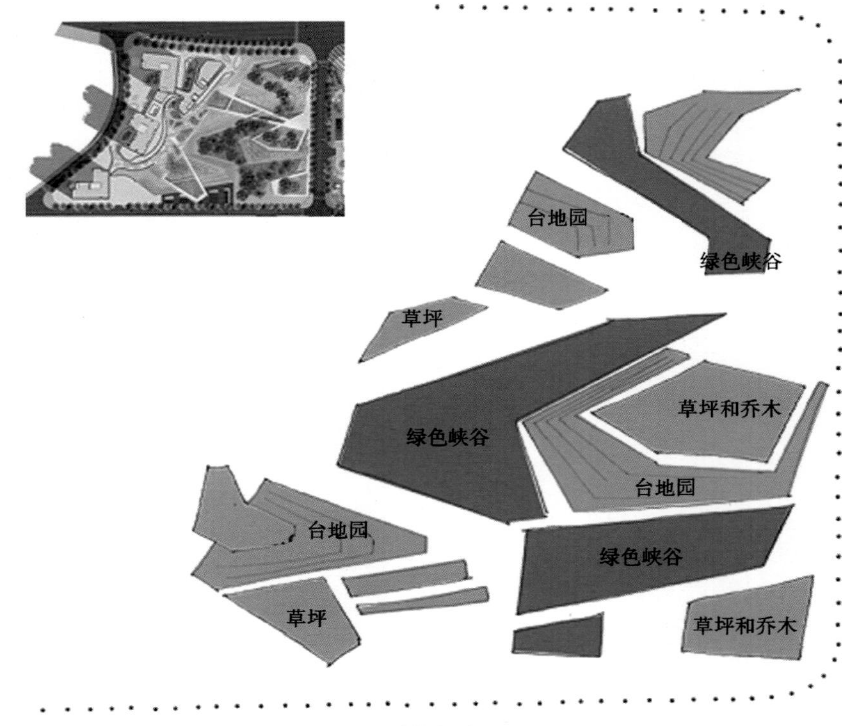

图 4-70

③ 植物图谱意向。

图 4-71

2. 功能性公园景观空间建构

（1）儿童游乐区：激发想象的儿童游戏场设计着眼于感官全方位的参与，将新的生活体验活动作为儿童游戏场所设计的优先考虑。

图 4-72　方案一的儿童游乐场位置，其面积为 1000m^2，喀斯特方案成为额外的儿童吸引点（A. 互动水景演示；B. 船池；C. 溶洞）

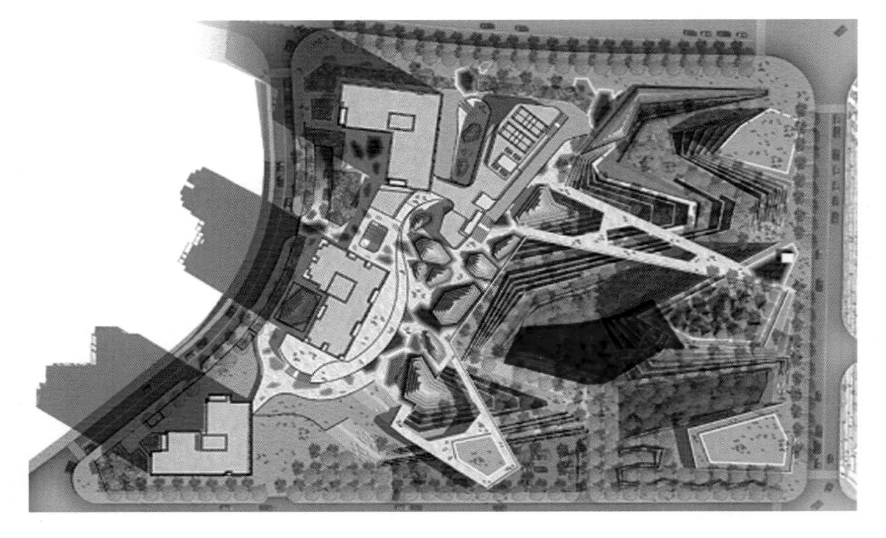

图 4-73　方案二的儿童游乐场位置

① 方案一(喀斯特)的儿童游戏场分析。

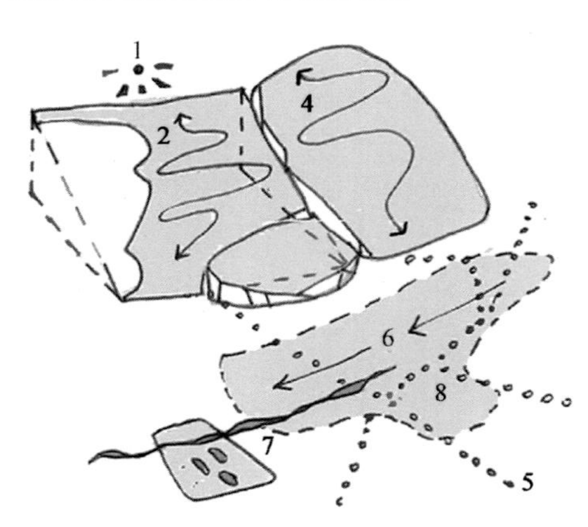

图 4-74　场地融合:互相交错耦合连通的活动区域

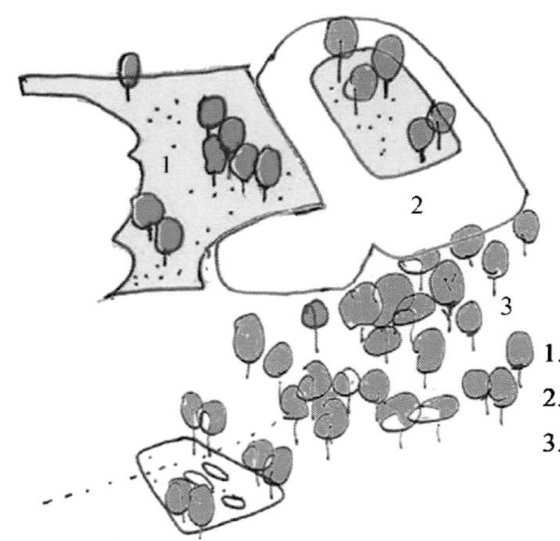

图 4-75　种植与材料

图 4-76　游戏空间

② 方案二(拉链)的儿童游戏场分析。

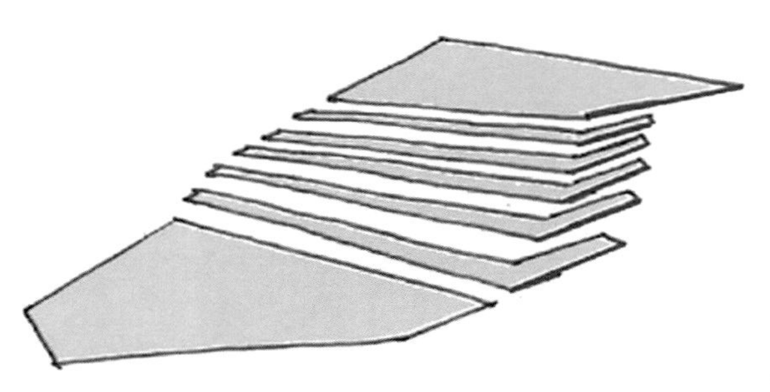

图 4-77　场地融合:具有不同特点与功能的系列平台

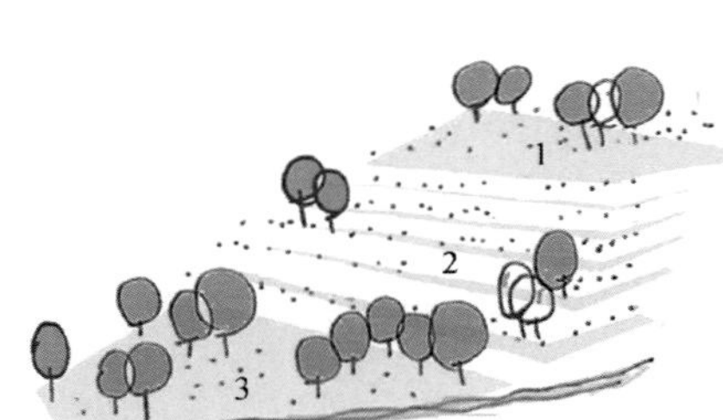

图 4-78　种植与材料

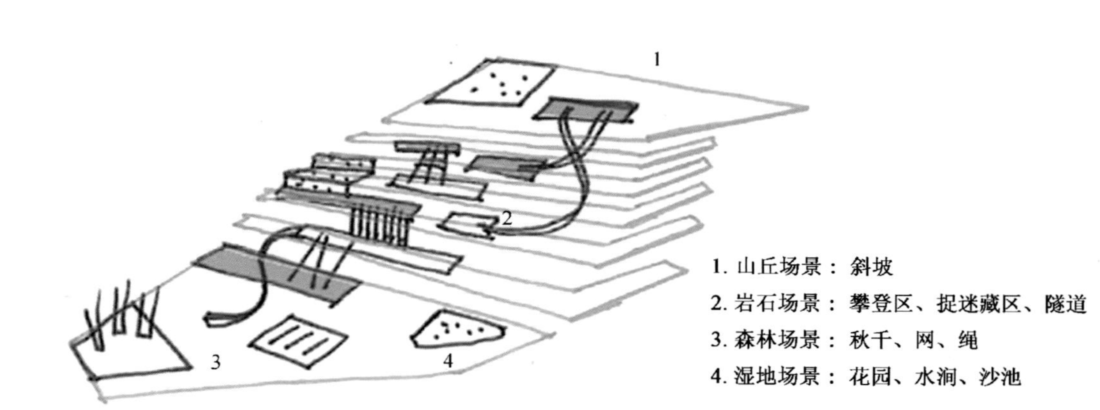

图 4-79　游戏空间

③ 儿童游戏区概念平面。

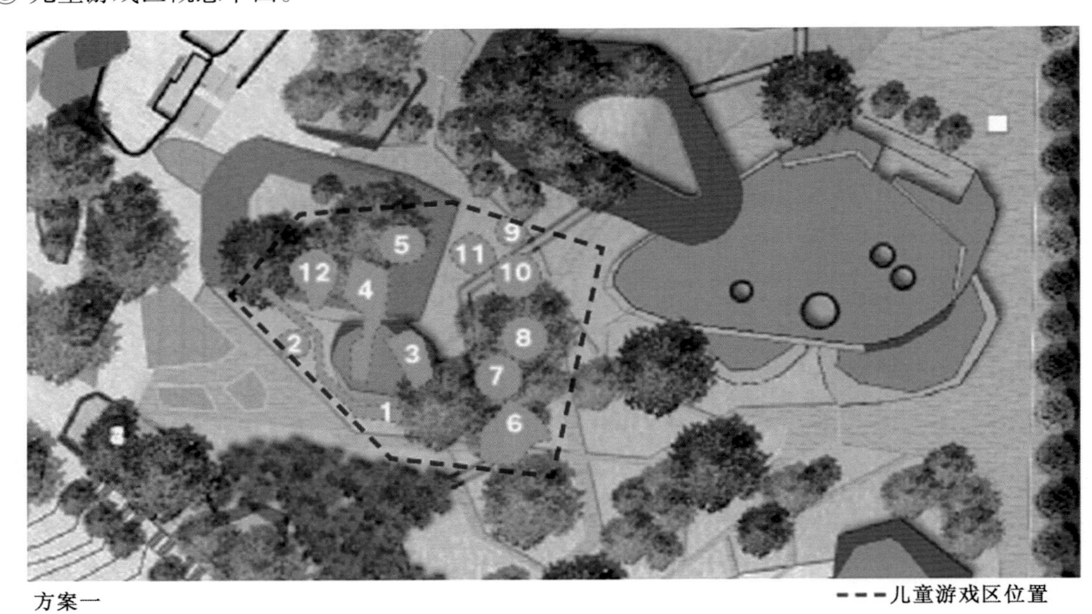

图 4-80　方案一

图 4-81　方案二

1 滑梯
2 草堆
3 攀爬 / 迷藏洞
4 隧道
5 滑梯
6 探索路径
7 秋千
8 攀爬 / 网
9 湿地
10 沙地
11 采摘园
12 攀爬 / 绳子

图4-82 设计意向

（2）室外表演场：两个方案均设计有一个满足户外表演并作为台地休闲区的室外表演场空间。

图 4-83　室外表演场案例的设计意向

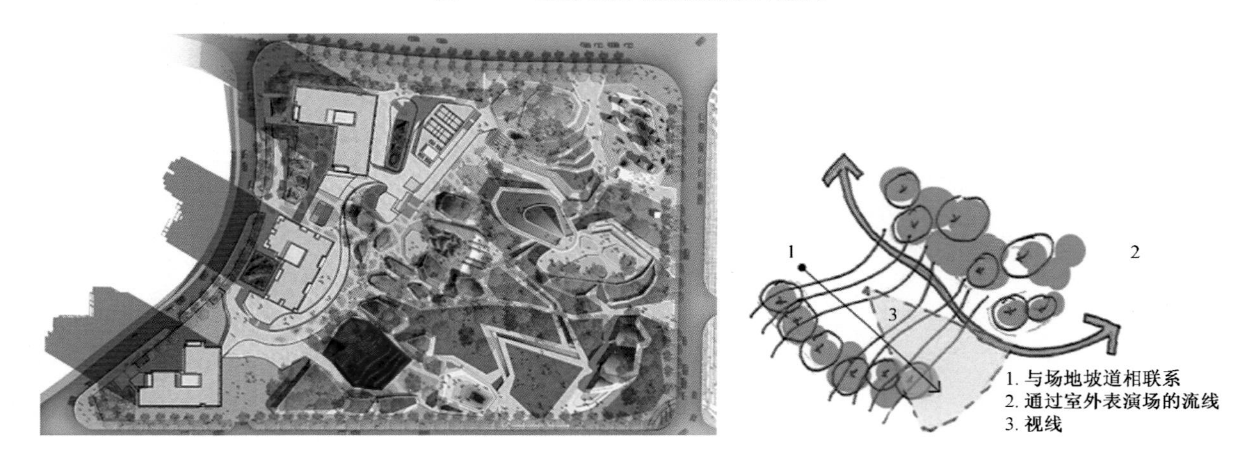

图 4-84　方案一：喀斯特室外表演场位置示意与景观结构分析

图 4-85　方案二：拉链方案室外表演场位置示意与景观结构分析

（3）多功能绿色及铺装区域：两个方案都采用一些不指定功能的流动空间，提倡灵活的空间，以便让人们自发地发掘自己的活动。温暖阳光下的大草坪区或舒适的阴影区域将成为人们喜爱的地方，可以放松，野餐，与家人和朋友聚会，也是孩子们非常好的游戏场所。

同样地，铺装区也可以为一些需要更稳定表面的活动提供区域。一些地区可能成为专业足疗路径，或一般铺装区可以为太极拳练习者或踢球的孩子或是某些特殊事件或焦点节日提供场所。舒适的户外家具适当放置在这些地区，将允许人们观察别人或满足与朋友和邻居的交往需求。

图 4-86　方案一与方案二的开放绿色区域及开放铺装区域设计意向

（4）咖啡厅：可以在俯瞰公园活动的同时享受到一些补充能量的饮料点心。

图 4-87　咖啡厅案例的设计意向

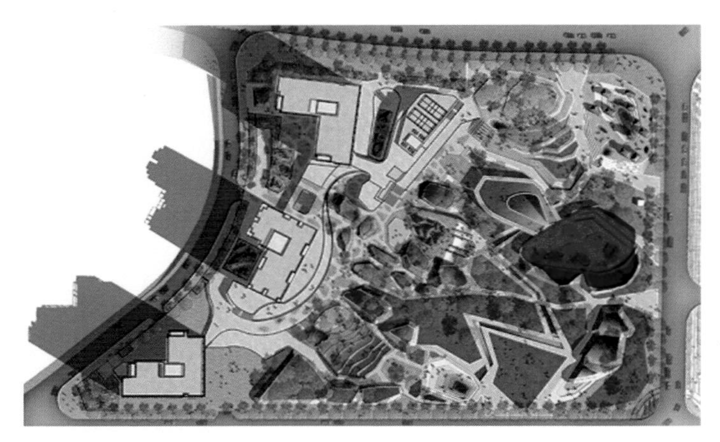
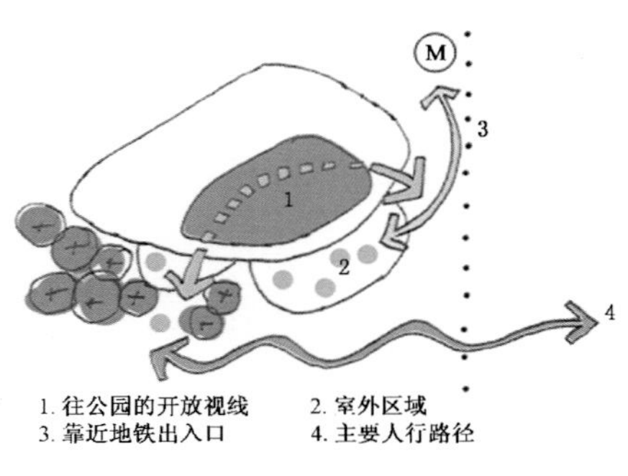

图 4-88　方案一：喀斯特方案室外咖啡厅位置示意与景观结构分析

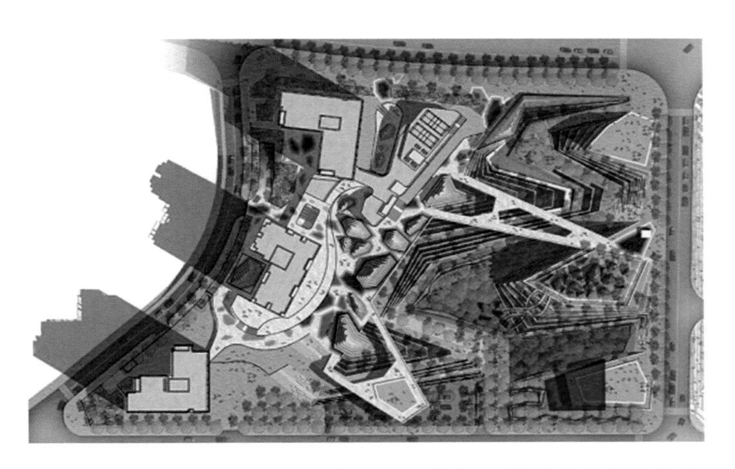

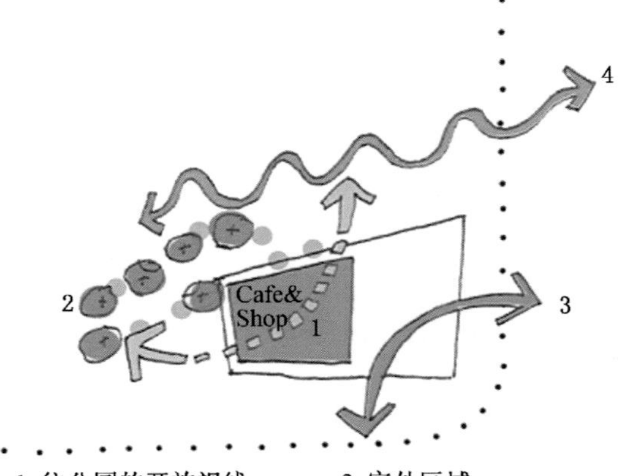

图4-89　方案二：拉链方案室外咖啡厅位置示意与景观结构分析

思考题

1. 景观概念设计的图解表现在整个景观设计总流程中，所达到的设计深度以及设计完成度是什么？

2. 以 Skechup、Lumion 等设计软件，较为完整地将某一概念创意构思形象地呈现出来。

参考文献

[1] [美]戴明，[新西兰]斯沃菲尔德. 景观设计学：调查·策略·设计[M]. 陈晓宇，译. 北京：电子工业出版社，2013：63.

[2] 安建国，方晓灵. 法国景观设计思想与教育："景观设计表达"课程实践. 北京：高等教育出版社，2012：131－133.

[3] [加]布朗，管悦. 设计与规划中的景观评估[M]. 管悦，译. 北京：中国建筑工业出版社，2009：42－48.

[4] 刘志成. 风景园林快速设计与表现[M]. 北京：中国林业出版社，2012：8.

[5] [美]戴明，[新西兰]斯沃菲尔德. 景观设计学：调查·策略·设计[M]. 陈晓宇，译. 北京：电子工业出版社，2013：227－228.

[6] [荷]卢本. 设计与分析[M]. 林尹星，译. 天津：天津大学出版社，2003：204－213.

[7] [美]戴维斯，沃克. 建筑平面表现图解[M]. 蔡红，译. 北京：中国建筑工业出版社，2002：89、1－13.

[8] [美]戴明，[新西兰]斯沃菲尔德. 景观设计学：调查·策略·设计[M]. 陈晓宇，译. 北京：电子工业出版社，2013：232.

第五章

设计案例

——景观概念设计的典型作品解读

第一节 ◉
国外城市艺术公园(Urban Art Park)案例评析

一、艺术与城市间的景观塑造

艺术与城市间的关联是复杂亦回返的,二者之间来回进行“边界穿梭”:“艺术涌入城市、城市进入艺术”,即“城市作为创作素材可进入艺术”、“艺术作为城市景观塑造的创意源泉”。[1]戴维·哈维评述康定斯基(Wassily Kandinsky)1914年到1930年期间绘画风格的转变时就说:“我们发现正在鲍豪斯学院的康定斯基在一个牢固画框之内整齐地组成的空间中描绘受到控制的图画,在某些情况下显然采取了从地面高处俯视得来的图解式的城市规划的形式。”[2]哈维并将康定斯基1924年的《二》作为典型案例,认为康定斯基在第一次世界大战的创伤之后,转向了受到极大控制的和理性化的空间结构的意象,它与一种风格化的都市地图具有一种并非偶然的相似性。从康定斯基1924年的《地平线》中亦可阅读出浓浓的城市立面意象——城市天际线被片断地嵌入其几何条块分割的画面构成中,城市与艺术之间的血脉联系似乎天然地存在于现代性文化语境之中。但城市形式也不是一种简单的构图游戏,在空间形式的背后蕴含着某种深刻的含义,这种含义与城市的历史、文化、民族等一系列主题密切相关,这些主题赋予城市空间以丰富的意义,使之成为市民喜爱的“场所”(图5-1)。

而艺术介入城市的途径与姿态虽有很多种,本书则集中于其“景观表达”的方式进行相关分析。景观作为艺术介入城市的载体之一,它是如何体现一个城市的精神与性格的呢?城市需要艺术吗?若需要,那当下的城市又需要何种艺术以何种方式来介入呢?若从“当城市变为主题公园”这一议题生发出一个设想——“当城市变为艺术家园”,抑或是“城市即艺术公园”——可否这样认为:“城市代表着独特的生活方式和意义。”[3]将城市视作一个艺术公园只是一个态度和立场,这是对待城市设计、城市景观的艺术立场——将物质城市的“刚性空间”塑造为艺术城市的“柔软空间”,形成“没有边界的城市艺术公园”,而这一思路的来源或可溯及美国诸多城市的“公共艺术百分比计划”,该计划的主旨即将整个城市视作一个“艺术公园”。艺术化的现代性城市形态的生成需要一种“催化剂”或“介质”——城市艺术公园(Urban Art Park),根据它们所处的场域特质,塑造各具特色的艺术化空间形态。城市艺术公园(Urban Art Park)注重景观项目全过程的整体策划,策划先行于规划、设计,尤其注重艺术活动项目的策划、场所艺术氛围的营造、商业项目融入公园经营管理等,它所包含的类型众多,如城市雕塑公园、城市音乐公园、城市舞蹈公园等,同时,也可将城市艺术公园(Urban

图 5-1　地平线(Horizon)

Art Park)视作一个包纳各类文体、艺术、手工艺等展演内容的巨大容器与载体,上海世博园区即可被视作一个巨构的城市艺术综合体或综合性景观艺术街区。

二、艺术介入城市国外案例研析

(一)“事件激发器”之艺术公园:利普艺术公园(Lipe Art Park)

1. 概述

现场性艺术公园的特征之一即由诸多“事件景观”所构成,如公共艺术事件、互动性展览、参与体验式景观项目,由于“事件”的临时性、瞬间性也决定了此类艺术公园的“现场性”特质,它是“城市事件的激发器,是吸纳都市居民公共活动之水的海绵”[4],亦唯有“在场”方可体悟艺术与城市发生关联的瞬间情境——它永远是“瞬间的”、不可重复和不断被重新定义的场所,不断被新的程式填满。美国纽约州中部的锡拉丘兹市利普艺术公园坐落在西大街和南格迪斯大街之间的西费耶特街,它是该市的第一个艺术公园——为个人娱乐和公众聚集而向社区开放的公共绿色空间,该空间为展示、表演和各种形式的艺术欣赏活动提供支持,以促进公众、社区积极参与该市的生态和文化生活。利普艺术公园内的公共活动对所有人都是免费开放的,它是一个艺术、自然、城市三者共融的独特的环境空间。而在 2007 年之前它却一直是一个未被充分利用的 2 英亩的绿色空间地带,直到 2007 年,一群艺术家、社区组织成员和市民组织将该空间塑造为一个艺术家的展览空间与市民的街头艺术公园(图 5-2)。

图 5-2　利普艺术公园一角

2. 艺术事件融入景观

利普艺术公园在历史悠久的车站区为艺术家们提供创造和展示的机会，他们致力于社区的再生和城市环境的复兴、改善。该公园的首个展览是由“进化工作室”(Evolution Studios)于 2006 年 6 月策划的，精选了刚崭露头角的、处于职业生涯中期和成名的艺术家作品系列。公园的第二个展览在 2007 年 10 月 21 日开幕，展览的标题为“农业！从农场到城市”，它是由景观规划设计师吉尼·格雷森(Jeanie Gleisner)和锡拉丘兹大学教授丹尼斯·厄尔(Dennis Earle)共同组织的在户外城市环境中呈现农业环境的展览，该展览被一直留存于公园之中。而安迪·舒斯特(Andy Schuster)的“空中绘画”则是一个大型三维形式的装置，它更像素描而非雕塑，即视觉上的一系列变形，这些雕塑的松散性质亦突出了介于工业化环境和公园两者之间的“场”的脆弱性、瞬时性(图 5-3—图 5-5)。

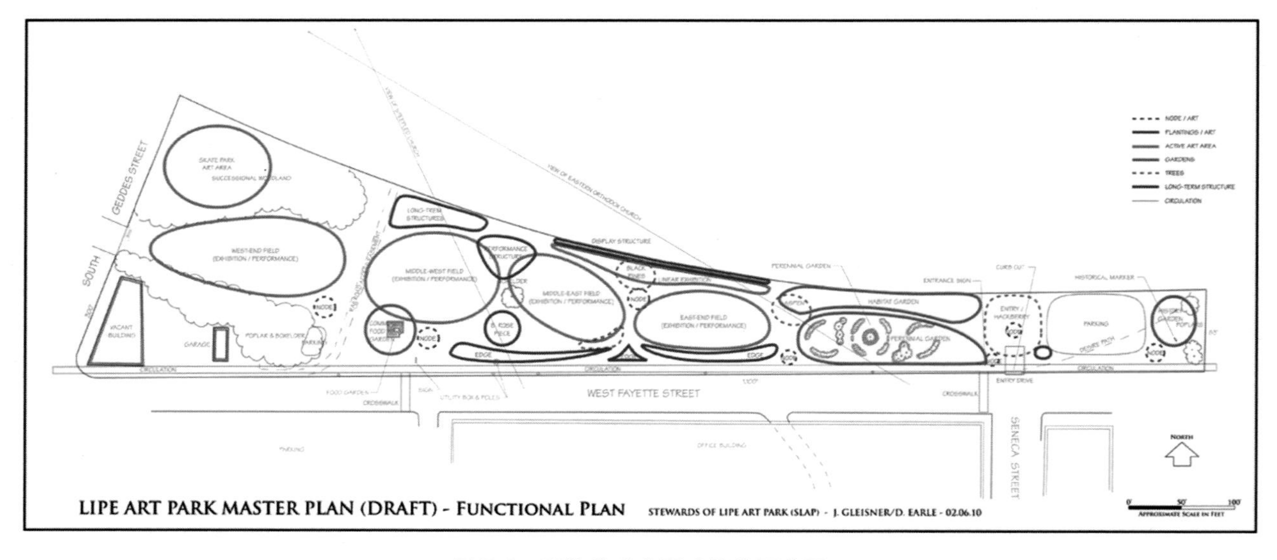

图 5-3　利普艺术公园功能分区草图

利普艺术公园特别注重通过为市民、当地的艺术家、艺术和社会有关团体和组织提供相关设施与发展的机会。在管理组织形态上，利普艺术公园董事局(SLAP)是一个致力于创造和维持利普艺术公园作为锡拉丘兹重要文化和生态资源的个人组织，其日常运作包括：邀请设计机构主持公园开发规划；提升公园的物质环境；提供公园的管理；培育公众负责任的、有能力、有远见和社区意识的态度。在某种程度上，该公园需要的不仅仅是发展成为一些有着几个独特元素嵌于其中的可用空间，它需要成为一个连贯的整体、引人入胜与充满吸引力的场所利普艺术公园董

图 5-4 “农业！从农场到城市”

图 5-5 “空中绘画”

事局(SLAP)已为公园的物质环境发展制订了一个三阶段计划。阶段一:将该公园定义为可进一步开展活动和促进发展的一个关键项目;阶段二:完成在公园内的更充分地容纳游客、举办展览以及进行其他活动的项目;阶段三:完成技术上、财政上最具挑战性的项目。

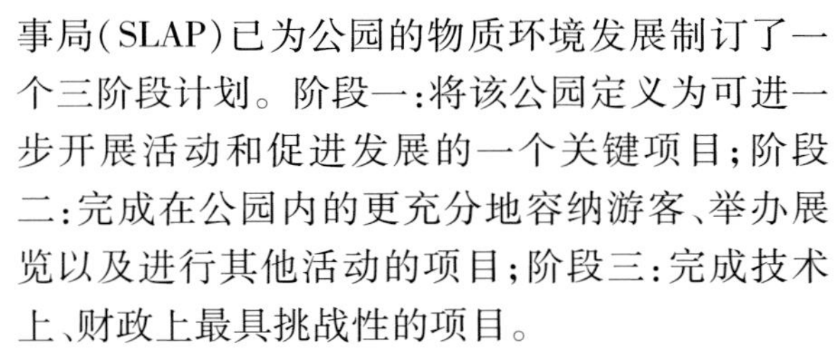

就第一阶段而言,人居花园将是空间塑造和项目策划的关键点,它不仅会在一个主要位置上改变和丰富公园的视觉效果,而且还将创造一个涉及当地社区和地方机构的生态修复工程。第一阶段从布伦丹·罗斯(Brendan Rose)的“利普艺术鲨鱼”(Lipe Art Shark)装置开始,该项目首先给出了场地的特质和定义,该项目具有教育以及环境和娱乐的功能。“艺术鲨鱼”是利普艺术公园董事局和艺术家布伦丹·罗斯合作的,旨在进一步建立该公园的场所感和可识别性。该项目的装置在 2010 年 4 月一个月内完成。实质上,艺术鲨鱼是一个在艺术公园大型开放景观中探索垂直和水平表面连接的装置。这两个具有独特个性的相交曲面都跨越场地而框限视域,象征人的在场以及提供坚固性和孔隙度的感官经验。由一个简单几何正方形组成的垂直表面被水平向分成了一半,使得上下两部分形成差异。下层部分是一个将作为壁画墙的坚实混凝土表面。在对比强烈的墙壁上半部分是一个透明的网格,它提供了一个垂直面的视觉延伸,而不像下半部分是稳固的实体。水平面则是由一个穿孔的“鲨鱼皮肤”组成,这将产生图案式的光影效果。“艺术鲨鱼”的定位是将光影明暗变化作为空间感觉延伸的元素而不仅仅是将植物作为公园唯一的可视景观。水平面将被额外的混凝土块所锚定,并将在多孔遮阴下提供更多的坐憩机会。在那里,自然、艺术和解释性标志的出现将使公众得到教育。在纽约州内,这亦是此种类型花园的第一次尝试(图 5-6)。

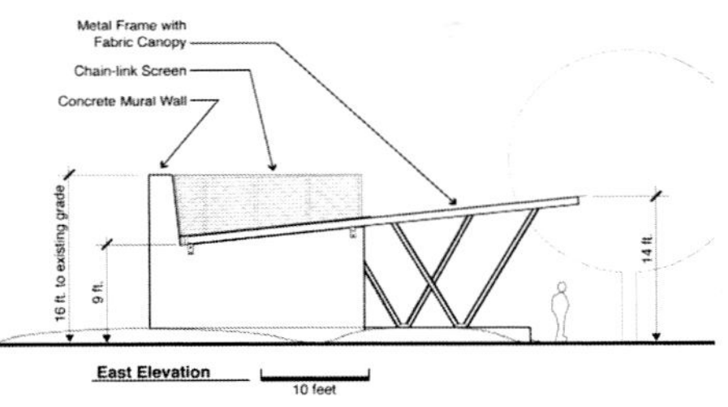

图 5-6 “利普艺术鲨鱼”(Lipe Art Shark)

（二）"学园"之艺术公园：卡波尼艺术公园（Caponi Art Park）

1. 概述

卡波尼艺术公园和学习中心坐落在明尼苏达州伊根60英亩树木繁茂的丘陵之上，它是在一个有吸引力的自然环境中提供免费的文化和教育经历的独特社区空间。"学园"一词源自于柏拉图公元前387年在古希腊雅典城西北郊所创立的哲学学校，由于学校地处古希腊传奇英雄阿卡得摩斯（Academus）的园林墓地，而被称作学园（Academy）。因之，学园是西方最早的教学机构，它是中世纪时在西方发展起来的大学的前身。学园本是一个带花园的住宅，其原址为一片橄榄林，并布置了浓荫覆被的行道树和散步的小径，柏拉图起初即沿着学园的林荫道一边散步，一边和弟子们交谈，这也成为柏拉图传道授业的独特方式——户外讲学——人在自然中体悟哲学，直到后来他才坐在室内设立的主讲席上讲学。在此借用"学园"一词界定性地描述卡波尼艺术公园（Caponi Art Park）的创建缘起：卡波尼艺术公园和学习中心源自于户外教学实验和为了表明创造力是日常生活中非常重要的一部分，安东尼·卡波尼作为公园创建者、雕塑家和退休教授，将艺术、生活和自然有机地联结在60英亩的雕塑世界中。这个艺术公园也是卡波尼教学的延展，即强调在个人和社会的健康发展中艺术和创造力表达扮演了重要角色。卡波尼教授30多年来一直致力于将这个60英亩的地方发展为一个艺术中心，一个在自然环境中视觉和表演艺术都能够得到呈现和促进的场所。在生态和环境教育得到重视之前，卡波尼即已认识到了大自然的力量，他在这块土地上广植树木以阻止因乡村公路造成的侵蚀。他引导来自城市的学生向自然学习，并将他们的体验转化成艺术作品，而这仅仅是个开始。

卡波尼艺术公园或许就是公园创建者安东尼·卡波尼的理想国，因他相信艺术能够提升生命层次与生活品质，相信创造力、艺术在和谐优美环境中对人们的教化作用，即"享受自然的美和艺术的力量……在那里公园就是艺术"。该艺术公园将自然之美与艺术融为一体的途径是相当独特的，即创造来自于物质要素和在公园里发生的创造性活动之间的一种和谐状态。卡波尼艺术公园激励各年龄段人士的探索与发现，其使命是通过提供一个文化和教育中心，使得所有不同年龄和背景的人能够接触到艺术，在那里人们因为艺术、自然和人类精神的修复、培育和维持而相聚，诚如切特·埃林森·罗斯蒙特（Chet Ellingson Rosemount）论及卡波尼艺术公园时所说："这个公园是神奇的！"

在当地政府和居民的鼓励下，卡波尼艺术公园——这一非营利的组织成立于1992年，以将公园发展成为地方和区域的文化性资源，并推动国家层面上艺术领域的提升。自1994年以来当地顶级艺术家在艺术公园内奉献了免费表演活动，艺术公园多年来还邀请艺术家驻场，并委托他们创作新的戏剧和音乐作品。卡波尼艺术公园为公众提供了互动经历的机会以及对各种项目活动的积极参与，每年5月至10月就有超过一万名游客观光。旅客们在漫步于小道和参与艺术时亦享受着宁静与平和的气氛。此外，这个艺术公园作为一个文化项目和教育产品，包括了夏季表演系列、星期二亲子游、莎士比亚戏剧节、青少年公园诗人大赛等。

2. 三大功能区域

这个艺术公园最突出、最具吸引力的三个标志性区域是数公里的密林步道系统、雕塑园和林中户外圆形剧场。

（1）步道系统（Trail System）。沿着卡波尼艺术公园数英里相互交织、穿梭于60英亩土地的曲线密林步道漫游时，这个复杂的步道系统使得每一次游览都能探索发现出新的路径以及由此带来的非比寻常的景观体验。无论是短途亦自在的散步，还是长途亦令人惊喜的远足，在这个公园里都有属于每个人的不同所需（图5-7、图5-8）。

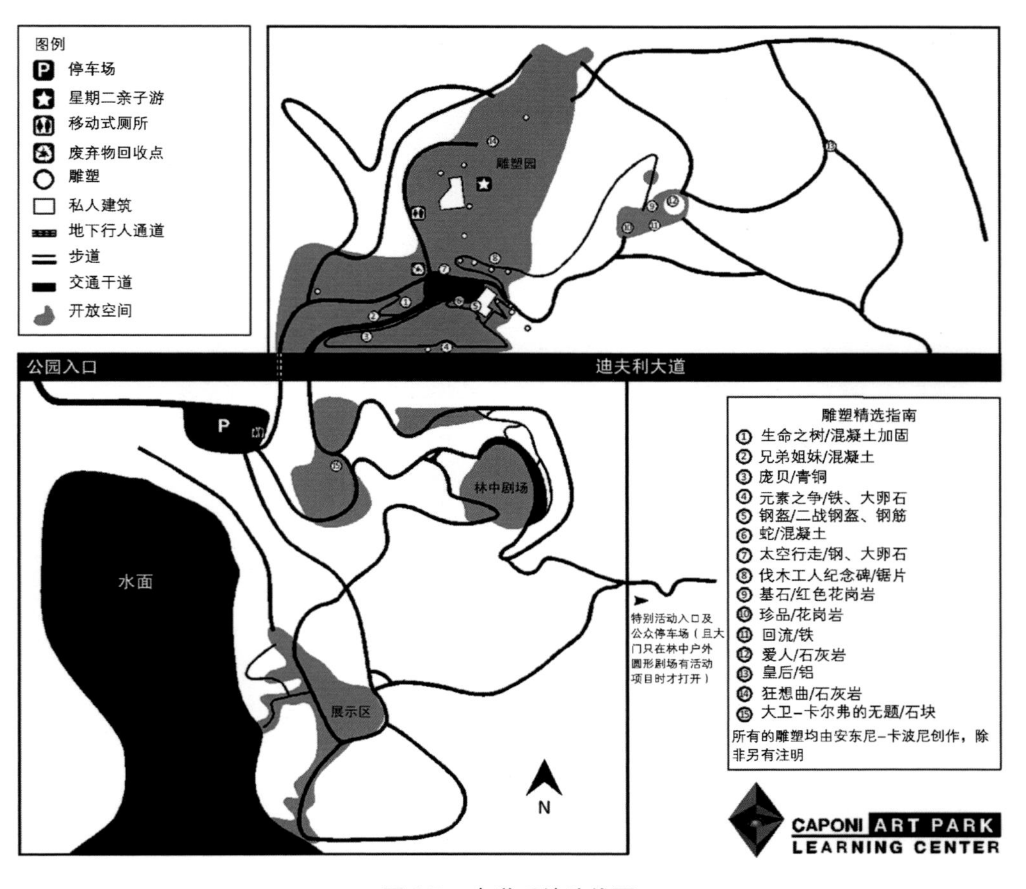

图 5-7　步道系统路线图

（2）雕塑园（Sculpture Garden）。雕塑园是一个可使所有年龄和能力层次的人在此进行冷静思考和休闲放松的地方，拥有超过 30 个驻场艺术家雕塑作品的它亦是一个适宜探索并给人带来惊异的场所。这些雕塑建于山边或在蕨类植物旁即可寻觅到。马特 · 贝肯（Matt Peiken）说："这个公园看起来就像一个考古挖掘地，并有各种宝石嵌入山坡上，蛇形图案被塞进壁龛里，从远处只能看见由死亡树木的残余和石头形态雕刻而成的雕塑。"安东尼 · 卡波尼在 1984—1988 年采用失蜡铸造法创作的"庞贝"是由 16 块青铜面板构成的约 150 英尺长的地势，它像窗户一样透视着小山。"庞贝"刻画了约 2000 年前的古代罗马庞贝城维苏威火山毁灭性的喷发的受害者，而这些身体的形式被火山灰保存下来并在 18 世纪被重新发现。"庞贝"是卡波尼艺术公园在自然和艺术有机统一原则方面的一个案例——山本身就是雕塑，而这些青铜面板也赋予了山体新的生机活力（图 5-9）。

（3）林中户外剧场（Theater in the Woods）。林中剧场是一个坐落在公园丘陵景观上由树丛林冠构成亲密性氛围的大型户外圆形剧场，具有相当亲密的、十足的吸引力。它是一种适宜戏剧、音乐和文学表演的独特装置，即拥有一个由大体量的露天开放空间舞台、完美的音响、丰富的草地座位，以及伊根中部的北方林地组成的剧场。该剧场内的活动包括夏季表演系列、莎士比亚戏剧节、青少年公园诗人大赛等（图 5-10）。

图5-8　步道实景

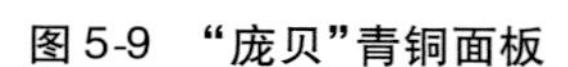

图5-9　“庞贝”青铜面板

图5-10　户外剧场

（三）综合分析

其他著名的国外城市艺术公园的经典案例较早的如20世纪初期西班牙巴塞罗那的古埃尔公园（Park Guell）。该公园是一个多功能的开放空间，充满了童话般的艺术想象力——怪诞与超现实主义风格并存，可将其认定为城市艺术公园的雏形，艺术设计大师高迪将建筑、雕塑与大自然环境融为一体，讲究表皮装饰的材质选择、色彩搭配——石阶、石柱和弯曲的石椅上都拼贴了各式色彩斑斓的马赛克，在景观造型上亦以自然有机形态为创作灵感——动物、植物、岩石、洞穴等主题造型图案表现出类似自然化的视觉效果。近期的如日本札幌艺术公园（Sapporo Art Park），是以“艺术综合体”作为其规划设计的主题定位。其项目策划及艺术呈现方式是将札幌雕塑园、札幌当代艺术博物馆、露天舞台、工艺工作室、陶艺工作室、印刷工作室等涉及诸多艺术门类的创作与展演集中于艺术公园内进行，同时该艺术公园相当注重艺术创作的互动及对人的艺术美育影响。美国佛罗里达州的好莱坞市艺术公园（Hollywood ArtsPark Florida），则是由美国佛州Glavovic建筑事务所在潮人区（Young Circle）完成的公共艺术项目该艺术公园的基址位于充满活力的佛罗里达州好莱坞市中心，其用地形态为城市交通节点上一个圆形的空间场所，可借用“圆碟”这一家庭生活中常见的容器来描述该公园，它是一个盛装自然、艺术、人的综合型景观载体与大众交流媒介，它被视作一个整体艺术作品，将有机的景观转化为构造景观——“自然和艺术”被连接在一起，既能为广大公众提供日常交互式文化体验，同时还专门设计了无障碍活动空间，并结合了多层次的活动空间而没有以墙体来分割等。

经由以上国外城市艺术公园的举证略述，可知“城市公共空间”从“城市广场”、“城市公共绿地”、“收费公园”等传统景观类型正走向公益性的多样态艺术形式与活动内容所组构的“城市艺术公园”：一方面要坚持城市空间的公共性，另一方面从单纯提供一个活动空间的构建思路转向一个建构充满交互性、体验性、艺术性的大众日常生活场所。此转向的关键在于“策划先行”——注重艺术活动项目的先期策划与不断调整，拓展可持续性自我营利模式的经营策划，且将艺术教育乐园、艺术创业产业基地、城市景观形象名片熔铸为一体的“综合性景观”。因而，城市艺术公园的功能是多层次、相交叠的，它提供了各种功能组合的可能性，它在本质上也是对城市公共空间旧有景观功能形态的“重构”，艺术只不过是起着催化剂的介入推动作用而已。关于艺术介入城市之相关指标，并没有一个确切的规定性标准要项，因城市艺术公园本身可容纳的景观要素与艺术要素相当繁多，但若以“艺术”作为介入城市公共空间的规划精神与建构主线就应该认定其为“艺术公园”，如艺术家作为景观创作的主要参与者，注重艺术活动项目的整体策划，强调其环境的艺术教化功能等。

三、城市艺术公园的生成释源

艺术在本质上就是对“生活世界”的一种描述方式，以及由此而形成的一整套话语体系，艺术经由景观介入城市则是将艺术与自然、环境相联结的空间建构途径，此时，艺术与人、土地、城市的关联也更加紧密，通过城市艺术公园（Urban Art Park）这一通道，艺术家在城市设计与景观艺术创作中的作用将更加明显，“观察一下城市的某些公共空间——购物大街、餐厅、博物馆——就会发现，艺术家和移民在目前塑造城市文化这一过程中起着重要作用。然而没有人认为他们是强势群体。但他们参与了对既有城市身份观念的挑战，建立起评判全新的社会生活的准则”[5]。作为城市开放空间的类型之一的城市艺术公园（Urban Art Park），“艺术”的前置界定不意味着此类型的景观仅是将“艺术”作为一个噱头或口号，它也不是“视觉中心主义”下单纯追求艺术化视觉震撼或怪异的城市景观，在某种程度上说它是一个在城市空间中激发艺术活动、凝结艺术形态的事件生成器——让所有艺术活动在此景观空间中都有被激发的可能性。

当下的艺术已走出博物馆，走向了街道，走进了社区，艺术已是日常生活情境下的艺术，艺术的高雅标签被消解而流向世俗生活，注重“生活世界”的营造。芒福德在《城市文化》中论及“新城市秩序的社会基础”时说：“那么城市在其完整的意义上便是一个地理网状物，一个经济组织体，一个制度的过程物，一个社会战斗的舞台，以及一个集合统一体的美学象征物。一方面，它是一个为日常民用和经济活动服务的物质结构。另一方面，它是一个有意为了有着更重大意义的行动以及人类文化更崇高目的而服务的戏剧性场景。城市促进艺术，并且本身就是艺术；城市创造剧场，并且本身就是剧场。在城市，作为剧场的城市中，经由人性、事件、团体的冲突与合作，人有目的性的活动被设计和构想成为更重要的高潮分。”[6]现代城市空间建构的人文转向印证了芒福德在20世纪30年代的判定，现代大都市正不断向“剧场化空间”扩展，“20世纪60年代末以后，在对现代主义的反思和批判过程中，城市规划由单纯的物质空间塑造逐步转向对城市社会文化的探索；由城市景观的美学考虑转向对具有社会学意义的城市公共空间及城市生活的创造；由巴洛克式的宏伟构图转向对普遍环境感知的心理研究”[7]。也就是说，城市艺术公园不仅是物质意义上的，更是文化意义上的，将来回穿梭于城市的人群聚拢在一个场所之中，让他们有交流与沟通的空间载体，并在其中感悟艺术的魅力、体验艺术的活力应该是城市艺术公园的指向所在，同时增强城市公共空间的归属感、识别性。

“有人也许会从社会的角度把城市描绘为一个特定的结构框架，这个结构体为了公共生活和意义丰富的集体戏剧而创造出了各不相同的机遇。”[8]“日常生活”和“艺术建构”是城市艺术公园内在的两大主旨，即城市本身也积极要求建构人的具体生活情境，以创造大众更加完善的生存状态——“生活的艺术·艺术地生活”。当代大众文化已经深刻改变了我们的私人生活空间和社会生活空间，将城市艺术公园视作后现代文化语境中的景观构筑，本缘于特里·伊格尔顿在《后现代主义幻象》中的启示，他指出：“从文化上说，人们可以把后现代主义定义为对现代主义本身的精英文化的一种反应，它远比现代主义更加愿意接受流行的、商业的、民主的和大众消费的市场。它的典型文化风格是游戏的，自我戏仿的，混合的，兼收并蓄的和反讽的。它代表了在一个发达的和变形的资本主义社会条件下，一般文化生产和商品生产的最终结合；它不喜欢现代主义那种‘纯粹的’、自律的风格和语气。某些该运动的倡导者把它看作是一种受欢迎的艺术的民主化；其他的人则把它斥责为艺术向现代资本主义社会的犬儒主义和商品化的全面投降。”[9]城市公共空间应是“民众自我定义、自主活动的场地”，正如沙朗·佐京所提出的“谁的文化？谁的城市？”问题。参见前卫建筑师马岩松为其参加2004年北京国际建筑双年展的作品《鱼缸》所写的解说词，从中亦可知城市与大众日常生活之内在关联：

我们在寻找/鱼在城市中的生活空间/人和鱼的状态/必须颠倒/鱼是主体/方盒子已经融化/鱼/在更复杂的空间中游戏/空气和水置换了/内外的概念弱化了/像在internet的世界里/与方盒子为敌/不是和主流文化作对/平民是主流文化理想的拥有者/他们需要更多的关注/更多的自主性[10]

四、城市艺术公园的国内实践

“城市艺术公园（Urban Art Park）”这一“公共话语空间”可通过景观艺术语言的编码机制，让城市与艺术融为一体地实现现代大众公共空间。城市艺术公园也不是完全将景观项目预先设置好即可，更多地需要人在此景观内进行形态感知与自我体验，也就是说人的行为活动在此空间内是无法被预设的，在此空间内人的创造性行为将被艺术激发，即提供人与艺术交流、人与人之间交流的舞台，齐默尔曼即云：“一个环境的特征是其参与者所关注的，除了其他东西，这些特征包括环境的历史连续性，环境的规则结构和对这些规则而言环境中的活动关系，以及环境参与者被赋予（或所获得）的地位。当从暂时定位于环境双方的成果来考量，这些特征会被称为环境特征所引发的总体。”[11]

聚焦国内艺术介入城市开放空间建构的若干尝试，则应以“成都川剧长廊”为典型代表。其营造亮点在于所利用的是往往被视作鸡肋的交通残余空间——该公共艺术项目位于成都西郊三环路苏坡立交桥下，整个文化园区分为文化区、“百戏台”川剧史简介区、脸谱长廊区和功能设施区，以传统戏曲艺术作为公共景观艺术的创作主轴并链接了大众日常生活，突出了“川剧是成都的一张文化名片”的主题，通过川剧经典剧目浮雕、川剧脸谱壁画柱等介绍川剧文化常识，同时形成了艳丽华美的景观装饰界面，而民间川剧表演戏台等表演互动区则为川剧爱好者们提供自娱自乐的场地——市民真正成为城市的表演者（图5-11）。“都市伊甸”则是朱育帆对北京商务中心区（CBD）的西北区集中绿地——现代艺术中心公园的创作定位。该公园景观设计的主旨是创建整体景观视廊的核心景观，营造商务中心区中最具现代艺术气息的绿色步行走廊，“我们最终决定将中心公园的功能定位转型为‘现代艺术’，并将之主题化，都市绿廊随之演变为‘现代艺术走廊’，规划分段陈列不同时期和风格的现代艺术雕塑作品，如现代主义、极简主义、波普艺术、装置艺术展场等，公园则称之为‘现代艺术中心公园’，用于集中陈设国际大师的应时作品”[12]。其中，由法国著名雕塑大师萨沙·索斯诺先生创作的高6m、宽8.4m的《奔向宁静的晨曦》是以奔马作为主要创作元素的，它是第一座落地于CBD公共空间内的大型主题雕塑（图5-12）。

城市开放空间品质与潜质的提升和发挥问题的解决均可借助于“艺术”推进力，营造以“艺术”为纽带的个人生活空间和城市公共空间，此为景观设计学的动力源之一。同时,须将城市艺术公园置入城市文化的“中心”而非“边缘”,且它是一个艺术大杂烩的巨大容器,可容纳多元化、多种风格与门类的艺术形态。

图 5-11 “成都川剧长廊”

图 5-12 《奔向宁静的晨曦》

文教区
韩国富川科技园花垫
美国交互式游乐场竞赛获奖项目"Plant-a-BALL"公园
美国宾夕法尼亚大学公共绿地
西班牙毕尔巴鄂巴斯克广场
商务区
美国西雅图Kreielsheimer步行街
墨尔本St James广场
日本东京三菱一号馆的庭园
墨尔本717柏克商业街广场
住宅区
意大利De Andrè公园
塞尔维亚贝尔格莱德的城市口袋
美国曼哈顿国会大厦广场
美国洛杉矶春天路公园绿地
英国伦敦社区中的小巷公园

图 5-13　国外城市口袋公园的艺术实践

第二节 ◉ 社会学视野中的美国城市农业景观案例研究

“城市农业为土地利用的规划师和景观设计师提供了一个新的前沿参照，通过支持社区农场、分配花园、屋顶园艺、食用绿化、城市森林和城市环境的其他生产性物质空间，以参与城市的发展和转型。……实际上，可食绿化和城市农业能以不同的形式、不同的尺度而被设计，可为城市人口提供巨大的利益。”[13] 基于城市的农业景观亦是一个庞大而复杂的话题，一般可以通过四个特征来确定其在景观方面的表现——物质、经济、社会和生态，以及在实践层面的深远影响和农业在可持续城市创建中的恒久作用。社会学视野中的城市农业景观设计研究即聚焦于城市农业系统内部的运作机制、利益分配、公众诉求、土地价值等，以探析城市农业景观空间生产所内蕴的本体权力。

将当代景观与城市问题紧密结合，就城市农业景观对于城市发展更新而言，它不是一种“临时建构”，在更深层次上指向关于城市空间生产的社会学探索实践；它不是针对“城市废墟”的一种修补术，而是直面城市危机（生态环境、经济结构、人群饥饿等）的根源性解决计划；它不是一种肤浅景观的“如画美学”，而是对城市自然价值与自持续能力的重新评估。另外，城市农业景观与其他城市规划项目一样，亦须有翔实可操作的相关政策、法案来支持其实施和运营，并确保城市农业土地的必要来源。例如美国农业部城市农场计划（USDA Urban Farm Programs）批准在农场安全及农村投资法案之下，对城市或城市化地区关于环境敏感区域、暴雨管理、泛滥平原保护、地下水补给、野生动物栖息地、开放空间、娱乐和乡村风貌保存等方面详述了诸多原则性规定。

一、“走向何方的底特律?”——生产性的城市农业景观

目前，底特律正经历严重的人口下降和经济衰退——20000 多个私人宗地被遗弃了，整个城市也遗留了大约 40 平方英里的不毛之地，同时“在底特律，大规模的农场化仍面临着法律、政治、交通等诸多挑战，包括土壤质量、土地价格和社区影响。土地出让也需要得到市长和市议会正式批准。……此过程将迫使底特律面对城市发展前景这一令人尴尬的问题，如大量闲置的土地是资产，还是负债？……在过去十年中已流失了四分之一的人口，寻找土地的新用途已成为该城市最紧迫的挑战之一”[14]。图 5-14 为 2009 年底特律被闲置的城市土地密度，从绿色、黄色到红色的色块渐变显示了其闲置比重越来越大，底特律的长期规划团队也透露他们的“未来城市项目”关于城市开放空间系统的总体构想：“农场和其他绿色空间占城市陆地面积的三分之一，包括近 40 个等城市农业花园（如‘绿色底特律’）将出售本地农产品。”[15]（图 5-15）

“底特律工程项目（Detroit Works project）已经发布了城市未来的蓝图，包括非生产性闲置土地利用的建议。该报告由一群社区领导人、城市设计师、景观设计师、工程师和经济学家共同完成，主张对一个中等规模的城市农业项目进行试点，其主旨为‘创新的生产力’，被界定为特定生产功能的闲置土地专门用于种植粮食和经济林木。项目报告所提出的创新景观将包括以花田（Flowering Fields）来清理受污染的土壤、城市农场和温室、种植森林（造林）、水产养殖和藻类文化设施等。”[16] 而且，“底特律的城市社区正通过利用城市废弃地来探索降低失业、提高收入等问题的解决方案。青年团体也展开了如‘底特律城市希望’（Detroit City of Hope）的行动，以强化、鼓励和提升建筑基础设施的倡议，包括城市农业，以创建一个可持续的经济系统。底特律社区领导者也希望‘重塑行动’帮助人们和建设社区。其他方面的努力如城市农场（Urban Farming）——在底特律城区内创造 90 个花园和农场的场地”[17]。艺术家克里斯蒂（Bryan Christie）则计划将底特律居民抛弃的成千上万英亩土地转换成尖端的、具有城市风格的科技农场——使

用太阳能电池板和风力发电机来维持高效的、有吸引力的和环境友好的垂直生长系统(图5-16)。

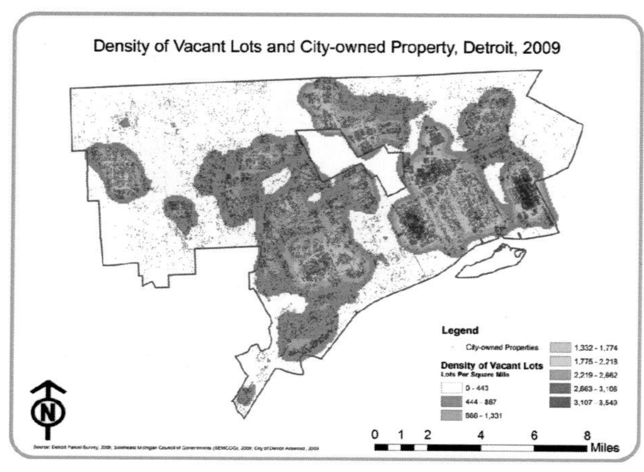

图5-14　底特律2009年闲置与公有的土地密度图

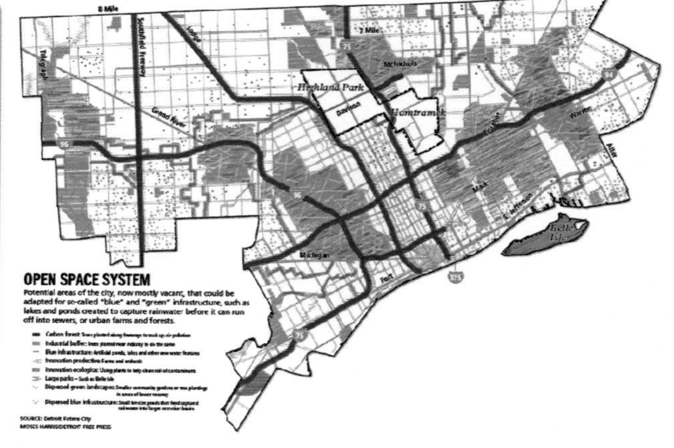

图5-15　底特律“未来城市”开放空间系统规划

图5-16　未来城市农业构想图

二、“营利与非营利间的纠葛”——不同利益指向的底特律发展路径

1. 汉兹农场

底特律的汉兹农场(Hantz Farms)起源于底特律商人汉兹(John Hantz)原计划在多达10000英亩大规模闲置土地上进行的农业种植,并提出了土壤毒性修复等其他问题,且汉兹认为“大型农业可采取积极的方式将城市土地进行流转”[14]。另外,克利夫兰、密尔沃基、布法罗、纽约等城市,虽然也通过收回城市空置土地进行着小规模的农业项目,但没有一个城市如底特律一般需要处理如此庞大的城市闲置空间。

汉兹农场试图充分利用底特律的城市土地创建世界上最大的营利性城市农场,建立一个引领世界城市绿色运动和绿色经济的样板,将底特律彻底转变成一个新鲜的、当地种植的天然食品基地，创建成一个可观光的美丽环境目的地，以增强城市在吸引旅游、增加税收基础、创造就业机会和提高生活质量等方面的能力。通过回到土地之根本来重塑底特律市衰落的东区，并使之成为一个清洁能源使用者、可持续的地产水果蔬菜生产者和销售者。在第一阶段，计划利用超过70英亩未充分利用的空置土地和底特律东区废弃的房产，形成以社区为基础单元的食物生产系统。

汉兹农场计划种植自然的、有机安全的农耕作物，来满足不断增长的密歇根消费者对当地农产品的需求。而且计划之一的汉兹林地（Hantz Woodlands）将扩大和改善城市农业作为城市经济的一种新的商业部门，主要途径在于将闲置或被遗弃的城市土地转换成新的农业生产领域，将生产高附加值的园艺作物整合进城市经济，如图5-17中橡树、枫树和其他高价值树木间隔均匀地直行种植，成排树木会定期修剪，开花的树木也将被种植在街道和人行道上，每年春秋季节能创建成一个惊人的美丽场地。"在林冠下培植观赏性灌木以作为苗木进行出售。各种美味的蘑菇可以生长于树木繁茂之地，正宗的枫糖浆则是一种对美味的追求。蜜蜂被吸引在此片土地而被生产出各类商业产品，如蜂蜜、花粉、蜂蜡。当林木成熟之时，公园般的林地可被租用为婚礼、家庭团聚和其他特别活动。"[18]除了食物和林木外，汉兹农场还将收获风能、利用地热以及从堆肥中回收生物燃料。福斯特（Rick Foster）认为："像这样的城市开发项目不仅创造优质食物以及与自然相连接，而且能够成为社会上其他有需要人的经济发展保障。""城市农业为底特律社区提供了一个有效经济发展项目的机会。"阿姆斯特朗（Jeffry D. Armstrong）则说："这是一个具有挑战性和令人兴奋的机会。"

然而，也有许多反对的声音存在，如西侧公园（West Side Park）内占地七英亩的D-Town有机农场经理门萨（Kwamena Mensah）认为底特律土地的价值不在于其潜在的利润，而是"社区建设、绿色空间"等公共利益的诉求。城市网络书店老板沙克（Yusef Shakur）愤怒道："汉兹滚出我们的土地！"社区民众强烈反对汉兹林地这一底特律历史上最大的占地达143.8英亩的私人土地交易，表示"该项目是一个土地掠夺"。其他底特律非营利性组织如绿化底特律（Greening of Detroit）、底特律黑人社区食品安全网（Detroit Black Community Food Security Network）、底特律东部市场（Detroit Eastern Market）、食品领域（Food Field）等，它们均已协助开发城市食物花园（Urban Food Gardens），来重新定位底特律的发展愿景即将曾经的世界汽车生产中心转变为一个全球城市食品系统技术的典范——促进当地的经济发展、土地恢复、粮食安全、社区支持城市农业和实施创新的农业战略。

2. 恢复公园

底特律恢复公园（Recovery Park）是底特律东区创建大型城市花园的社区重建项目，亦是一个具有相当规模的城市农业项目计划——将底特律的开放空间向"创建城市农场网络"的"生产性景观"（Productive Landscapes）转变，它与最近得以勉强批准和充满争议的营利性质的汉兹林地不同，恢复公园是非营利性的，目的在于为就业障碍者提供职业培训和工作机会，包括正处于恢复期的成瘾者、从监狱回到社区的人群等，以构建一个独特的、再设计的底特律城市生活概念。该项目以1500万美元作为启动预算，计划成为一个食品中心，包括一个厨师孵化器和对食品卡车的支持。恢复公园将对城市农业用地之上营利性的食品生产与分销企业的销售进行剥离。恢复公园正寻求在底特律东区东部市场的公共维护建筑中创建一种室内罗非鱼农场，"但考虑到成本问题，从城市收购的价格太高，因此可以充分利用废弃的危旧建筑"[19]。同时，亦将在产权归属城市的45英亩工业空地上建造一个新的室内渔场，恢复公园的景观概念设计已由底特律大学建筑学院完成（图5-18）。而且，将投入的大片闲置土地用来促进生态实践如城市农业和能源采集，例如该项目最初的想法是建造一个大型的500英亩的城市农场恢复公园的实际功能将远远不只是创建城市农业和提供就业机会，使用“恢复”作为名字也是故意的，其更大的发展计划将不仅仅只包括城市农场，其重塑城市的焦点更囊括了多功能的教育、社区支持中心、农业/城市农场、社区发展、食品生产、商业和住宅开发，以及其他“待定”项目，并试图将社区凝聚成一个整体。恢复公园项目将是自我可持续的，其建设将由“恢复人”(Recovering People)和社区范围内的其他个人、小/中/大企业和机构通力协作完成。此社区设计源于一个共同的信念：“为了真正治疗成瘾(Dddiction)和与它相关联的所有社会问题，需要不同护理和支持的级别，并把它作为终身的、慢性的状态。‘拥抱而非抛弃’，对于理解恢复花园的背后理论则是非常重要的。我们认为一个完整的恢复导向型护理系统(Recovery Oriented System of Care)，对于将成瘾者以及受其影响的人转变为更快乐、更健康、更自给自足的市民，是十分必需的。进一步而言，改变生活如同种子被种植，是为了在未来能够将底特律转变成更加多样化、充满活力的社区。我们相信今天实践，明天将成为现实。”[19]

图5-17　汉兹林地

图5 -18　恢复公园的景观概念设计

图 5-19　芝加哥资源中心城市农场

三、"向饥饿挑战的社会福利"——芝加哥资源中心城市农场

美国其他城市非营利指向的城市农业景观实践如芝加哥资源中心城市农场(Resource Center's City Farm),它是美国中西部地区最古老的非营利回收利用和环保教育组织之一,通过回收和再利用的材料创新技术、城市农业、堆肥示范和其他资源循环利用项目,致力于城市社区的经济与教育振兴。资源中心城市农场在社区支持农业计划引导下已有超过35年的非营利运作经验,该农场将休耕、闲置的城市土地转变为令人惊讶的多产农地,其好处是实实在在的:在不足一英亩的摇摇欲坠的水泥建筑群和杂草丛生之地,已经创建了一个可自足的、能生产25000磅的"食物谷仓",包括地产番茄、芝麻菜、甜菜、胡萝卜、草药等,每年超过850名志愿者成为在农场工作的农民,并吸引了大批学生和其他游客来此绿色空间。其好处也是环境性的:绿化、美丽、希望、价值、教育等,更可获得新鲜农产品以救济城市饥饿人群(图5-19)。资源中心城市农场也是芝加哥这个城市独特的农业项目,其可持续蔬菜农场于2010年9月9日向公众开放并举办了首次"城市丰收"("Urban Harvest")庆祝活动,以鼓励、支持可持续发展的城市园艺,包括"从主餐厅开胃"、"儿童和成人娱乐活动"、"首届城市农场绿菜奖"等。"我们将城市农场建设为从损失或浪费之中寻找和创造价值的一种途径,它与购买我们农产品的餐馆已演变成为真正的伙伴关系,餐馆亦提供厨房废弃物来丰富我们的堆肥。"农场创建者邓恩(Ken Dunn)说道:"通过举办'城市收获',我们期待着分享城市农场提供给社会的美妙体验。"[20]

第三节 ◉ 国外城市农业景观(Urban Agriculture Landscape)案例评析

“美丽城市”不是虚饰的、表皮化的审美城市,城市景观美学应是可持续发展城市的生态副产品,因为关注城市的未来、自然系统的完整性、弱势群体的物质需求、社区成员的亲密交流,城市美妙的生活才是真正美丽的。当代景观设计的本体价值与“自发的干预措施:设计行动为共同利益”这一主旨相关联,而自发的干预往往以“临时的、即兴的、游击式、主动式、战术性、临时的、非正式的、DIY、参与性”为主要特征,以及以开源式的解决方案来应对日益增多的城市问题,包括分区政策、土地规划、利益相关者的挑战、新的发展趋势等。“作物种植空间:城市规划与景观设计中城市农业的重要作用”这一议题即明示了城市需要城市农业来整合城市与景观设计中的农业土地利用问题、改善食品危机和贯通城市居民与农业的沟壑,城市农业是对可持续城市设计的一个必要修正,是城市绿色开放空间基础设施的关键类型之一。

一、关于“城市农业”

农业思想嵌入人类文化之中,自古以来,人们一直在城市地区从事农业。早期的可持续城市模式,如古埃及将社区废物供给城市农业,南美的马丘比丘将水的保存和重复使用作为加强城市建筑的部分,其设计的蔬菜种植床是为了利用充分太阳而延长生长季节。德国 19 世纪早期分配花园(Allotment gardens)的出现是为了应对贫困和粮食不充足,而 1893 年大萧条时期的底特律市民亦被要求使用任何空地种植蔬菜——被戏称为“平格里的土豆地”(Pingree's Potato Patches),因为这是由市长平格里(Hazen Stuart Pingree)想出的点子,他想用这些花园产生收入、食品供应和提高艰难时期的自我独立能力。胜利花园(Victory gardens)则萌芽于“一战”和“二战”之间的美国、加拿大和英国,它是一个由水果、蔬菜和药草等组成的城市花园,这种来自市民本身的努力是为了降低粮食生产的压力和支持战争,其大多数社区园艺均对公众开放,为市民提供栽培植物的场地以获取食物或游憩娱乐的必要绿色空间。

城市农业作为一个复杂的系统,从一个传统活动核心即相关的生产、分配和消费,到其他更广泛被认同的福利和服务多样性,这些相关利益包括娱乐休闲、商业企业的经济活力、个人与社区的健康福祉、景观美化和环境修复补救等。联合国粮食与农业组织(FAO)将城市农业(Urban Agriculture)定义为生产、加工、销售食品和燃料的特定产业,主要是为了应对消费者在一个城镇、城市或大都市的日常需求,一般分散在整个城市或城郊的陆地和水系之上,应用集约型生产方法,使用和重复使用自然资源、城市废弃物,以生产多样性的农作物和牲畜。城市农业作为一个产业的定义,是对一个城市食物营养需求的回应,尽管经济和资源使用在区域卫生、食品安全、基层组织和规划应用等方面并不十分协调。

二、国外城市农业景观的实践指向

1.“食物的力量”——城市自耕农场的绿色供给

世界人口正大量涌入城市和城市化地区,新鲜和安全的食品需求在急速增加,城市和城市化区域的农业通过生产、加工、包装、销售的农产品扩展了城市的经济基础,引发了创业活动的增加、就业机会的创造、食品成本的降低和提供更优质的农产品等诸多结果。在城市化消除贫困和饥饿进程方面,城市农业可以扮演重要的角色:在使食物更加便宜和提供食物紧急供应方面,即创造了社区成员应对饥饿的机会(市民成为城市农民、增加额外收入和供给城市人口大量食物)。著名的如西雅图的 P-Patches 社区园艺计划、草根永久培养运动(The Grass Roots Permaculture Movement)等(图 5-20—图 5-22)。这将有助于缓解慢性和紧急情形下的粮食不安全,慢性食品不安全是指更难负担的食品需求和不断增长的城市贫困,而紧急粮食不安全则与食品分配链的断裂有关。

图 5-20　私人家庭花园培植新鲜的有机食物成为一种可持续食品支持系统

图 5-21　阿姆斯特丹小型城市农业项目

图 5-22　西班牙阿雷查瓦莱塔一个前院的蔬菜

2. “从自然中学习”——城市农业的环境教化互动

城市农场(City Farm)可以将新鲜食物高效地种植在城市物质空间环境,激励和指导居民种植他们自己的食物,为社区提供志愿服务的机会,成为当地教育机构的合作伙伴。城市农场也是一个体验美丽和享受自然的治疗环境,可提供大量的自然教育和运动娱乐的机会。一个真正鼓舞人心的城市农场,能支持知情的、健康的和有凝聚力的社区生活,促进健康饮食和当地的食品生产,以及与环境相协调、与自然更好接触的可持续学习和娱乐空间,能使孩子们和成年人有机会学习如何种植粮食和尝试手工艺品制作等。让人们回到土地与自然接触的教育意义是相当显著的,城市农场是开放的、公共的、教化的城市农场,也是一种游乐场、社区花园、社区聚会场所和农业型艺术中心。图 5-23 为少女正在她获利丰厚的后院花园摆弄农作物,图 5-25 表明青少年农民(Teen farmer)也可出售农产品学习生存技能,图 5-25 是伦敦肖尔迪奇区(Shoreditch)的一个“装袋”(Growbags)城市农业项目。因此,让孩子回到土地与自然接触的教育意义是更为显著的(图 5-26—图 5-28)。

图 5-23

图 5-24

图 5-25

图 5-26

图 5-27

图 5-28

3. "从花园到农场"——城市垂直农业的景观生产

"垂直森林"项目是在没有扩大城市领土的前提下,致力于城市植树造林的环境再生和城市生物多样性(图 5-29—图 5-31)。"垂直森林"是在城市内部的一个自然垂直致密化的模型中,建立自然和城市领域的糅合,运营城市农业的相关政策和使大型城市及城市边界得以自然过程的处理(图 5-32)。创建于 2010 年的 Farming Up 是一个位于纽约市的城市农业项目,旨在研究和改善屋顶农业和建设一个大规模的、经济上自给自足的屋顶农场。

将摩天大楼变为摩天作物农场(Skyfarming),即从摩天花园(Skyscraper garden)(图5-36)到天空农场(Skyfarming),将传统的垂直花园转变为一种新型的空中农场。雅各布斯(Chris Jacobs)设计了纽约的垂直农场,萨特斯(Pierre Sartoux)的设计概念则源于垂直农场的"有生命的塔",德利斯曼(Manuel Dreesmann)提出 Skyfarm 概念旨在为高层公寓居民设计一个巧妙的园艺系统,格拉夫(Gordon Graff)亦认为天空农场(Skyfarming)应进入多伦多的剧院街区。而"活着的墙"(A living wall)是为了营造一个更绿色的世界,也称为绿墙(Green Wall)(图 5-34)、垂直花园或空中农场,通常是建筑的一部分,由某种形式的植被组成,如长满了郁郁葱葱的植物

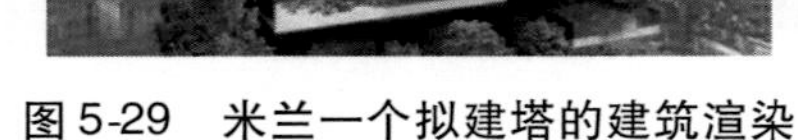

图 5-29　米兰一个拟建塔的建筑渲染

图 5-30　新加坡 EDITT 塔

图 5-31　鹿特丹的建筑

图 5-32　垂直城市农业

图 5-33　摩天花园

图 5-34　绿墙(Green Wall)

（葡萄藤等）。这些类型的花园有时也被称为城市园艺，它们非常适合城市环境，因为城市空间在地面上是非常有限的，缺乏开放的土地空间，但垂直空间却十分充足。这些垂直花园可以拥有相当壮观的外观，冲击着我们的感官，在某些情况下，它们甚至能够将过滤干净的空气导入建筑内部。

4.“多元的价值”——城市农业的具体案例解析

（1）加拿大。

加拿大温哥华公园委员会食品行动计划（Vancouver Park Board Food Action Plan）的核心，在于整合当地的食物进入公园休闲系统。温哥华市和大温哥华区的城市农民（City Farmer）是一个非营利的公益组织，建立于1978年，它致力于探索可持续城市农业和都市园艺的理论原则框架与实践标准；提供城市农业的信息和服务，减少城市废物并使之转变为有机堆肥混合物，以促进自然环境本体对都市农业的支持，发展城市地区商业规模化的农业（尤其是屋顶农业）；建立一种全新类型的城市自然空间——将食品日益增长的需求内嵌于不同类型的城市空间，成为当地食品支持系统；着力提高城市开放空间的生产性利用效率和机会，如通过可持续性社区花园来扩展食物获取的范围（如养蜂、果园、食品森林、市民协作花园等），在城市林荫道系统和城市邻里公园试点种植果树（水果、坚果等），同时增加种植食用和传粉的植物以及多元文化的乡土植物，以代替观赏植物在公园景观中的强势地位。如温哥华本地的HB Lanarc景观设计事务所即致力于“生态弹性的方式”和“明日的繁荣社区”设计策略，该公司在城市农业景观方面主要聚焦于较小尺度的专业化设计领域——“可持续的粮食系统和农业城市主义”，城市农场设计只是其专业性的一方面，他们也提供城市农业的发展战略和减少温室气体排放影响的食物政策建议、指向农业的区域总体规划以及城市粮食系统指南等技术服务，并认为“弹性食品系统与城市农业是可持续社区规划的本质。它们赋予了设计项目以巨大的生活质量价值”[21]。

（2）英国。

英国学者维尔琼（Andre Viljoen）和宝恩（Katrin Bohn）在2005年提出了“连续式城市生产性景观”（CPUL）的概念，倡导将相互关联的生产性农业景观通过连续的方式引入城市，并作为可持续城市绿色基础设施的重要组成部分。其核心思想是创造出多功能、开放的城市空间网络，这一连续的景观系统主要包括城市农业、居民户外空间（休闲或商业用途）、自然栖息地、生态走廊，以及公共道路交通设施的循环网络。英国牛津城市农场（Oxford City Farm）发起一个新项目，最初是在佛罗伦萨公园地区建立社区果园来关注当地食物生长、水果共享、社区活动和区域绿化。按照设想，果实的树木将被种植在宅前花园以及社区绿色空间。而圣威堡城市农场（St Werburghs City Farm）则是布里斯托尔（Bristol）市中心区域的一个都市绿洲，它将人们与食物、环境和当地社区相连接。在过去30多年中，农场已跨越三个场地和开发了一个独特的服务范围——欢迎布里斯托尔最弱势的居民群体进行参与：支持缺乏工作经验的青年参与社区活动、为贫困地区人们提供志愿者机会、对成年残疾人进行培训实习、让面临劣势的儿童有发挥机会、让低收入家庭人群在其中自由活动和教育旅行等。因此，圣威堡城市农场不仅仅是一个“农场”。

（3）美国。

洛杉矶启动了“城市农场食物链计划”（Urban Food Chain Project）以建立食物生产墙体和屋顶系统。其中，墙体系统由铝制或不锈钢镶板构成了7.7cm、10.2cm或15.4cm深度的种植容器，以装入深根植物所需土壤容量（如蔬菜和草类等）。此容器由绿色生命技术（Green Living Technologies）这一专利技术设计，允许水体在其中自由流动、排出，它是一系列城市垂直生长空间（图5-35）。占地1.4英亩的西部奥克兰城市农场和公园（West Oakland Urban Farm and Park）（图5-36）通过提供食物和社区资源将工业空地试图转化为高产的城市农场和后院花园。巴尔的摩韦尔塔德尔市中心农场(Huerta Del Centro Downtown Farm)(图5-37)则是一个由工人运作的有机农场,作为社区花园成立于2007年,已将闲置的城市土地转变成一个充满生产力的城市农场。城市边缘工作室(Urban Edge Studio)近来在城市步道、街道、广场和公园等城市空间中进行着多类型的城市农业景观项目设计,其中有一个相当特别,即南卡罗来纳医科大学的城市农场(Medical University of South Carolina's Urban Farm)——通过增加教室、研究室、食品生产和受教育的机会,并借由大学校园这一鼓舞人心的农场规划背景让师生们收获了健康的生活方式,而这恰恰代表了大学的使命(图5-38、图5-39)。

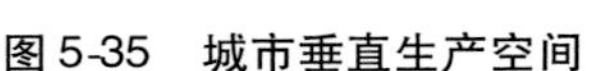

图5-35　城市垂直生产空间

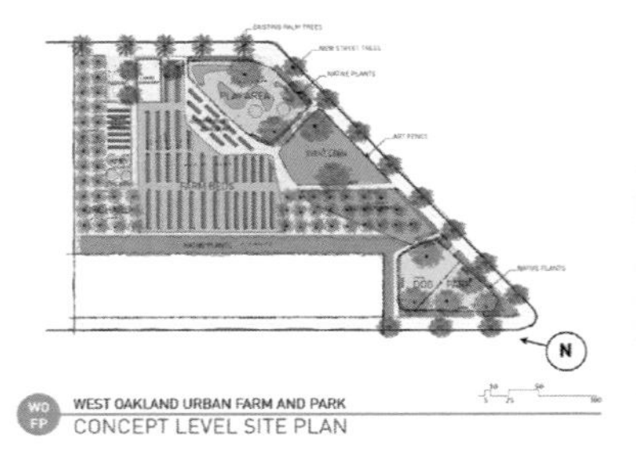

图5-36　奥克兰西部城市农场和公园

图5-37　巴尔的摩市区农场

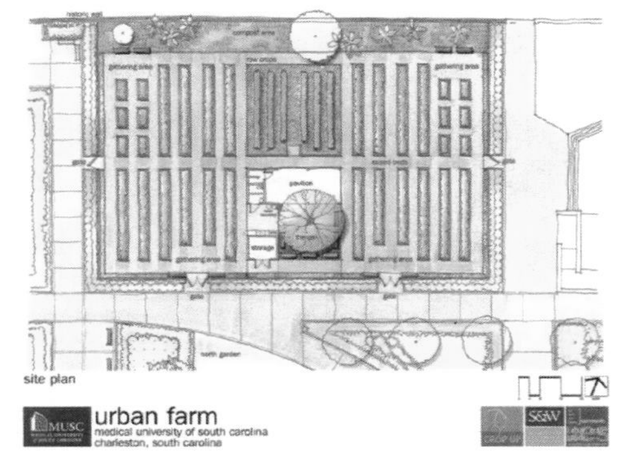

图5-38　总平面图

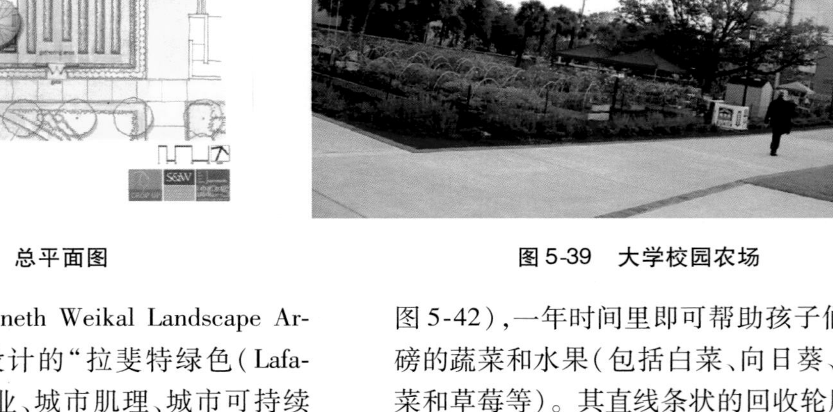

图5-39　大学校园农场

维考尔景观(Kenneth Weikal Landscape Architecture)在底特律设计的“拉斐特绿色(Lafayette Greens):城市农业、城市肌理、城市可持续发展”项目中则将历史悠久的砖墙和以工业材料镀锌钢作为种植容器唤起了人们对底特律过去的记忆,然而农耕植物的栽培、社区参与的空间建构则放眼于城市未来(图5-40)。斯高德景观(Hoerr Schaudt Landscape Architects)的作品“芝加哥城市农业屋顶港”(Rooftop Haven for Urban Agriculture)是一个二楼屋顶花园(图5-41、图5-42),一年时间里即可帮助孩子们收获1000磅的蔬菜和水果(包括白菜、向日葵、胡萝卜、生菜和草莓等)。其直线条状的回收轮胎铺路材料构成了花园框架和回应了走廊景窗的几何形状,种植行的图案设计和圆形天窗也将农作蔬菜园变成一个美丽场所。同时,作为一门课程的园艺为孩子们展示了屋顶花园的生产能力,提供了大量的教育机会,这个农作花园为当地餐馆、咖啡馆提供有机食品——“从农场到餐盘”,其协作能力的增强有助于传授基本的商业技能(图5-43)。

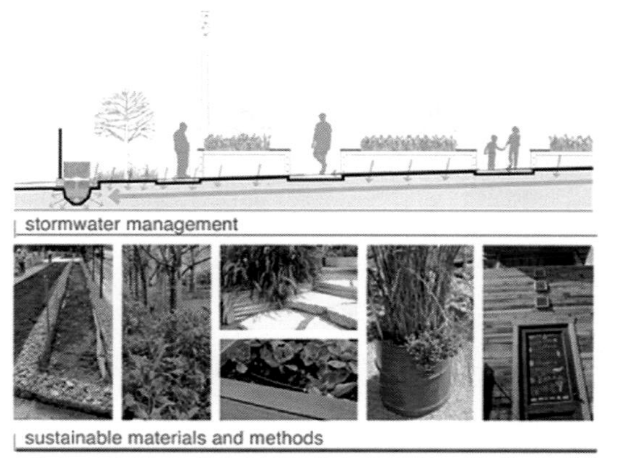

暴雨管理、可持续的材料与设计方法

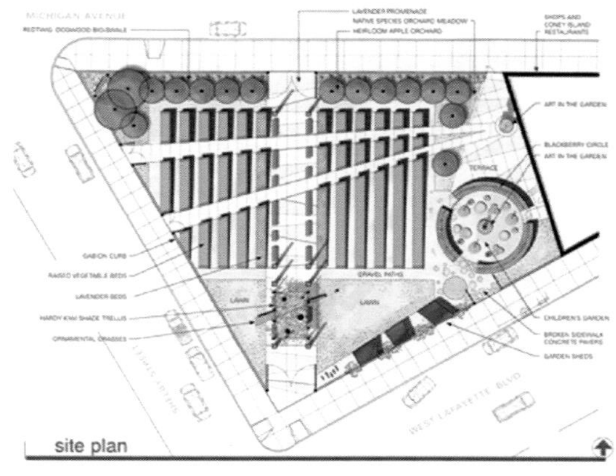

总平面图

图 5-40　拉斐特绿色——农作物进入城市绿地空间系统

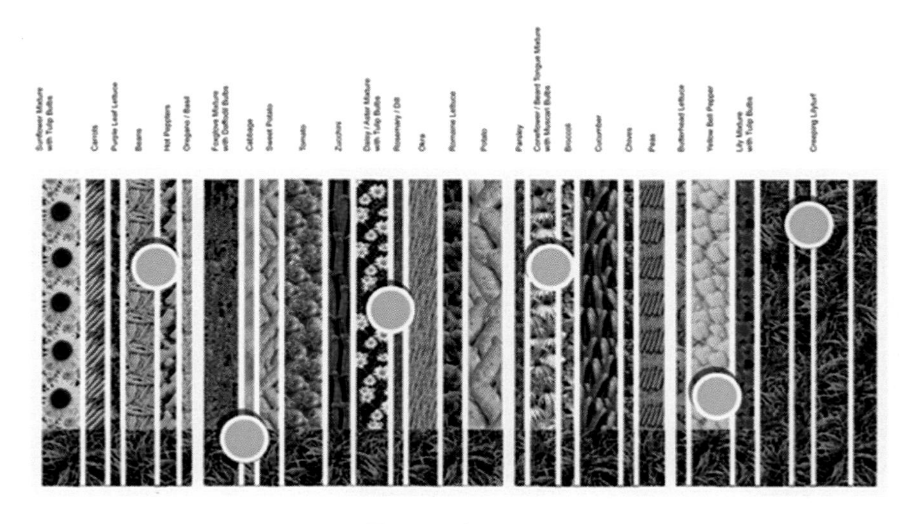

图 5-41 总平面图

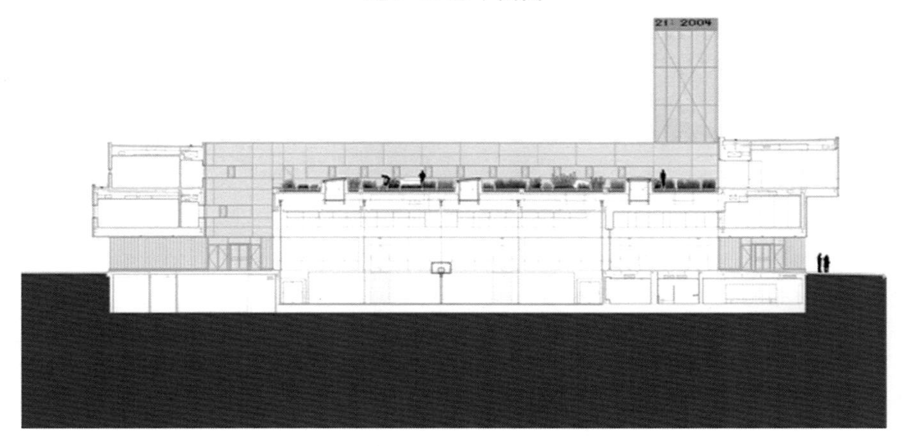

图 5-42　剖面图

航拍图

农作花园中的师生

几何景观

图5-43　从屋顶花园到城市农场——芝加哥城市农业屋顶港

5．“农业，向城市挺进！”——城市农业的景观操作策略

“农业，向城市挺进！”的城市景观规划策略在于集中理解和解决围绕城市农业规划、设计和实现的问题，包括从私人花园、共享社区，到规模较大的农业领域的商业性生产。城市环境意味着城市农场存在的形式多种多样，城市公园也可以成为社区居民的“绿色食物谷仓”，生产有机新鲜农产品的城市“功能社区森林”（Functioning Community Forest）即是城市本土食物生产增长和交换的模型，可包纳药草园、蔬菜园、水果园（种植苹果、树莓、蓝莓等）、城市渔场、城市谷物园、城市棉花园、城市化地区的牲畜饲养园等。可持续的城市在其扩展中亦必须充分利用土地，必须在城市化区域精准确定城市农场的最佳地点，对其进行“选点”的可行性研究。让市民介入农业和自然资源管理，从而建立食物系统发展的可持续城市社区，来保障城市的经济发展、就业机会、环境质量、社区稳定。而且城市农业计划需要城市农业的相关协作组织，如在美国类似的有美国社区园艺协会（American Community Gardening Association）、克利夫兰城市种植者协会（Cleveland Urban Growers Association）、旧金山城市农业联盟（San Francisco Urban Agriculture Alliance）、城市农夫（The Urban Farmers）等，这些非营利组织的主要目标在于提供解决当地救济饥饿的方案。

城市多元发展策略中的景观与城市农业耦合式营造——关于多维度可持续城市绿色空间和多样性的食物生产，寻求生理和社会之间的平衡表征，它涉及跨尺度的城市农业——从室内农业植物生产到规模化农场，甚至包括生活污水的大规模过滤。澳大利亚墨尔本大学可持续社会研究所主任皮尔森（Craig Pearson）在《城市农业：城市社会的多样化行为与利益》中论述了如下议题：“城市食品价格波动中的多维度农业和城市贫困人口的城市可持续农业”、“通过城市绿化加强可持续生计和粮食安全的能力，赋予了居民多功能使用城市绿色空间和改善治理了低收入社区”、“减弱城市侵占农业土地的策略，通过促进可行尺度的城市化人类整体农业作为滋养都市生活的元素：一个新城市范式的案例”等。[22]

关于景观设计在城市农业方面延伸和发展亦可借鉴《连续生产性城市景观：为可持续城市设计城市农业》所展现的“紧凑城市”（Compact City）的解决方案，即它将城市农业视作城市绿色基础设施的一部分、一种新的可持续城市景观设计方案——有潜在地塑造我们未来城市生活质量，通过在城市种植食物而不是在独有的农村环境，城市农业将大大减少对工业化生产、包装、运输的依赖，食品将直接满足城市居民消费者的需求。[23]

三、国外城市农业景观的案例启示

我们大多数人都生活在越来越复杂且远离大规模农业的城市，城市绿色空间中当地粮食生产带来的许多好处常常被忽略，亦有很多社会福利项目本身就源自城市农业实践。雷勒（Mia Lehrer）和唐恩（Maya Dunne）在《城市农业：改善城市的实践》（*Urban agriculture: practices to improve cities*）中指出了城市农业对于社区生活而言有其诸多益处，具体包括：“通过介入绿色空间提升城市环境质量以及降低污染和全球变暖；通过本地食物生产降低能源消耗，包括交通成本和食品储藏，如在160公里半径内从农民手中直接采购可减弱汽车无序扩散和减低包装浪费；城市区域的食物输入和城镇外部垃圾的输出有助于闭合环城交通系统；用于灌溉的污水复合使用和用于施肥的有机废物；提供多选择的发展目标，如城市空地种植旨在农业生产；通过为低收入社区提供本地新鲜食物资源来建立公平的社会秩序；整合社区本地愿景和行动来发展社区；以健康和福利的改善，并整合跨领域的途径来展望长期的、系统的城市问题解决方法。”[24] 例如在城市废弃地土壤修复和增加生物多样性方面，城市农业将是一个有机的方法；对于社会和个人的心理健康而言，城市农业亦可以有很大影响，使他们有机会通过一个花园与大自然互动，城市花园往往被认为是放松的、平静的，并能够在人口密集的城市地区提供一个缓冲空间，以重新唤醒人类与自然相接触的历史、重新建立邻里社区间人群的伙伴关系。

德雷舍（Axel Drescher）在《城市农业与城市规划的联结——现状及制约因素分析》（*The Integration of Urban Agriculture into Urban Planning-An analysis of the Current Status and Constraints*）一文的“土地利用规划的技术工具”（Technical tools for land use planning）议题中则谈到了操作层面的具体问题与对策：“所有正进行的城市农业研究中，却很少有人知道，在世界大多数城市区域内用于农业用途的城市农业的实际范围，以及城市农业的空间分布。很多问题被提出：城市农业活动集中在哪里？涉及了谁、为什么？什么种类的作物被何种群体的城市居民栽植？哪一类型的土壤被利用？水的供应和质量如何？与市场的距离有多远？因此，我们面对的城市农业是一个缺乏数据和涉及深度、重要性、发展和生产方面的相关知识。几十年来，地理信息系统（GIS）已广泛应用于城市规划的目的。随着GIS在城市的食品生产活动领域的应用，已获取了部分经验。……用于城市规划和开放空间测绘的地理信息系统，也可用于监测城市边界内的农业土地损失或测量城市绿化指标。当城市持续发生迅速改变时，GIS使得规划者更容易监测不断变化的城市食品生产趋势。”[25]

当前城市化对土地的大量侵占与农业耕地日益紧张之间的矛盾已经成为我国城市快速发展阶段两个最为突出的问题，城市无序蔓延所占用的土地又大多是农业耕地。这就是中国高速城市化进程中农业土地利用现状的尴尬境地，而“城市农业景观系统”作为城市绿色生态系统的一种独特连续性“斑块”类型——融开放性、参与性、生产性于一体的“城市谷仓”，即将“城市”和“农业”进行深度地景观营造耦合，成为平衡城市化与农业发展之间亟须解决问题的重要途径之一。现代城市规划与景观设计的项目操作必须响应“城市农业”的模型建构，因为它符合当前可持续城市设计范畴，它的定义允许大量跨文化和时间的解释，与构建可持续发展城市的政策紧密相连结。

走向城市生态整合的农业景观媒介，其规划设计方法一般应从景观生态、景观规划与景观设计三个方面进行探讨：农业景观生态探求如何建构生态系统间的异质性联系以及作为城市绿色基础设施的类型之一；农业景观规划涉及人类改变土地利用的各种方式；农业景观设计关注引导土地利用变化的实际具体策略与具体形式。倡导景观规划和设计领域的城市农业项目，从私人花园、社区花园到城市整体区域在不同尺度上将城市肌理的大小碎片均纳入景观农业系统，以创建生成的、可持续的城市规划和设计方案，亦让公民、企业和政府共同参与，这是一个基于景观学、城市规划学、生态学、社会学、农学等多学科的整合规划。瓦尔德海姆（Charles Waldheim）即如此阐述了其“景观都市主义”理念：“正因为跨越了多个学科，景观不仅成为洞悉当代城市的透镜（Lens），也成为重新建造当代城市的媒介（Medium）。……在这种水平向的城市化方式（Horizontal Urbanization）之中，景观具有一种新发现的适用性，它能够提供一种丰富多样的媒介来塑造城市的形态，尤其是在具备复杂的自然环境、后工业场地以及公共基础设施等背景之下。”[26]

第四节 ◉ 国外景观概念设计典型案例举析[①]

一、校园景观案例

（一）美国亚利桑那州大学理工院（Arizona State University Polytechnic Campus）

1．项目概述

亚利桑那州立大学理工院占地21亩，包含5个建筑群。景观设计师的目标是将位于沙漠中的前空军基地变成绿树成荫的活力校园。该项目获2012年ASLA专业奖通用设计荣誉奖，且评审委员会认为："新校园新建筑十分合理，并不循规蹈矩，而如沙漠般自由奔放。校园内大规模的种植让人们在白天行走也十分舒适。这些迷人的树给了校园色彩还有振奋。"

2．设计特质

（1）健全的雨水收集和利用机制。这个新校区与现有校园融于一体，同时一扫前空军基地的压抑氛围，并用可持续性生态设计战略在一年降水只有7英寸的索诺兰沙漠地区打造出绿色校园耐旱景观。在如此缺水之地，通过"极致的利用雨水"创造出怡人的沙漠绿洲校园，如采用可渗水式主干道，以减少雨水径流冲刷流失，并收集珍贵的雨水用作中水，最后建立了与自然的深度关系，形成了崭新的、高性能、高利用水的原生沙漠景观。

（2）军事基地旧空间的改造利用。在这样一个生态高敏性环境中，遮阴树木与花岗岩道路结合使用减少热岛效应，道路也有一部分使用混凝土，满足车行和紧急情况下的学校交通要求。前空军基地原有的沥青地面、混凝土道牙、河石地面等都被重新利用成为室外空间和停车区，例如混凝土路缘石改造成了座椅，河石被用来做成挡土墙。

（3）多样化的耐旱植物引入生境。新购置的沙漠乔木、小灌木、仙人掌被妥当地布置，利用收集的雨水直流满足灌溉需求。建筑内的庭院充分利用建筑形成的微气候，并在科学与技术教学楼庭院中创建出河流峡谷的风貌，行政楼之间的人行通道之上也覆盖着攀缘植物的棚架。耐旱的本土植物创建了一个舒适凉爽的环境，有利于人们在户外进行社交活动，亦由于植物种类的增多，野生动物也多了起来。景观改变了这个校园，让它生机勃勃，学校在未来的其他规划中将景观列为重要的要素，用以引领该大学景观空间的更优化、更合理的成长。

3．图解分析

图5-44　（左）曾经。（右）现在。将街道改为渗水式并沿街创建沙漠景观绿地（火灾避险地）

① 主要参考自网站 http://www.gooood.hk/landscape.htm#和 http://www.ala - designdaily.com/index/alist/cid/2 以及 http://www.iqbbs.com/design/jg/。

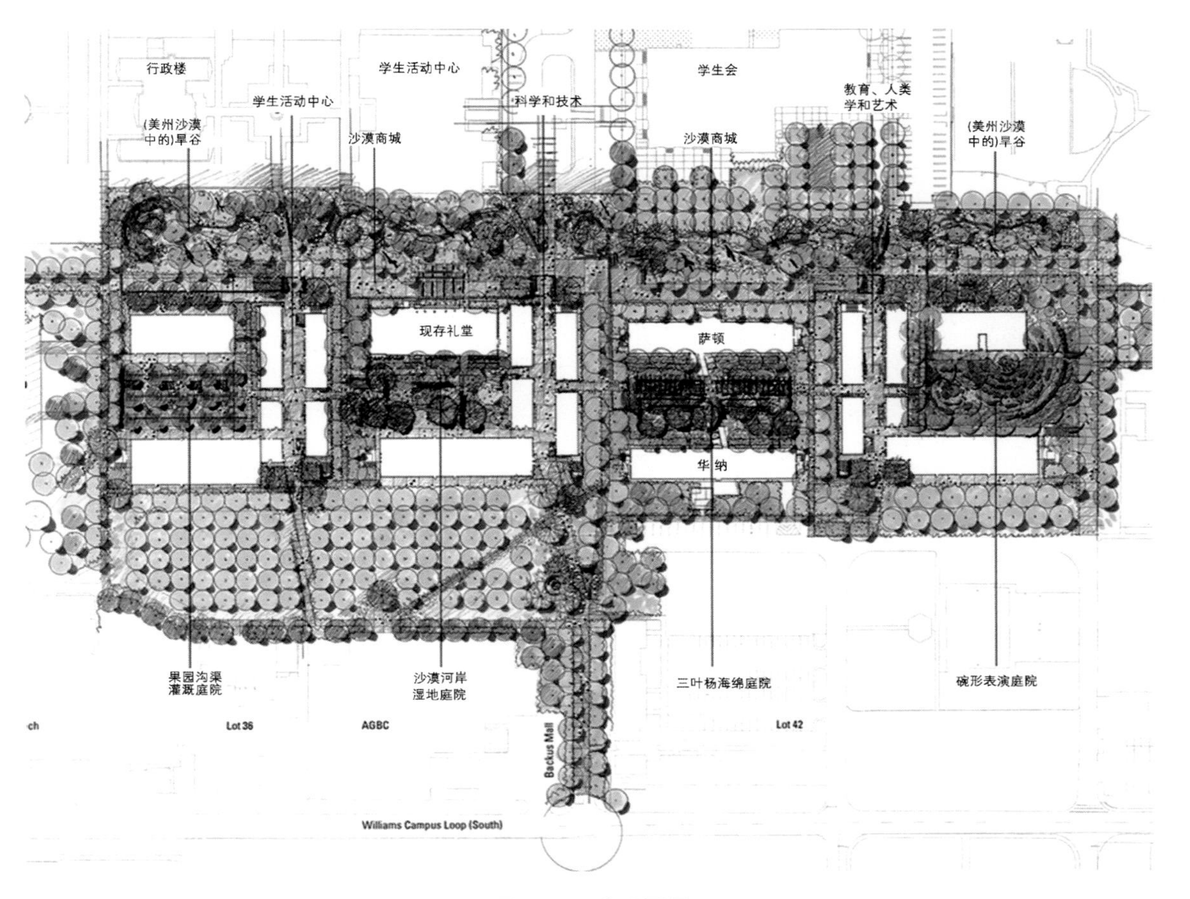

图5-45　总平面图

图5-46　(左)空军基地变成了充满活力的大学校园——荫凉的用餐区比邻沙漠花园，小径划分出植物种植区，也使人们可与植物亲近。(右)利用混凝土、花岗岩、植物等材料，减少眩光，营造舒适环境。

图 5-47 （左）被实验室包围的院子。学生能与自然接触，庭院就是户外的生活区和学习区。（右）临近教室的一个户外通道利用建筑、植物、小蓄水池、河岸原生植物创造亚利桑那州峡谷般的景致。

图 5-48 （左）雨水路径上的人行天桥。（右）利用地形和雨水滞留池收集雨水满足植物灌溉。

图 5-49 （左）曾经位于两个建筑间的停车场，现在搭起棚架，种上攀缘植物和乔木，引导人们通过。（右）新旧庭院的衔接，上方搭着桥的雨水滞留池是边界，金属网石墙里面的石头是利用现场的石头制成。

图 5-50　(左)旧有的混凝土和路缘石被重新利用在项目的各个地方。(右)草坪在这里被谨慎地使用于中心区域,四周则是有序的沙漠花园。

图 5-51　(左)路径旁边可以收集雨水的场地,由混凝土块与种植区混合而成。(右)与建筑师合作,在教学楼设置通风廊,并用藤蔓覆盖。

图 5-52　荒芜的空军基地变成沙漠绿洲,校园充满了活力,学校的招生人数也翻了一番。

（二）美国纽约州立大学石溪分校西蒙斯几何物理中心（Simons Center for Geometry and Physics at SUNY Stony Brook）

1. 项目概述

纽约州立大学石溪分校西蒙斯几何物理中心是一个主要研究数学物理与自然几何的机构，其旨在服务科研人员、老师以及学生。设计需要在一英亩的用地上打造出一个拥有最先进技术的可持续环境，促进中心人员交流以及跨学科的沟通与合作（图5-53）。

2. 设计特质

整个场地景观布置紧凑有序，在主要交通路线上配置叠水与带有种植槽的乔木，屋顶利用起来作为绿化屋顶。此外还有开阔的休闲广场区和私密安静的沉思区。植物配置上主要使用了生长旺盛的草本植物，社交空间就在这些半人高或者一人高的草本植物之间。若从研究室向外看，风景亦随一年四季不断变化。场地的铺装材料使用相当丰富，不同的区域使用到不同尺寸的方形面砖，还有一片区域使用到了菱形面砖（图5-54）。

3. 图解分析

（1）外部空间为该中心建筑空间的延伸，为该中心提供密切服务。同时，交织在一起的石材、水、植物表达了技术、科学与设计的一体化，同时以开放姿态面对校园和社区（图5-55）。

（2）建筑与景观被有效整合（图5-56）。

目录
1. 西蒙斯几何物理中心
2. 波状水体
3. 观演广场
4. 漫步花园
5. 用餐平台
6. 户外教室
7. 绿色屋顶
8. 波状广场

植栽清单
乔木
秋季彩叶唐棣
加拿大紫荆
银杏
金缕梅
柳桉
花皮榆
多年生花卉和地被
须芒草
阿帕拉契亚莎草
芳香碗蕨
红千层属灌木丛
百合属草坪草
少女草
北方杨梅喷泉草
小须芒草
景天属植物（多种类）
泡沫花
北美矮越桔

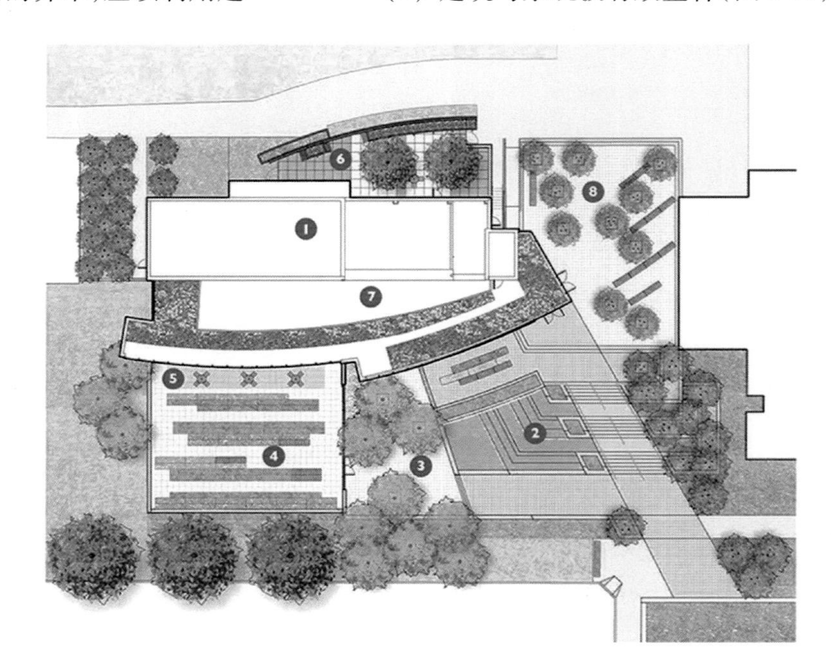

图5-53 总平面图

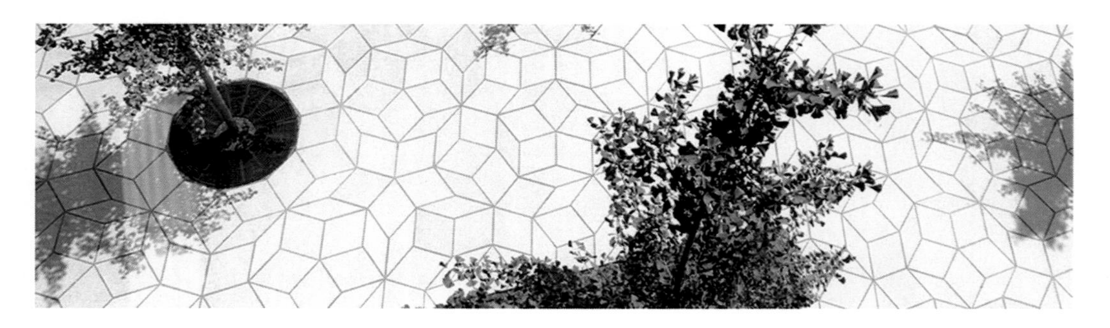

图5-54

图 5-55

图 5-56

(3) 建筑和景观协同传达出该中心的使命与形象(图 5-57)。

(4) 主楼梯两侧是叠水池和梯田植物种植槽(图 5-58)。

(5) 叠水是西蒙斯中心重要的景观要素,其采用泵实现循环,是一个技术与美学集成一体的作品(图 5-59)。

图 5-57

图 5-58

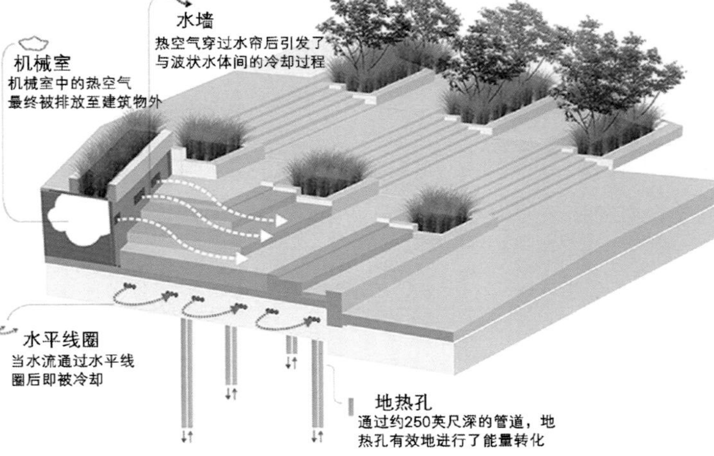
水墙
热空气穿过水帘后引发了与波状水体间的冷却过程
机械室
机械室中的热空气最终被排放至建筑物外
水平线圈
当水流通过水平线圈后即被冷却
地热孔
通过约250英尺深的管道,地热孔有效地进行了能量转化

图 5-59

（6）学习不仅在实验室和教室，荫凉的室外也是绝好的学习场所。设计师在石板墙壁上设置了可以盛放粉笔的不锈钢槽，方便学生在此涂画和交流（图 5-60）。

（7）屋顶花园种植了餐厅所需的蔬菜、香料、鲜花（图 5-61）。

（8）餐厅外露台有曼妙的草本植物和芳香植物，为顾客提供了安静的休闲区（图 5-62）。

图 5-60

图 5-61

图 5-62

（三）丹麦哥本哈根商业学院校园设计竞赛——“社会中的校园”（Copenhagen Business School Campus-C. F. Møller）

1. 项目概述

哥本哈根商业学院（CBS）拥有两万名学生，是欧洲第二大商业学院。该学院坐落在腓特烈堡，非常接近哥本哈根的核心地区。通过与腓特烈堡市的合作，CBS 推出了一个大胆的设想来改造现有的校园，使之成为世界上最好的城市校园之一。建筑方面的 C. F. Møller 与 Transform 合作、景观方面的 C. F. Møller 景观（*C. F. Møller Landscape*）、工程方面的 Moe 之间展开了深度联合，共同赢得了为哥本哈根商业学院设计新城市校区的景观概念规划竞赛。

这个项目志在打造出世界上最好的城市校园，该项目的核心在于城市和校园生活之间的相互交织，同时 C. F. Møller 的总体规划也为如何处理交叠的城市空间——一方面打开建筑与过道，另一方面维持教学与研究的环境——提供了一个全面的案例（图 5-63）。

2. 设计特质

CBS 狭长的校园不但横跨了哥本哈根的两个地铁站点，而且也穿越了名为“Rambla”的一个中央步行路径。通过打造沿着 Rambla 的四个新城市空间，整合从地铁站四周的古典广场到校园中心休闲娱乐公园的空间，同时通过新添的更开放的建筑来增加密度，这个规划方案提升了 CBS 与社会之间的凝聚力。

与 Rambla 平行的南边的自行车快速路与北边的一条新建的自行车道，把校园与城市的自行车网络连接了起来，从而为该区域确保了一条安全高效的通勤路线。新设计的建筑都覆盖尽可能少的占地面积，以便为城市空间与城市生活留出更多的空间。紧凑而多功能的建筑群，包括屋顶绿化区域，创造出多功能的空间，能够适应不同的需求，因此它们的室内以及外部设计都可以改变。

这个项目非常注重可持续性设计，它使用DGNB（丹麦绿色建筑委员会）制定的标准作为工具来达到CBS设定的环境和财政目标。在社会可持续性方面，该项目同样具有远大的目标：清晰定义的聚集空间、绿色元素以及对交通线路的合并这三者将腓特烈堡与CBS校园互相联合，从而吸引来自不同社会阶层的广泛用户群体（图5-64）。

图5-63

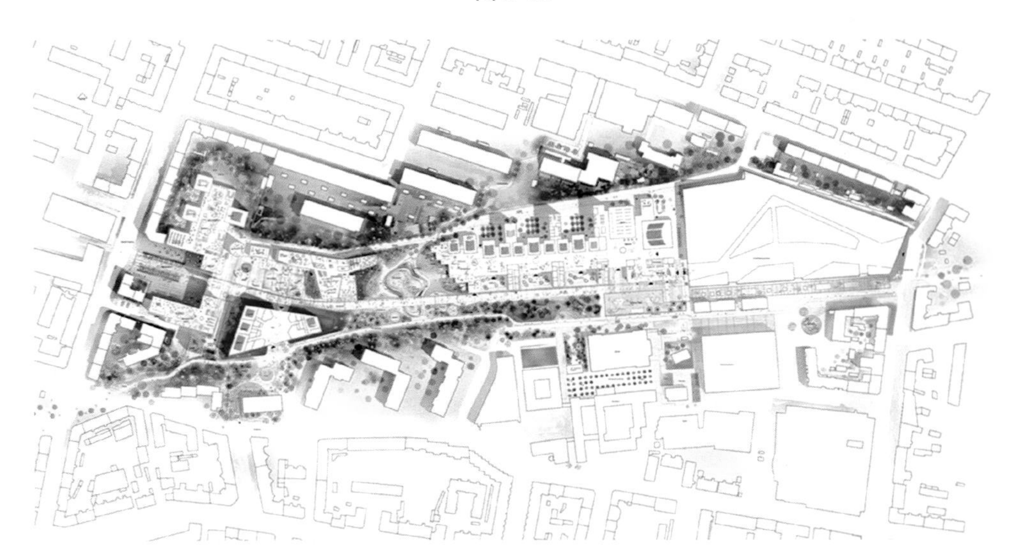

图5-64　景观概念设计总平面

3. 图解分析

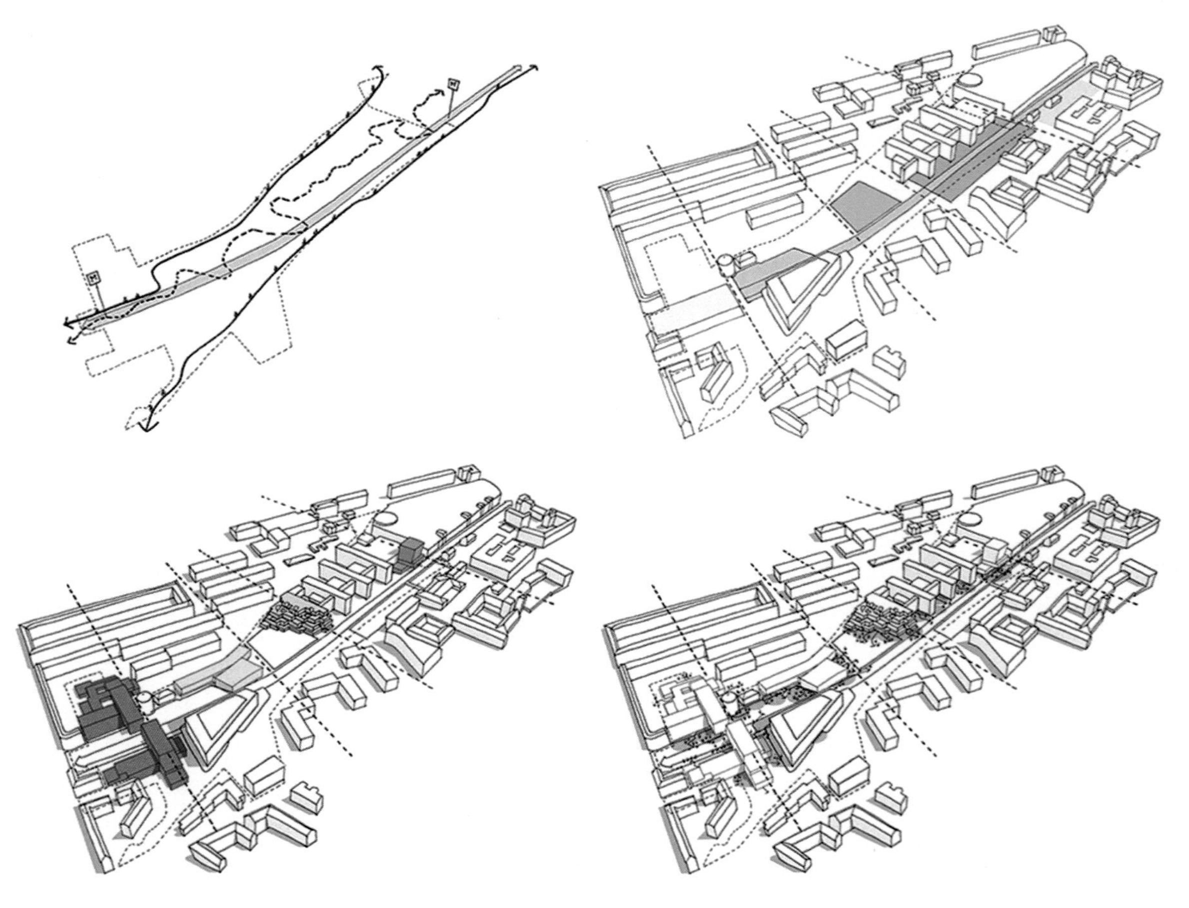

图 5-65　流线、城市空间系列、现存建筑与积极的街道立面分析图

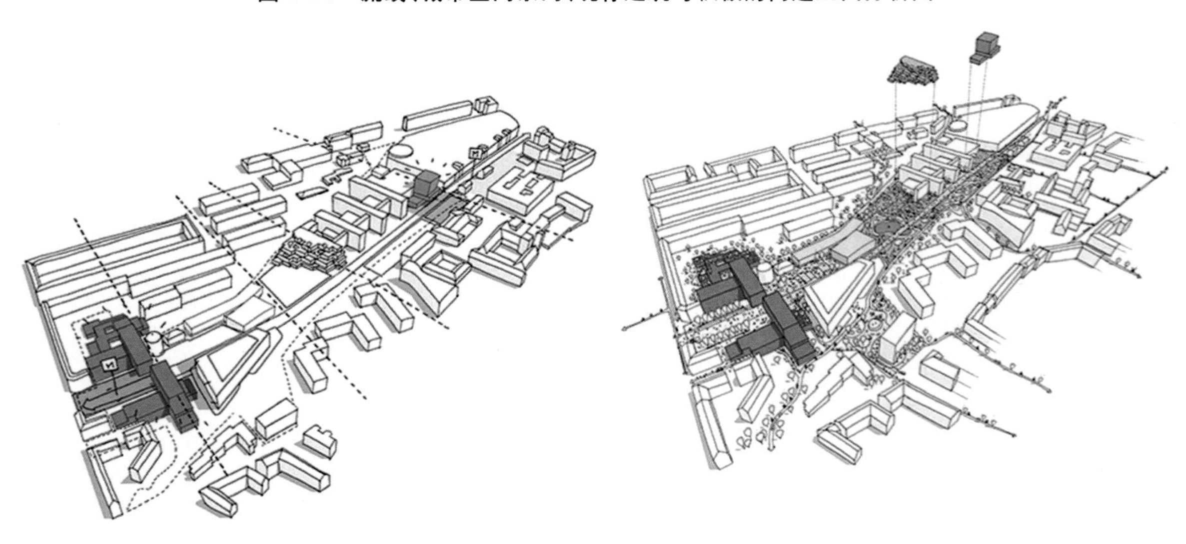

图 5-66　两个城市节点分析

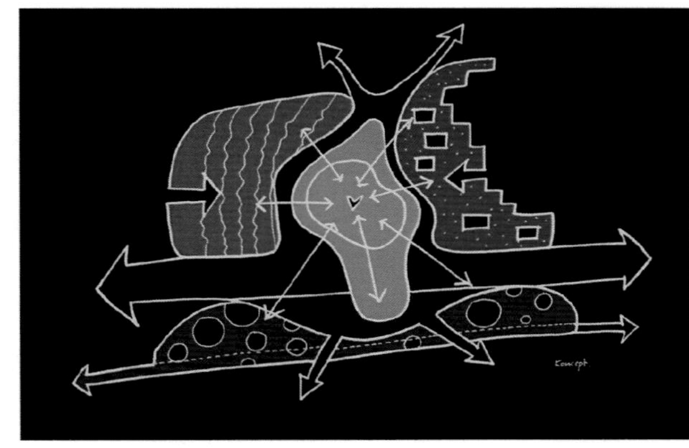

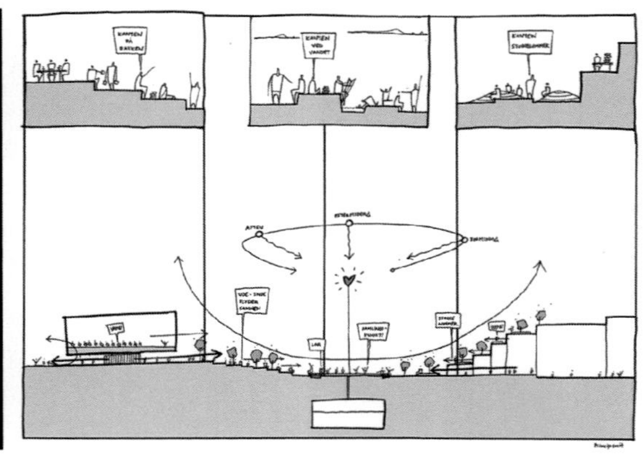

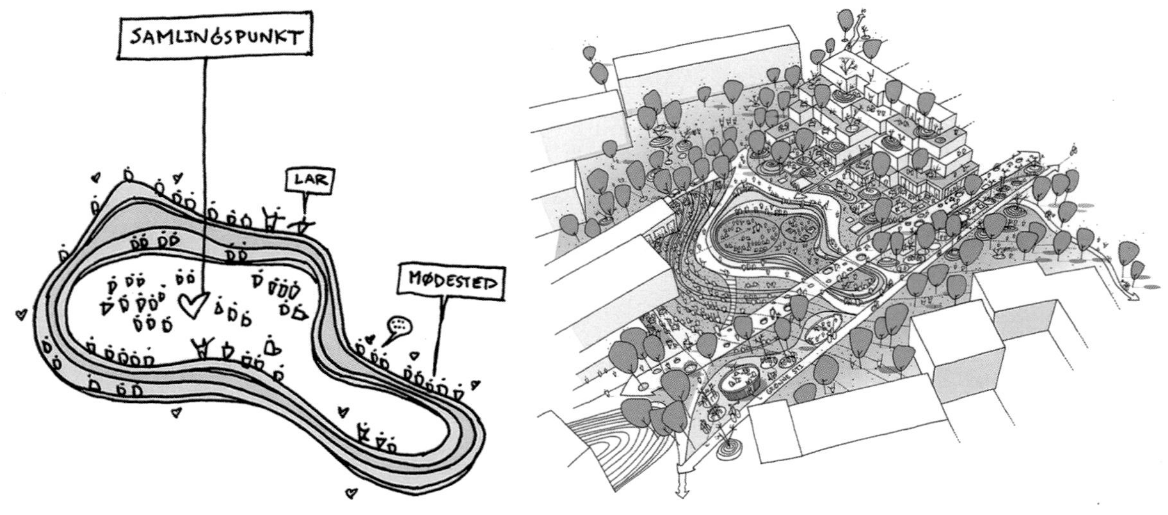

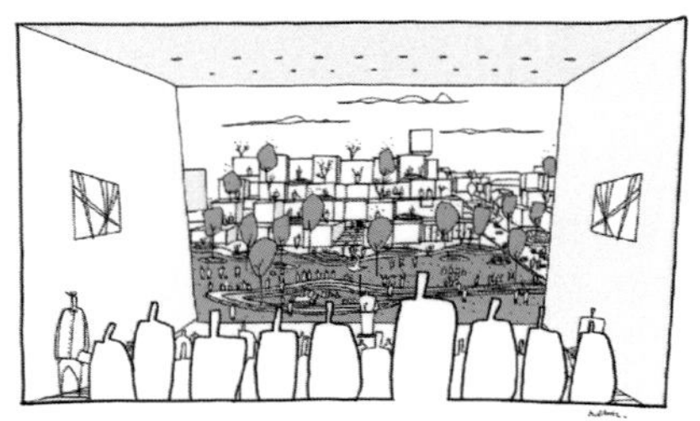

图 5-67　景观概念创意构想 A

图 5-68　景观概念透视构想 A

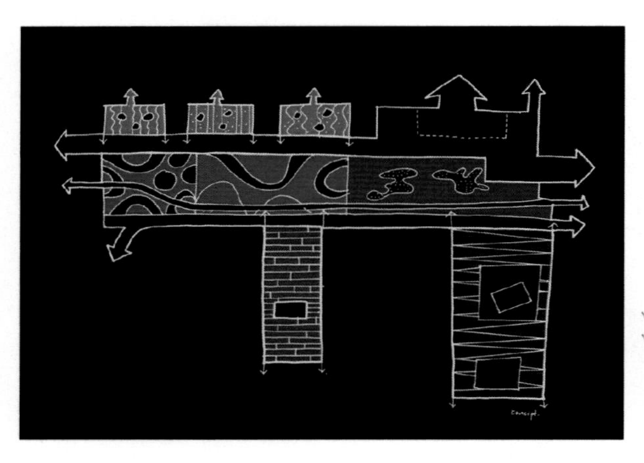

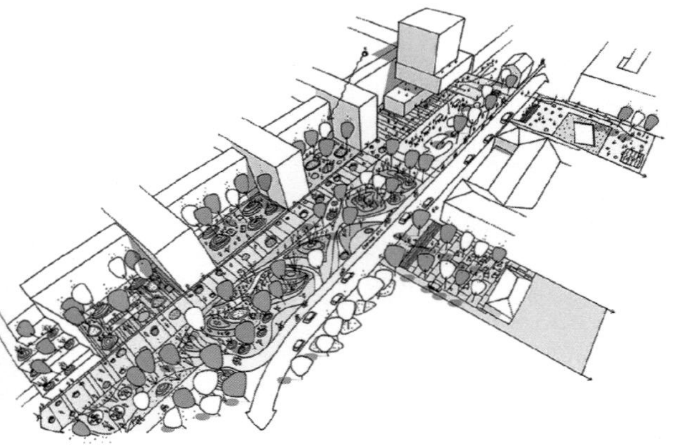

图 5-69　景观概念创意构想 B

图 5-70　景观概念透视构想 B

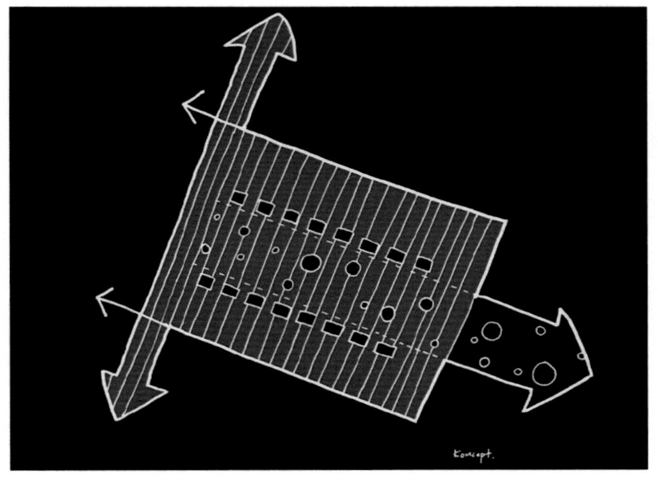

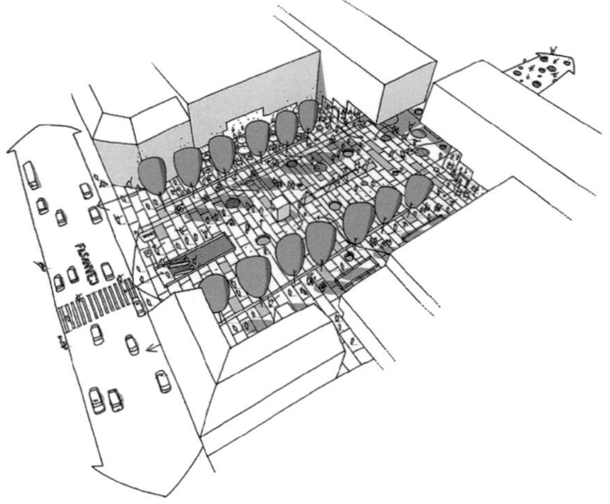

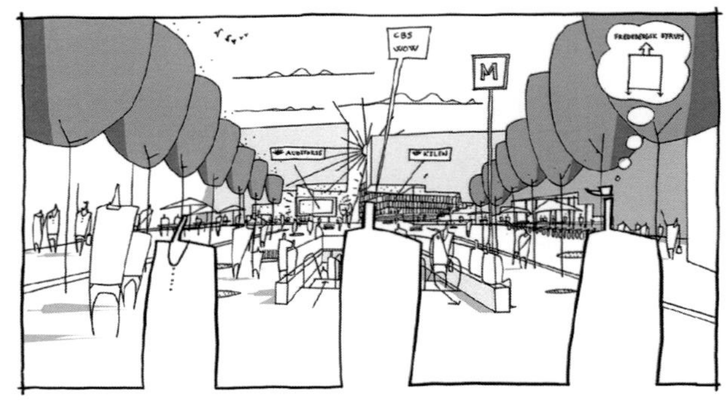

图 5-71　景观概念创意构想 C

图 5-72　景观概念透视构想 C

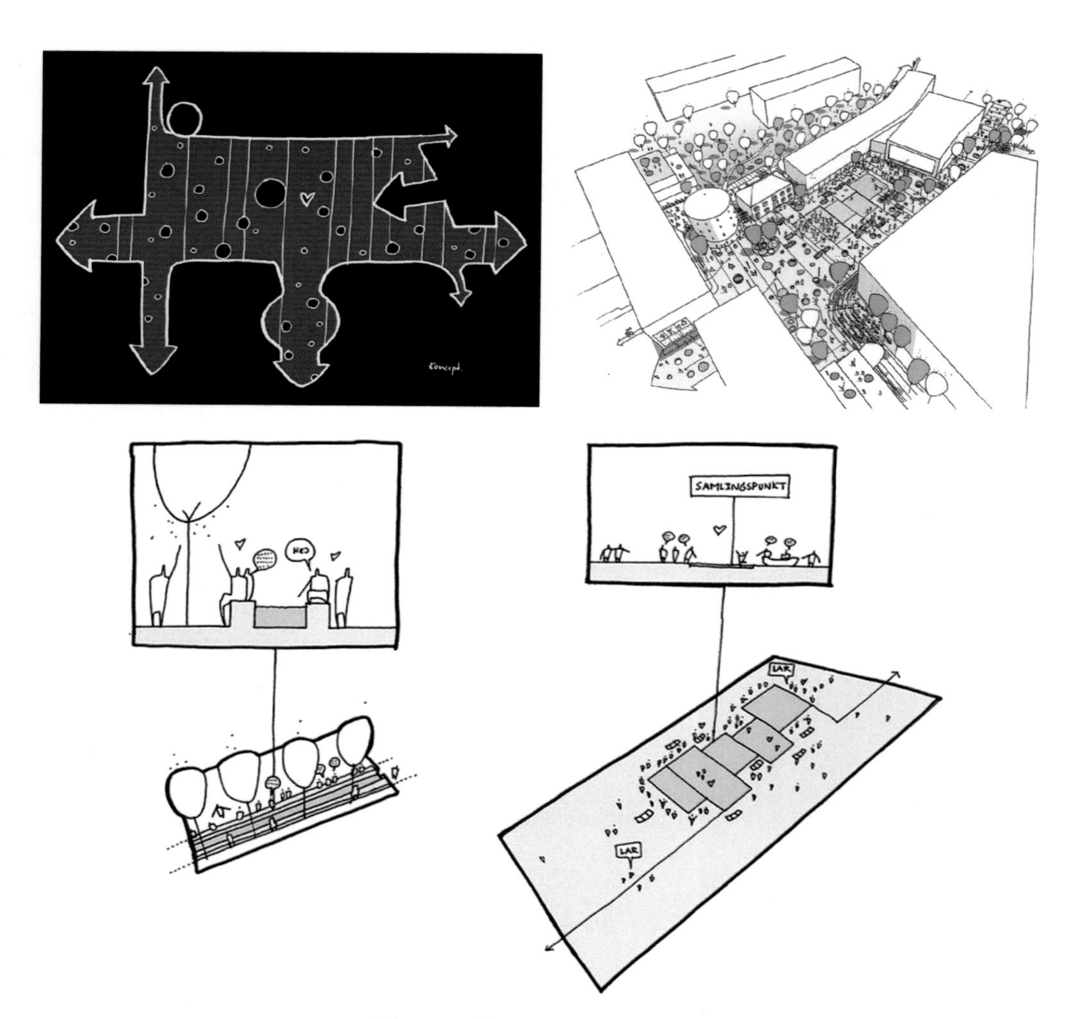

图 5-73　景观概念创意构想 D

图 5-74　景观概念透视构想 D

二、农业景观案例

（一）荷兰公园超市（Park Supermarket）

1．项目概述

“公园超市”是位于荷兰 Metropolitan 公园里的风景式农业景观空间，而且荷兰独特的圩田粮食生产景观就坐落在这里——其农业景观的独特性即在于承受着水位的变化及其气候的变迁。如今，一个最主要的设计议题就是这个“公园超市”能否涉足 170 个国家的不同食品和农业传统，在超市多样性的食物供给方面焕发出新的作用，并为当地人们提供充足的运动娱乐空间。在其景观概念规划中，“公园超市”着眼于食品从生产、交易到物流等方面都要为当地消费者量身打造，并立足于景观生态与农业生产间的可持续性发展。

2．设计特质

（1）传统农耕技术的保留。基层土壤类型为泥炭及粘土的混合，具有适合三种气候带（温带、地中海、热带）的环境，并通过提高水位形成全新的景观，这些都是为了“公园超市”农作物的生长以及出售，在不同的生产功能分区中都有特定的生长条件和相应的农业产品类型，譬如丹班稻米种在水田里，罗非鱼在低地中，猕猴桃和鳄梨种植在起伏的水果墙上，等等。每一个垃圾处理场地也具有非常良好的可达性，以方便生产堆肥为农产品提供所需的必要养分。

（2）现代生产技术的介入。在保留一些传统农业生产技术（比如蛇形采暖墙）的同时，也使用到了更现代的规模化生产技术手段，譬如植被喷灌设施以及地热采暖。而且，因为“公园超市”占地面积不大，所以在经营策略层面力求多样化品种以及引入先进的农业技术。在城市食物需求日益增长的今天，此举将直接促进当地的经济增长和创业机会——这个景观地块可以出租给城镇居民并形成一种协作关系的松散型的联盟企业来进行管理——农产品直接在“公园超市”的交易市场上进行出售。另外，这种独特的城市开放空间亦将创业生产和消费娱乐结合起来，以可成为 Metropolitan 公园当下景观发展的核心方向之一。

3．图解分析

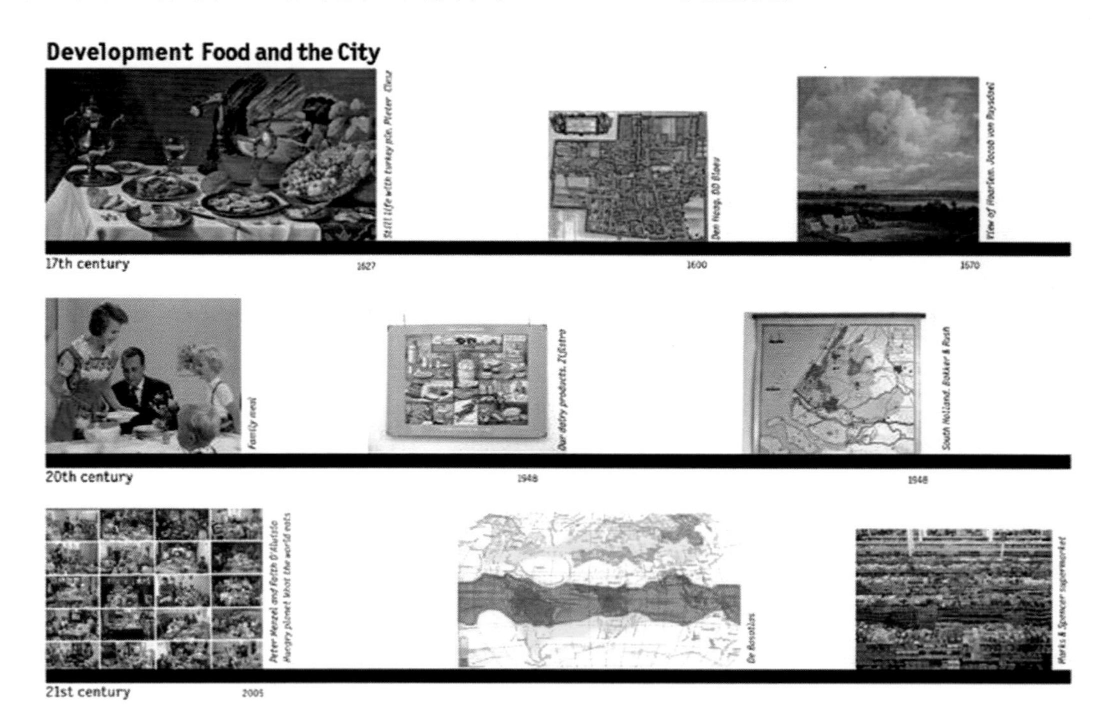

图 5-75 “食物与城市”

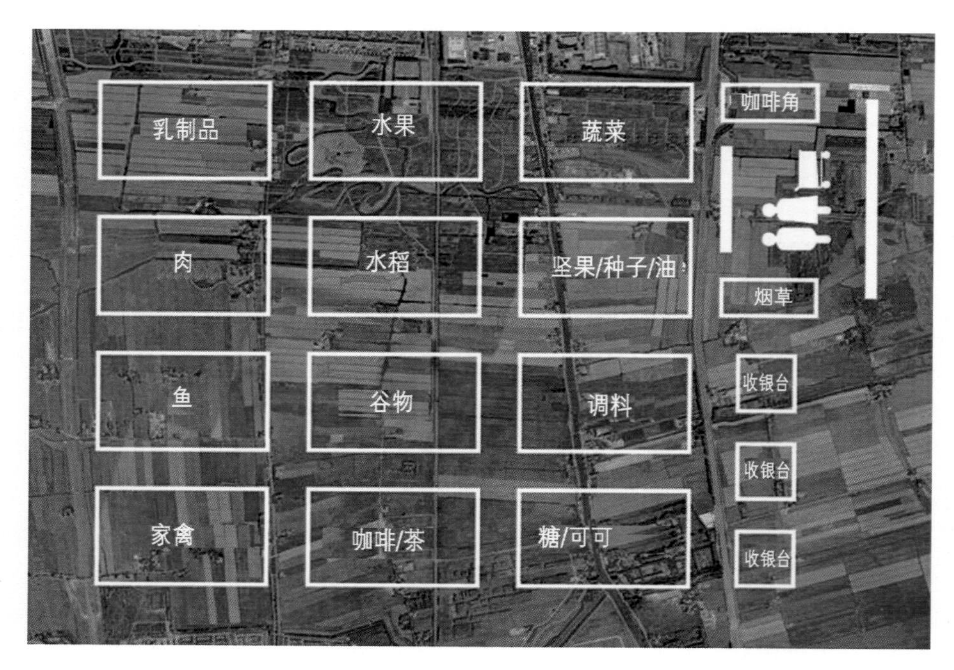

图 5-76 “公园超市”区位解析

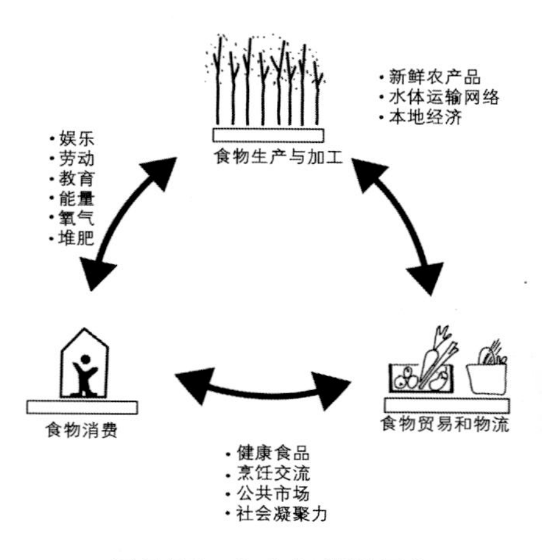

图 5-77 生态与能量平衡

图 5-78 “公园超市”场地现存景观

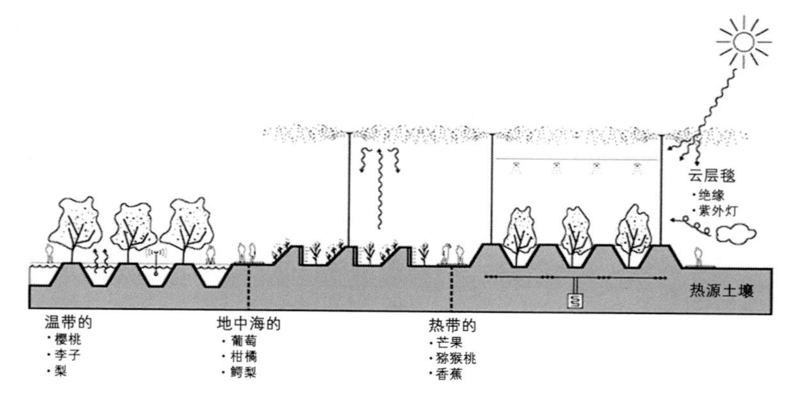

图 5-79 “公园超市”概念规划断面构想 A

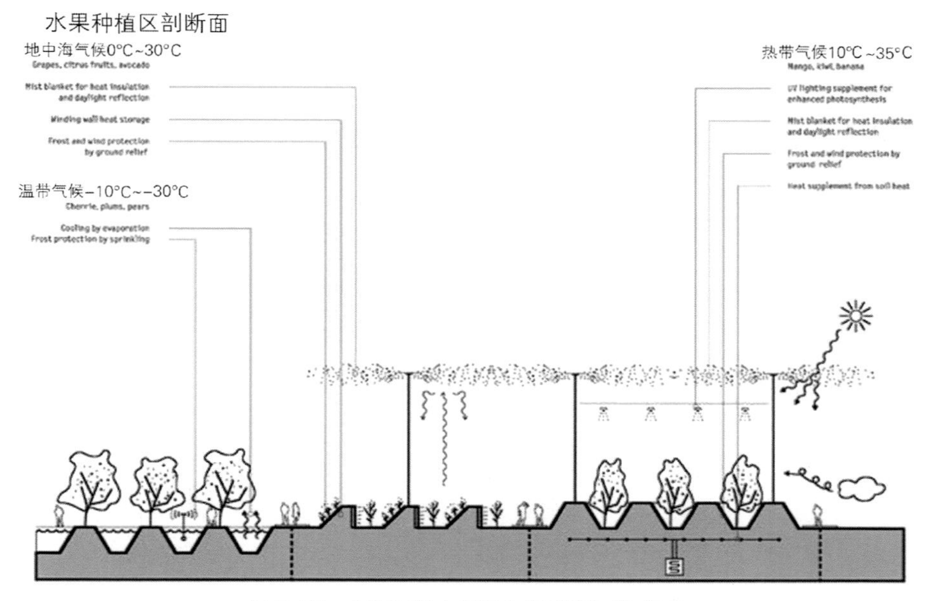
水果种植区剖断面
地中海气候0°C~30°C
Grapes, citrus fruits, avocado
Mist blanket for heat insulation
and daylight reflection
Winding wall heat storage
Frost and wind protection
by ground relief
温带气候-10°C~-30°C
Cherrie, plums, pears
Cooling by evaporation
Frost protection by sprinkling
热带气候10℃~35°C
Mango, kiwi, banana
UV lighting supplement for
enhanced photosynthesis
Mist blanket for heat insulation
and daylight reflection
Frost and wind protection by
ground relief
Heat supplement from soil heat

图 5-80 “公园超市”概念规划断面构想 B

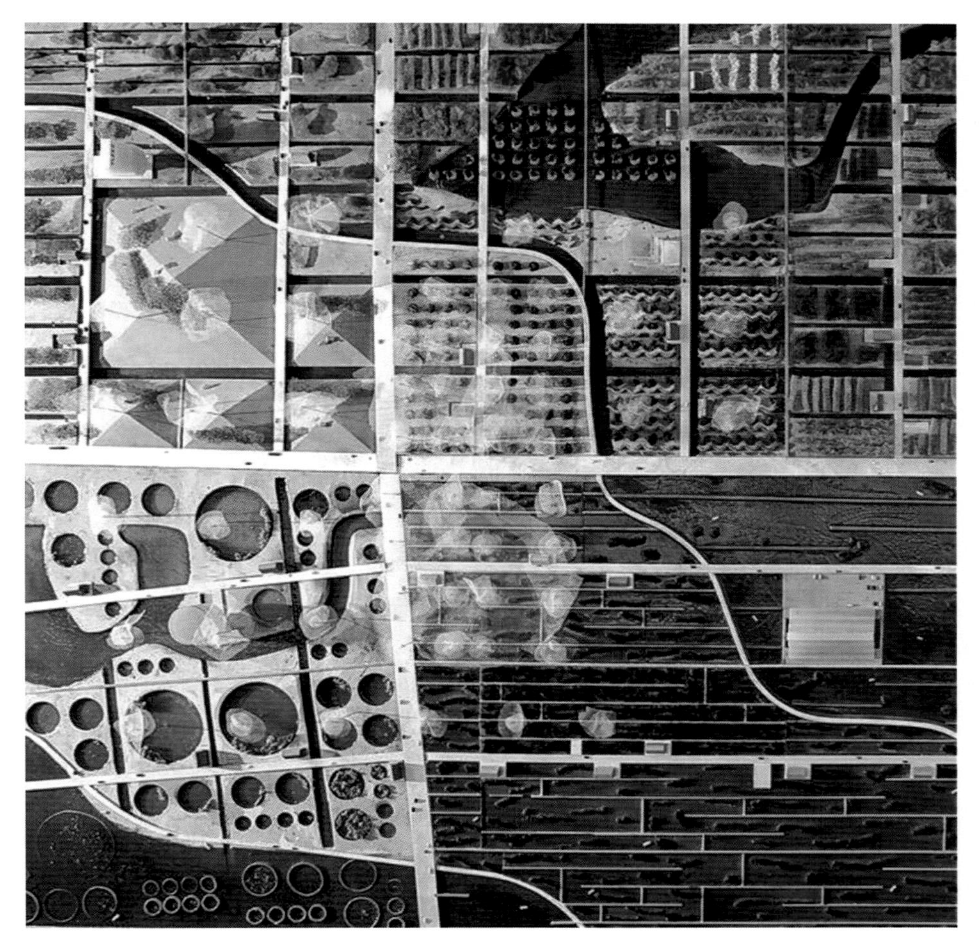

图 5-81 “公园超市”鸟瞰透视构想

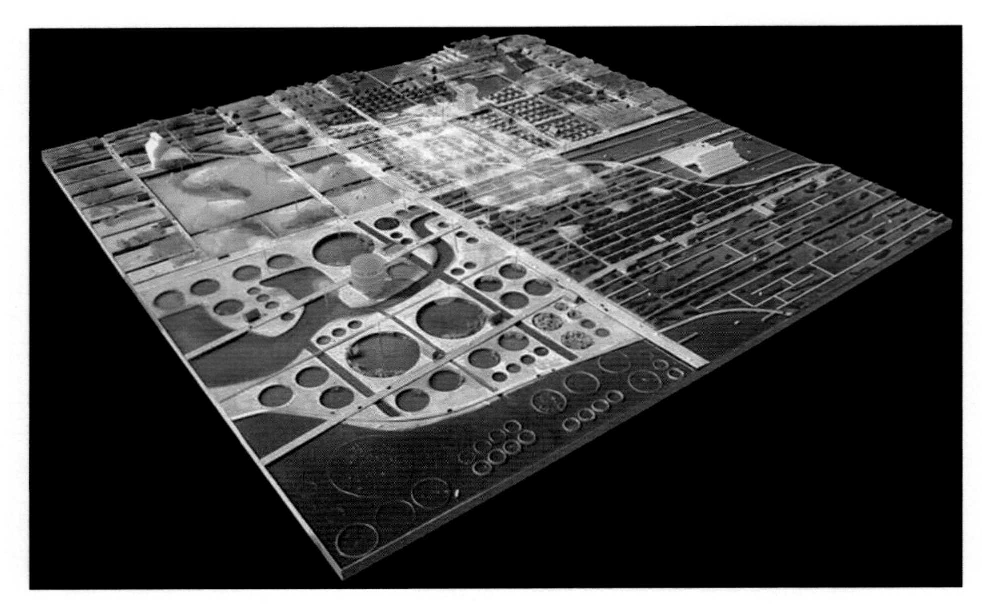

图 5-82 “公园超市”沙盘模型示意

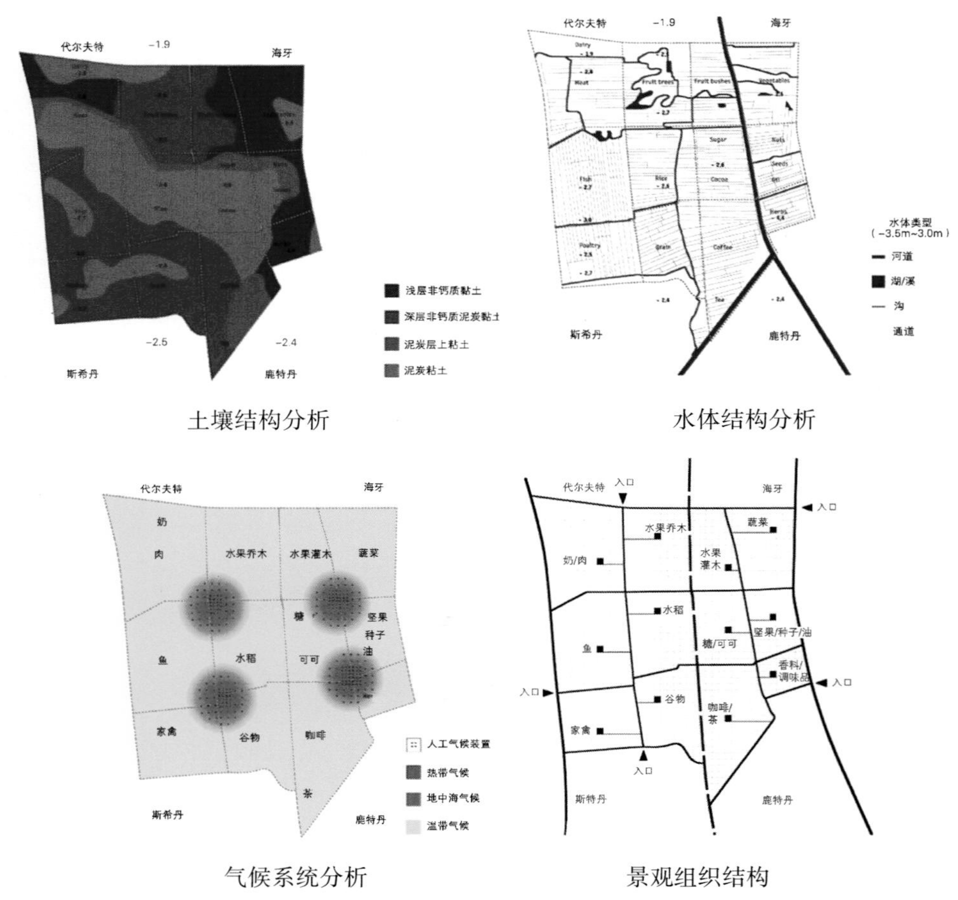

土壤结构分析　水体结构分析

气候系统分析　景观组织结构

图 5-83 “公园超市”场地自然属性与结构解析

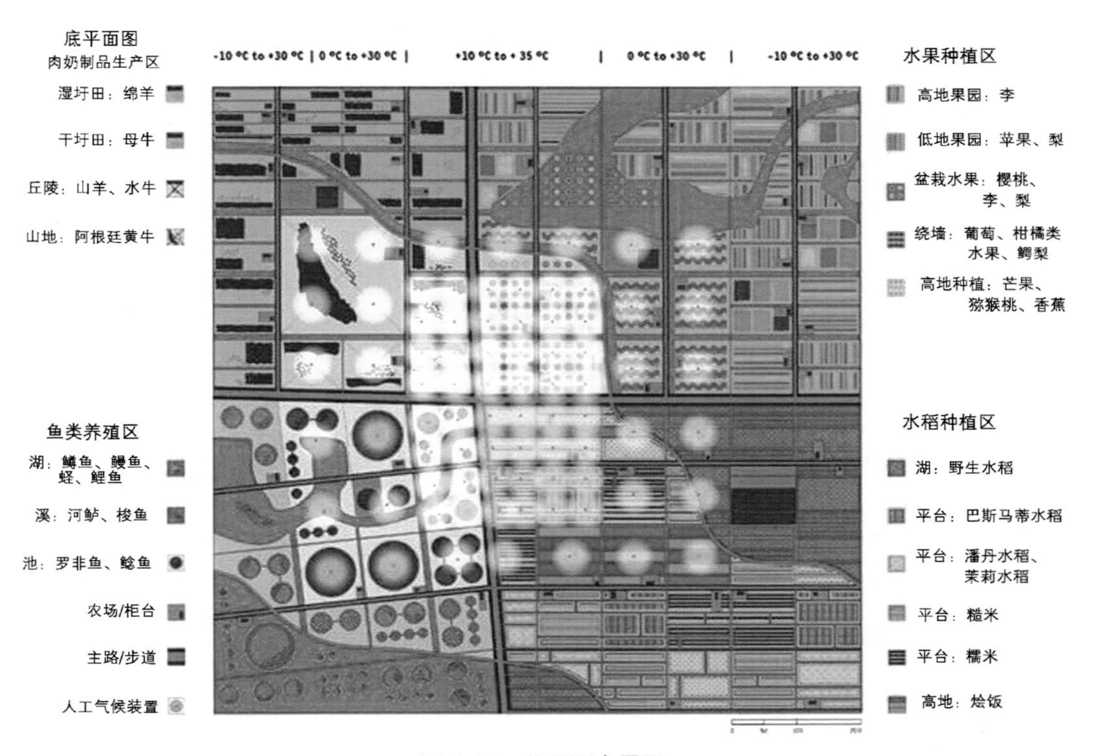

图 5-84　总平面布置图

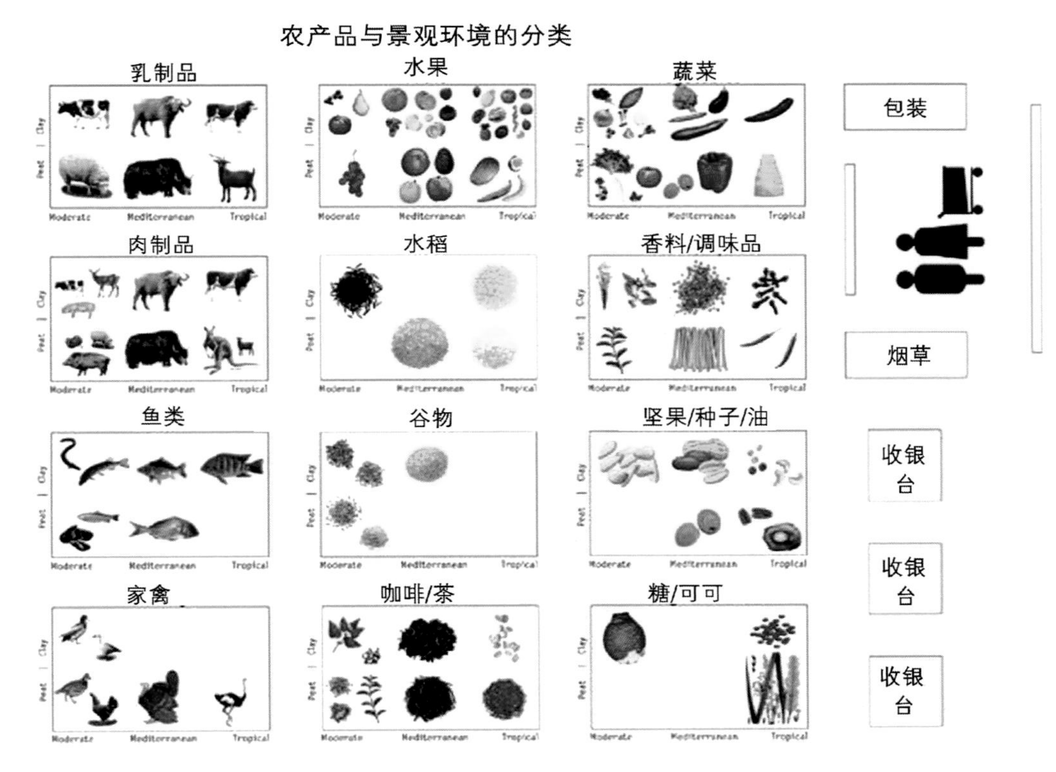

图 5-85　食物系统构成示意

第五章　设计案例

图 5-86　肉类乳品区块

图 5-87　水果种植区块

图 5-88　水稻种植区块

图 5-89　水产养殖区块

（二）土耳其尤纳斯·萨伏伊社区（Ulus Savoy Housing）屋顶花园——引入农业景观的“野兽派”

1. 项目概述

Ulus Savoy 社区屋顶花园是由建筑事务所 Emre Arolat Architects 与景观事务所 DS Architecture—Landscape 合作的项目。该项目位于一系列三角形几何折面的起伏“地面”景观之上，不过这些景观虽然看起来像是生长在地面上，实际是生长在屋顶上——地下停车场屋顶。起伏的屋顶结构是这个野兽派设计的不可分割的一部分，并让整体景观更有意义。

2. 设计特质

屋顶起伏区域作为观赏花园，平坦区域用于安放社区设施和私人花园，同时在整个屋顶花园范围内设置一条循环园路（图 5-90）。

该屋顶花园和通常的屋顶花园不同，它几乎覆盖了这个庞大社区的所有路面，而不是单单出现在某个住宅塔楼的顶部。起伏有致的折面与上面的道路和折坡采用了统一的设计语言。石材、木材、植物形成对比却又同为自然材料，相当和谐。农业景观也被引入其中，为这片有无限潜力的观赏景观增加了更多可能性。

如果遇见特别陡峭的屋顶结构，就用石材覆盖，并安装上有趣的圆形天窗，为停车场内部提供戏剧性的照明效果。同时这些石材表皮与每个季节都在变化的植物景观形成鲜明对比。循环园路采用了石材与木材这两种天然材料。景观设计师巧妙地根据各种植物的习性，将它们布置在合适的种植区域，结合其他天然材料，打造出一个非凡而具有巨大潜力的全新自然景观。

与此同时，景观设计师还将可食用的农作物引入这片美丽的屋顶景观中，提供农业景观的新可能性。景观设计师在这个项目中充分发挥才智，运用新技术，实现了新的可能性。

3. 图解分析

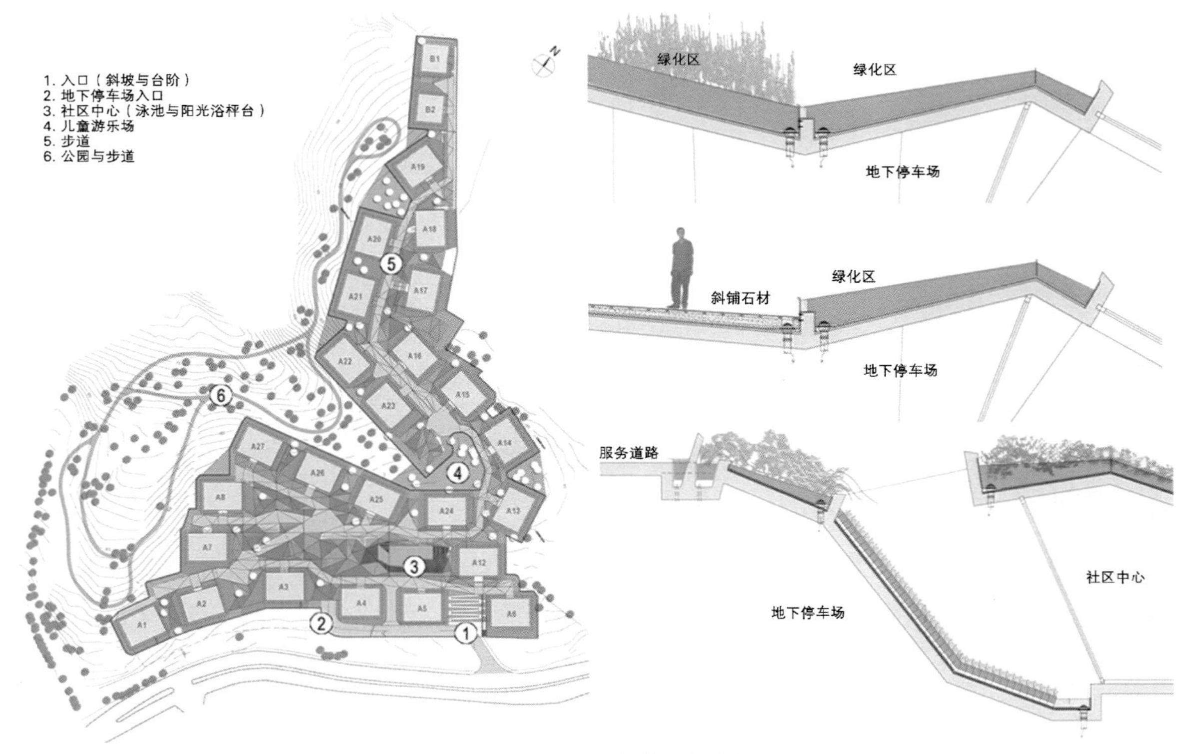

图 5-90 总平面图与剖面图

图 5-91　实景照片

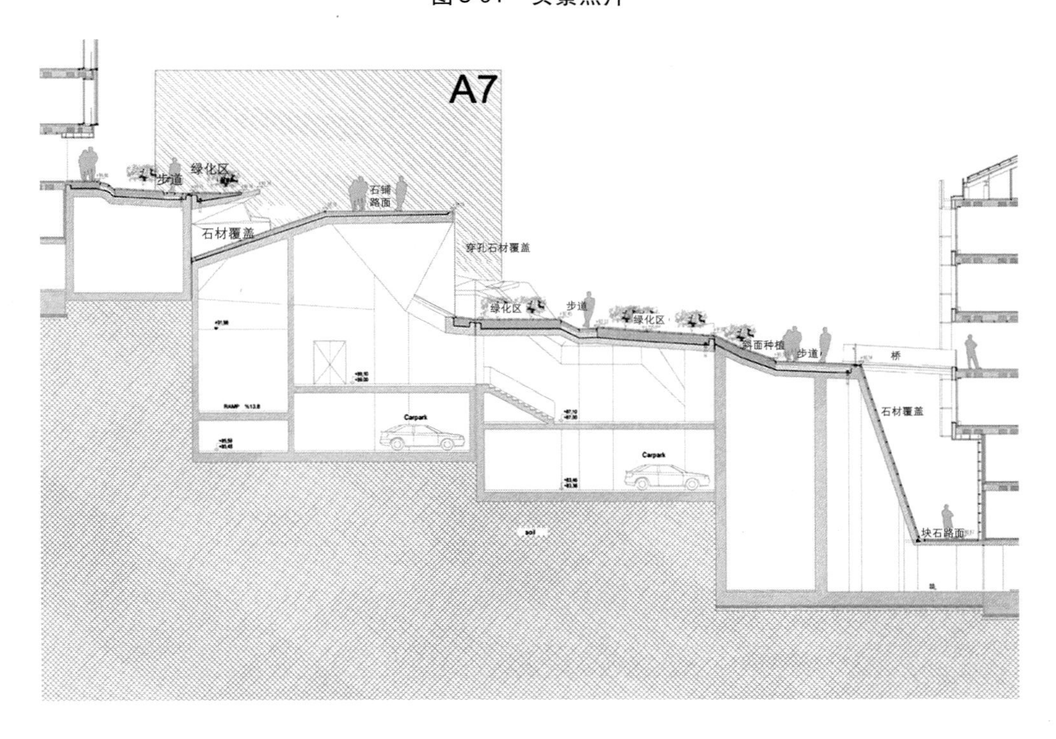
A7
步道
绿化区
石铺
路面
石材覆盖
穿孔石材覆盖
RAMP %13.8
Carpark
绿化区
步道
绿化区
斜面种植
步道
桥
Carpark
石材覆盖
soil
块石路面

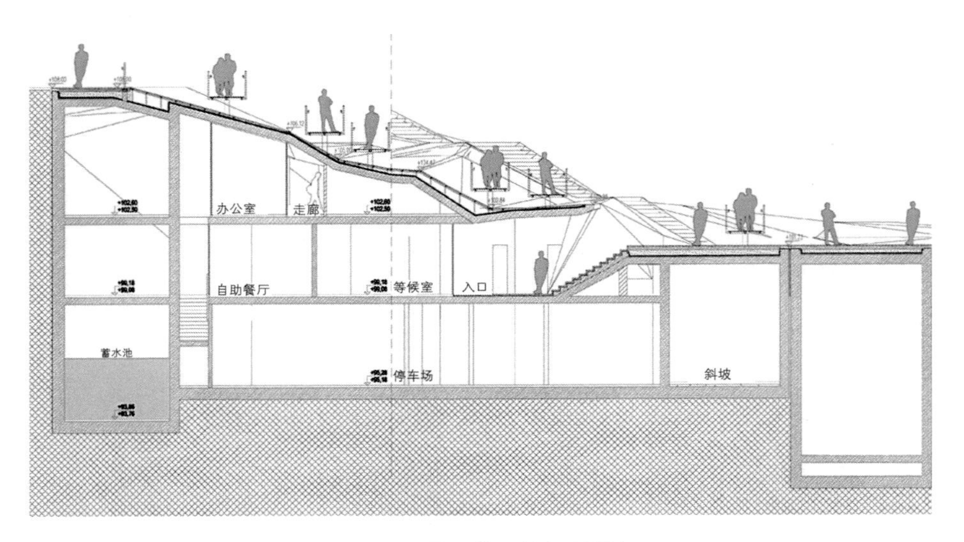

图 5-92 屋顶花园的剖面图解

(三) 美国珍利亚农场滨水景观设计(Jennifer Leah farm Waterfront Landscape Design)

1. 项目概述

弗吉尼亚州的生态相对脆弱,而且面临开发的重重压力,珍利亚农场代表了一场重大的恢复工程,设计团队的众多成员为此付出努力。景观设计师的工作主要包括两个方面:以全方位的视角融合自然和人工景观;通过实际有效的可持续性方式来处理土地、水源、植物、能源和其他资源以及建设挑战。

2. 设计特质

(1) 景观设计师通过再次利用、循环利用和生物多样性,最大程度地减少建筑垃圾。

(2) 整个园区内,由弗吉尼亚暗色岩构筑的景观墙分划了空间,并提供了座位。

(3) 园区广泛使用的盲沟、生物过滤洼地和透水路面,提高了雨水渗透的效率。

(4) "景观建筑"全新的绿色屋顶和浅色砾石地铺缓解了热岛效应。

(5) LED 照明不仅节约能源,而且减少了维修费用。

3. 图解分析

图 5-93 实景照片

图 5-94　景观概念设计总平面

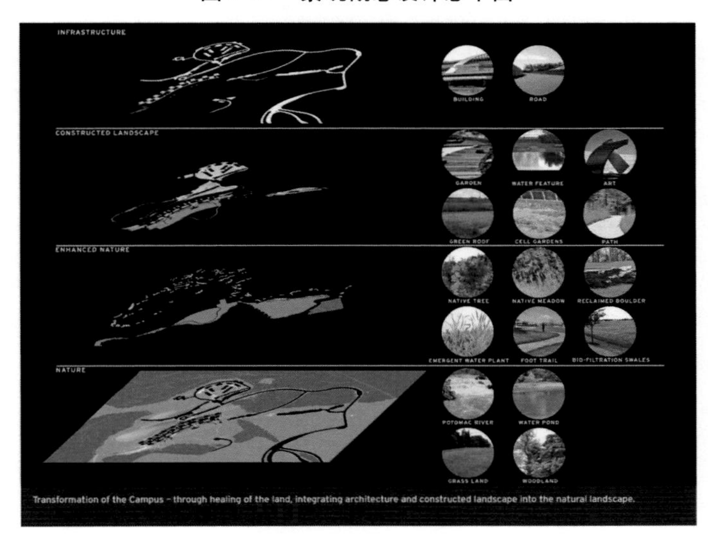

图 5-95　景观结构层次解析

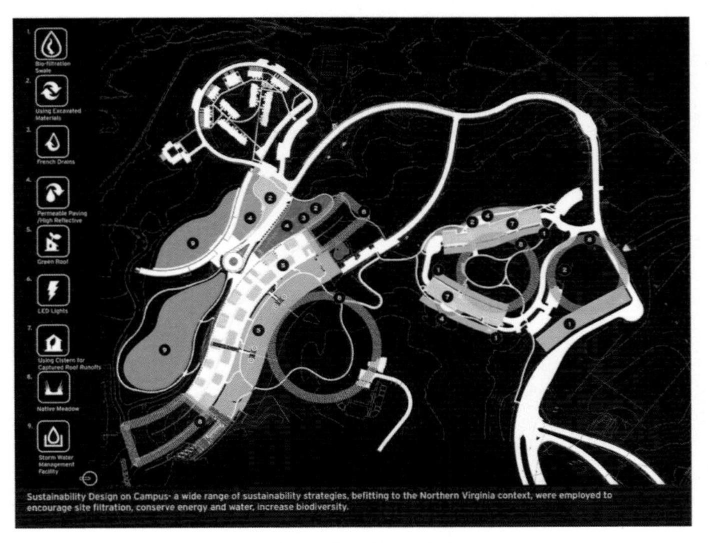

图 5-96　景观装置分布图

图 5-97　景观功能分区标准

图 5-98　景观细节设计

三、游憩景观案例

（一）美国犹他州海王星公园（Neptune park in Utah in the United States）

1．项目概述

犹他州萨拉托加斯普林斯计划建造一个新的公园，他们想要的不仅仅是一个各种场地和秋千的集合场所，而是创建一个"目的地"。新建的海王星公园就是那样的公园。它是一个社区聚会场所，包括了一个操场、足球场、两大展馆、洗手间和管理用房、一个公民庭院、一个篮球场、照明系统、停车场和一个活动舞台。

2．设计特质

（1）主体化建构。在公园里，许多迷人的设施都是以"海王星"为原型的创新游乐场，有 30

英尺高的攀爬结构称为“特大号海王星”，这是西半球的首个同名设施。创建这个公园不仅是因为年度夏季庆祝会的需求，也因为人们需要更多的场地空间来进行足球比赛和其他娱乐活动。项目的设计要同时满足这两个需求。

为了满足要求，设计师知道他们需要具有比足球场或戏水区更有魅力的场地，即空旷的草地。场地内还需要别的东西将这些碎片拼凑起来，如一些符合场地并且具有独特性和活力的适当元素。

（2）运动型场所。设计师将一些独特的运动场作为统一场地的元素，这些运动场具有时尚、现代的外观和创新设备，以多样的活动吸引各年龄段的人群，包括摆动、滑行、旋转和攀爬活动。

3. 图解分析

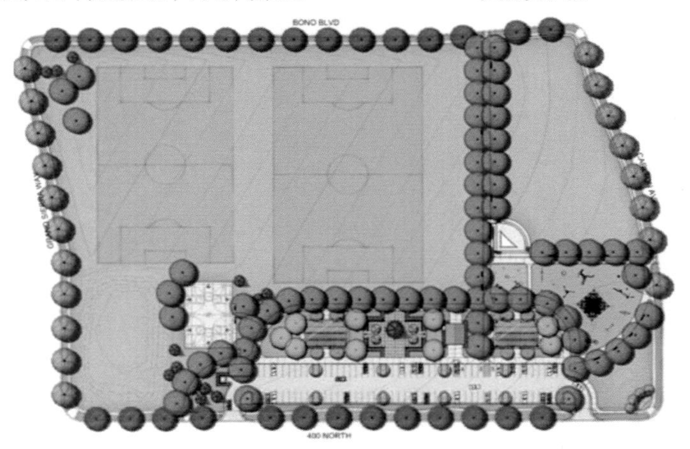

图 5-99　美国犹他州海王星公园平面图

图 5-100　实景照片

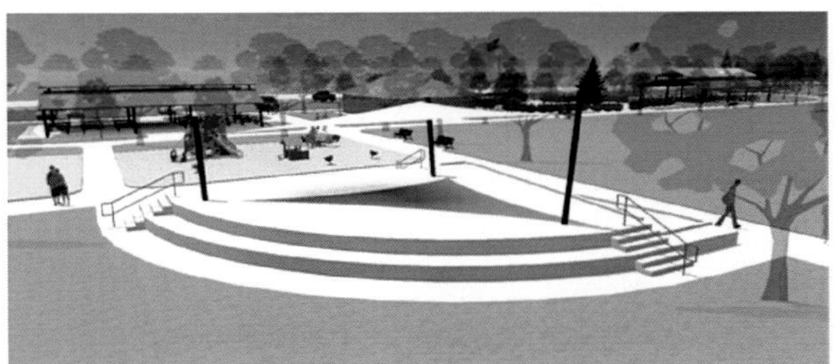

图 5-101　景观设计效果图

图 5-102　儿童活动与场所建构

（二）意大利佛罗伦萨立体坡道城市花园广场（Garden-square of the City）国际竞赛方案

1. 项目概述

城市中商业空间与零售空间一定是不可调和的吗？

意大利建筑师 Angelo Salamone 带领其设计团队 AS-DOES，在意大利佛罗伦萨“Garden-square of the City”国际竞赛方案中给出了他们的答案——两者可以完美兼容（图 5-103）。AS-DOES 在意大利佛罗伦萨一处城市公共空间中设计了一个 U 型立体坡道广场。项目在不牺牲市民休闲娱乐场所的同时，为商业空间留足了用地（图 5-104）。

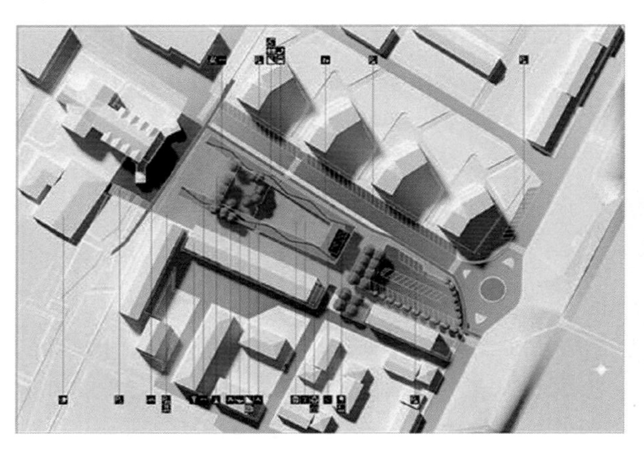

图 5-103　景观总体布局

图 5-104　景观设计效果图

2. 设计特质

（1）U 型立体坡道广场的坡度为 9 度，不仅方便市民攀爬，也方便残疾人活动（图 5-105）。

（2）整个坡道开放且友好，在为市民提供荫凉的同时还能满足人们的多种需求。场地支持会议、宴会、展览、户外电影等多项用途（图 5-106）。

（3）在坡道的上方，市民可以进行多种休闲活动。在坡道的下方，可以根据需求安放商业空间或者游戏区、电话亭、长椅、候车区、厕所等设施与空间（图 5-107）。

（4）在屋顶花园的结构底部，装饰了艺术家福阿德·阿齐兹的代表作，一群飞翔的鸟儿。这座立体坡道城市广场，是城市中五彩自由的福地，是城市中的杰出艺术品（图 5-108、图 5-109）。

3. 图解分析

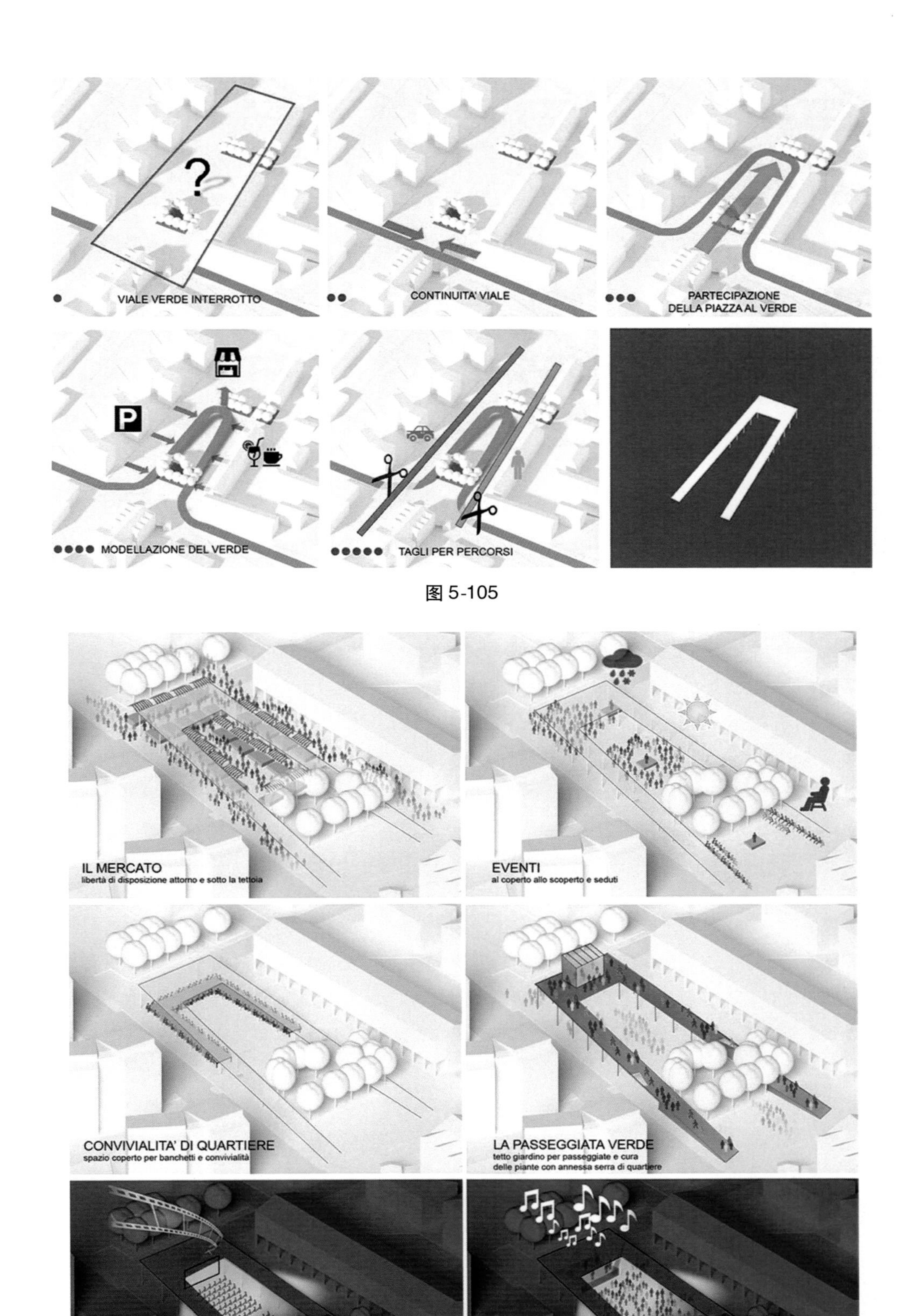
VIALE VERDE INTERROTTO
CONTINUITA' VIALE
PARTECIPAZIONE DELLA PIAZZA AL VERDE
P
MODELLAZIONE DEL VERDE
TAGLI PER PERCORSI
IL MERCATO
libertà di disposizione attorno e sotto la tettoia
EVENTI
al coperto allo scoperto e seduti
CONVIVIALITA' DI QUARTIERE
spazio coperto per banchetti e convivialità
LA PASSEGGIATA VERDE
tetto giardino per passeggiate e cura delle piante con annessa serra di quartiere
CINEMA ALL'APERTO
la tettoia come struttura tecnica per proiettore e schermo
EVENTI E SPETTACOLI
palco coperto per grandi eventi

图 5-105

图 5-106

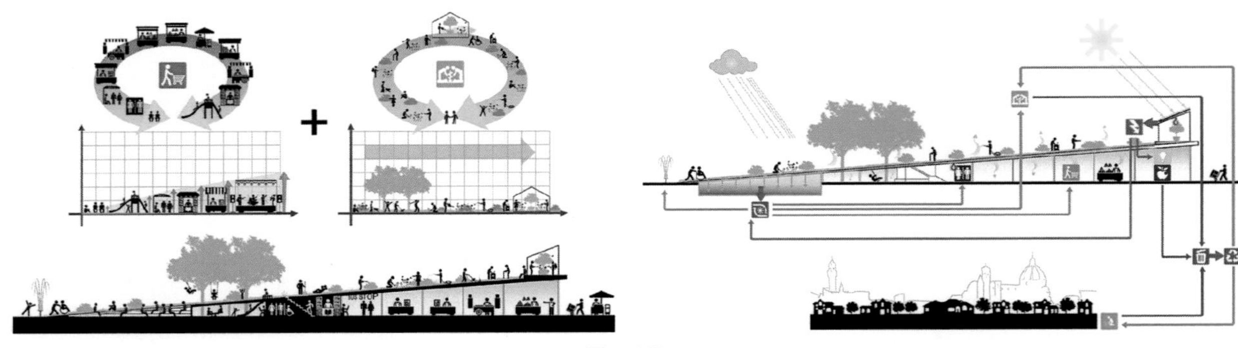

图 5-107

图 5-108

图 5-109

四、纪念景观案例

（一）黎巴嫩布鲁特吉卜兰·韦图尼纪念馆（Gebran Tueni Memorial）

1. 项目概述

战争结束 20 年后，贝鲁特依然处于寻找自我定位的阶段，其在地理上的不完整反映到了社会之中，还反映在了其对于历史问题和现实复杂形势的纠结态度。这种纠结的代价在这座城市新建的纪念馆中有所体现。在 An Nahar 报社大楼（吉卜兰·图韦尼曾是 An Nahar 报社的主编和发行人）的一侧，吉卜兰·图韦尼（Gebran Tueni）纪念馆既是对于黎巴嫩著名的新闻记者吉卜兰·图韦尼的致敬，同时又是位于贝鲁特重建的中心区入口的一片公共区域（图5-110）。

2. 设计特质

该项目获2014ASLA通用设计杰出奖，其获奖评语为："吉卜兰·图韦尼纪念广场景观与周边城市环境和谐、巧妙地融于一体，着实令人叹服。漫步其中，你便会发现，细腻的景观构造处理，赋予了与众不同的空间魅力……这里处处充满着现代气息……精心雕刻的条状花岗岩铺砌而成的休息区醒目、时尚。"

（1）地面单一的线性布置叙述了吉卜兰·图韦尼的信念和信仰以及他坚持并为之牺牲的一切，4.9米长的花岗岩巨石上篆刻的图韦尼不休的誓言让黎巴嫩人回忆起吉卜兰·图韦尼被暗杀的事件（图5-111）。

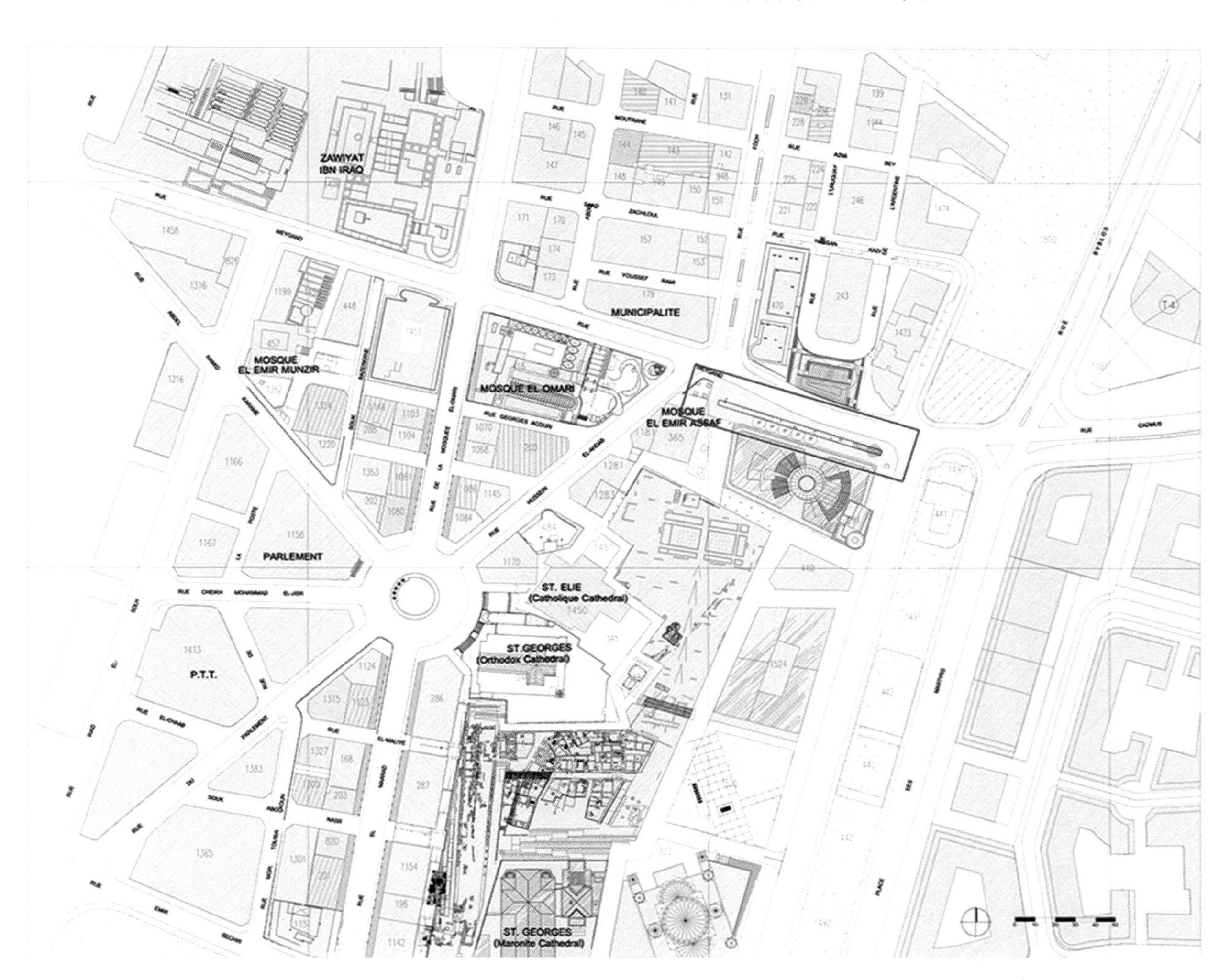

图5-110　项目位置

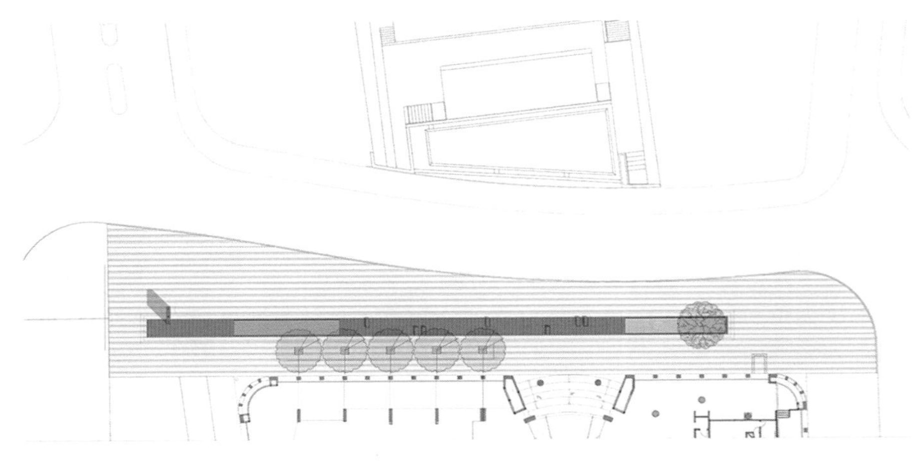

图 5-111　总平面：该场所成为了一个标志性的绿色空间

图 5-112　立面

（2）吉卜兰·图韦尼生于 1957 年 9 月 15 日，设计师们受此启发将纪念馆地面花岗岩宽度设计为 15cm、9cm 或者 57cm。

（3）纪念馆起始的地方种着橄榄树，这些树木和里面种植的橡树以及百里香种植物都是黎巴嫩传统的品种，它们都暗示着主人公的爱国情怀。橄榄树下随意地放置着一些刻有图韦尼名字的鹅卵石，来此观光的游客们可以收藏这些鹅卵石以示纪念。此外，它们同时代表着图韦尼曾经的日报社同仁们对他永恒的纪念，也形成他们持续的工作动力（图 5-113、图 5-114）。

（4）夜晚时分，镌刻于花岗岩地面铺砖上的文字在程式化景观照明的照射中分外醒目、美观，寓意着图韦尼的信念将永放光芒。这块纪念馆区域唤起了人们对于吉卜兰·图韦尼的思念，让人们回想起他的成就，并用这样的方式向人们叙述着一个黎巴嫩式的故事（图 5-115、图 5-116）。

3. 图解分析

图 5-113　标志着广场入口的橄榄树

图 5-114　橄榄树树池下的卵石

图 5-115

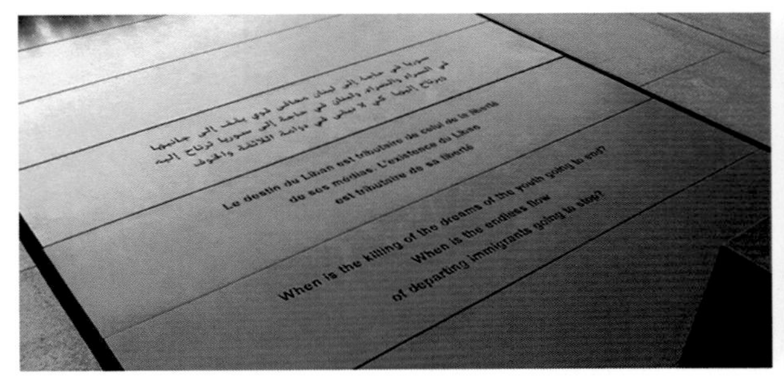

被篆刻的字体空间背后藏着灯光

字体空间背后的灯光在夜间变亮

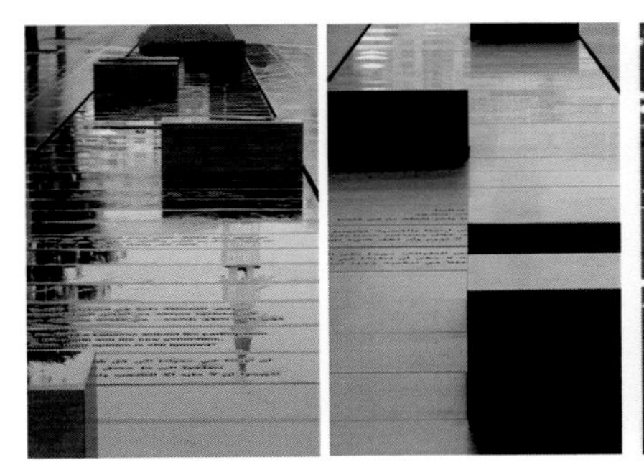

当表面变得潮湿

牢固的花岗岩长凳　折射夕阳金色光辉

图 5-116

（二）荷兰（De Nieuwe Ooster Cemetery）公墓景观设计

1. 项目概述

公墓是社会的一面镜子，这里反映了个人以及集体的种种社会关系，所以此公墓的设计并非孤立地考虑此公墓，而是通过空间干预联系人类的缅怀情绪。此项目是荷兰阿姆斯特丹的一个公墓，也是迄今为止荷兰最大的公墓，占地33公顷，包含超过28000个坟墓。拥有约120年的历史，分三次更新建成，在2001年为了迎接新的变化，进行了再次景观更新。

2. 设计特质

（1）总体景观概念联系了三个彼此不同的、拥有强烈特征的空间区域，并保持其独特性。

（2）对于第二个更新区域，设计师采取了大胆的干预，赋予其新的定义。新的空间构架最大限度保留现有土葬区域。

（3）如今社会变得多样化，有人希望沿着这里的道路，找到埋葬自己的地方，但是也有人保存不同的意见。

（4）这里新增了线性构筑物，池塘和骨灰龛遍布在原有土葬区域间隙。

（5）桦树散落在整个区域中。65分区是第二次更新的一部分。这里是传统土葬区域，平行排列，保留原有边界，墓碑略高于地面，高低错落。此墓碑也许意味着多样性与个人意愿的共同表述，它非常统一，但是又具有凹槽可以放置牌位。

3. 图解分析

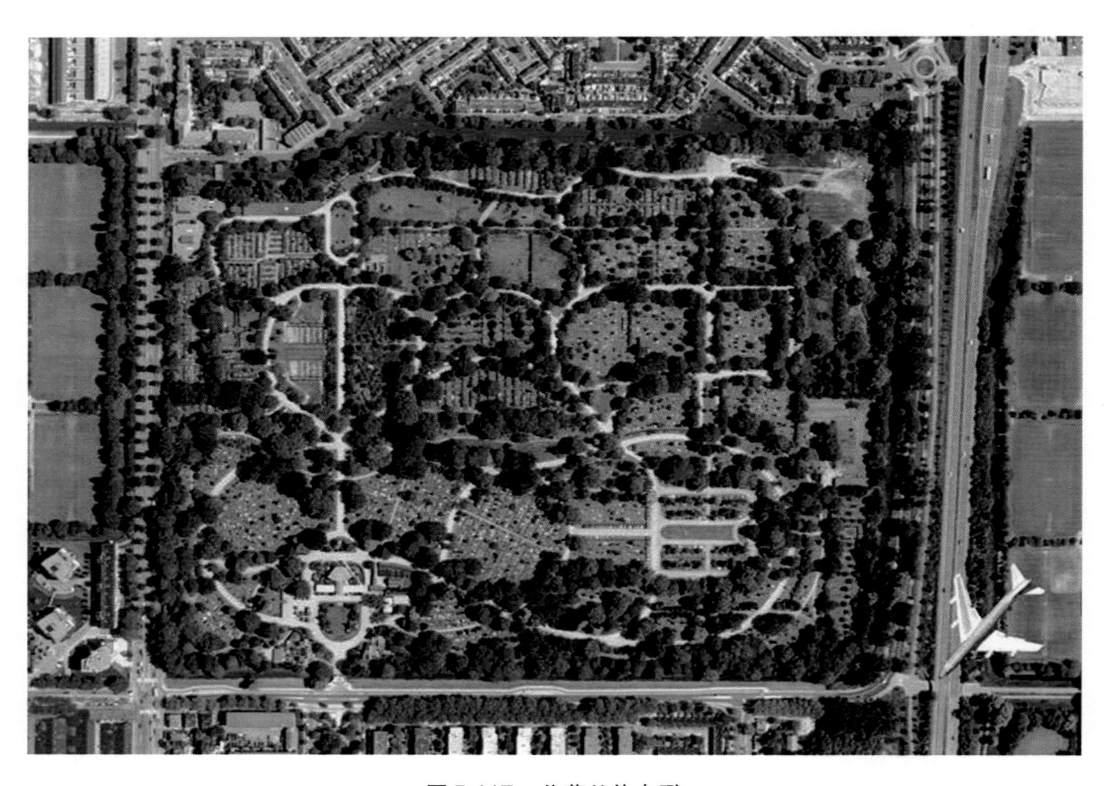

图5-117　公墓总体鸟瞰

图 5-118　87 分区鸟瞰

图 5-119　65 分区鸟瞰

图 5-120　“重释”的景观创意概念

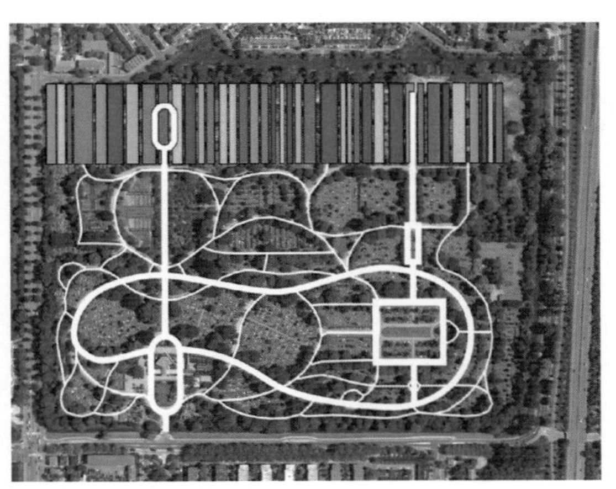

图 5-121　二次更新的平行线分区

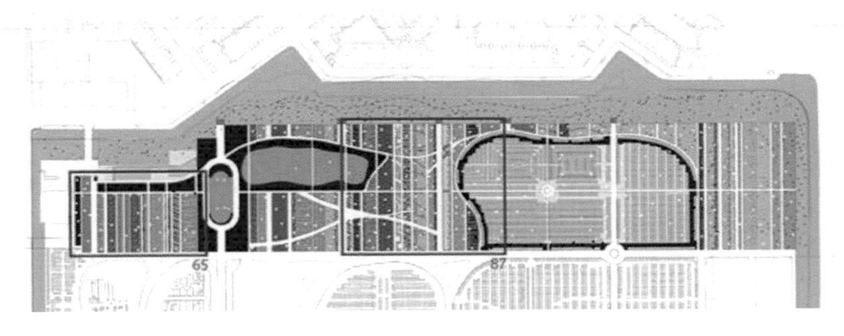

图 5-122　二次更新的分区规划

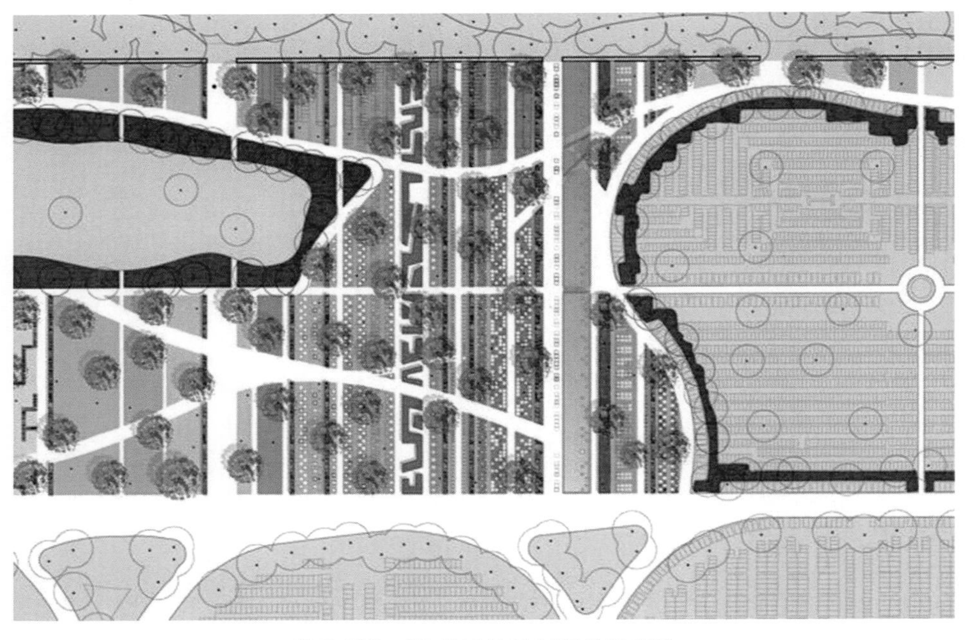

图 5-123　87 分区的骨灰存放处设计

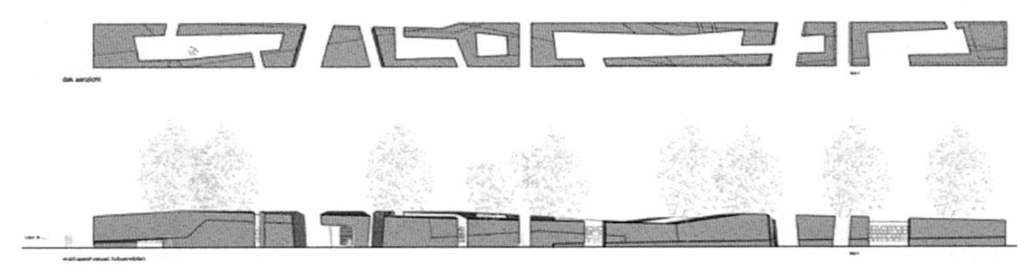

图 5-124　骨灰灵龛设计的顶视图和剖面图

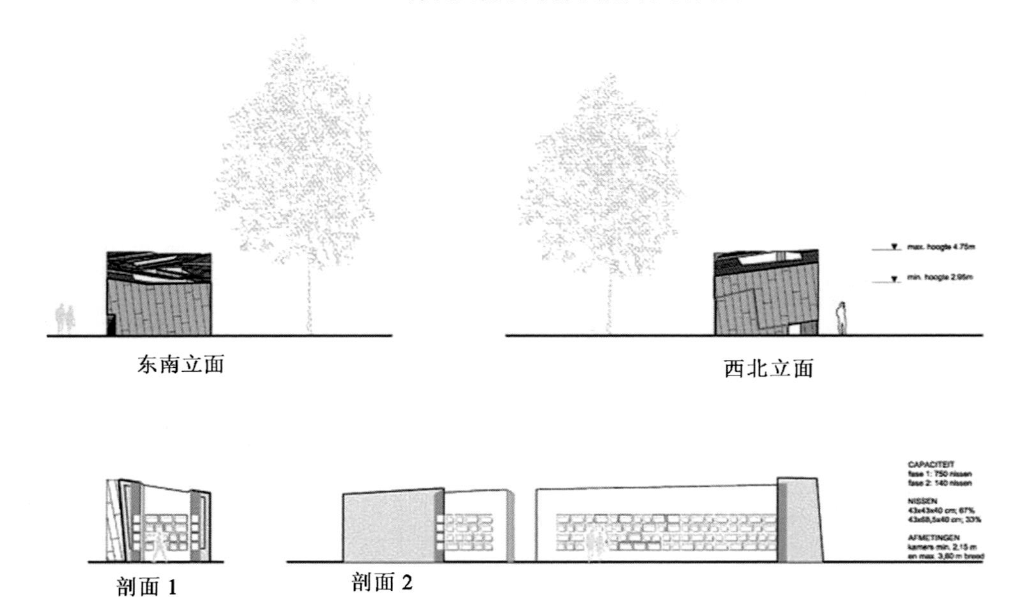

图 5-125　骨灰灵龛设计的正立面和侧立面图

图 5-126　锌面板的骨灰灵龛

图 5-127　骨灰灵龛内部

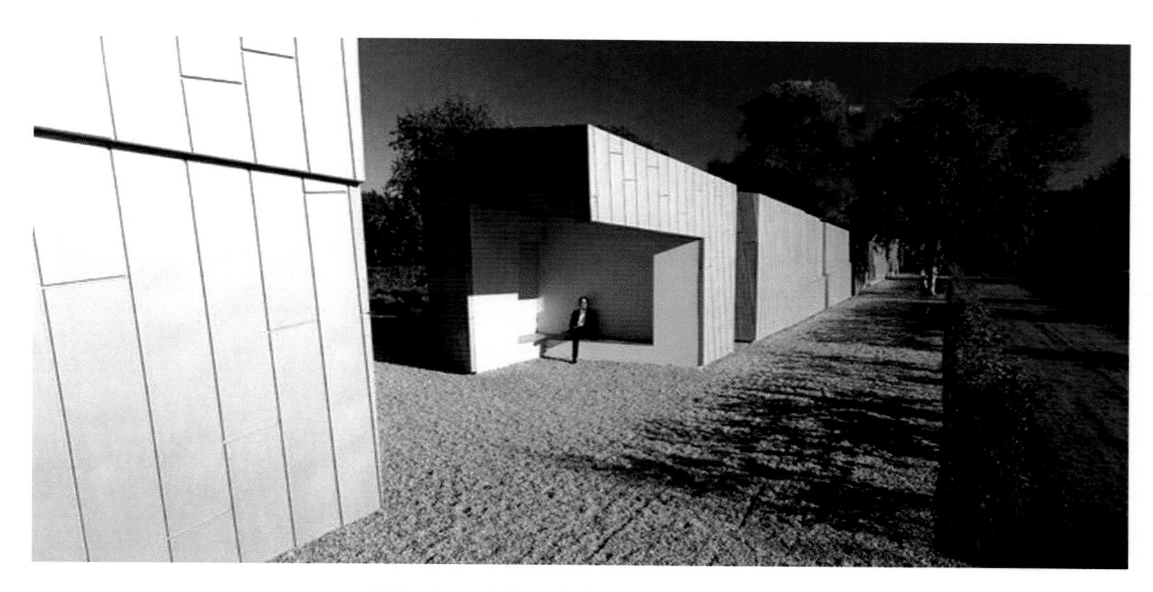

图 5-128　骨灰灵龛的沉思休息区域设计

图 5-129　池塘上的小桥强化了平行线这一特殊的设计元素

图 5-130　65 分区的埋葬室

图 5-131　墓碑淹没于开花的野草

图 5-132　平行布置的开花野草区域

图 5-133　65 分区埋葬室的景观细节:开花野草的嵌入

五、公共景观案例

(一)美国加州圣塔莫尼卡市 Tongva 公园景观设计(Santa Monica Tongva Park)

1. 项目概述

该项目位于美国的圣塔莫尼卡市,圣塔莫尼卡有知名的码头游乐园、商店聚集的购物大道 3 街以及极为现代的圣塔莫尼卡购物中心。Tongva 公园由著名景观设计师詹姆斯(James Corner)领衔打造,他最知名的作品是纽约曼哈顿的高线高架公园(Highline Park),将老旧的高架铁路改建成都市绿洲,在圣塔莫尼卡的 Tongva 公园即可看见他作品的独特魅力——"善于利用空间高低起伏,营造时尚的空中花园"——Tongva 公园这个 6 英亩大小的城市绿地以前是一个平坦的柏油地面的停车场。

詹姆斯 · 科纳事务所(James Corner Field Operations)将原有的停车场改造为一个连绵起伏的地形,配以郁郁葱葱的景观。该公园的设计方案是在经过一个宽泛的社区讨论与加工之后才完成的,且设计灵感来源于南加州阿罗约的自然河谷景观,那些因河流冲刷而形成的沟壑起伏的地形景观在设计中得以借鉴。重塑的草坪和花园空间中,拥有大量的植物景观以及活动区域,成为城市重要的休闲中心。

2. 设计特质

(1) Tongva 公园分为四个主要部分:观景之丘、探索之丘、园地之丘和聚会之丘。聚会之丘包含了一个大型多功能草坪,一个非正式的野餐区以及台地看台,为人们聚会和放松提供了一个开放空间。公园取名"Tongva",是为了纪念已在这里生活数千年的 Tongva 人的传统文化,这些文化与原始的清泉河流、当地的自然景观等紧密联系,小河沿地势缓缓流入海洋。空间内运用了大量的本地植物,植物的颜色随着季向变化产生不同的景观效果。

(2) 受到南加州自然景观的灵感设计而成

的特殊起伏、蜿蜒延伸的小路，让这个空间看起来要比实际的6英亩面积大很多，以使空间设置丰富，满足社区住户以及游客等不同类型人群的需求（图5-134、图5-135）。

（3）公园内最引人入胜的便是造型新颖的观景平台，离地约18英尺，曲线型网状凉亭，就像个编织的椭圆形篮子。人们可以站在原木打造的平台上，俯瞰一望无际的太平洋，聆听海洋的呼吸，还可以看到不远处的圣莫尼卡码头上的摩天轮以及海滩上的热闹人群（图5-136）。

（4）Tongva公园除了有俯瞰太平洋的观景台外，还有野餐区与儿童游乐区，是全家大小周末放松出游的好去处。儿童游乐区内亦有两个巨型溜滑梯，小朋友可从山丘上滑下，享受海边凉风吹拂。Tongva公园在市政府大楼前方，与知名的码头和观光区只相隔一条街，却少了拥挤的人潮与喧闹（图5-140）。

因为市政府不打算将公园打造为观光焦点，而希望它成为一个当地居民能散步、享受海边悠闲时光的好去处，因此，公园内有密集成群的大梧桐树、橄榄树、松树、榕树和草莓树，花草间蜿蜒的步道，可顺着连绵起伏的丘陵，来到广阔的草坪，在这有野餐桌和长椅，民众可在小树林间乘凉（图5-137）。

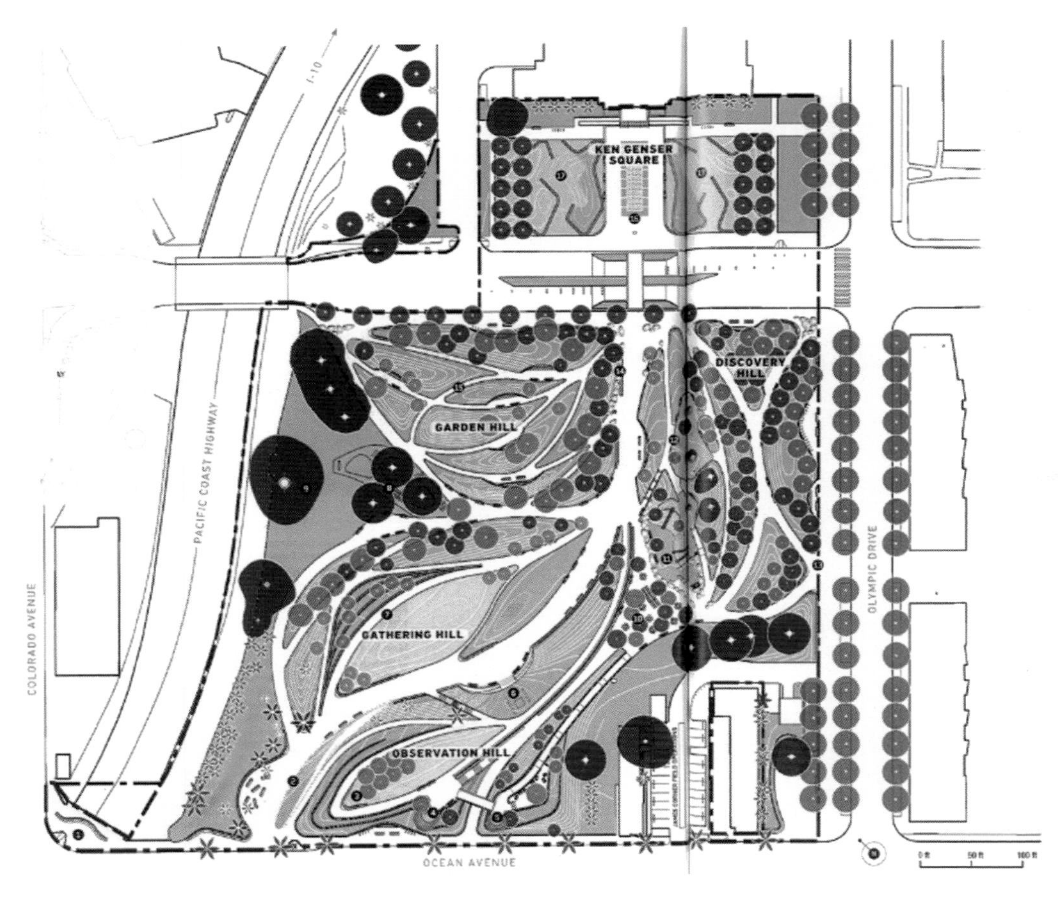

图5-134 景观概念设计总平面

图 5-135　鸟瞰实景照片

图 5-136　实景照片(1)

图 5-137　实景照片(2)

图 5-138　实景照片(3)

（二）美国纽约布鲁克林植物园游客中心（Brooklyn Botanic Garden Visitor Center）景观设计

1. 项目概述

布鲁克林植物园是一种不同寻常的博物馆，是不断变化中的精美展示。作为一个“人造”的自然环境，植物园的发展完全依靠人造的基础设施。纽约的布鲁克林植物园里面包含有各种各样的景致，散布在诸如日本园、樱花步道、奥斯本花园、观景平台和克兰福德玫瑰园之间。布鲁克林植物园以绿洲的姿态存在于城市中，通过逐渐上升的护坡道和树木与其周边隔离开来。

布鲁克林植物园游客中心建立了一个梦幻般的城市与花园之间的公共接口。这个景观设计把当代现场工程技术和可持续性的景观与园艺设计融合在一起，标志着植物园的百年纪念，展示了这个机构对环境管理和保护的承诺。作为植物园的一个无缝的可居住的延伸，这个建筑客厅屋顶的设计合并了景观与建筑，重新界定了游客与花园、展览与运动、文化与培养之间的物理和哲学关系（图 5-139）。

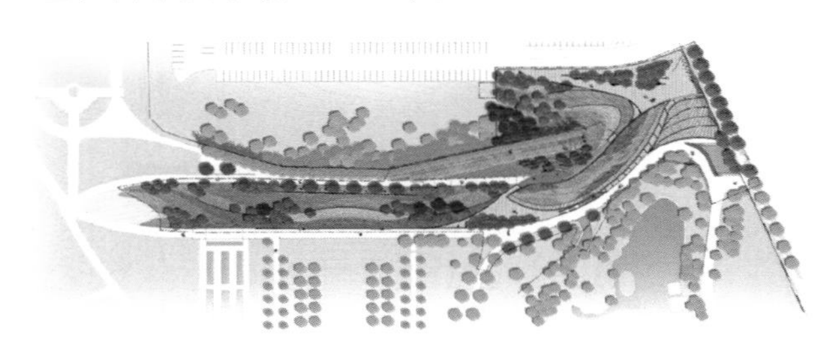

图 5-139　概念设计总平面

2. 设计特质

（1）景观水采集功能是在护堤交织的树林、平原和湿地本地植物中引导、收集、过滤和渗透雨水径流。建筑的景观非常有艺术性，在吸收和保持雨水方面也很实用（图 5-140）。

（2）为了吸引游客们对这些世界级植物的兴趣，布鲁克林植物园游客中心提供了一个清晰可见的到达点和方向点，一个花园和城市之间、文化与文明之间的交接点。该游客中心成为一个宜居的地点，并成为界定城市和这个占地 52 英亩（$21.06hm^2$）的人造景观花园两者之间的新门槛（图 5-142、图 5-143）。

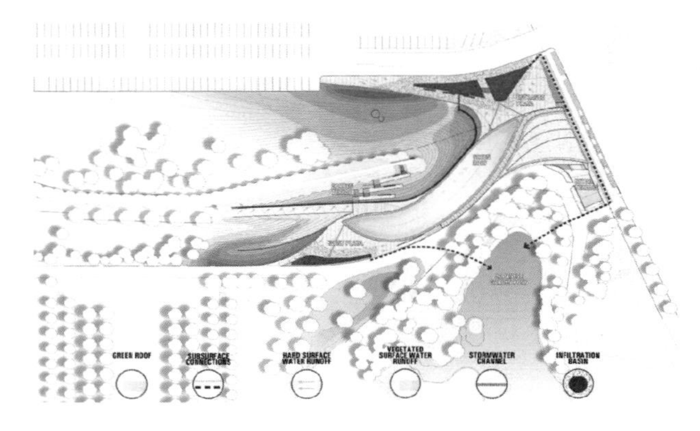

图 5-140　雨水采集分析图

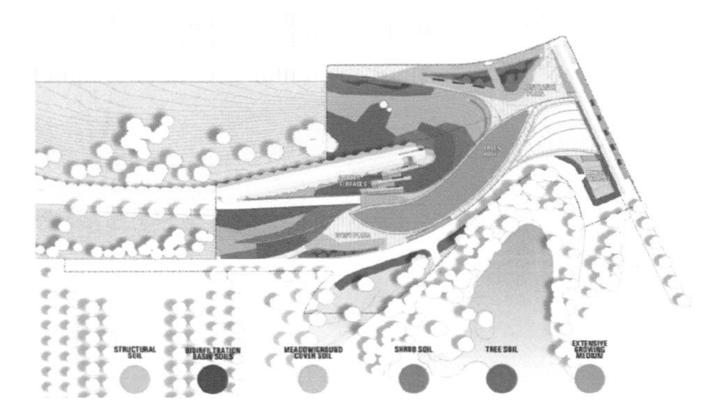

图 5-141　土壤结构分析图

（3）其游客中心由 HMWhite 设计。该中心与植物园中间存在一个公共通道，设计融合了当代工程技术和可持续景观园艺设计，标着百年花园的历史，并为该机构的环境管理和保护做出有效承诺。

（4）该项目整合建筑与景观，将屋顶和 3 英亩的植物园景观文脉交织。建筑物蜿蜒的形式与山坡上的花园融合。该项目所采用的生态工程和园艺设计为第一款 BBG 高性能植物园展览项目，提供了新的教学案例（图 5-144、图 5-145）。

图 5-142　屋顶绿化

图 5-143　游客中心入口处

图 5-144　隐于景观之中的建筑

图 5-145　建筑与景观合二为一

六、生态景观案例

（一）西班牙巴塞罗那巴琼垃圾填埋场景观修复设计（Landscape Restoration of the Vall d'en Joan Landfill Site）

1. 项目概述

这个自然公园的前身为垃圾填埋场，其景观修复改造向人们展示了现今社会对待环境应有的态度。该垃圾填埋场的历史可以追溯到1974年，主要处理巴塞罗那都市圈的垃圾，关闭之时，已经填埋了85公顷的范围，填补了山谷的三分之二高度。修复前最上层的垃圾就这么暴露着，和山谷的自然风景形成鲜明对比。

2. 设计特质

集合多学科（环境工程、地质、景观设计学、园艺学等）的技术力量，从技术层面制定出合理的工作策略，让这个地方得以新生。其修复工程从三个基本层面着手：解决复杂的技术问题；创建一个新的公共空间；创造一个新景观。

（1）根据垃圾填埋场的几何形状确定出需要稳定和防护的区域，然后布置管道收集沼气，并排除产生的渗透液。将垃圾填埋场做成意大利式的台地式园林，就像梯田一样，并能成为一个公共空间、一个都市自然公园，同时允许车行和人行多种道路。这里离人口聚集地不远，场地拥有道路和停车场是至关重要的。

（2）因为被修复后的场地形态和原始条件差距太大，所以在景观处理上，采用了农业耕地景观。农业景观可以很好地适应修复性的受损场地，是最合理也是最有效的方式。现在这里已经被变成一个农业景观场所。

地形处理是最基本的要素，布置的堤防工程和渠道可以保证新地形的稳固，在此基础上布置了养殖梯田、树木种植区、作物种植区。景观设计师为场地补植了低维护的、耐旱的乡土植物。植物种类包括荆棘、灌木、大乔木等。同时，在林间间种豆科植物，促进场地的生态系统的维持（图5-146）。

（3）雨水径流被引入雨水蓄水池，同时用沼气产生的动能驱动灌溉系统，而且作物田随着时间的推移，会变得更巩固。或许在遥远的将来，这里会完全融入自然公园以及周围的景观。这背后的意义不仅仅是对景观的追求，也向人们展示了新社会对待环境应有的态度。

（4）这里也开设了信息中心，同时占据最好的位置，可以让游客查看恢复工作情况。

3. 图解分析

图5-146　概念设计总平面

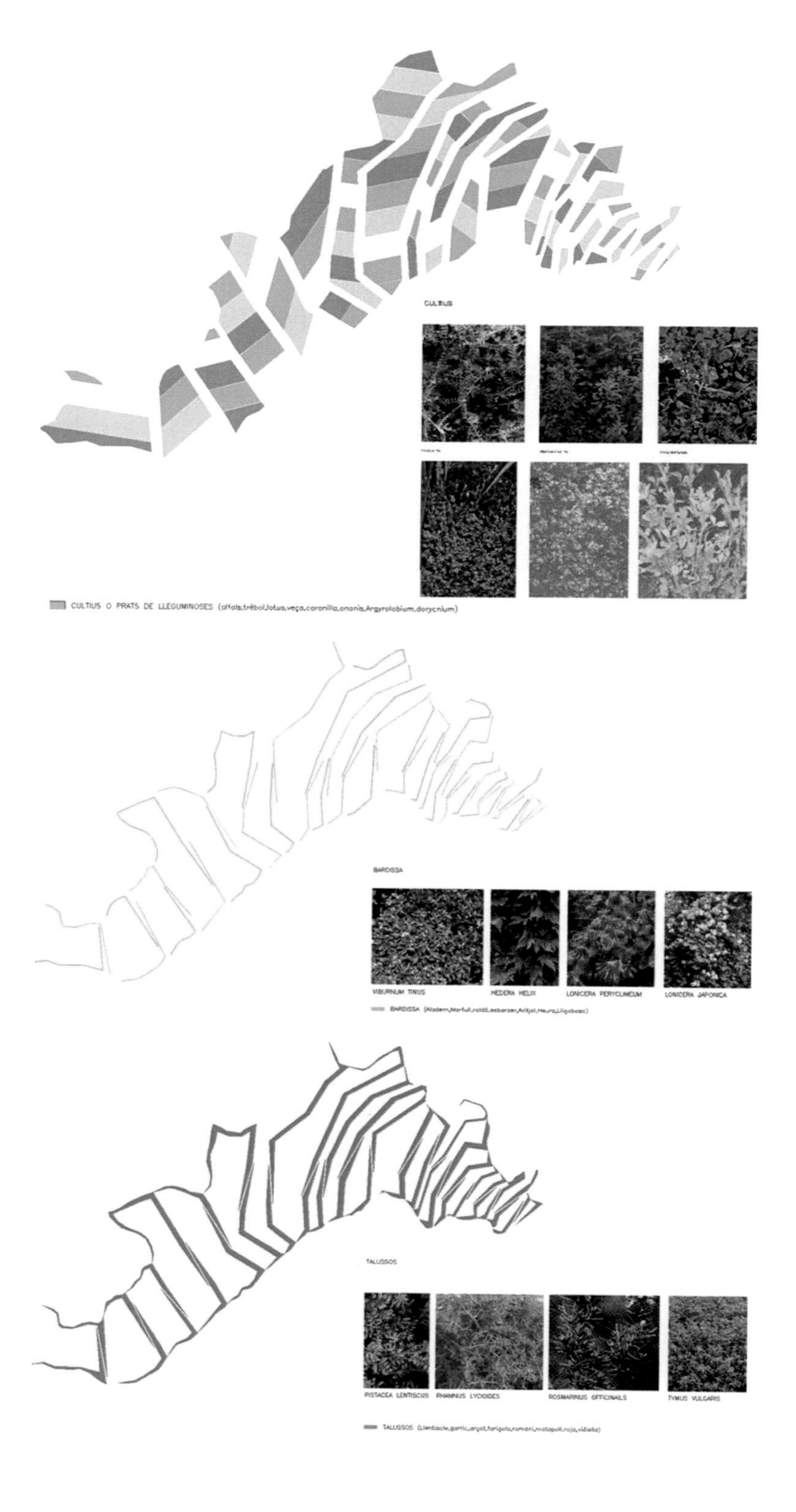
CULTIUS
CULTIUS O PRATS DE LLEGUMINOSES (alfals,trèbol,lotus,veça,coronilla,ononis,Argyrolobium,dorycnium)
BARDISSA
VIBURNUM TINUS
HEDERA HELIX
LONICERA PERYCLIMEUM
LONICERA JAPONICA
TALUSSOS
PISTACEA LENTISCUS
RHAMNUS LYCIOIDES
ROSMARINUS OFFICINALS
TYMUS VULGARIS

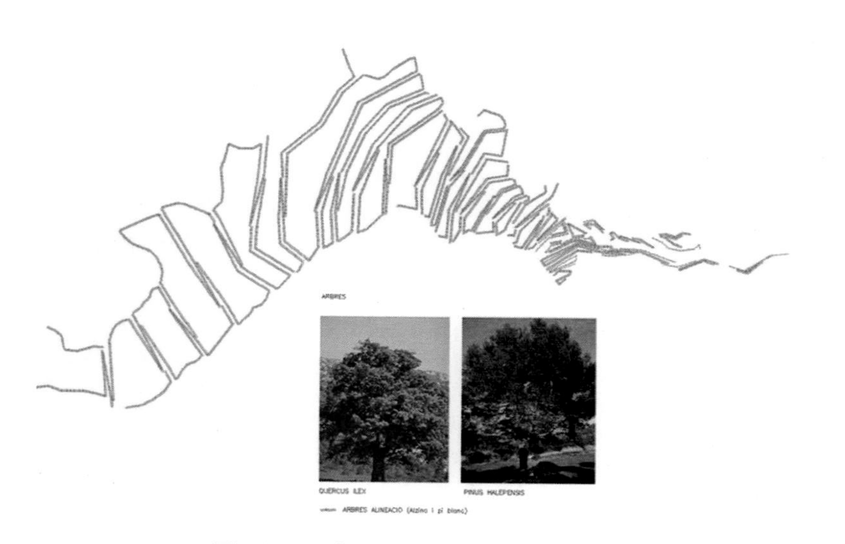

图 5-147　地形处理与种植区块解析图

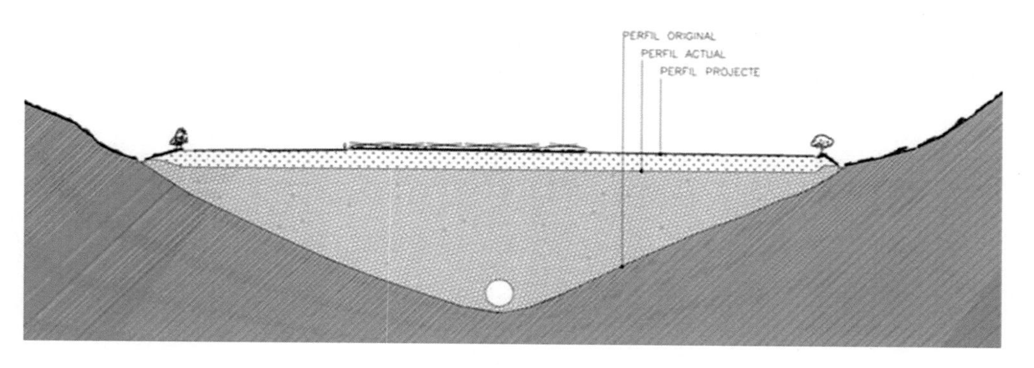

图 5-148　排水剖面示意

图 5-149　鸟瞰实景照片

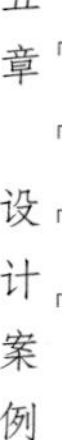

图 5-150　景观设计细节

（二）墨西哥蒙特雷市钢铁博物馆（Museum of Steel）景观修复设计

1. 项目概述

1986 年，这里还是墨西哥蒙特雷市前钢铁厂的 1.5 公顷扩建之地，11 年后，钢铁厂退役变身为钢铁博物馆，并成为当地的焦点，每年接待超过 200 万的游客。不知道下一代及年轻的游客们能不能记得这里的历史。景观师接手项目后期望在用地上表达出场地的精神，体现出前工业的辉煌，营造出戏剧性的景观。70 米的高炉结构被保留并被强调，在周边补充系列新的现代景观（图 5-151）。

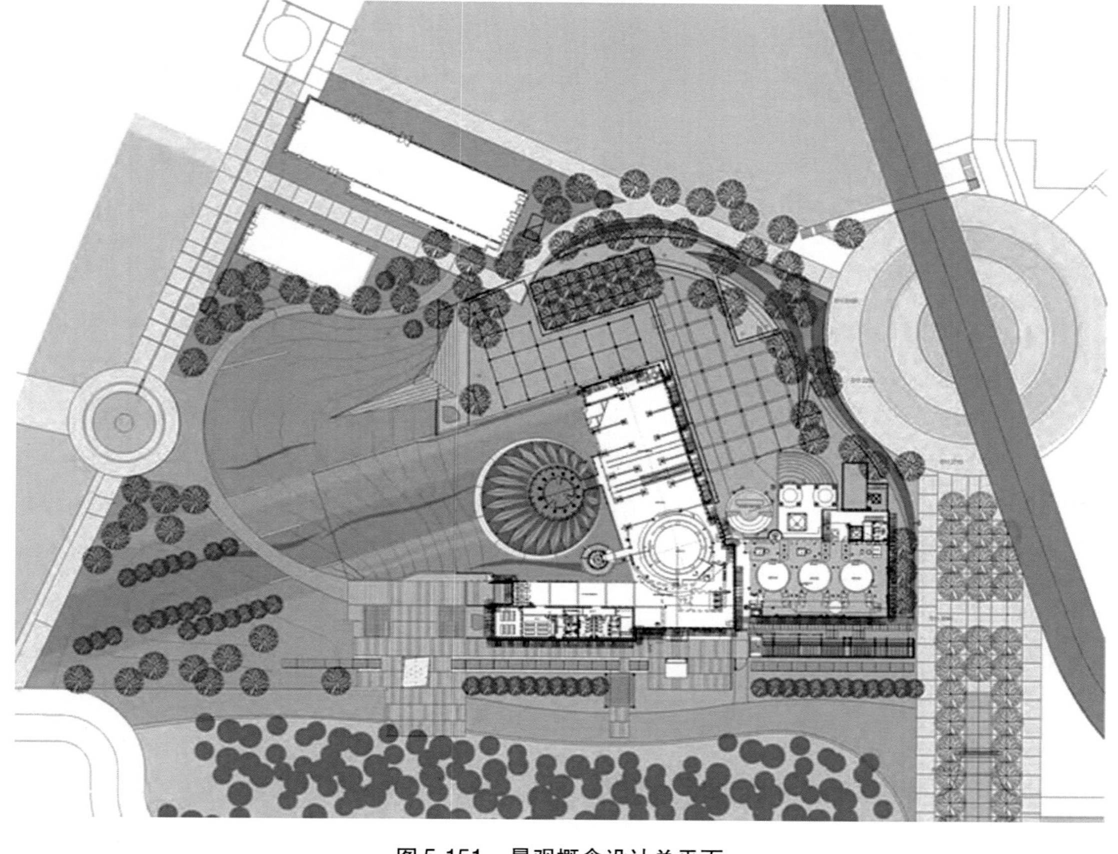

图 5-151 景观概念设计总平面

2. 设计特质

（1）场地关于钢的历史是一项重要的叙事元素。用到的钢材也是就地回收利用，广泛用于公共空间的定义，划分喷泉及台阶。土方工程产生的基石等材料也以绿色生态的方式进行了再利用。

（2）整合现场雨水径流，将雨水导入地下蓄水池，在旱季可为水生植物和湿地植物提供灌溉。两个水景属于主要景观，并定义定位为公共空间。主路旁利用了以前的钢板做成200米长的水道，并与以前的运输轨道进行视觉化联系。尽头的一侧设置了大块岩石和喷雾喷泉，这在炎炎夏日给游客带来惊喜。

（3）博物馆的屋顶绿化堪称拉丁美洲最大屋顶绿化系统。屋顶绿化有效地降低了建筑的视觉冲击力。高炉亦从新的地面上拔地而起，在一处安放了一个大圆屋顶，上面种满各种耐旱植物，中间设置了一个好像漂浮着的圆观景台。这里可为游客提供开阔视野。下方绿植为中高草甸，形成一个连续生态的景观，并增加了建筑结构的热工性（图5-152）。

图 5-152　实景照片

（三）美国洛杉矶 Piggyback Yard 工业景观改造可行性概念设计研究报告

1. 项目概述

本项目是将占地 125 英亩的铁路站场改造成有益于河岸生态环境的新景观，在供公众使用的同时，还能在洛杉矶中央河道流量最大时保持水力性能。研究列出了将 Piggyback Yard 从一个具体的工业景观改造成“河流目的地”的开发和水文项目。“河流目的地”是一个宏大的改造性景观，是复兴洛杉矶河道的基石，是城市重建的催化剂。

2. 设计特质

Piggyback Yard 代表了模式的转变，标志着该地区 20 世纪发展过程（为了实施便利和短期利益而规划土地）的终结，也标志着大型基础设施转变的重要性，这种转变让社区和环境获得了长远利益。

Piggyback Yard 的概念规划建立在四个原则上：改造位于市中心的洛杉矶河；创造足够大的公共开放空间；连接附近的社区；建立一个供人们居住、工作、学习、娱乐的多样化充满活力的社区。Piggyback Yard 的选址为提高东洛杉矶社区与市中心的联结性提供了绝妙的机会。至于与河对岸缺乏联结性的问题，场地周围的街道为步行者和骑自行车的人提供了重要的连接通道。场地与河流将为沿岸和对岸的河堤提供新的连接点。作为一个混合的景观，该项目在持续提高城市流动性上扮演了重要角色，为社区主导型发展模式创造了机会。

Piggyback Yard 可行性研究概括了将 Piggyback Yard 从一个混凝土工业景观改造为一个以洛杉矶河作为主要建筑特色的“河流目的地”的开发和水文项目。Piggyback Yard 的场地范围和滨临洛杉矶河的位置让河流能恢复一部分自然特征，为强化社区、在重新发展中提高经济繁荣创造了机会。

如果 Piggyback Yard 得以重建，就能使洛杉矶河复原，对位于市中心部分的河流来说，这是唯一的方法。因此，河流流入 Piggyback Yard 的设计方案必须平衡水文、生态、文化和经济方面的利弊。该项目的水文计划提供了额外蓄洪，消除了目前位于泛滥平原范围内的周边建筑被洪水淹没的危险。水文计划包括水质改善措施，比如径流和水处理系统、创建生态环境、增加沿岸的植被和改造软土基底。蓄洪、水质和生态环境的改善将 Piggyback Yard 与洛杉矶河紧紧联系在一起，提升河流的生态性能，缓和场地的环境危机，在洛杉矶河上建立一个供人们居住、工作和娱乐的新地方。

最后，Piggyback Yard 项目为今后涉及基础设施、开发和开放空间的类似项目打开了机会大门，成为推动该城市发展的催化剂。

3. 图解分析

（1）Piggyback Yard 和洛杉矶河：Piggyback Yard 的场地范围和滨临洛杉矶河的位置让河流能恢复一部分自然特征，为强化社区、在重新发展中提高经济繁荣创造了机会（图 5-153）。

图 5-153　景观构想

(2) 改造一个铁路站场:该项目区域包含一个125英亩的铁路站场——洛杉矶运输中心(LATC)以及各式各样邻接的、主要位于边缘上的小型轻工业建筑,总面积为177英亩(图5-154)。

图5-154 场址现状

(3) 河流目的地:让不同人群都能进入这个独一无二的城市河滨景观,搭建起了东西洛杉矶之间的桥梁,并将恢复湿地、创建公共用地、滞洪和开发一个适宜居住的洛杉矶河社区合为一体(图5-155)。

(4) 探索设计概念:经过对两个概念总体规划书——“河流链”(River Strand)和“宽河”(Broadened Rive)(每一个采用不同方式处理洪水衰减和创建生态区)进行初始评估之后,制订出第三个“浮岛”(Island Overflow)方案,将前两个方案的利益最大化(图5-156)。

(5) 开放空间开发平衡:方案致力于与将现有街道和邻近建筑最大程度地连接起来(图5-157)。

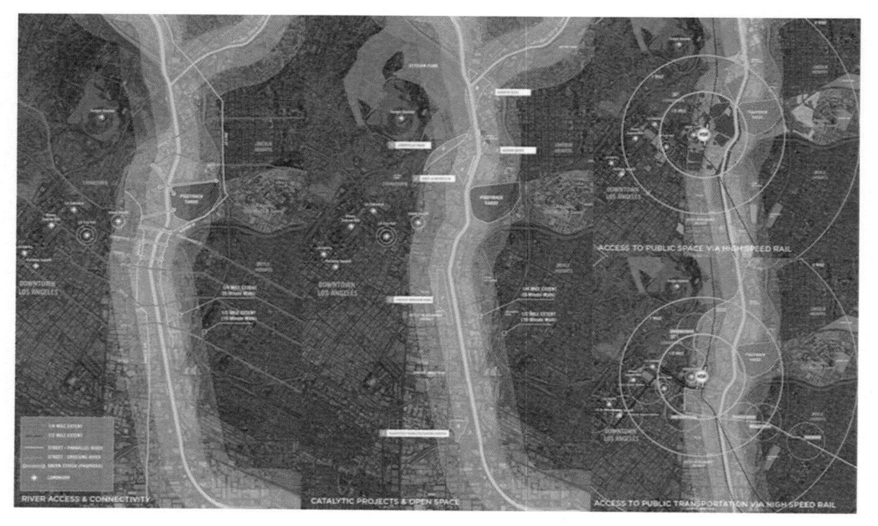

图5-155 功能解析

图 5-156 概念生成

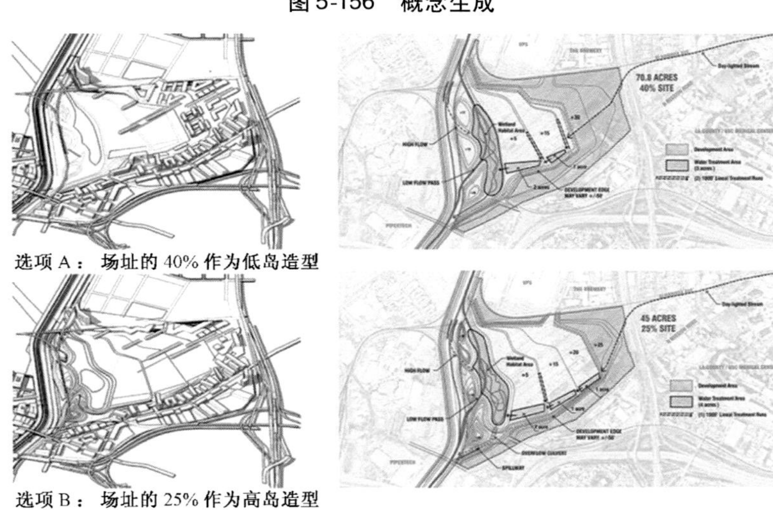

图 5-157 开放空间建构

（6）一举多得的解决方案：这个河流复兴计划提供了一个一举多得的方案来解决城市化对环境的多重影响，成为推动城市重建的催化剂（图 5-158）。

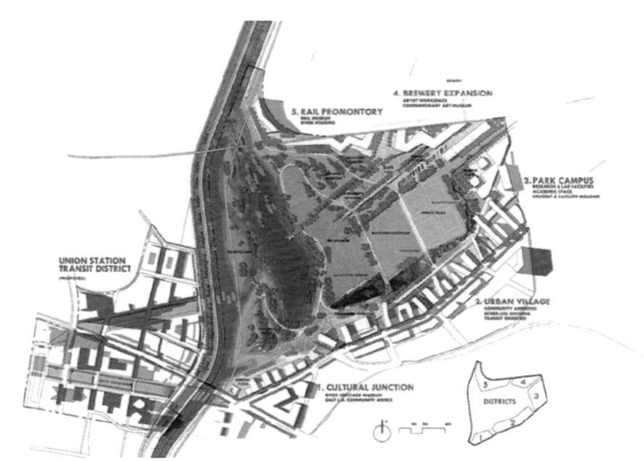

图 5-158 Piggyback 概念规划总平面

图 5-159 概念规划鸟瞰构想

（7）城市的韧性与生命力：由于洛杉矶河经过了城市的许多地方、社区和自然区域，Piggyback 景观涵盖了洛杉矶工业走廊是其独有特色之一（图 5-159）。

（8）暴雨应急处理：最大程度地使用 125 英亩的铁路站场，对河道进行大规模修改，以创建一个有利于河岸生态环境的新地貌，在洪流高峰期既能维持水力性能，又能允许公众入内的观景（图 5-160）。

（9）提高水质：Piggyback Yard 场地通过一系列改善措施提高水质，包括场地土地使用改造、提高洛杉矶河的生态功能和暴雨雨水处理技术（图 5-161）。

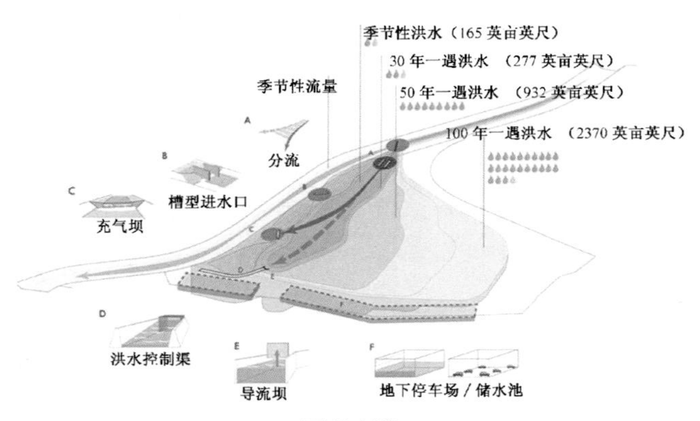

图 5-160

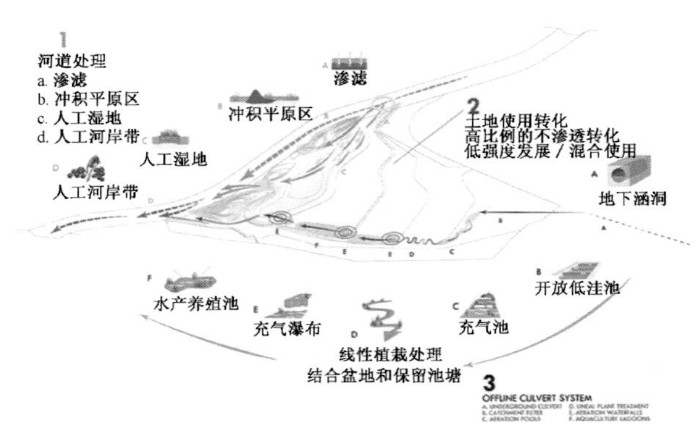

图 5-161

（10）联结性：至于与河对岸缺乏联结性的问题，Piggyback Yard 的选址为提高东洛杉矶社区与市中心的联结性提供了绝妙的机会（图 5-162）。

（11）场地规划：按到达河流的高度和距离进行规划，用途小的建筑建在地势较低处，建筑密度随着高度和人群的增加而增大，确保生态环境的整洁，将修建费用降到最低，允许公众进入，并强调场地和河流的关系（图 5-163）。

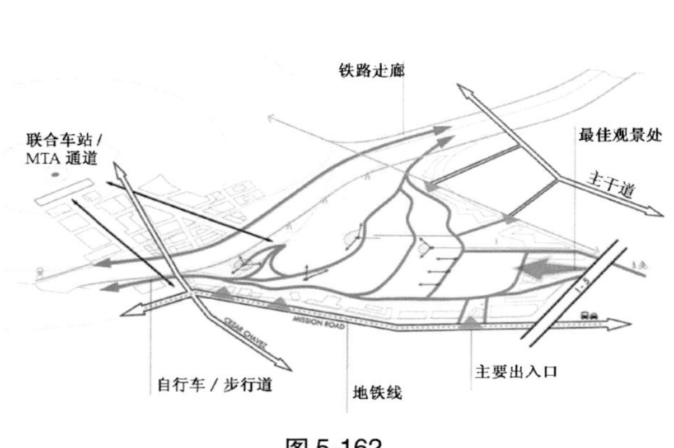

图 5-162

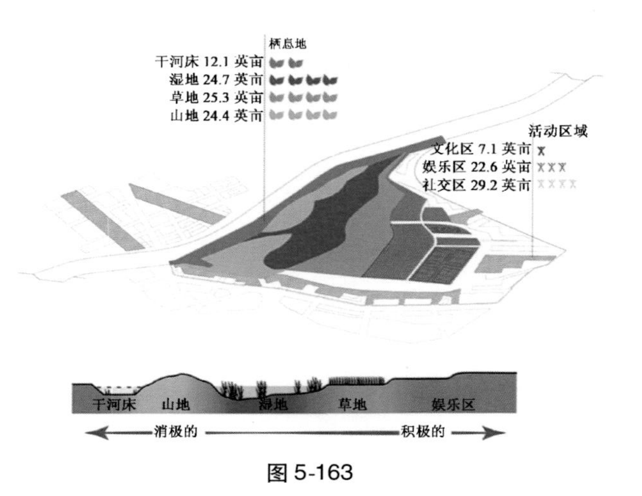

图 5-163

（12）重新检验洛杉矶河：城市必须计划对基础设施系统进行重新检验，以应对城市化和气候变化带来的更加频繁剧烈的风暴（图 5-164）。

（13）有助于互动交流：对洛杉矶河进行改造，使社区和生态环境得到共同改善，为人与自然和谐交流创造了重要机会（图 5-165）。

图 5-164

图 5-165

（14）一个新工业景观：这座城市正在一步步搭建起与不断增加的住宅区兼容的新工业区，该工业区更清洁无害、更密集、经济更强健，并为技术发展和可持续/再生能源研究中心提供赞助（图 5-166）。

图 5-166

（15）改变模式：Piggyback Yard 代表了模式的转变，标志着该地区 20 世纪发展过程的终结，也标志着大型基础设施转变的重要性，这种转变让社区和环境获得了长远利益（图 5-167）。

图 5-167

（四）美国波特兰 Zidell 街区绿色基础设施方案（Zidell Yards District-Scale Green Infrastructure Scenarios）

1. 项目概述

该项目在 2014ASLA 分析与规划专业奖评语中得到如此评价："项目聚焦展现了景观设计师在引领城市街区的开创性设计与规划中所具有的巨大潜力，从各种尺度到暴雨雨水系统再到换乘枢纽均参与其间。经过深思熟虑对各个系统和策略进行整合，展现了极具生产力的设计手法，涵盖了生态街区的思维，为更大范围的项目奠定了基础。项目不设限，解决了各种问题，比如暴雨雨水泛滥和经济的潜在发展，向人们展现了景观设计师对于更加美好的城市的愿景，融合了想象、设计与解决方案。"

该项目场地是美国俄勒冈州波特兰市五个生态街区之一。景观设计师带头组建一个合作工作室，致力于制订三个不同的场景方案。以下三个场景方案均采用绿色基础设施，融入过滤和地表引流系统，最终远超暴雨雨水管理的标准，完成了极具创意的棕地修复方案，为社区带来各种效益。

2. 设计特质

占地 33 英亩的 Zidell 街区，是美国俄勒冈州波特兰市最大的棕地地块之一，项目针对场地修复和再开发提出绿色基础设施的解决方案，其目标在于为棕地的二次开发提供综合性的绿色基础设施解决方案。设计团队为了成功地完成项目，列出了以下五大目标清单：针对棕地修复独特的场地环境提出可变通的解决方案、支持环境保护署为绿色基础设施达成的决议、融入当前暴雨雨水管理的可持续技术、探索大范围的绿色基础设施理念、最小化或者消除新建排河口管道的需求。

为了制订可信度高、考虑周全的方案，每个计划都必须达到项目和设计构想的目标。景观设计师将重心引导到绿色基础设施解决方案的放射网络和聚焦网络的比较上。这一比较为三个场景方案奠定基础，这些最后都被整合进未来棕地开发的绿色基础设施所需的一系列解决方法里。团队采用业主提出的概念化总体规划。绿色基础设施网络依据不同的方案主题被整合进总体规划的框架里。三个场景方案，即"弥漫 + 嵌入"、"聚集 + 突显"、"中心 + 聚焦"。

"弥漫 + 嵌入"的方案收集、传达并对 Zidell 街区附近的暴雨雨水做出处理。作为平均分布的网络，场地的绿色基础设施采用整合式技术网络对暴雨雨水进行最大化过滤，融入了生态屋顶、渗透式铺装和小型绿植设施等。暴雨雨水收集和过滤系统模仿了本土湿地，建造了小型绿植网络设施。V 字形沟渠、洼地和沟渠盖形成相通的网络，将水池连接起来，在公共空间和私人领地上收集和引流暴雨雨水。这一理念结合特定的植物配置，最终落实后，将确保未来每栋建筑都能与原有的系统布局相融合。放射的网络有着极强的变通度，适应各种特定的棕地条件。"弥漫 + 嵌入"系统的收集容量催生了许多次级分散效益，比如丰富的绿植洼地、更大容量的存储、用于建筑功能和灌溉的水体二次利用等。绿色基础设施技术的分散运用营造了统一的定位和场所感。

"聚集 + 突显"的方案通过暴雨雨水次级区域或者住区范围的管理，对集中式和分布式的系统进行了整合。这一管理技术是针对建筑群落特别定制的，进而营造了与众不同的管理区域和住区。这一系统主要是12英寸深的城市暴雨雨水种植池。暴雨雨水引流网络可见于更小一些的暴雨事件，雨水将流过屋顶，穿过广场，最终到达绿植种植池。这一理念为接下来的15～20年内的开发提供了可变通的较小的次级区域暴雨雨水网络。这一网络可以整合较低的首期资本的投入，同时将一些大型设施的建造效率最大化。

"中心 + 聚焦"的方案里，暴雨雨水通过开放的沟渠网络流向区域大型的集中式设施。建筑物和路面区域的暴雨雨水在进入大型整合式设施经过处理和过滤之前，先在次分集水区进行收集。这些暴雨雨水设施均采用24英寸深的几何种植池的形式，与周边的广场空间相互融合。绿色屋顶和渗水路面铺装的缩减，在较小的暴雨发生时，促进更多的沟渠引流，提升了雨水的可见度。较大的暴雨发生时，泛滥的雨水通过一系列水堰进行径流排放，从陆地流入威拉米特河。绿色基础设施超大的尺度不仅提升了视觉效果，还强化了娱乐功能和雨水引流的湿地价值。

该项目的设计价值在于绿色基础设施的设计原则并不局限于棕地场地的环境，而是能够转化进新开发和二次开发以及填充场景里。每个场景方案提供了切实可行的绿色基础设施解决方法，包括公共空间和私人领地，每个元素都能混搭进整个场地里，同时适应新型的开发项目。项目因为较高的可见性和市民强烈的参与意愿以及全市范围内暴雨雨水管理的示范意义，受到了各个市属管理机构，甚至包括市政官员的大力支持。

3. 图解分析

（1）总体规划：Zidell街区占地33英亩，是波特兰市最大的棕地修复和二次开发场地之一。此项目是波特兰市首个完整而复杂地整合了区域规模的绿色基础设施（图5-168）。

图5-168 总体规划

（2）生态修复：由于历史工业土地的使用，Zidell街区的场地和附近河流的沉积物受到了污染并被列入被俄勒冈州环境质量部门的清洁项目里，场地亦于2012年得到修复（图5-169）。

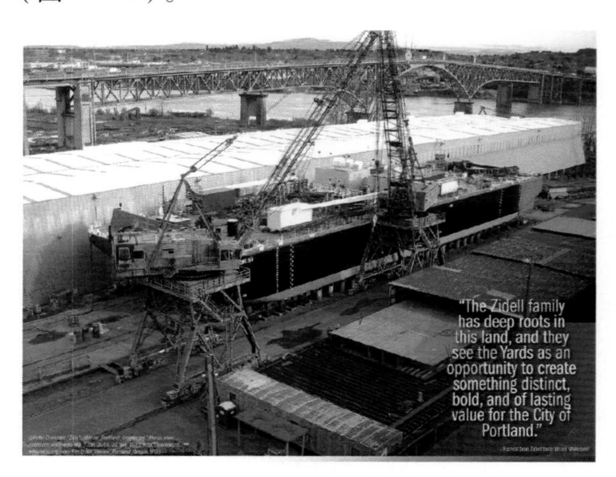

图5-169 场地现状与潜力

（3）环境因子：周边的各项因素推进了场地的动态开发，比如毗邻波特兰市中心、南部滨水区的近期开发、俄勒冈健康与科学大学的扩建、连接轻轨与北部的新桥枢纽等(图 5-170)。

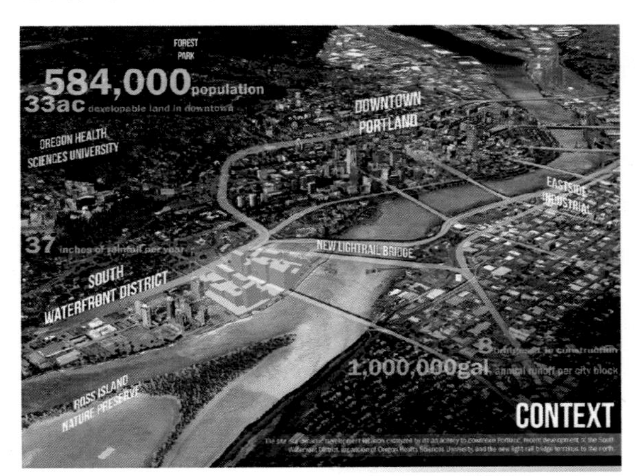

图 5-170　环境文脉

(4) 概念方案:概念图解标示出四个重点设计构思(混合了公共空间和私人领地的暴雨雨水策略、地表的暴雨雨水管理、绿色基础设施的整合、陆地至河流的径流排放)如何相互融合来降低修复场地的干扰(图 5-171)。

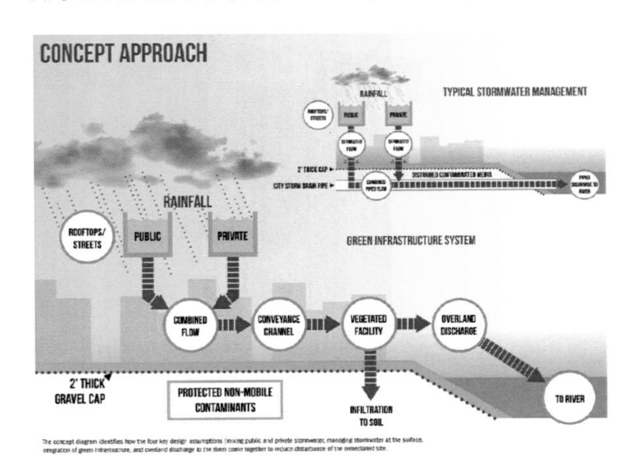

图 5-171　概念路径分析

(5) 暴雨引流:棕地的局限性对传统的地下处理方式——灰色管道基础设施提出挑战,三个场景方案均采用地表沟渠引流和过滤的网络设施来处理暴雨雨水(图 5-172)。

图 5-172　雨水引流

(6) 陆地排水:典型的管道排水口需要安装较大直径的管道和井盖,这将干扰污染媒介。为了更加彻底地探索陆地径流的排放,设计团队在三个场景方案里采用了三个不同的间接排放系统(图 5-173)。

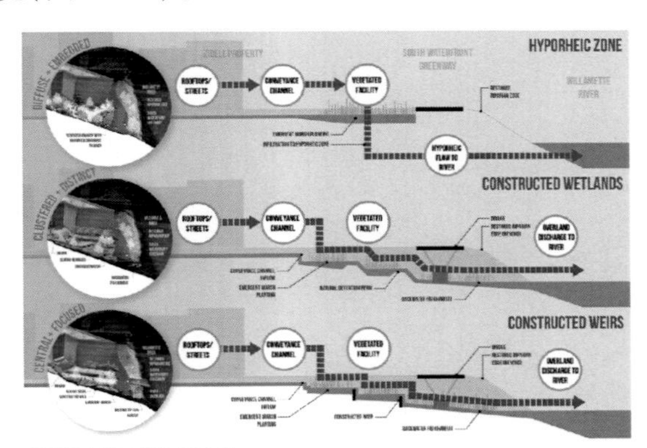

图 5-173　陆地排水

(7) 绿色基础设施工具箱:为了在源头聚焦暴雨雨水处理方案,设计团队很早就研发了绿色基础设施技术的工具箱,这些都能够整合进场地里,甚至能整合进相似的场地里(图 5-174)。

(8)“弥漫 + 嵌入”方案收集、引流并处理附近的暴雨雨水。小型绿植设施占地 2 英亩,深 6 英寸,处理了场地里的雨水径流,将处理后的雨水通过地表引流网络导入溢出场地(图 5-175)。

图 5-174　绿色基础设施工具箱

场地平均分布的绿色基础设施通过整合式技术网络将暴雨雨水过滤最大化，涵盖了生态屋顶、渗透式路面铺装、小型绿植设施。河床水池间接地将泛滥的雨水通过地下流排入威拉米特河（图 5-176）。

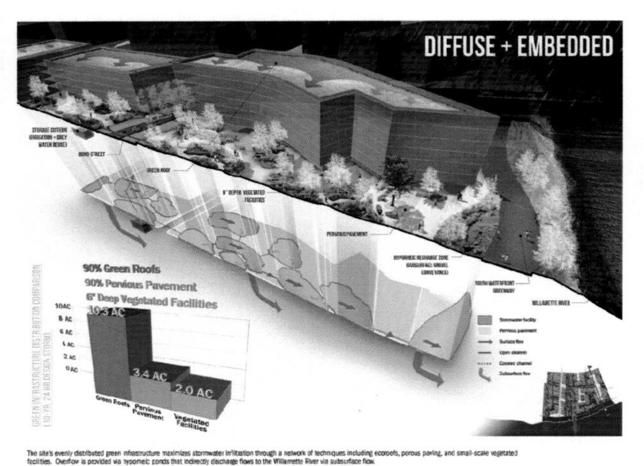

图 5-176　弥漫 + 嵌入

（9）“聚集 + 突显”方案通过次级区域或者住区规模的暴雨雨水管理整合了集中式和分布式系统。城市暴雨雨水种植池占地 1.9 英亩、深 12 英寸，收集、处理并过滤了不渗水区域的雨水径流（图 5-177）。

针对建筑群采用这一管理技术来营造与众

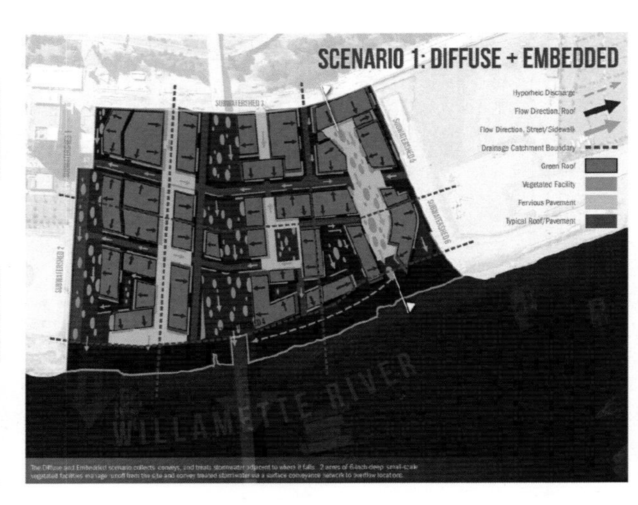

图 5-175　方案 1：弥漫 + 嵌入

图 5-177　方案 2：聚集 + 突显

不同的管理区域或者住宅小区。泛滥的雨水通过地表引流沟渠网络进入人造湿地综合体，继而间接排入威拉米特河（图 5-178）。

（20）“中心 + 聚焦”的方案将暴雨雨水通过开放沟渠网络导入大型集中式区域规模的设施，且几何式的暴雨雨水种植池占地 1.5 英亩，深 24 英寸，与周边广场空间相融合（图 5-179）。

暴雨雨水设施以大型几何式种植池的方式整合进附近的广场空间。发生较大暴雨的时候，泛滥的雨水得以通过一系列水堰实现引流并将陆地的径流排放进威拉米特河（图 5-180）。

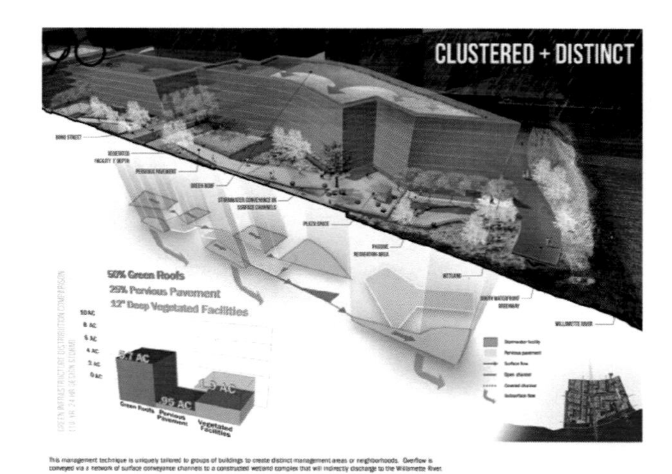

图 5-178　聚集 + 突显

图 5-179　方案 3：中心 + 聚焦

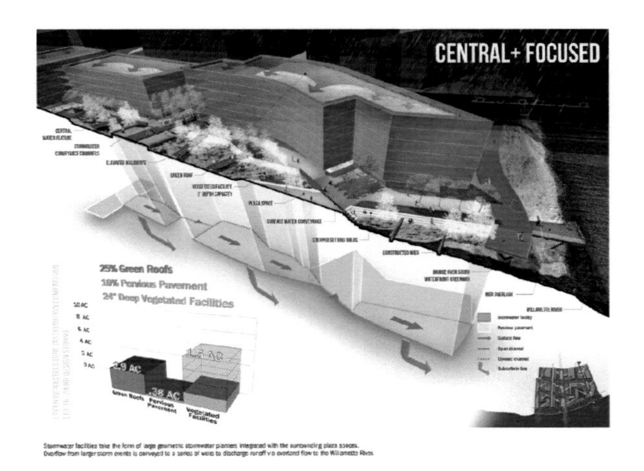

图 5-180　中心 + 聚焦

七、住区景观案例

（一）泰国曼谷（Ashton Morph Sukhumvit）38 住区景观设计

1. 项目概述

这个景观项目位于泰国曼谷的素坤逸路，是城市中心地带高层住宅的楼间绿地立体景观。鉴于现在的密度使得绿地的面积并不可观，为此景观设计师在 32 层楼高的建筑墙壁上设置了颇为壮观的垂直绿化，经过灌溉测试、实体模型等阶段，再结合屋顶平台，最终完成了一个可持续的垂直绿化表面。

2. 设计特质

项目坐落在曼谷宁静的高档住宅区，周边的住宅开发都是低密度的，因此这个高密度住宅在邻里关系中显得相当突兀与敏感。景观设计师采用了“整合”的政策，旨在创建一个与邻里关系和睦的视觉形象。在一层，公共和私人庭院间的边界被模糊，绿植边界替代了以往的实心墙边界，形成一个富有层次的尺度空间（图 5-181）。

建筑分为 A、B 两栋。底层有画廊与咖啡厅。因此主入口不仅是居民回家途径之地，也是社会与住宅项链的节点，在这样的空间中，亭台座椅有致地排放，硬质景观材料与软质植物材料共同组成平和安宁的空间（图 5-182）。

建筑师为居民开辟了空中花园。在建筑的东西两侧覆盖绿色的攀缘植物，这些植物不光有助于减少进入建筑的热量，还能使建筑与周边环境更加和谐。每个楼层安排了一个向外探出的植物花盆，在这些花盆中放置覆土深度仅需 600 毫米的抗风耐寒易维护的快生植物，同时为这些植物配置自动灌溉系统，良好的防水组织和无障碍的维护通道，确保其能够长期使用。

而且，在 32 层设置了三个区域：游泳池、草坪小屋、空间游戏站。

3. 图解分析

图 5-181

Open for **public access** and integrated to public **greenery context.**

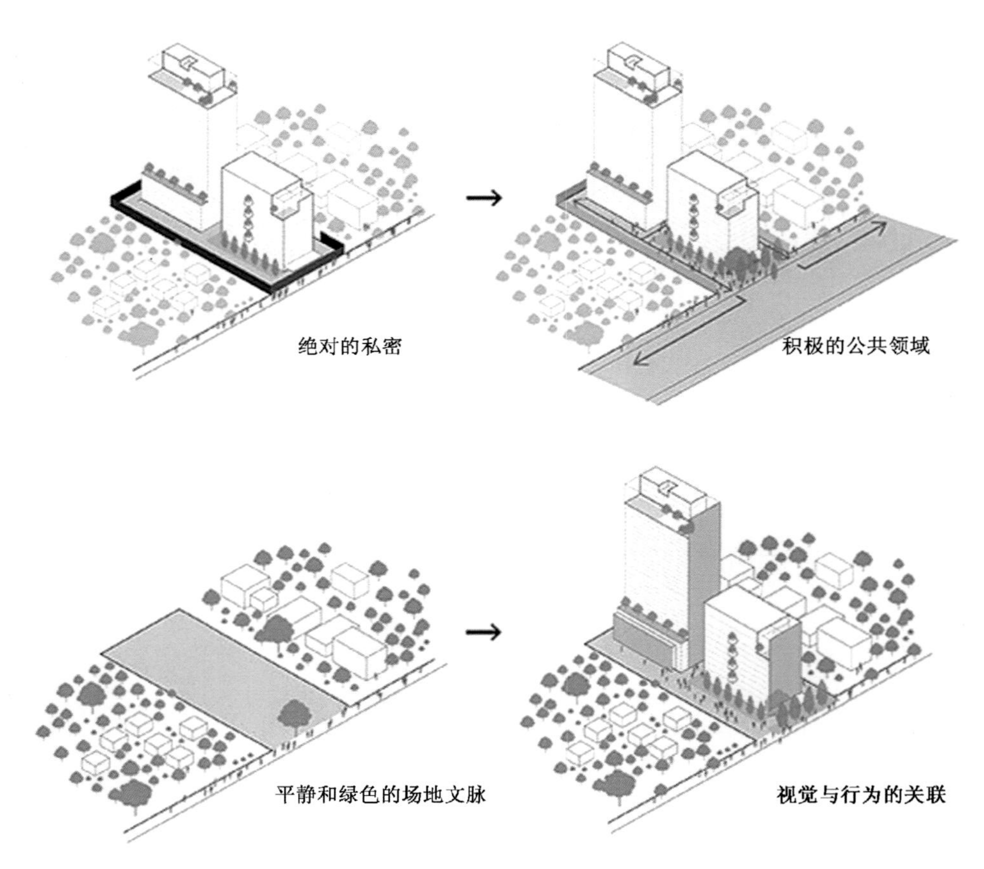

图 5-182　设计概念的可视化

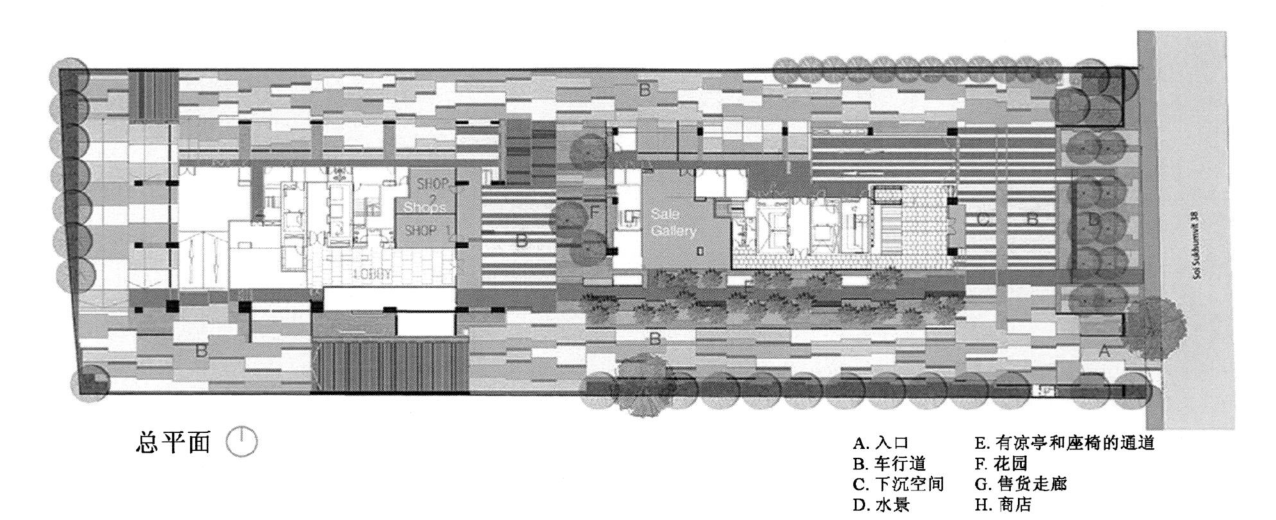

A. 入口
B. 车行道
C. 下沉空间
D. 水景
E. 有凉亭和座椅的通道
F. 花园
G. 售货走廊
H. 商店

图 5-183　地面层平面图

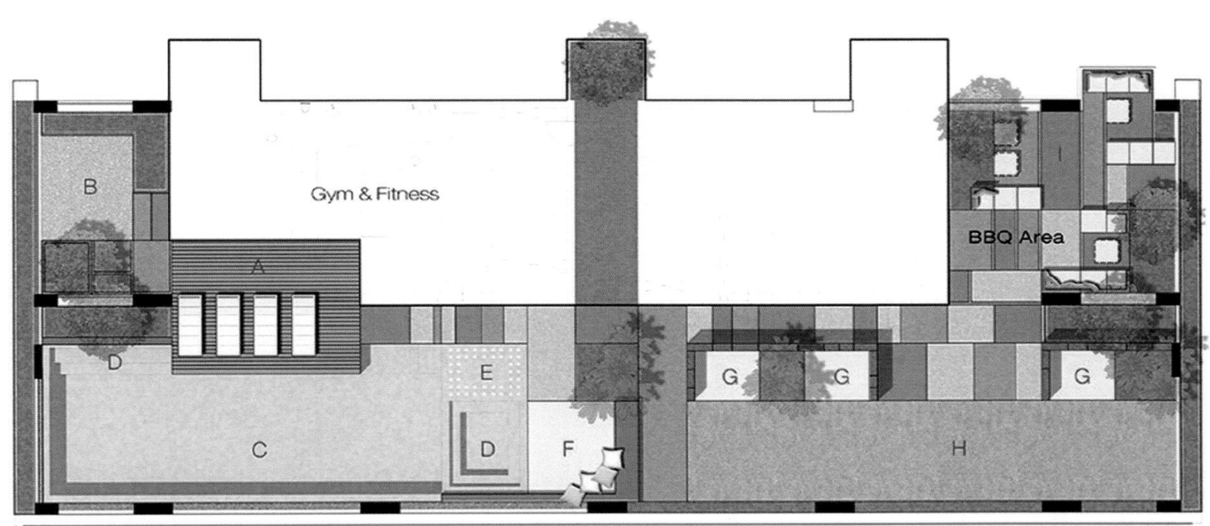

A. 功能层
B. 花园
C. 环绕水池
D. 波浪式浴盆
E. 儿童泳池
F. 座椅区域
G. 凉亭
H. 功能性草坪
I. 凹处空间
J. 游戏场

图 5-184　32 层泳池平面图

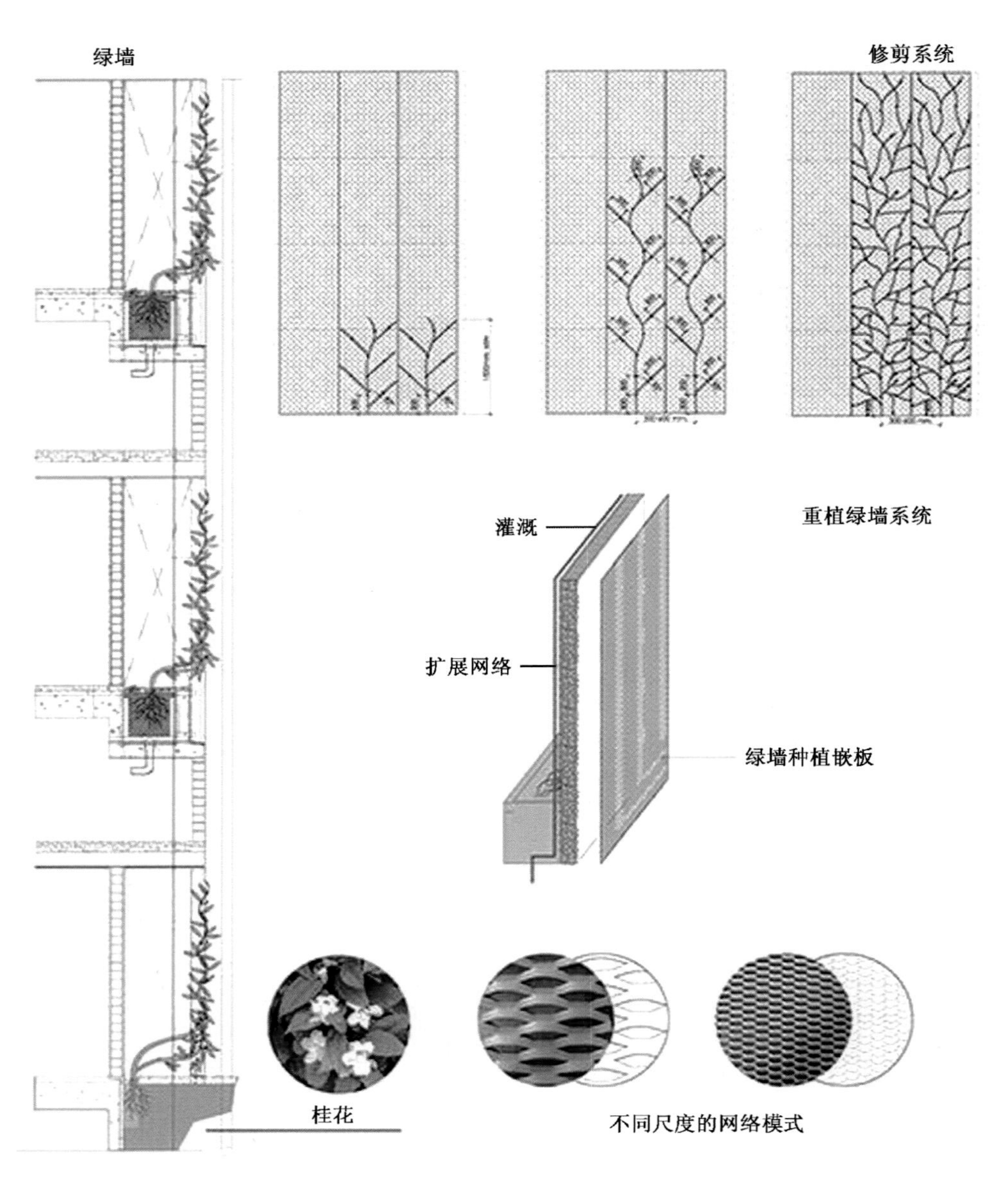

图 5-185　植物墙截面图

图 5-186　实景照片

（二）法国马赛 Gignac la Nerthe 市中心广场（City Center Pavilion and Main Square）

1. 项目概述

Gignac la Nerthe 是一座始建于公元1世纪的古老的罗马城市，属于法国的普罗旺斯地区，距离马赛20公里。在20世纪60年代后期，伴随着第一拨北非移民涌入欧洲，这座城市开始逐渐扩张却造成了城市形态演变的消极化，而且到了80年代，不少人从马赛条件最艰苦的郊区搬到了这里。如今这座城市中一直充斥着廉价的低成本个人住房，却没有给城市住区的公共空间留下任何余地。因此，这个市中心的广场和新构筑需要在宏观与微观两个层面上的解决问题：首先促进城市发展，其次呼应公众的需求。设计的主要目标是将三块荒芜的地块统一成一个公共广场，并与实际的城市中心相连，市中心包括市政厅广场、教堂、一座陈年谷仓、一座村屋、一间老旧的洗衣房以及 Perrier 林荫大道。该城市住区公共区域改造项目建立了几个联系紧密的空间，极大地促进了社交聚会和活动。它是一个功能强大的空间工具，能够帮助市政府实现其社会政策目标，有效地满足 Gignac la Nerthe 市民的需求。

2. 设计特质

（1）为了与市政厅广场和荒芜的地块建立联系，必须拆除多余的建筑。经过翻新的旧谷仓作为古迹留存，在城市中央留下了历史的痕迹。同时将市政府建筑形成的城市轴线延伸，一方面创建了一个构成公共空间的建筑元素，另一方面也能组织这种空间内所需的某些功能。

（2）在形状极不规则的开放公共空间植入一个长条形70m的构筑物（凉亭），这个构筑物成为广场的轴线，沿这条轴线布置了各种公共设施，广场上的各种要素也因这条轴线而得到统一。同时，在实际的市政厅广场的延伸区域，新建的构筑物和翻新的旧谷仓界定了项目的入口。

（3）构筑物内部某些地方被掏空，不阻隔广场两侧的联系。修长的70m建筑形成了一个矿物广场，随后是植物园，古老的普罗旺斯植物和花卉沿着广场繁茂地生长。在亭子的另一边，有9棵树和一条水渠围合成了一个普罗旺斯地区特有的花园——轴线构筑物的内切面用现代手法演绎了具有浓郁当地风格的普罗旺斯彩色瓷砖图案，体现了该地区的独有传统。

（4）亭子内可举办各种活动，功能多样。这里先是儿童区，然后是一个小剧场和一个操场、喷泉、卫生间、带顶聚会空间、户外午餐场所，最后是露天剧场，可用来播放投影、举行儿童节目表演或放映电影。这是一个拥有亲密尺度，同时能够促进社会聚集和活动的强大公共空间。

3. 图解分析

广场入口

市政厅和凉亭

旧粮仓和凉亭

主要广场和植物园

露天剧院

凉亭

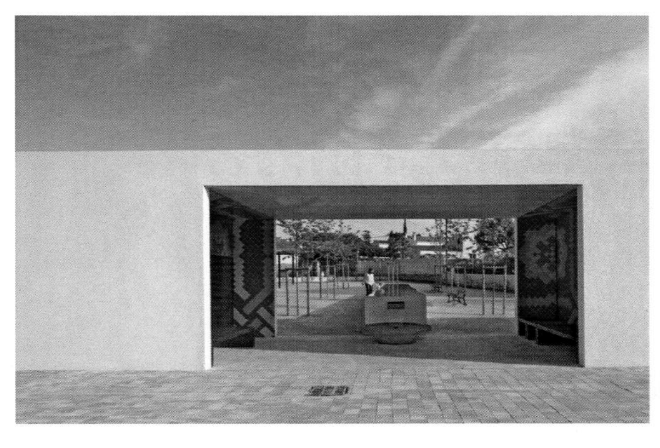

水景

凉亭和儿童游乐场

温馨花园

主广场

儿童剧场

旧谷仓和广场主入口

入口夜景

老房子和无花果树

图 5-187

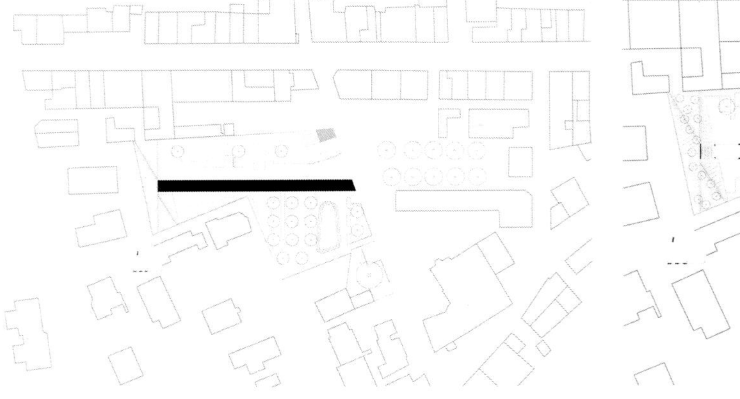

图 5-188 概念设计顶平面

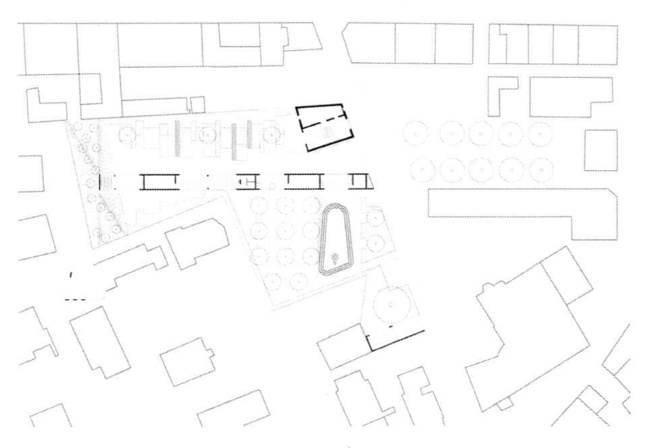

图 5-189 概念设计剖平面

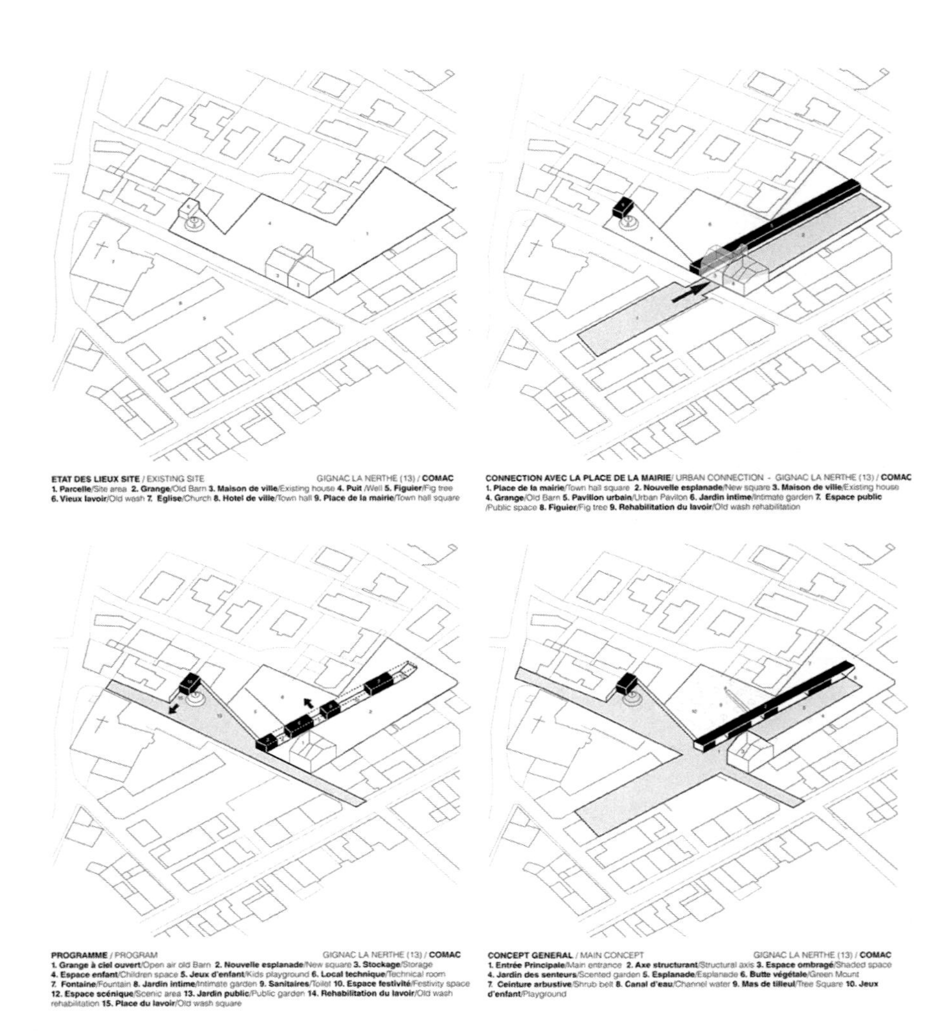

图 5-190　概念设计鸟瞰效果

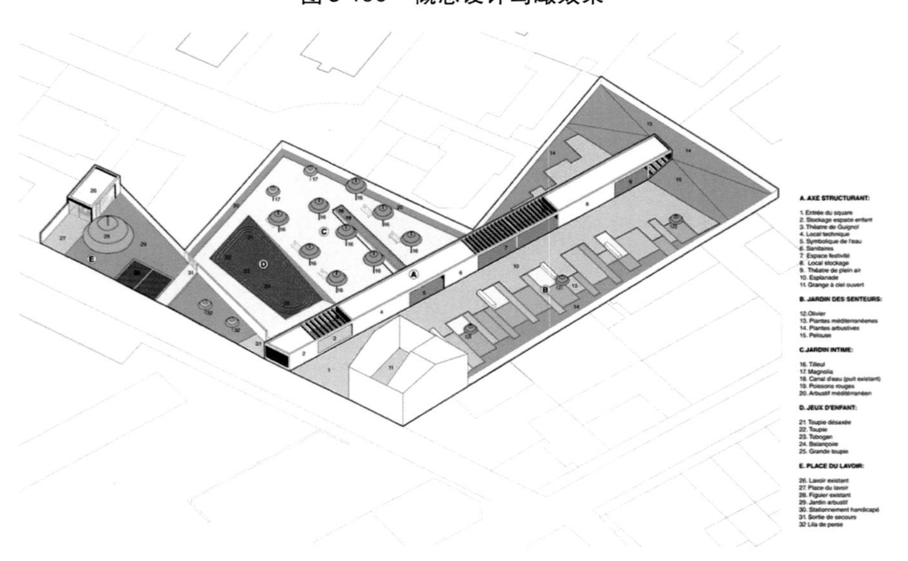

图 5-191　功能区块分析

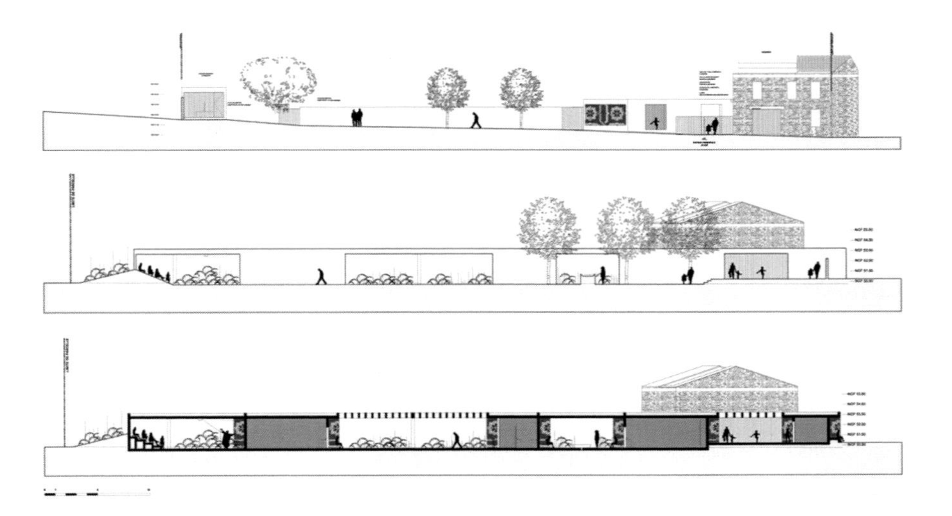

图 5-192　剖面

图 5-193　空间模型建构

思考题

1. 从以上的景观案例作品学习中,你所获得的设计学习体验是什么？如何将前人的优秀表现技法、创意构思灵感等导入你的景观概念设计之中？请撰写一篇小短文。

2. 针对你所在的城市某一区域,通过记录基地的实体形态特征、考察基地与周边环境的关系、考察环境影响因素、评估视觉与空间特征、观察人类在基地的行为、考察该地区历史与背景、评价现有的混合使用方式、使用 SWOT 分析法等,对该城市区域的改造重构进行一个完整的景观概念设计。

参考文献

[1][6][8] [美]芒福德.城市文化[M].宋俊岭等,译.北京:中国建筑工业出版社,2008.

[2] [美]哈维.后现代的状况:对文化变迁之缘起的探究[M].阎嘉,译.北京:商务印书馆,2003.

[3] [美]奥罗姆,陈向明.城市的世界:对地点的比较分析和历史分析[M].曾茂娟等,译.上海:上海人民出版社,2005.

[4] 张为平.隐形逻辑:香港,亚洲式拥挤文化的典型[M].南京:东南大学出版社,2009.

[5] [美]朱克英.城市文化[M].张廷佺等,译.上海:上海教育出版社,2006.

[7] 张京祥.西方城市规划思想史纲[M].南京:东南大学出版社,2005.

[9] 特里·伊格尔顿.后现代主义的幻象[M].华明,译.北京:商务印书馆,2000.

[10] 李洛非.建筑可不可以疯狂[J].缤纷家居,2005(4).

[11] 转引自[德]哈贝马斯.交往行为理论:行为合理性与社会合理化[M].曹卫东,译.上海:上海人民出版社,2004.

[12] 朱育帆,姚玉君."都市伊甸"——北京商务中心区(CBD)现代艺术中心公园规划与设计[J].中国园林,2007(11).

[13] Sarah Taylor Lovell. ultifunctional Urban Agriculture for Sustainable Land Use Planning in the United States[J]. *Sustainability*, August,2010(4).

[14] Matthew Dolan. New Detroit Farm Plan Taking Root[J]. *The Wall Street Journal*,July 5,2012.

[15] See http://globalsiteplans. com/environmental-design/a-return-to-detroits-roots/.

[16] See http://www. urbangardensweb. com/2013/01/19/will-detroit-get-worlds-largest-urban-farm/.

[17] Mia Lehrer,Maya Dunne. Urban Agriculture:Practices to Improve Cities[J]. *Urban Land*,January / February,2011.

[18] Bennett Daviss. The Rust Belt Goes Green:Finding Opportunity in Blight and Abandoned Landscapes[J]. *The Trends Journal*,summer,2013.

[19] See http://recoverypark. org/mission/.

[20] See http://www. resourcecenterchicago. org/CityFarmUrbanHarvest2010PR. pdf.

[21] HB LANARC PLANNING DESIGN SUSTAINABILITY. Sustainable Food Systems and Agricultural Urbanism[EB/OL]. http://www. hblanarc. ca/specialties/food. asp,2013-11-2.

[22] Craig Pearson. Urban Agriculture:Diverse Activities and Benefits for City Society[M]. London:Earthscan Ltd,2010.

[23] Andre Viljoen, Joe Howe. Continuous Productive Urban Landscapes:Designing Urban Agriculture for Sustainable Cities[M]. London:Routledge,2005.

[24] Mia Lehrer,Maya Dunne. Urban agriculture:practices to improve cities[J]. *Urban Land*,January / February,2011.

[25] Axel Drescher. The Integration of Urban Agriculture into Urban Planning: An Analysis of the Current Status and Constraints[J]. *Urban Agriculture Magazine*,2001(4).

[26] [美]瓦尔德海姆.景观都市主义[M].刘海龙等,译.北京:中国建筑工业出版社,2010:3.

附录一

设计导向

——实战性景观概念设计任务书范本

A. 深圳龙华项目景观概念规划设计任务书

一、项目概况

1.1 项目名称

金地·龙华项目(暂名)

1.2 地理位置

本项目位于深圳市宝安区龙华镇梅龙大道与布龙公路交汇处,紧邻龙华二线拓展区,距梅林关仅10分钟车程,离福田中心区大约15分钟车程。北靠主干道布龙公路及龙华镇闹市区,西接拟建中的快速干道梅陇大道,东临万众商业城,西、南侧均为待开发住宅用地。

1.3 用地现状

本地块由一块占地约12.7万平方米的不规则形用地和一块占地约14470平方米的三角形用地组成,其间横穿一条市政道路,地势较周边高出6~8米,场地内有一定坡度,已经过初步平整,“三通一平”已完成(图附1)。

1.4 用地性质

本地块用地性质为商品住宅及配套。

1.5 建筑设计主要经济技术指标(暂定)

详见建筑规划设计的相关资料。

1.5.1 地块编号2004-30L-274(大地块)。

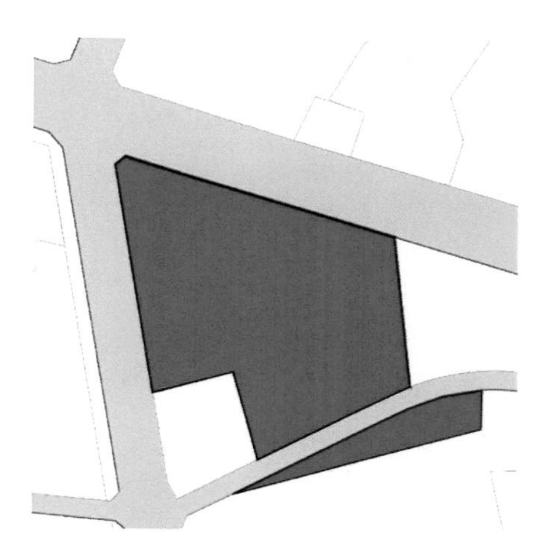

图附1 用地现装图

规划设计技术指标:

1.5.1.1 用地面积127261.32m²。

1.5.1.2 建筑容积率≤3.0。

1.5.1.3 建筑覆盖率≤22%。

1.5.2 地块编号2004-30L-273(小地块)。

规划设计技术指标:

1.5.2.1 用地面积14469.37m²。

1.5.2.2 建筑容积率≤3.0。

1.5.2.3 建筑覆盖率≤30%。

二、项目分析

2.1 优势

2.1.1 用地临近二线拓展区。

按照目前二线拓展区规划，随着地铁4号线建设、梅龙路等主干道的施工及深圳二线关的撤关，拓展区必将与中心区合为一体。

2.1.2　本项目距梅林关约10分钟车程。

北面为布龙路，西面为梅龙路，梅观高速、未来轨道四号线及十一号线均在地块附近，布龙路是由布吉通往龙华中心的双向六车道的交通干道，梅龙路为双向四车道正在建设中，预计20××年底通车。20××年福龙路的开工建设将使福田与龙华的交通联系更加紧密快捷，并大幅度带动整个龙华的发展。

2.2　劣势

项目位于布龙路与梅龙路，均为城市主干道，交通繁忙，同时道路交叉口拟兴建立交桥，将对项目造成较大的噪音干扰；东边的自然村落，内部环境较差，对本项目也有一定的视线污染和噪音干扰。

三、市场定位

关内客户（60%～70%）	首次置业白领、公务员	两房
	寻求品质生活的白领、公务员	中、小三房
	寻求相对经济又舒适、功能全面的换房客户	大三房、四房
	寻求舒适的高端客户	五房
关外客户（30%～40%）	本地原住居民	两房、三房
	本地私营业主	大三房，四房
	工业园区白领	两房，三房
	周边镇追求生活品质居民	三房、四房

四、景观设计内容

除主体建筑之外的所有空间，重点区包括：

4.1　商业街、入口景观。

4.2　架空层景观。

4.3　平台花园（屋顶花园）。

五、景观设计意境

——把家安在风景里，让风景充满生活的每一个角落。

——生态和自然将覆盖喧嚣繁闹。

——轻松和悠闲将替代紧张疲惫，精致和优雅将拂去拥挤嘈杂。

……

六、景观概念设计要求

6.1　充分分析地块的独特性，景观设计与建筑规划布局紧密结合，从大景观理念入手充分考虑场地、建筑、人的活动特点，共同创造一种和谐的社区形态，最终达到社区环境与建筑相得益彰的效果。

6.2　结合建筑规划的物管模式，景观设计中应考虑项目公共开放部分的商业性和内部庭院的使用舒适性，充分考虑功能性与观赏性的统一。

6.3　设计主题具有特色，个性鲜明，并能适合年轻客户群的审美及使用需求。

6.4　尽量利用景观设计元素降低周边干道所带来的噪音污染。

6.5 景观设计应考虑项目分期开发的衔接及不同展示阶段的展示亮点，结合销售展示要求：分期展示区在尺度、视觉、人流导向上具有较强的形象特征，较强的视觉冲击力。社区入口气派，能充分展示社区的形象。

6.6　引入生态设计概念营造健康舒适的湿地、水景、树林、缓坡地草地等自然生态景观。

6.7　中心绿色银河是社区的主要景观轴，设计时必须将人与景观有机融合，营造休憩空间、散步空间、活动空间及小孩戏耍、骑车、冒险的空间。

6.8　内部庭院及架空层的设计应考虑将居住、商业、娱乐、休闲巧妙地结合在一起，提供较为方便的商业购物环境、社区活动场地和社区休闲场地（泛会所概念，包括泳池及各种休憩活动设施)。活动场地应考虑适应不同层次、不同年龄的人群进行交往、活动的需要。

6.9 商业街要求创造各种形态的商业氛围,具有明确的人流导向及标示性。中心绿地商业街宜营造商场中庭风格,所有的设计元素均为商业形态服务。

七、设计成果

设计说明及图纸2套(附电子文件)。

内容包括:

(1) 设计意向。

① 设计主题描述(提供相关文字及意向性照片)。

② 空间分级及性质描述。

③ 规划区物业管理模式描述(提供相关数据及要求)。

④ 景观区域内容、活动场地及相关设施要求。

⑤ 场地局限性和设计难点重点说明(如地下构筑物和地面景观发生冲突的可能性)。

⑥ 交通组织及出入口管理原则。

(2) 设计图纸。

① 彩色总体平面图1张(或展板),总图应反映小区主次入口及各单元入口;主要景观区、景观带;商业街、会所等公共配套区主要景观道路;住宅组团内的景观设计内容。

② 重点局部景观意向设计图:对局部重点区域(如小区主入口、主要景观区及公共活动区等)进行放大比例的详细设计或提供局部景观设计意向图。

注:以上图纸要求仅供参考,设计成果以能清晰表达出设计意图为目的,表现方式不限。

八、时间周期

8.1 概念设计时间:20××年3月21日至20××年4月5日。

设计单位可以自行踏勘现场,或与金地深圳地产公司设计部联系,由公司人员陪同进行现场踏勘;对本任务书内容如有任何疑问,请随时与设计部联系。

8.2 设计计划:

(1) 3月21日:发标书。

(2) 3月22日:现场踏勘及答疑。

(3) 4月6日:提交概念设计文本。

(4) 4月7日:与甲方沟通汇报。

(5) 4月10日:确定设计单位。

8.3 评定:

金地深圳地产技术部、营销部、成本部对设计方案进行评定。

九、其他事项

9.1 设计单位的设计文件概不退还。

9.2 本设计任务书未提及或不详部分请参照附近及深圳市其他有关规定,也可直接与我司联系。

联系人:金地(集团)深圳地产公司 设计部:×××景观设计师 TEL:××××

e-mail:××××××××

×××建筑师 TEL:××××

e-mail:××××××××

附件:建筑规划设计图及相关文件

金地(集团)深圳地产公司

设计部

20××年3月17日

B. 临安滨湖新城岸线景观概念设计竞赛任务书

一、项目及竞赛内容简述

临安滨湖新城项目位于临安锦城片区东部,项目占地面积约55公顷,规划地上建筑面积约126万 m^2。该区域包含商务办公区、度假酒店、大型商业综合体、精品购物街、休闲文化娱乐、商住区以及居住等多种功能。

本次竞赛内容为项目东侧沿青山湖岸的景观概念设计。湖滨公共景观区域初步估算北部规划范围约 44800m^2，南部规划面积约为 99000m^2，见下图滨湖彩色区域（图附 2）。

图附 2　用地现状图

二、设计依据

（1）概念设计竞赛任务书；

（2）《临安城东滨湖新区重点地段城市设计》；

（3）《临安市太湖流域青山湖（水库）区综合治理保护规划》；

（4）项目所在地地形图；

（5）国家、省市地方、行业相关规范规程；

（6）其他主办方提供的设计资料及依据。

三、设计条件

青山湖（水库）：位于临安市青山湖街道，由南苕溪、马溪、锦溪、灵溪、横溪、双林溪五溪汇合而成，属太湖流域苕溪水系干流——东苕溪主流的南苕溪中下游，建于 1958 年，为人工湖，是一座以防洪为主，兼有灌溉、供水、发电等综合利用的大型水利枢纽。

青山湖（水库）水域东西长 6.5km，南北宽 0.2～5.5km，设计标准为 P＝1%，设计洪水位为 32.56m（吴淞 34.4m），相应库容 1.59 亿 m^3；校核标准为 P＝0.01%，校核洪水位 35.36m（吴淞 37.2m），总库容 2.13 亿 m^3（图附 3）。

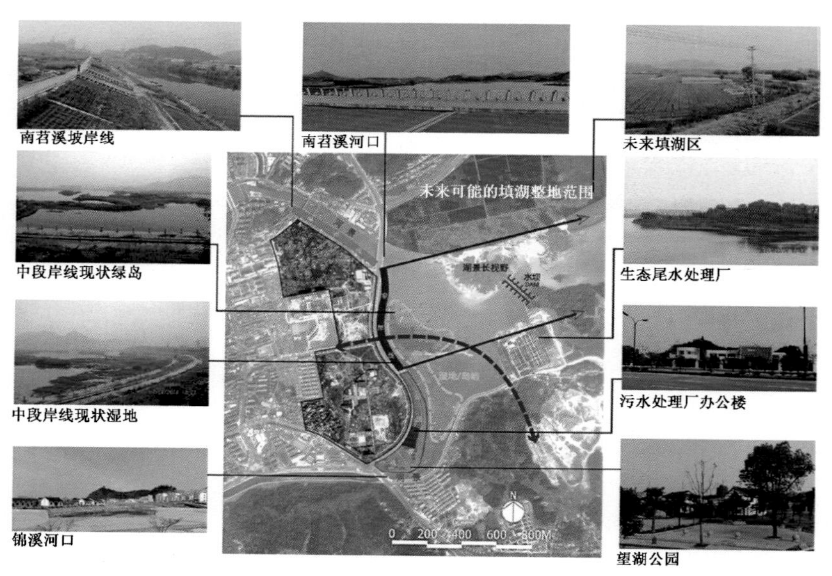

图附 3　周边环境限定

滨湖新城湖岸现状：近岸处湖底约为海拔18.2m，常水位海拔23.16 m，洪水位海拔31.61m。望湖路城中东街交叉口海拔31.3m。湖水常水位与望湖路路面标高相差8.14m。滨湖驳岸在地面标高的步行道非常窄（图附4）。

图附4　环视水景现状

四、设计原则

滨湖新城项目东侧紧邻青山湖（水库），为充分发挥其滨水的景观资源优势，在最新的城市设计中不惜将已有的沿湖主干道进行了重建和局部下穿的规划设计，以获得湖滨地块与湖岸的直接联通的条件。因此湖岸的景观设计除考虑景观的观赏性外，更应考虑滨湖景观带的参与性与体验性。

景观设计中应确定项目岸线附近水域的常水位并提出实现方法，常水位的设置应兼顾景观效果及对库容的影响。因青山湖（水库）的蓄供功能需要而在每年都会出现洪水位的情况，常水位与洪水位存在较大高差，景观设计应保证在不同水位情况均应有较好的景观效果及滨水体验。

沿湖除设置人行慢行系统外，建议根据条件设置或兼顾自行车绿道。湖中近项目北半区应设有游艇码头，体量不宜过大，功能面向休闲娱乐而非客运。湖中的景观构造物（人工岛或人造湿地等）应考虑其对上游水系泄洪通道及水库库容的影响。

五、设计成果及周期要求

本次竞赛的提交成果文件为概念方案设计深度，应包含但不限于以下的图纸及相关设计文件：

（1）平面概念图；
（2）设计概要和方案概要；
（3）场地空间布局分析；
（4）景观设计条件分析；
（5）景观彩色总平面；
（6）主要景观节点的放大平面和意向图；
（7）场地剖面及分析；
（8）其他分析图（交通、功能等分析）；
（9）植物配置；
（10）意向图/意向图版；
（11）水位控制坝的选择及要求。

本次设计竞赛的设计周期拟定为30天，具体起始时间由主办方书面文件或邮件通知为准。

杭州新天地集团有限公司
20××/01

C. 邵阳市资江两岸景观概念规划方案设计任务书

邵阳市规划局受市委、市政府委托，组织编制《邵阳市资江两岸景观概念规划方案设计》招标，并向省内具有甲级规划设计资质的设计单位邀请招标，凡接到招标邀请的设计单位，其资格视为已审查合格。为了创造良好的城市环境，充分发挥城市绿地系统的生态环境效益、社会经济效益和景观文化功能，满足建设山水园林城市的总体目标，更好地突出邵阳城市滨水特色，改善城市景观，彰显城市魅力，完善城市功能，优化社会资源，因地制宜创造出具有时代特点和地域特征的空间环境，特制定本项目规划方案设计的任务书内容如下：

一、设计依据

(1)《邵阳市城市总体规划》;
(2)《邵阳市城市规划行政技术规定》;
(3)《北塔新城一期控制性详细规划》;
(4)《北塔新城二期控制性详细规划》;
(5)《邵西大道路网详细规划》;
(6)《历史文化街区控制性详细规划》;
(7)《白公西路街区控制性详细规划》;
(8)《白田街区控制性详细规划》;
(9)《邵州西路控制性详细规划》;
(10)《学院路南北街区控制性详细规划》;
(11)《邵阳市城市道路网络图》;
(12)《工程建设标准强制性条文》(城市规划部分);
(13)《城市绿地分类标准》;

其他涉及的规范、规程和标准及相关技术要求。

二、项目设计建设的指导思想

生活环境提升、城市建设提质、发展信心提振。

三、项目概述

资江是邵阳市区最主要河道,从西向东流经市辖三区域。资江两岸景观规划是指从西湖桥——邵西大道桥沿江两岸(具体范围详见用地蓝线蓝线图,包括江中小岛、小洲)。规划区域应结合防洪与生态、休闲景观功能,开辟资江绿色走廊,东西延绵9公里左右,南北纵深50~300m不等,建设资江两岸的绿色景观带和城市最显著的公共景观区域。

用地性质:公共绿地(G)。

土地开发强度:建筑密度<5%,容积率<0.05,绿地率>50%。

四、项目设计方案主题、目标与原则

1. 因地制宜分区设计主题

配合沿岸土地使用,以自然生态型景观为特色,设定资江河岸景观分区设计主题,形成与沿岸地区在功能、景观上相互融合、相互渗透,具丰富地域特色的资江水岸休闲区。自东往西,形成多个功能分区。充分利用多样性的水生植物落地生根,建成后要能呈现出岸芷汀兰、郁郁青青的美丽景象。

展示城市新貌,再塑绿色河道,发掘江河流域魅力,颂赞城市自然风光。

2. 目标

建立资江两岸(市区段)的绿色景观带和城市最显著的公共景观区域。将沿江两岸城市建设与两岸绿色景观和水体连接起来,改善水体和绿色空间的环境质量;通过建造可持续性发展的亲水滨河步行区来增加周边地块价值,为城市居民和游客创造旅游休闲胜地;整合动态与静态休闲区,在江堤两岸创造不同层次的多样化的开放空间。

3. 原则

完善城市功能配套,增添城市活力。运用先进的生态技术,实现可持续发展思想,达到生态、文化、效益;提供可行的经济操作模式,并注重项目的可操作性,合理安排近期与远期建设。

五、设计要点提示

(1)土地利用:配合两岸相邻地块城市功能分区,指导滨水土地使用;提出地块大小划分和控制滨水建筑体量以及创造合宜的滨水空间尺度实施指导意见。

(2)空间组织:由东向西,由非常城市化的商务区渐次过渡到相对柔和、自然的居住区;南北方向上,注重建立与周边地区的联系,讲究空间节点的布局和视觉对景的形成,强调水体、绿化等景观元素与东侧开发地块间的联系与渗透。

（3）河岸线型设计：顺直中有曲折变化，体现自然河道肌理，加强软硬堤岸设计。

（4）景观绿化：不同的本地植物种类合理配置，有利于恢复和建立区域生态环境。植物配置作为专案予以研究，生态价值和景观效果同样重要。

（5）生态保护：使用过滤网、垃圾滤篮等来阻止和收集进入资江的垃圾污物；严格控制沿河地块建筑物雨污水排放；尽可能采用可渗透的地面铺装；河道中建造近岸湿地、水中浮动湿地、生态小岛等以提高河水自净能力。

六、规划方案应遵循的基本规定

（1）资江南路、资江北路宽度与位置按照《邵阳市城市道路网络图》和各控制性详细规划确定。

（2）充分考虑保持现有自然河岸风貌，合理布置游览景点，并与资江两岸已建好的景观（西湖桥——沿江桥段）相呼应。

（3）衔接处理好与西湖桥、资江二桥、桂花桥、邵西大道桥的设计。

（4）结合各控制性详细规划，充分考虑规划范围内的拆迁户的安置用地。规划范围内原则上不得安排拆迁安置用地以及开发建设用地。

（5）充分考虑游览道路的停车要求，合理安排停车场地。

（6）沿河布置的游览设施应结合城市防洪的需要进行综合考虑，规划范围内的道路、场地竖向应与各控规充分衔接，规划范围内必需的公共服务设施和市政基础设施应该合理安置，并处理好各类管网的敷设与衔接。

（7）地块内管线一律暗敷，排水管网与城市排水系统合理衔接。

七、设计文件的成果要求

（1）规划设计投标成果按照国家相关规范的要求和设计单位认为应该补充的其他表现图文，并至少达到修建性详细规划方案设计的深度。

（2）所有设计成果须同时提供电子文件一份，电子文件的要求见我局相关文件。

（3）图纸装订成 A3 规格（10 套，包括图纸和文字资料），设计方案评标时必要的展板。

八、附件

本项目规划设计范围蓝线图（图附 5）。

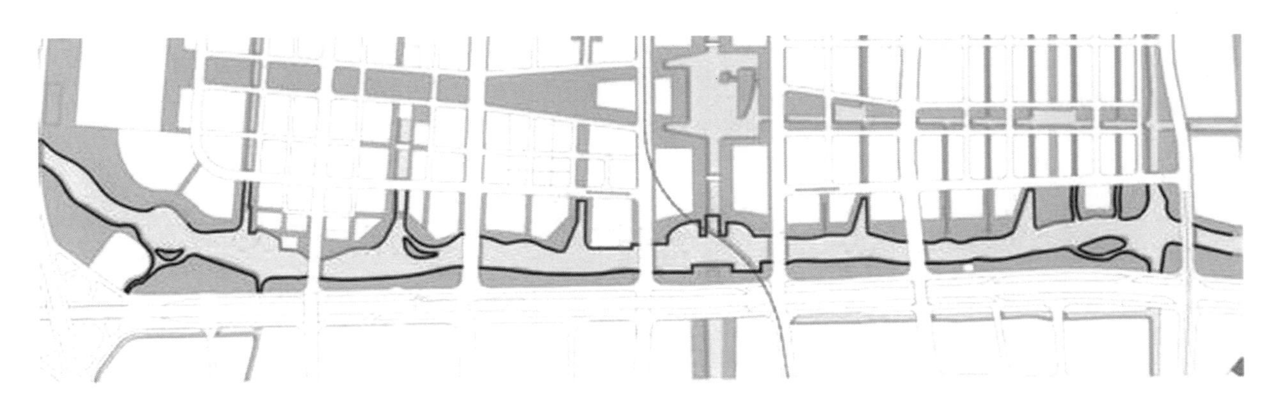

图附 5　规划用地范围示意图

邵阳市规划局

二〇××年六月八日

D. 南宁市音乐文化公园(暂定名)概念性方案征集公告

为进一步完善凤岭北片区的公共服务配套设施,根据南宁市人民政府的统一规划,确定在凤凰岭路东侧、凤岭10号路南侧建设一座现代生态文化公园。为更好地创造优美、宜人的城市景观环境,进一步提升城市形象,南宁市规划管理局联合南宁市园林管理局、广西荣和企业集团有限责任公司共同开展本次方案征集工作。

一、项目名称

南宁市音乐文化公园(暂定名)。

二、规划范围

本项目位于南宁市凤岭北片区,凤凰岭路东侧,凤岭10号路南侧,总面积9.49公顷(折合142.5亩)(图附6)。

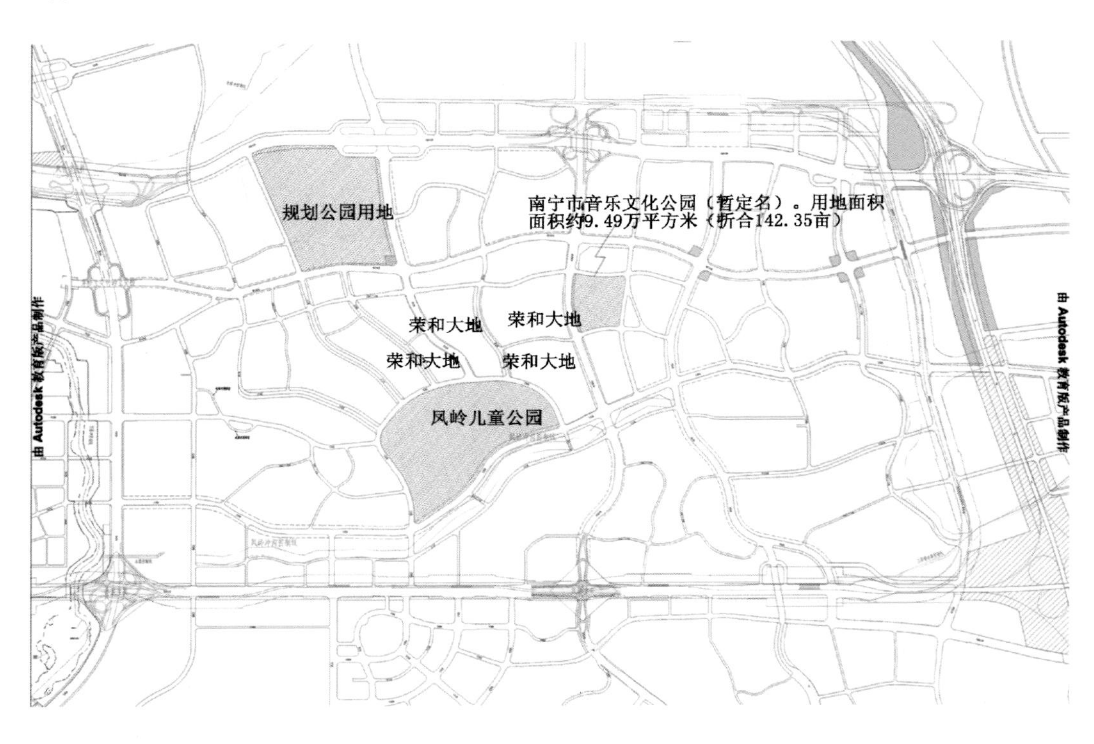

图附6　规划范围示意图

三、征集方式及内容

本次方案征集采用面向社会公开征集的方式。主要征集内容如下:

(1)总体布局策划、概念设计方案及可行性初步分析。

(2)开发模式设想、投资估算及可行性初步分析。

四、应征单位要求

应征单位需具备以下条件之一方可报名(可单独报名或以联合体的形式报名):

(1)具有中华人民共和国住房和城乡建设部颁发的城乡规划甲级或建筑工程设计甲级或风景园林设计乙级资质及以上的设计单位或联合体;境外投标人还需注册有相应的城乡规划或

园林设计设计资质。

(2) 参与本项目设计的主要设计人员近3年内应参与类似项目的主要设计工作。

五、工作周期安排

(1) 报名时间及地点。

报名时间:20××年9月9日上午8:00～9月13日18:00。

报名地点:广西荣和企业集团有限责任公司(南宁市民族大道155号广西荣和企业集团办公楼二楼技术部)。

联系人:×先生,0771-××××;传真:0771-××××;邮箱:××××@qq.com。

(2) 报名方式和要求。

① 接受现场、特快专递、传真报名。

② 报名以收到报名文件为准。报名文件包括填写完整的资格预审申请文件。

(3) 报名所需材料。报名时需提交以下材料一式二份,复印件请加盖单位公章。

① 法人证书、营业执照、资质证书、质量体系证书、获奖证书等文件。

② 单位简介及过去3年内设计的与本项目类似的业绩证明材料。

③ 参与本项目设计的主要设计人员名单、资格证明及相关经历。

除上述材料外,当征集单位提出合理要求时,应征单位应继续补充提供相关资格证明材料。

(4) 提交作品截止时间:2013年10月20日18:00。应征作品概不退还,请自留底稿。

六、评审时间

初定于20××年10月25日进行方案评审,评选出一、二等奖三名。若评审时间有调整,具体以征集单位通知为准。

七、应征单位注意事项

(1) 应征作品应为应征单位自主创作,应征单位应保证应征作品不受第三方提出权利追索,如作品侵犯了他人权利,一切责任及给主办单位造成的损失均由应征单位承担。

(2) 所有参赛作品的著作权等全部知识产权归南宁市规划管理局、南宁市园林管理局所有,南宁市规划管理局、南宁市园林管理局均有权无偿使用、修改、出版、传播。

(3) 凡投稿参加本次竞赛的参赛单位均视为同意并接受本公告全部内容,无须再以书面或其他方式予以确认。

八、酬金设置

(1) 成立评选委员会,对应征作品进行评选。

(2) 本次征集设一等奖一名,奖金1.5万元;二等奖两名,奖金1万元;奖金均含税及成本费用。标底费0.5万元。

九、发布公告的媒介

本公告同时在中国采购与招标网、南宁市规划管理局、南宁市园林管理局、广西荣和企业集团有限责任公司官方网站及广西新闻网、南宁新闻网网站上发布。报名表可在上述网站下载。

十、其他

规划成果、深度要求以设计任务书为准。

十一、南宁市音乐文化公园概念性规划设计任务书

1. 项目概况

1.1 项目名称:南宁市音乐文化公园(暂定)。

1.2 建设地点:本项目位于南宁市凤岭北片区,凤凰岭路东侧,凤岭10号路南侧(详见地块区位图)。

1.3 建设规模:项目规划占地总面积9.49公顷(折合142.5亩),地块进深约314米、面宽

约313米。

1.4　用地构成：项目地块周边由多条规划市政道路围合，项目地块现状主要现状地形主要以小山丘为主。

1.5　交通条件：公园周边道路主要有凤凰岭路、凤岭10号路等。

2. 项目背景

当前，南宁市正在加快推进凤岭北片区开发建设步伐，将该片区打造成集高尚住宅、公园、学校、医院、商场的完整的国际化的成熟社区，目前已初具雏形。随着高铁及地铁的建设，其将逐渐打造成为南宁市新的政治、经济、文化中心之一。根据南宁市人民政府的统一规划，确定在凤凰岭路东侧、凤岭10号路南侧建设一座现代生态文化公园，即南宁市音乐文化公园。该公园是凤岭北片区继凤岭儿童公园后的又一个生态文化景观园，将成为该片区又一处城市"花园"和文化"乐土"，是凤岭片区生活、观光、休闲、娱乐的中心。

3. 功能定位

项目规划定位为音乐主题文化休闲公园（专类公园）。将文化创作和展示植入公园建设，打造成为区域人文领地和新型城市旅游景点的文化主题公园。

4. 功能设置

在满足公园基本功能的前提下，可考虑以下功能性质：文化创意、文化展示、文化推广、音乐创作、旅游休闲及公园相关基础配套等。

5. 规划设计原则

5.1　现代风格原则。设计应以现代风格为主，融入当地山水园林自然特色，突出文化，别具一格，使人有耳目一新的感觉，不与外地或本地已建类似项目雷同，有利于开展功能定位中所确定的各种活动，增强娱乐休闲场所的旅游吸引力。

5.2　自然生态原则。项目设计应结合南宁市凤岭北城区开发规划和现状实际情况，从土地利用到绿地安排以及景观布局，都应当遵循生态自然的原则，充分体现自然、生态、节约型园林建设的理念。

5.3　适宜性原则。项目设计的各类景观应与规划确定的城市风貌相协调，既顺应南宁现代城市空间的肌理和脉络，使其与居民行为习惯相符，又与城市空间发展相适宜。

5.4　艺术性原则。规划与设计要注重艺术性和美学，应优选本地植物，适量选用适应本地气候的新品种植物，多选择速生植物，配置精美的园林植物，讲究景观带、街景的艺术效果，并充分考虑在空间上与城市环境景观的衔接、融合关系，注重公园外围不同视角观赏效果；景观雕塑、园林小品、喷泉等元素应既有艺术特色又经济耐看。

6. 设计总体要求

6.1　设计方案应结合南宁市城市特点，将该项目建设成地域文化特色鲜明，融合历史内涵与地方传统文化，集观赏、展示、演出、创作、休闲、娱乐为一体的城市公园。

6.2　设计应有独特创意，突出标志性地域景观的整体空间形象，公园与周边规划建设项目之间的关联要充分考虑，体现区域公园的功能，做到布局合理、环境优美、功能齐全、雅俗共赏。

6.3　项目设计中的交通流线组织要以城市规划为依据，处理好与周边道路及城市环境的交通关系，保证交通安全、顺畅。在主入口的设置及交通系统组织方面，要充分考虑游人的安全及人流的疏导。

6.4　要有足够的铺装硬地供人们开展活动，合理设置一些城市家具，如雕塑、小品、喷泉及路灯、公厕、生态停车场等市政公用设施。

6.5　种植设计应体现整体与局部、统一与变化、主景与配景及基调树种、季相变化等关系，应充分利用园林植物的枝、花、叶、果等形态和色彩，合理配置植物。

6.6　项目属生态型文化公园，应体现自然、生态的设计理念，主要以植物造景为主，巧妙、合理布局音乐文化创作、展示及休闲娱乐等相关配套用房建筑。

6.7　注意边界设计，要与周围空间有机

衔接。

6.8　项目需结合设计，整体考虑适当的生态绿化停车场，为项目本身及城市周边提供配套，规模应结合实际及考虑未来城市发展的需要。

6.9　项目配套服务设施用地比例为7%～10%，且建筑物占公园用地密度不能大于7%，建筑物应以两层为主，可局部三层。

6.10　主要经济技术指标应符合《公园设计规范》（CJJ 48-92）相关要求。

7. 设计成果深度及要求

设计深度：本次征集方案应达到概念性方案设计的深度。

规划及方案设计成果应包括设计文本、设计图纸、主要图纸展板、电子文档和汇报电子文件。

7.1　设计文本：所提交的设计文本应含图册、设计说明、设计文本共计15套，规格为A3（297mm×420mm，软皮）。

7.1.1　设计说明：

项目概况：

（1）设计依据及设计要求；

（2）设计构思及功能布局；

（3）各专业设计说明；

（4）有关经济技术指标及参数；

（5）投资估算。

7.1.2　设计图纸：

（1）区位图；

（2）现状分析图；

（3）地形分析图；

（4）公园规划总平面图；

（5）总体鸟瞰景观效果图（含夜景、日景）；

（6）景观结构分析图；

（7）空间结构分析图；

（8）景观视线分析图；

（9）功能分区图；

（10）景区分区图；

（11）景点分布图；

（12）分区平面图；

（13）主次入口区鸟瞰效果图；

（14）竖向设计图；

（15）外部交通组织图；

（16）绿化规划及种植设计图；

（17）园路及铺装场地设计图；

（18）主要建筑效果图；

（19）建筑物、构筑物及其他附属配套设施设计图；

（20）重要节点景观效果图及意向图；

（21）音乐主题专类设计图；

（22）建筑风格和雕塑意向图；

（23）灯光照明设计图；

（24）给排水及电气设计图。

为表达规划意图的其他图纸，由设计单位自定。

7.2　提供主要图纸展板1套（采用A1规格纸张）。

7.3　电子文档：提交设计图纸和设计文本的电子文档（光盘）贰套和介绍方案的多媒体电子演示文件。文本为DOC格式文件，图纸为DWG格式文件，效果图为JPG格式文件。

8. 工作周期

自发布征集公告之日起算，20××年10月20日18:00（北京时间）前提交设计方案。

9. 设计成果的计量单位

均采用国际标准计量单位。

长度单位：总平面图及标高标注尺寸以米（m）为单位；平、立、剖面图及大样图标注尺寸以毫米（mm）位单位。

面积单位：均以平方米（m^2）为单位。

体积单位：均以立方米（m^3）为单位。

E. 南京青奥公园景观概念方案设计任务书

一、项目背景

2014 年第二届世界青年奥运会将在这里举行。南京市政府规划和建设了青奥城，主要包括青奥村、青奥中心、青奥公园。该区域内将形成立体的交通网络体系，成为公寓、酒店、商业、展览、表演、会议、娱乐、亲水公园等功能复合、多样的城市综合发展区。

南京青奥轴线西端的青奥公园，是以生动有趣的青少年为主题的国际化的体育公园，要体现美妙的艺术性和生命力，令人兴奋的亲水景观。青奥公园将在 2014 年建成，也有可能在这里举办青奥会的闭幕式和其他节庆活动。

二、设计范围

本次青奥公园深化设计面积约 60 公顷（图附 7）。主要包括：

（1）滨江公园，含公园的景观设计以及公园内配套服务设施的建筑设计。位于滨江大道西侧，夹江东侧，绿博园以南，城南水厂以北，约 42 公顷，沿江长度 1788m。

（2）江东路以西的青奥轴线，约 17 公顷，轴宽 170m × 长 950m。

（3）城市标志物，位于青奥轴线江东路以西地块内，尺寸不限。

三、设计要求：主题鲜明

通过环境景观、服务建筑、户外体育与娱乐设施等综合设计，彰显青年和奥林匹克的主题，形成动感体验、时尚前卫，富于吸引力，具有震撼力的空间场所，将人们活动引向滨江。

关于青奥标志物，从青奥轴线和青奥公园的整体进行研究分析，可以参考南京历史上塔、门、阁、楼的特点。我方没有提出对位置、高度、面积等尺度的限制。有可能设计成为南京面向长江和世界的一扇大门、一扇窗口、一面屏幕等，也可能是一座山、一座塔、一座阁、一尊雕塑等，也可能是表达南京城市对未来的精神文化追求的雕塑般建筑。城市标志物应具备游客进入的使用功能，并且与城市设计中地区交通组织具有良好的衔接，同时注意避免影响过江隧道的安全，也要成为能让游客驻足赞叹、观赏摄影、登高望远、浏览大江和城市美景的激动人心的旷世之作！

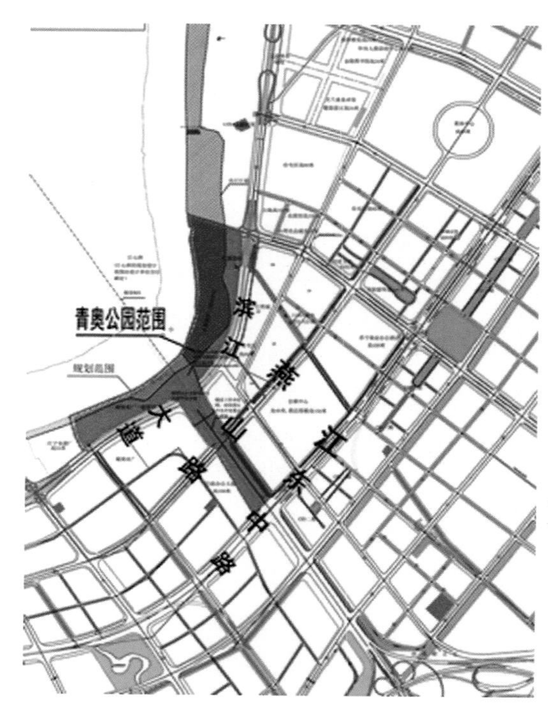

图附 7　青奥公园范围示意图

四、设计功能

在单个细胞的独特功能基础上，实现多个细胞的有机组合，兼顾亲水观江、游艇港池、餐饮购物、飘浮森林、观赏摄影、体育健身、家人团聚、休闲娱乐、湿地观赏、科普教育、防洪防灾，以及其他的配套服务功能。创造领悟奥运精神的一个城市美景与生态资源和谐共生的绿色滨江空间。

青奥轴线江东路以西，可设置跨越滨江大道的立体化城市广场——面积数万平方米精美的青奥大平台。植入少量商业、旅游、休闲设施，可以是可移动式的，以便为各类主题活动、临时集会提供灵活可变的空间。

五、设计任务

青奥公园的景观设计以及公园内配套服务设施建筑的设计深度为方案设计、深化设计和扩大初步设计，并配合国内设计单位完成施工图编制。初步定为20××年8月前完成。

该地块内的城市标志物的设计深度为概念方案设计。4月30日提交。

六、其他基础资料

（1）用地条件（图附8）。

（2）周边项目材料（图附9）。

含河西中心区城市设计图片文件、滨江风光带征集文件和中选后修改方案、文化休闲轴线（即D轴）总平面方案、会展中心总平面方案、江湾城总平面方案、省级机关办公楼总平面等。

（3）长江水文资料。

① 水源保护。设计区域岸线为饮用水源岸线。

一级保护区：江宁区自来水厂取水口上游500m至城南水厂取水口下游500m的全部水域范围和一级保护区水域与夹江两岸堤脚范围内的陆域；二级保护区：上夹江口至下夹江口范围内除一级保护区外的全部夹江水域范围和二级保护区水域与夹江两岸背水坡堤脚之间的陆域范围。

一级保护区禁止一切与保护无关的活动。

二级保护区禁止直接或间接排放废水；禁止建设对水源可能造成污染的项目和设施。

② 防洪工程规划。

防洪标准：该地区的防洪标准为200年一遇。

设计水位：防洪最高水位为10.80m。

堤防标高：夹江为12.80m。

长江警戒水位：8.5m。

③ 平桥的通航要求。梁底标高22.6m（参照纬七路）。

④ 季水位的变化。

水位	频率
8m	67.7%
8.5m	41.64%
9.0m	20.15%
9.5m	7.53%
10m	2.32%

（4）河西新城DVD宣传片。

（5）其他基础性资料。

可从官方网址：www.njghj.gov.cn，www.newtown.gov.cn，www.nanjing2014.org上查阅。

（6）其他示意图（供参考）。河西区位示意图、河西总体规划示意图、河西中部控详示意图和河西南部控详示意图（图附10）。

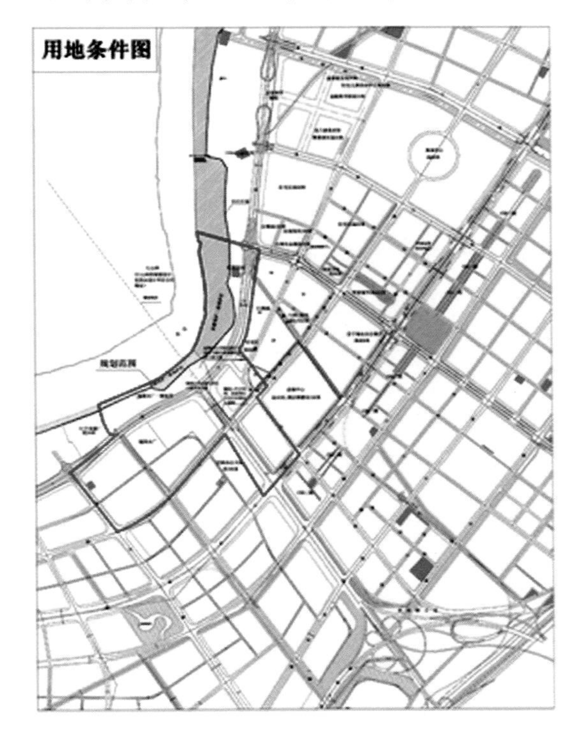

图附8　用地条件图

南京河西新城区开发建设指挥部

20××年3月

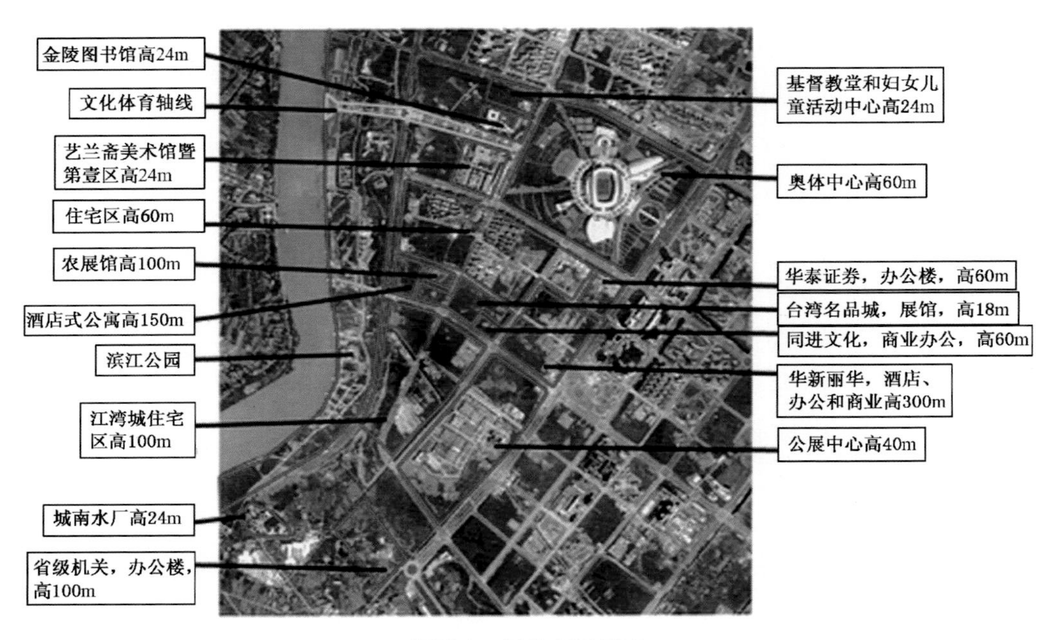

图附9　周边项目示意

图附10　河西总体规划示意

附录二

设计操作

——学生优秀景观概念设计作业展示

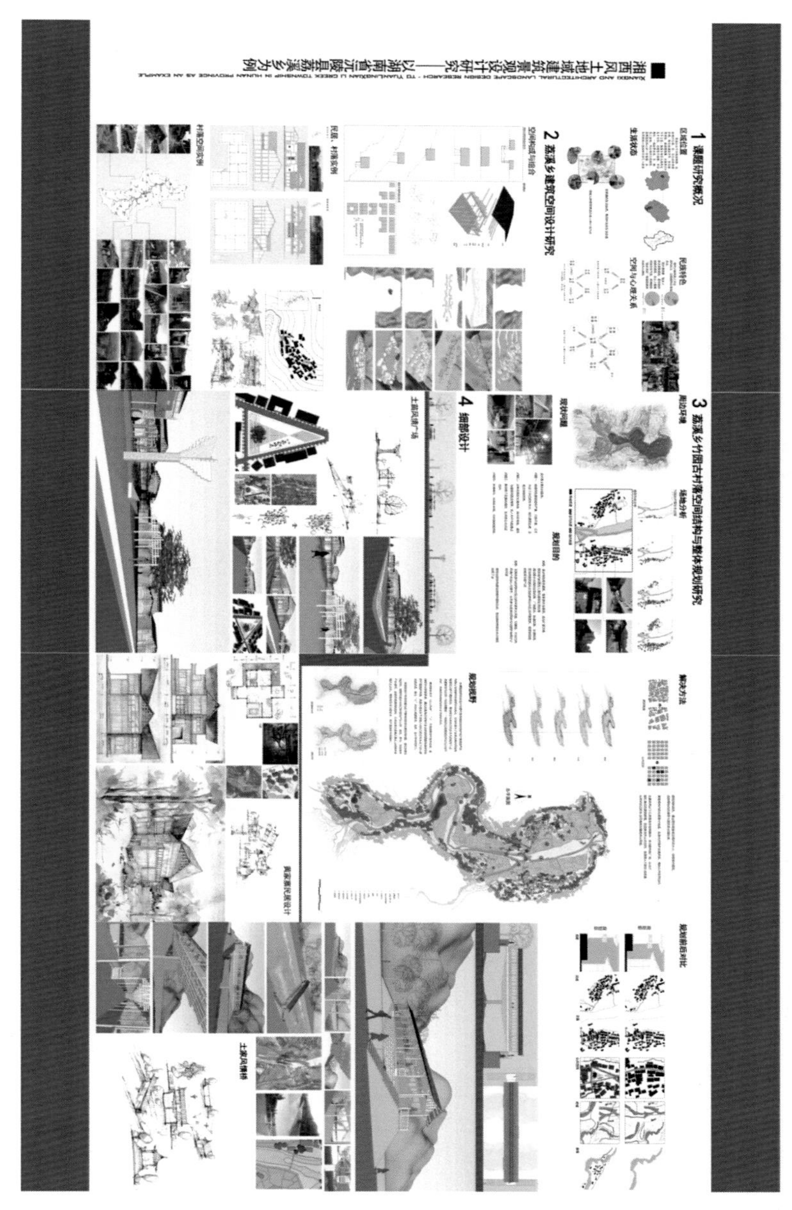

刘斌作品（荣获江苏省普通高等学校本专科优秀毕业设计三等奖）

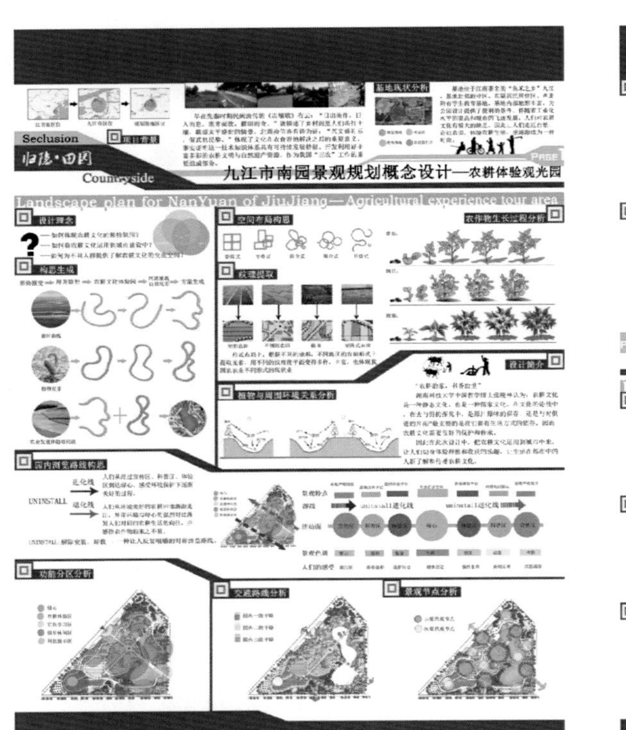

柳成琴作品

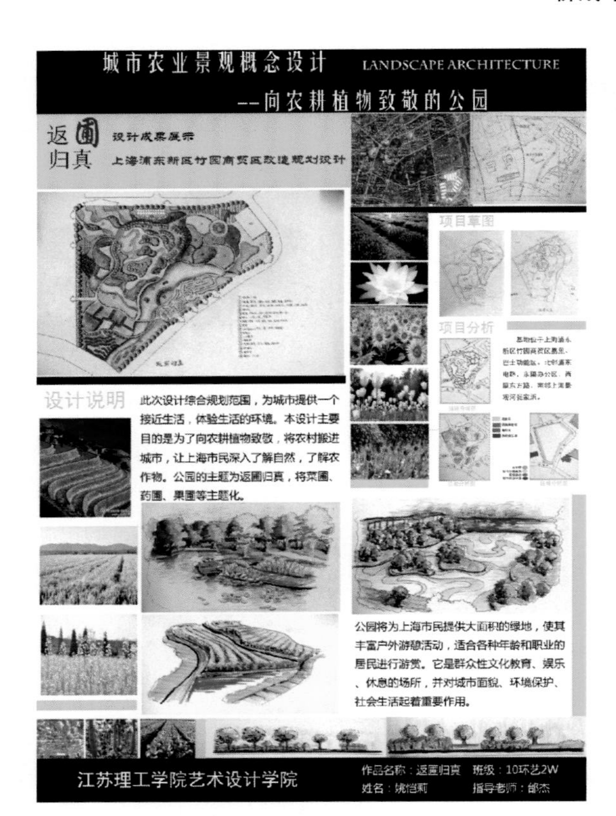

姚恺莉作品

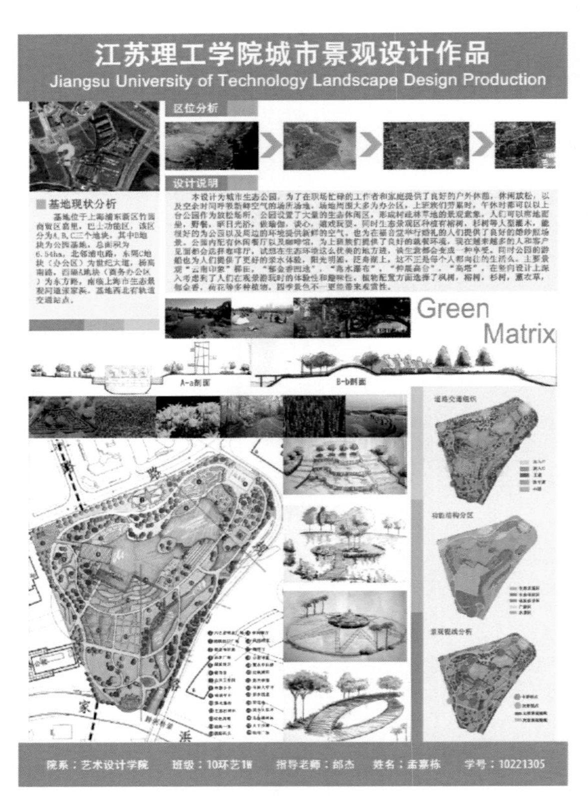

孟嘉栋作品

杭棋作品

陈进作品

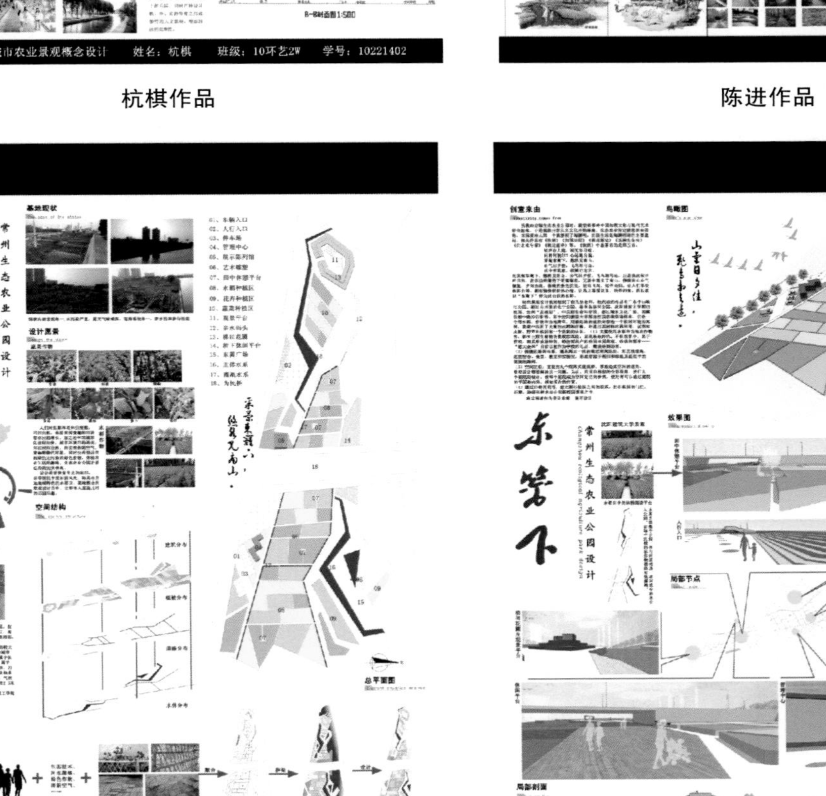

贺茂林作品

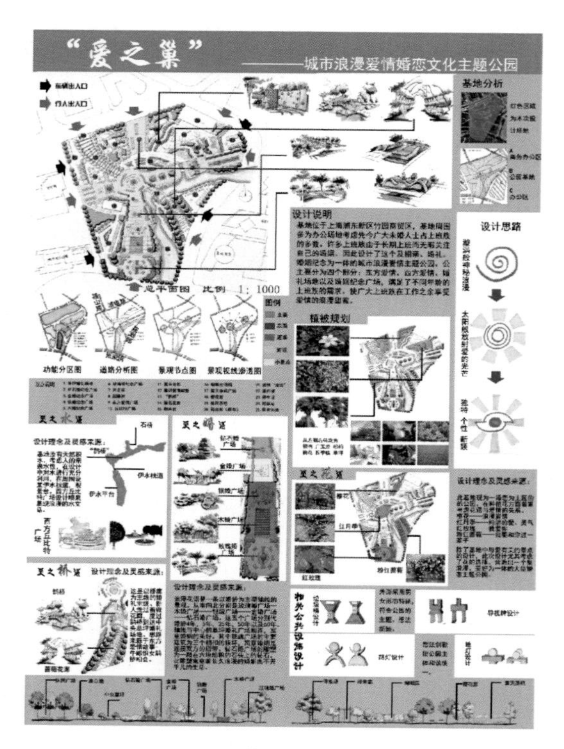

周隽怡作品

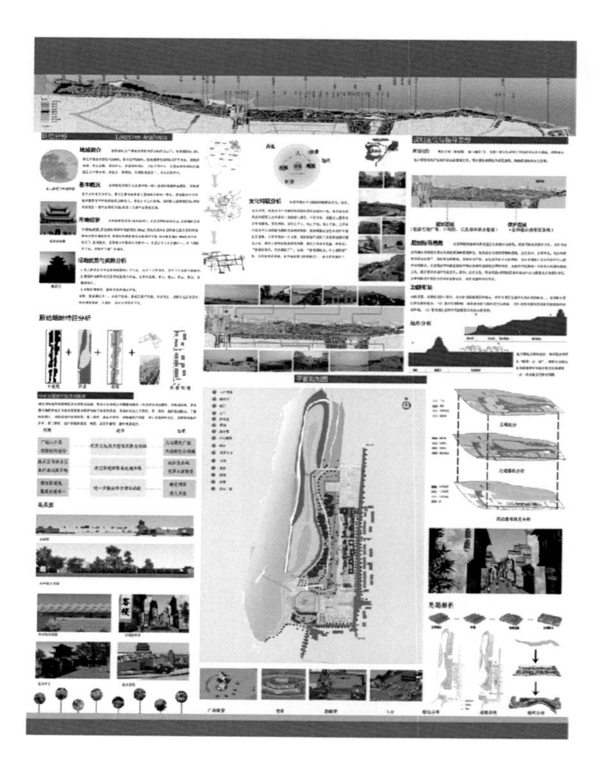

陈进作品

江昀晓作品

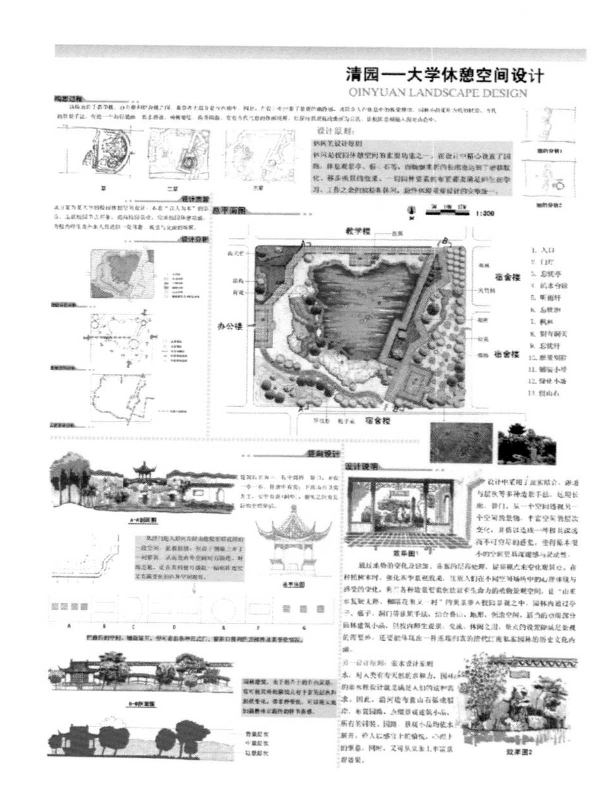

杭棋作品

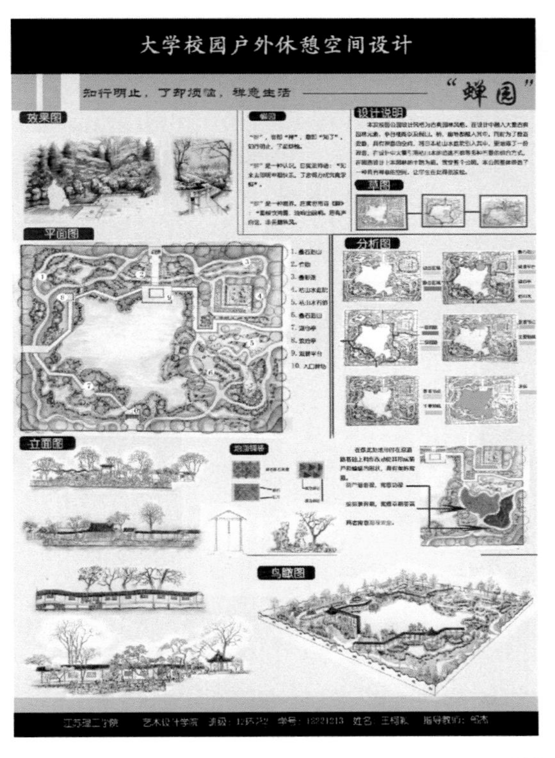

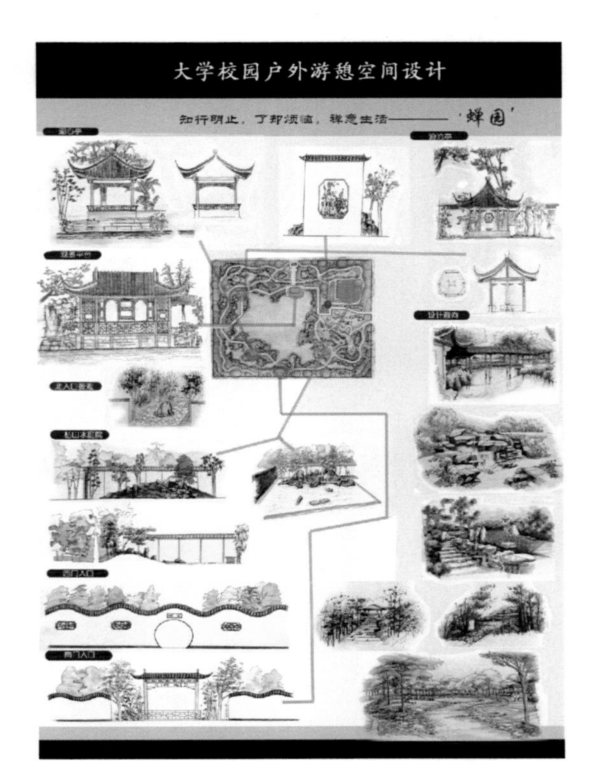

王柯颖作品

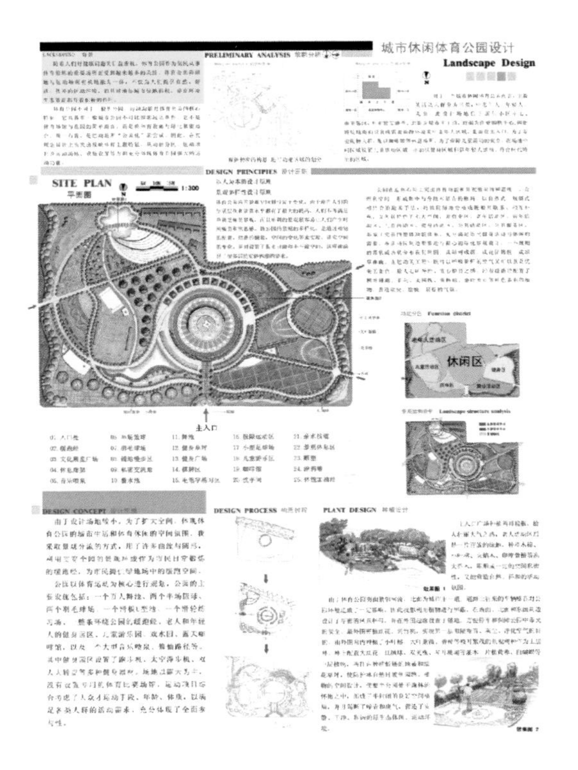

杭棋作品

城市休闲&健身 · 公园景观设计

Urban Leisure &Fitness Park Design

设计理念

本次城市休闲健身公园景观设计（Urban Leisure & Fitness Park Design）秉承以人为本的理念，坚持以景观生态学为设计根基，从人文与自然中寻求创作灵感，努力打造生态自然的环境。以“建设有一定特色、能够反映地方文化内涵”为核心视角，利用“雨水园”、“亲水台”等水景观体现其特点，“景观文化墙”反映城市文化，运用多种景观和新颖健身设施的设置以使公园游客和附近居民感受自然，体会生活，享受健康。

城市主干道

区位分析图

分析说明

[illegible]

节点景观详图

绿化意识

鸟瞰图

江苏理工学院

公园景观设计

江昀晓作品

王柯颖作品

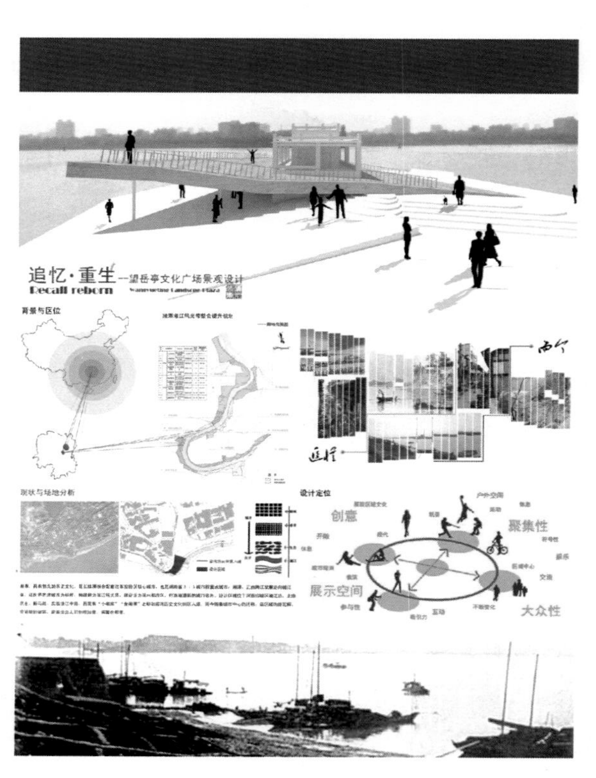

汤米旭东作品

汤米旭东作品

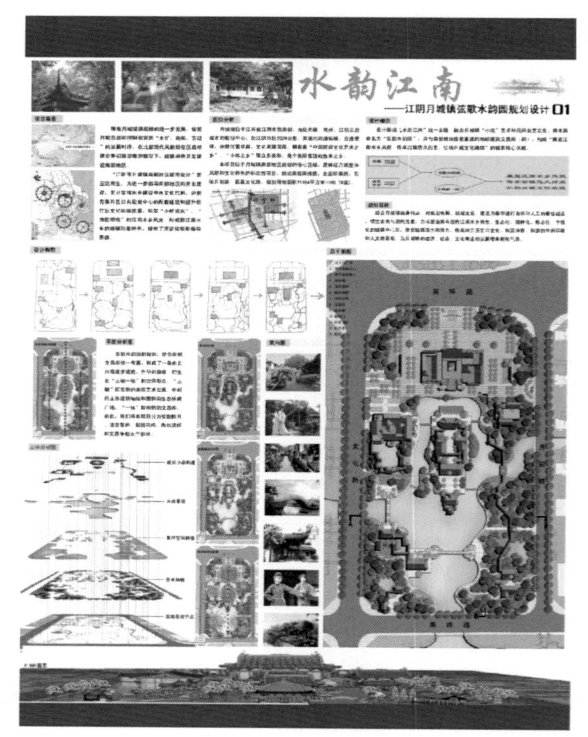

杨陈菲作品

水韵江南
——江阴月城镇弦歌水韵园规划设计02
空间序列效果图

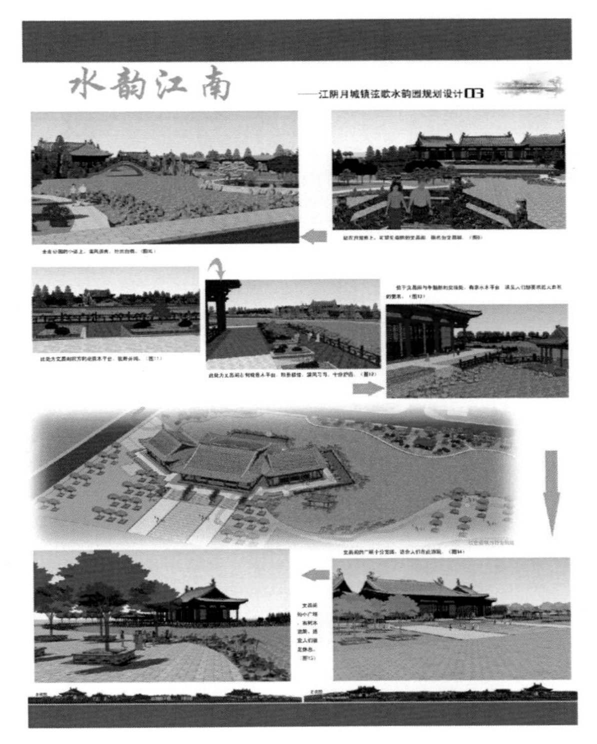
水韵江南
——江阴月城镇弦歌水韵园规划设计03

杨陈菲作品

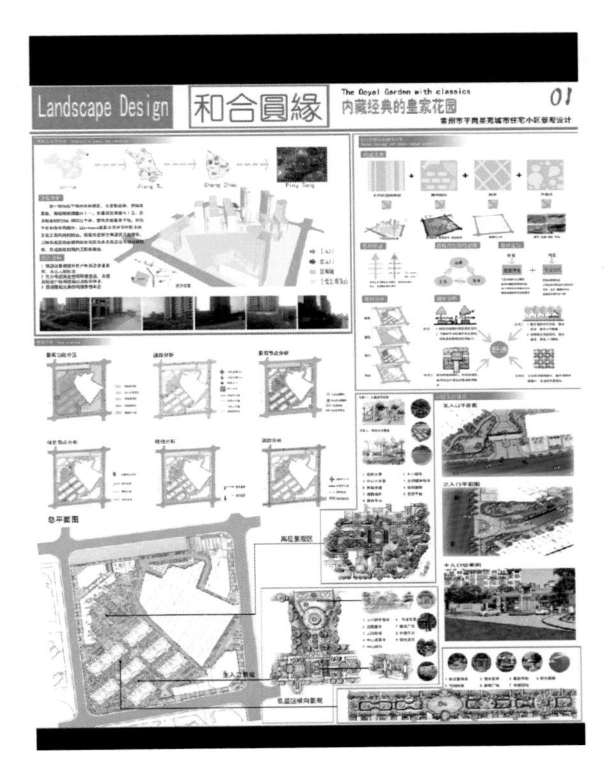
Landscape Design
和合圆缘
The Goyal Garden with classics
内藏经典的皇家花园
常州市平岗星苑城市住宅小区景观设计
01
总平面图

Landscape Design
和合圆缘
The Goyal Garden with classics
内藏经典的皇家花园
常州市平岗星苑城市住宅小区景观设计
02

周隽怡作品

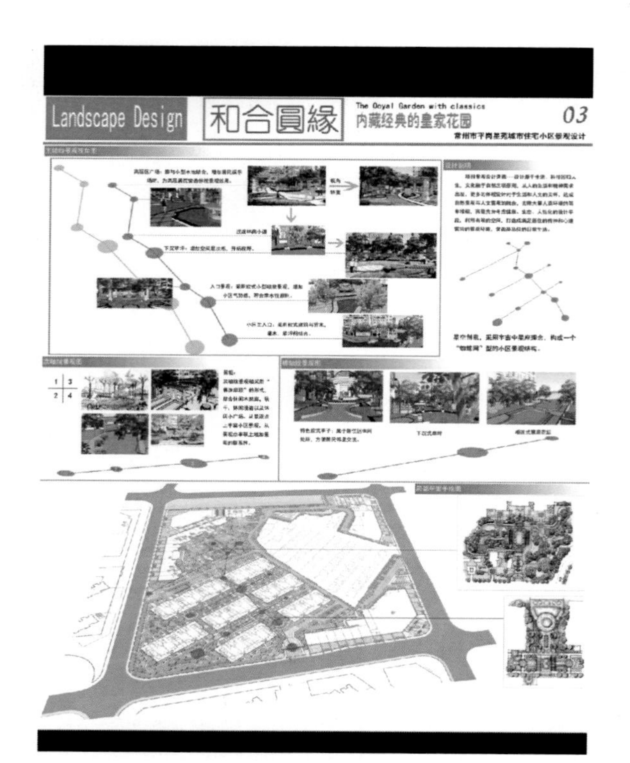

周隽怡作品

叶晨作品

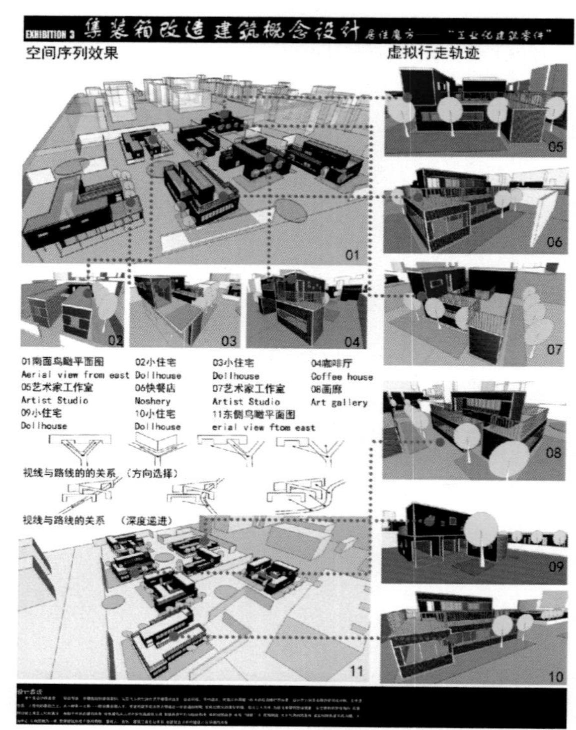

叶晨作品

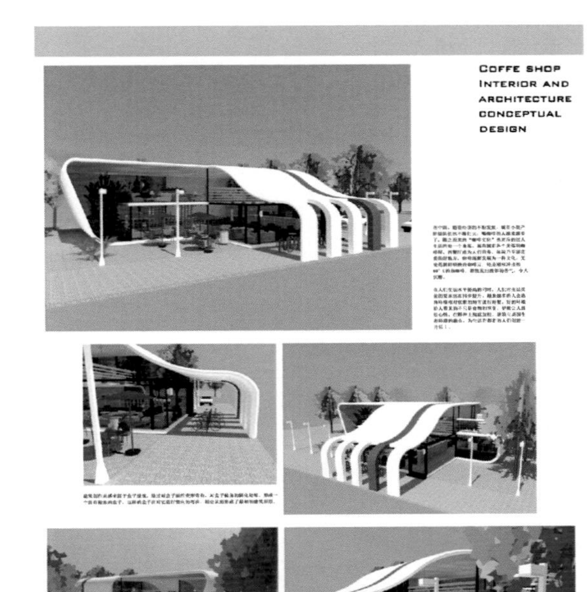

孟嘉栋作品

孟嘉栋作品

江昀晓作品

王柯颖作品　　王柯颖作品

城市开放空间设计
——华中旅游城市滨水广场规划设计

王柯颖作品

江昀晓作品